U0365262

"十三五"国家重点出版物出版规划项目

南海天然气水合物勘查理论与实践丛书

主　编　梁金强　　副主编　苏丕波

海域天然气水合物资源勘查技术

Exploration Technology of Natural Gas Hydrate Resources in Sea Area

苏丕波　梁金强　赵庆献　陆敬安　苏　新　杨　涛等　著

科学出版社

北　京

内 容 简 介

本书主要介绍了南海天然气水合物在地质环境中的各项地质特征和识别标志，并系统阐述了依据这些地质特征及识别标志发展起来的地质、地球物理、地球化学、微生物、取样等方面的多种技术手段，包括多道地震、浅层地震剖面、单道地震、侧扫声呐、海底多波束、海底摄像、地球化学分析、地质微生物勘查、测井及钻探取心技术，以及声学、地震和电磁等新技术方法。同时，本书还介绍了这些勘查技术在我国南海天然气水合物调查过程中的应用情况，基本反映了我国现阶段在南海天然气水合物勘查技术领域的水平、成果和宝贵经验。

本书可供天然气水合物勘查、海洋地质和新能源等领域的科研和技术人员阅读，也可作为高等院校相关专业师生的参考用书。

图书在版编目(CIP)数据

海域天然气水合物资源勘查技术=Exploration Technology of Natural Gas Hydrate Resources in Sea Area/ 苏丕波等著. —北京：科学出版社，2020.7

(南海天然气水合物勘查理论与实践丛书)

"十三五"国家重点出版物出版规划项目

ISBN 978-7-03-065454-0

Ⅰ. ①海… Ⅱ. ①苏… Ⅲ. ①南海–天然气水合物–勘探–研究 Ⅳ. ①P618.13

中国版本图书馆 CIP 数据核字(2020)第 098538 号

责任编辑：万群霞 陈姣姣 / 责任校对：王萌萌

责任印制：师艳茹 / 封面设计：无极书装

科学出版社 出版

北京东黄城根北街 16 号

邮政编码：100717

http://www.sciencep.com

北京九天鸿程印刷有限责任公司 印刷

科学出版社发行 各地新华书店经销

*

2020 年 7 月第 一 版 开本：787×1092 1/16

2020 年 7 月第一次印刷 印张：17 3/4

字数：396 000

定价：228.00 元

(如有印装质量问题，我社负责调换)

《海域天然气水合物资源勘查技术》

参与编写人员

（按姓氏拼音排序）

陈　凯　崔鸿鹏　郭　霖　黄　伟　景建恩　梁金强

刘　坚　陆敬安　沙志彬　宋海斌　苏丕波　苏　新

万晓明　王伟巍　王静丽　王　猛　王祥春　温明明

文志鹏　谢诚亮　徐云霞　杨　涛　赵庆献　赵建虎

丛书序一

南海天然气水合物成藏条件独特而复杂，自然资源部中国地质调查局广州海洋地质调查局经过近20年的系统勘查，先后通过6次钻探在南海北部不同区域发现并获取了大量块状、脉状、层状和分散状水合物样品。这些不同类型水合物形成的地质过程、成藏机制及富集规律都是需要深入研究的问题。开展南海天然气水合物成藏研究对认识天然气水合物分布规律，揭示天然气水合物资源富集机制具有十分重要的理论意义和实际应用价值。

我国南海海域天然气水合物研究工作始于1995年，虽然我国天然气水合物调查研究起步较晚，但在国家高度重视和自然资源部(原国土资源部)的全力推动下，开展了大量调查评价工作，圈定了我国陆域和海域天然气水合物的成矿区带，在南海钻探发现2个超千亿立方米级天然气资源量的水合物矿藏富集区，取得了一系列重大找矿成果。2017年，我国成功在南海神狐海域实施了天然气水合物试采，取得了巨大成功，标志着我国天然气水合物资源勘查水平已步入世界先进行列。

“南海天然气水合物勘查理论与实践丛书”是广州海洋地质调查局联合国内相关高校及科研院所等单位近百位中青年学者和研究生们联合完成的重大科技成果，该套丛书阐述了我国天然气水合物勘查及成藏研究相关领域的重要进展，其中包括南海北部天然气水合物成藏的气体来源、地质要素和温压场条件、天然气水合物勘查识别技术、天然气水合物富集区冷泉系统、南海多类型天然气水合物成藏机理、天然气水合物成藏系统理论与资源评价方法等。针对我国南海北部陆坡天然气水合物资源禀赋和地质条件，通过理论创新，系统形成了天然气水合物控矿、成矿、找矿理论，初步认识了南海天然气水合物成藏规律，创新提出南海天然气水合物成藏系统理论，建立起一套精准高效的资源勘查、找矿预测及评价方法技术体系，并多次在我国南海北部水合物钻探中得到验证。

作为南海海域天然气水合物调查研究工作的参与者，我十分高兴地看到“南海天然气水合物勘查理论与实践丛书”即将付印。我们有充分的理由相信，该套丛书的出版将为我国乃至世界天然气水合物勘探事业的发展做出更大贡献。

中国科学院院士 汪集旸

2020年6月

丛书序二

天然气水合物作为一种特殊的油气资源，资源潜力大、能量密度高、燃烧高效清洁，是非常理想的接替能源。我国高度重视这种新型战略资源，21世纪初设立国家层面的专项，开始系统调查我国南海海域天然气水合物资源情况。经过近20年的努力，已经取得了不少发现和成果，2017年还在南海神狐海域成功进行了试采，显示出南海巨大的水合物资源潜力。

对于一种能源资源，深入认识其理论基础，建立完善的勘查技术体系及科学的资源评估体系十分重要。天然气水合物的物理化学性质及其在地层中的赋存特征与常规能源矿产相比具有特殊性，人们对其勘探程度和认识还不够深入。因而其目前的理论认识、勘查技术及资源评价工作尚处于探索之中。在这种情况下，结合我国南海近20年的勘查实践，系统梳理南海天然气水合物的理论认识、勘查技术及评价方法，我认为十分必要。

该套丛书作者梁金强、苏丕波等是我国天然气水合物地质学领域为数不多的中青年专家，几十年来承担了多项国家天然气水合物勘查项目，长期奔赴在生产科研一线，对我国天然气水合物的资源禀赋情况十分熟悉。作者在编写书稿期间与我有较多交流讨论。在翻阅书稿时，我欣喜地看到该套丛书至少体现出这几方面的特点：第一，该套丛书是我国第一套系统阐述天然气水合物资源勘查技术、成藏理论与评价方法方面的系列专著，首创性和时效性强；第二，该套丛书是基于近20来的第一手实际调查资料在实践中总结出来的理论成果，资料基础坚实、十分难得；第三，该套丛书较完整梳理了国内外天然气水合物工作的历史和现状，理清了脉络，对于读者了解全貌很有帮助；第四，该套丛书将实地资料和理论提升进行了较好结合，既有大量一手野外资料为基础，也有对实际资料加工后的理论升华，对于天然气水合物的研究具有重要参考价值；第五，该套丛书在分析对比国内外天然气水合物成藏地质条件及成藏特征的基础上，提出了适合于我国南海海域天然气水合物自身特点的勘查技术、成藏理论及评价方法，为今后我国海域天然气水合物下一步的勘查研究奠定了坚实的基础。

在该套丛书付梓之际，我十分高兴地将此套书推荐给对天然气水合物事业感兴趣的广大读者，衷心祝愿该套丛书早日出版，相信它一定能对我国在天然气水合物理论研究领域的人才培养和勘查评价工作起到积极的推动作用。与此同时，我还想提醒各位读者，天然气水合物地质勘查与研究是一个循序渐进的过程，随着资源勘查程度的提高，人们的认识也在不断提升。希望读者不要拘泥于该书提出的理论、方法和技术，应该在前人基础上，大胆探索天然气水合物新的理论认识、新的勘查技术和新的评价方法。

中国工程院院士 金庆焕

2020年5月

丛书序三

能源是人类赖以生存和发展的重要资源，随着我国国民经济的快速发展，能源保障问题愈受关注。据公布的《中国油气产业发展分析与展望报告蓝皮书(2018—2019)》，我国天然气进口对外依赖度已于2018～2019年连续两年超过40%，预计2020年度将达到41.2%，国家能源安全问题十分突出。为了解决我国能源供需矛盾，寻找可接替能源资源显得十分迫切。天然气水合物因其资源量巨大、分布广泛，被视为未来石油、天然气的替代能源。据估算，全球天然气水合物的气体资源量达$2.0\times10^{16}m^3$，其蕴藏的碳总量是已探明的煤炭、石油和天然气的2倍，其中，98%分布于海洋，2%分布于陆地永久冻土带。因此，世界主要国家竞相抢占天然气水合物的开发利用先机，美国、日本、韩国、印度等国家都将其列入国家重点能源发展战略，并投入巨资开展勘查开发及科学研究。我国天然气水合物调查研究工作虽起步较晚，但经过20多年的追赶，相继于2017年、2020年成功实施海域天然气水合物试采，奠定了我国在天然气水合物领域的优势地位。

我国1999年首次在南海发现了天然气水合物赋存的地球物理标志——似海底反射界面(bottom simulating reflector，BSR)，揭开了我国天然气水合物步入实质性调查研究的序幕。2001年开始，我国设立专项开展天然气水合物资源调查，为加强海域天然气水合物基础研究，相继设立了“我国海域天然气水合物资源综合评价及勘探开发战略研究(2001—2010年)”及“南海天然气水合物成矿理论及分布预测研究(2011—2015年)”项目，充分发挥产学研相结合的优势，形成多方参与的综合性研究平台，持续推进南海天然气水合物基础研究。项目的主要目标是在充分调研国外天然气水合物勘查开发进展及理论技术研究的基础上，结合我国南海天然气水合物勘查实践，系统开展天然气水合物地质学、地球物理学、地球化学、地质微生物学等综合研究；深入分析天然气水合物的成藏地质条件、成藏特征及成藏机制；发展形成南海天然气水合物地质成藏理论和勘查评价方法，为我国海域天然气资源勘查评价提供支撑。项目承担单位为广州海洋地质调查局，参加项目研究工作的单位有中国地质大学(北京)、中国科学院地质与地球物理研究所、中国科学院海洋研究所、南京大学、中国地质大学、中国地质科学院矿产资源研究所、中国海洋大学、同济大学、中国科学院广州地球化学研究所、中山大学、中国石油大学(北京)、中国矿业大学(北京)、中国科学院南海海洋研究所、中国石油科学技术研究院等。项目团队是我国最早从事天然气水合物资源勘查研究团队，相继发表了一批原创性成果，在国内外产生了广泛影响。

两个项目先后设立16个课题、7个专题开展攻关研究，研究人员逾100人。研究工作突出新理论、新技术、新方法，多学科相互渗透，集中国内优势力量，联合攻关，力求在天然气水合物成藏理论、勘查技术及评价方法等方向获得高水平的研究成果，其研究内容及成果如下。

(1) 系统开展了天然气水合物成藏地质的控制因素研究，在南海北部天然气水合物成藏地质条件和控制因素、温压场特征及稳定域演变、气体来源及富集规律等方面取得了创新性认识。

(2) 系统开展了南海天然气水合物地质、地球物理、地球化学、地质微生物响应特征及识别技术研究，形成了一套有效的天然气水合物多学科综合找矿方法及指标体系。

(3) 形成了天然气水合物储层评价及资源量计算方法、资源分级评价体系和多参量矿体目标优选技术，为南海天然气水合物资源勘查突破提供支撑。

(4) 建立了天然气水合物成藏系统分析方法，初步揭示了南海典型天然气水合物富集区“气体来源→流体运移→富集成藏→时空演变”的系统成藏特征。

(5) 初步形成了南海北部天然气水合物成藏区带理论认识，系统分析了南海北部多类型天然气水合物成藏原理、成因模式及分布规律。

(6) 建立了天然气水合物勘探及评价数据库，全面实现数据管理、数据查询及可视化等应用。

(7) 通过广泛的文献资料调研，系统总结国际天然气水合物资源勘查开发进展、基础研究及技术研发成果，科学提出我国天然气水合物勘查开发战略。

为了更全面、系统地反映项目的研究成果，推动天然气水合物地质及成藏机制研究，决定出版“南海天然气水合物勘查理论与实践丛书”，在该丛书编委会及各卷作者的共同努力下，经过三年多的梳理编写工作，终于与大家见面了。该丛书反映了项目主要成果及近 20 年来广大作者在海域天然气水合物地质成藏研究的新认识。希望丛书的出版有助于推动我国天然气水合物成藏地质研究深入及发展和建立中国特色的天然气水合物成藏理论，助力我国天然气水合物勘探开发产业化进程。

中国地质调查局及广州海洋地质调查局的领导和专家对丛书的相关项目给予了大力支持、关心和帮助，其中，原广州海洋地质调查局黄永样总工程师对项目成果进行了精心的审阅、修改和统稿，并提出了很多有益的建议；广州海洋地质调查局杨胜雄教授级高工、张光学教授级高工、张明教授级高工等专家对项目进行了悉心指导并提出了诸多建设性建议。此外，原中国地质调查局张洪涛总工程师、青岛海洋地质研究所吴能友研究员、北京大学卢海龙教授、中科院广州地球化学研究所何家雄教授等专家学者在项目立项和研究过程中给予了指导、帮助和支持，在此一并致以诚挚的感谢！

“南海天然气水合物勘查理论与实践丛书”是集体劳动的结晶，凝结了全体项目参与及编写人员的辛勤汗水和创造力；科学出版社对该套丛书出版的鼎力支持，编辑团队的辛苦劳动和科学的专业精神，使该丛书得以顺利出版。

特别感谢金庆焕院士、汪集旸院士长期对丛书成果及研究团队的关心、帮助和指导，并欣然为丛书作序。

由于编写人员水平有限，有关项目的很多创新性成果很可能没有完全反映出来，丛书中的不当之处也在所难免，敬请专家和读者批评指正。

主编　梁金强

2020 年 1 月

前　言

天然气水合物为冰状固体，是在低温、高压条件下，由甲烷等气体分子充填于水分子中(呈三维笼状结构)而形成的。在自然界中，形成天然气水合物的气体主要为甲烷，通常也被称为甲烷水合物，俗称可燃冰。天然气水合物主要赋存于具有低温、高压环境的海洋大陆边缘和高纬度冻土中，其中，海洋天然气水合物通常埋藏于水深大于 300m 的海底以下 0～1100m 处，矿层厚数十厘米至上百米，分布面积数万至数十万平方千米，单个海域甲烷气体资源量可达数万亿至几百万亿立方米。据估算，全球天然气水合物蕴藏的天然气资源总量约为 $2.1\times10^{16}m^3$，相当于全球已探明传统化石燃料碳总量的两倍，其总量之大足以取代日益枯竭的传统油气能源。因此，作为未来石油和天然气的理想替代能源，天然气水合物作为未来战略能源已经成为国际共识。早在 20 世纪 80 年代，天然气水合物就受到世界各国尤其是发达国家和能源短缺国家的高度重视。

我国对天然气水合物的调查研究起步较晚，1999 年，广州海洋地质调查局首次利用多道高分辨率地震勘探技术在我国西沙海槽海域发现了天然气水合物存在的可靠地球物理标志——似海底反射；2000 年，广州海洋地质调查局再次在该区进行地震测线加密调查及海洋地质、地球化学取样调查，进一步取得了该区天然气水合物存在的地球物理及地质证据，并对该区的资源前景进行了初步评价；2001 年，广州海洋地质调查局在我国南海北部东沙群岛区进行了针对天然气水合物的多道高分辨率地震调查，再次发现天然气水合物存在可靠标志 BSR；2002 年，国务院设立了“我国海域天然气水合物资源调查与评价”专项项目，这是首次针对天然气水合物的重大找矿行动；2007 年，首次在南海北部神狐海域实施钻探获取了水合物实物样品，实现了天然气水合物找矿重大战略突破，初步证实南海北部陆坡天然气水合物资源潜力巨大。

2017 年，我国首次在南海北部神狐海域实施天然气水合物试采，从水深 1266m 海底以下 203～277m 的天然气水合物矿藏开采出天然气。试开采连续试气点火 60d，累计产气量超过 $30.9\times10^4m^3$。首次成功实现资源量全球占比 90%以上，开发难度最大的泥质粉砂型天然气水合物安全可控开采。打破了我国在能源勘查开发领域长期跟跑的局面，取得了理论、技术、工程和装备自主创新，实现了在这一领域由“跟跑”到“领跑”的历史性跨越。

多年的勘探实践表明，地质、地球物理、地球化学及微生物综合勘查技术是天然气水合物勘探较为行之有效的方法，也是未来进行天然气水合物勘探研究的主流发展方向，它可以揭示天然气水合物从富集层位的成矿结构，到表层地质特征的一系列找矿标志，并为天然气水合物的储层描述，寻找有利的勘探目标，结合其他勘探资料确定水合物的地质储量，提出评价方案。

从 1999 年我国在南海发现天然气水合物存在的地球物理标志 BSR 开始，经过近 20 年的勘查研究与实践探索，建立了我国南海天然气水合物的综合勘查技术体系，并以此在南海天然气水合物的找矿中不断实现重大突破。

本书是在中国地质调查局天然气水合物科研项目“天然气水合物成矿理论及分布预测”研究中关于南海天然气水合物勘查技术及其成矿特征的成果总结，并结合笔者在相关工作认识的基础上撰写而成。

本书共分7章，撰写分工如下：前言由苏丕波撰写，第1章由苏丕波、梁金强等撰写，第2章由苏丕波、梁金强、徐云霞、王静丽、赵庆献、王伟巍、文鹏飞撰写，第3章由苏丕波、黄伟、沙志彬撰写，第4章由杨涛、苏丕波、刘坚等撰写，第5章由苏新、苏丕波、崔鸿鹏等编写，第6章由苏丕波、陆敬安、万晓明等撰写，第7章由赵庆献、王伟巍、谢诚亮、温明明、赵建虎、景建恩、王祥春、王猛、陈凯、宋海斌、郭霖撰写，全书由苏丕波统稿。

在课题研究和书稿撰写过程中，得到自然资源部中国地质调查局、广州海洋地质调查局各级领导的重视及专家的指导，也得到许多同行的帮助和支持，王飞飞博士、李廷微博士做了大量校稿工作，此外，本书引用了大量中外学者、专家的图片资料，除在文中标明出处外，特在此对有关作者一并表示敬意和感谢！

由于作者水平有限，书中难免存在疏漏之处，恳请读者批评指正。

作　者

2019年5月

目　　录

第1章　海域天然气水合物勘查技术及成矿识别标志

天然气水合物，在自然界中是由以甲烷为主的烃类气体与水在高压低温条件下形成的似冰状固态结晶物质，是属于笼形包合物的特殊化合物，其中的气体组分除甲烷外，还包括乙烷、丙烷等烃类气体，以及氮气、二氧化碳、硫化氢等非烃类气体。天然气水合物是一种高效的能源资源，1m^3天然气水合物在标准状态下分解可释放约164m^3甲烷气体，其能量密度是煤炭或碳质页岩的10倍、常规天然气的2倍，且燃烧排放的二氧化碳气体较少，温室效应低于天然气，是一种比较清洁的低碳新能源。

在自然界中，天然气水合物广泛分布在大陆永久冻土、岛屿的斜坡地带、活动和被动大陆边缘、极地大陆架、海洋和一些内陆湖的深水环境。其所包含的天然气资源量为全球常规天然气储量的几十倍，约是当前所有煤、石油、天然气总含碳量的2倍。因此，天然气水合物被认为是21世纪最具潜力的，可接替煤炭、石油和天然气的新型洁净能源之一。

1.1　海域天然气水合物的形成

在海洋环境中，天然气水合物形成的温度通常为0～15℃，压力则应大于3MPa（Max，2003）。因此世界上大约有90%的海洋中具备形成天然气水合物的温度和压力条件。通常海洋浅表层沉积物内具有充足的孔隙和大量的水分子，当海底浅中层来源的生物成因气和深部来源的热成因气在向上运移过程中进入有效的温压场中并充满沉积物的孔隙，就可以形成天然气水合物。前人建立的天然气水合物形成的温度-压力模型（图1-1）指

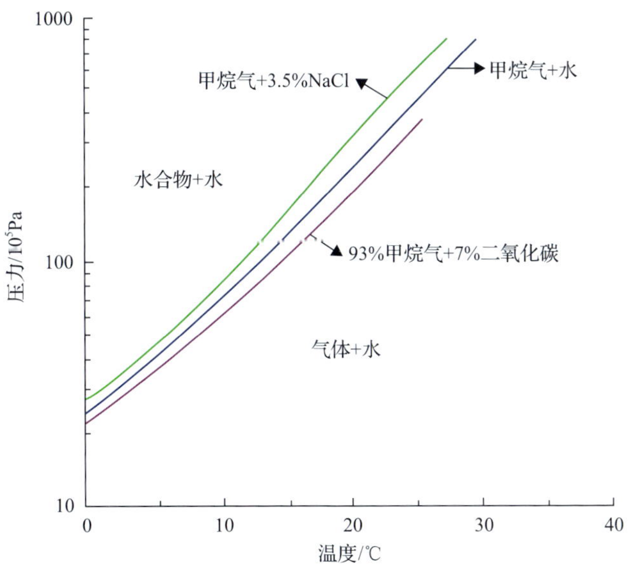

图1-1　天然气水合物形成的温度-压力模型

出：当地层温度为 5℃时，由甲烷气与 3.5%盐度的海水形成天然气水合物的压力需达 43×10^5Pa 以上，而且天然气水合物的形成要求压力随温度呈对数增加。在大多数盆地中，压力的增加远远不能满足这个要求，天然气水合物在 21～27℃温度下将逐步分解，形成天然气水合物稳定带的下限深度在 1500m 左右。

天然气水合物矿藏的形成和聚集受温度、压力、孔隙水成分和气体来源四个因素控制，其中海底附近的温度与纬度和气候条件有关；海底热流、热通量、热传导方式和热导率影响地温梯度的分布；与海水连通的沉积物流体压力主要取决于水深和水介质的密度。在温度和压力一定时，天然气水合物稳定的深度取决于孔隙水成分，增加 Cl^-、HCO_3^-、SO_4^{2-}、K^+、Na^+、Ca^{2+}、Mg^{2+}、NH_4^+ 等浓度会使天然气水合物-水平衡曲线向失稳的方向偏移，即电解质溶液对天然气水合物的形成起抑制作用。在其他条件都相对稳定的条件下，天然气水合物层的厚度和饱和度与气源有关。

天然气水合物稳定存在的深度受地温梯度的控制，地温梯度高时则天然气水合物带相对较薄；地温梯度一定时，则天然气水合物带厚度与水深有关，水深则天然气水合物带厚；其厚度随沉积物不断堆积而变得不稳定，随着新的沉积物沉积于天然气水合物的顶部，天然气水合物带的底部将发生分解，释放出大量天然气。部分未分解的天然气水合物则形成一密封盖层，将这些气体圈闭于天然气水合物层之下。因此，在天然气水合物带之下，往往有游离气藏。在气藏形成过程中，始终存在聚集和散失两种作用，当补充量大于散失量时，则天然气在圈闭中聚集，反之，圈闭中的气体开始减少，直至枯竭，控制天然气保存和散失的主要因素是盖层和断层。天然气水合物的形成与此相似，气体向上运移到浅部地层中，在一定的温压条件下即可形成天然气水合物层，天然气水合物的含量与气源供应量及储集层绝对体积和孔隙度有关，当气体源源不断供应时，天然气水合物层可作为盖层并在其下部形成气藏。

1.2 海域天然气水合物成矿的识别标志

1.2.1 地球物理标志

1. BSR 标志

BSR 即似海底反射面，是指在地震剖面上近似平行于海底展布的反射面。该反射面的形成通常为平行于海底的水合物层(天然气水合物稳定带边界)与下伏地层(通常为游离气带)之间的波阻抗($\rho\gamma$，其中 ρ 为密度，γ 为速度)差异所致。特别是当水合物成矿带的下面含有丰富游离气时，在水合物成矿带的底面与游离气的顶面之间形成一个波阻抗差很大的物理界面，可以产生强反射。当气体供给及储集层充分的条件下，水合物稳定带主要与地层的温度及压力有关，在具备水合物形成的压力条件下，BSR 是一个近似于平行海底的等温面，与地层产状无关，当地层产状与海底不一致时，BSR 往往与地层斜交。这一点是利用 BSR 寻找天然气水合物的理论基础。因此，BSR 是最早也是目前使用最多、最可靠、最直观的确认天然气水合物赋存的地球物理标志，迄今为止所确认的海底天然气水合物绝大多数是通过对地震剖面上 BSR 的识别来实现的。

2. 振幅标志

在 BSR 之上，天然气水合物与沉积物的均匀混合致使 BSR 之上的振幅减弱，一般可见到明显的成片或分散的反射振幅空白或弱反射，因此，天然气水合物成矿带通常是一个物性相对均匀的地质体，在地震剖面上表现为一个平行于海底的弱振幅反射带，称为空白带。一般情况下，在天然气水合物成矿带内，反射振幅的强弱与天然气水合物含量有关，空白程度与孔隙空间内胶结水合物数量呈比例，天然气水合物含量越高，振幅越弱，空白程度越高。由此可见，BSR 之上出现的振幅空白现象是天然气水合物存在的又一证据，在没有明显 BSR 的地区，可作为探测水合物的重要标志。

3. 速度标志

在 BSR 中上下层位具有明显的速度倒转现象，即在 BSR 之上出现高速层。一般情况下，含饱和水的沉积层的声速为 1.7～1.9km/s（Dillon et al.，1993），海水的平均速度为 1.5km/s，由于两者的速度存在差异，很容易在地震剖面上识别海底反射面，同理，纯水合物的声速为 3.3～3.8km/s（Sloan，1990），含水合物的沉积层的速度略有降低，为 2.1～2.3km/s。由于与下伏含水沉积层之间存在较大速度差异（如含游离气则差异更大），在地震剖面上很容易形成极性与海底完全相反的强反射面 BSR。

4. AVO 标志

振幅随偏移距的变化（amplitude variation with offset，AVO）特征是用来判别地层游离气的重要方法，已被应用到水合物的调查研究中（Hyndman and Spence，1992；Bangs et al.，1993；Katzman et al.，1994）。他们的研究表明，对 BSR 以上水合物饱和度较大的沉积层而言，不论其下部是否存在游离气，反射系数都会随入射角的增大而减小。但对水合物含量较低的情况，游离气存在与否与 AVO 的响应特征关系密切，游离气的存在能使反射系数随偏移距的增大而明显增大。

5. 测井标志

含天然气水合物的沉积层段表现为电阻率增高、声速增高、中子孔隙度增高、井径增大、自然电位幅度降低、自然伽马降低、密度降低。

1.2.2　地质标志

1. 构造特征

海洋中的天然气水合物在主动和被动大陆边缘均有分布，在主动大陆边缘中，常见于增生楔及弧前盆地等区域，尤其是增生楔部位最为发育。相对而言，在被动大陆边缘地区，构造活动相对较弱，纵观世界各地被动大陆边缘水合物成矿地质环境主要有以下特点：①断裂-褶皱发育带；②泥底辟、盐底辟和火成岩底辟发育区；③陆架与陆坡转折带；④海底扇状沉积体发育区（水下扇、斜坡扇或盆底扇沉积体系）；⑤海底滑塌构造体（重力流沉积体系）；⑥麻坑（pockmark）地貌特征；⑦深水台地区。

2. 地形地貌特征

从世界海洋天然气水合物的分布看，海底斜坡带、海底台地、海底扇状地形及海底滑塌带等是水合物形成的有利部位。在水合物分布区的海底中有时可以发现厌氧底栖生物群落、碳酸盐结壳和气孔构造等标志，特别在增生楔高地形处，逆断层发育，断面朝向陆地，BSR 在断层处向上牵引，断层入海底处见麻坑及生物丘等水合物地貌特征，与海底排泄源（泥火山）有关的水合物赋存区，可见海底气体渗漏现象。

3. 沉积物标志

含天然气水合物的沉积层大多为新生代沉积，沉积速率一般较快，而且富含有机质，具有较高的孔隙度。在水合物稳定带之上往往分布有白云岩等自生碳酸盐岩，其下的沉积物中自生磷铁矿逐渐增多。

1.2.3 地球化学识别标志

底层海水的烃类气体及其同位素组成异常，浅层沉积物有机碳和水的含量异常，沉积物中孔隙水的元素和同位素组成异常，沉积物中气体含量异常及沉积物中自生碳酸盐矿物的化学和同位素组成异常等，均可作为天然气水合物的地球化学标志。

1.2.4 微生物识别标志

利用地质微生物对天然气水合物的示踪技术与传统油气地质微生物技术相比，有相似的机理，即利用微生物与表层烃类渗漏的示踪。但也有不同的机理，这是由天然气水合物的复杂成藏系统和不同分布类型决定的。

1.3 海域天然气水合物勘查技术

天然气水合物勘查技术手段较多，主要包括地球物理勘查技术、地球化学勘查技术、微生物勘查技术、海底可视勘查技术和地质取样技术五大类，每一类又可以进一步细分。多学科多技术综合勘查已成为天然气水合物勘查的趋势，卡斯凯迪亚大陆边缘为开展天然气水合物多学科多技术综合勘查卓有成效的地区之一，勘查技术包括地震勘探、海洋可控源电磁探测技术、深拖测量、海底地震仪（ocean bottom seismograph，OBS）、热流测量、海底地质取样及测量和钻探及随钻测量等（图 1-2）。下面对主要的天然气水合物勘查技术进行概述。

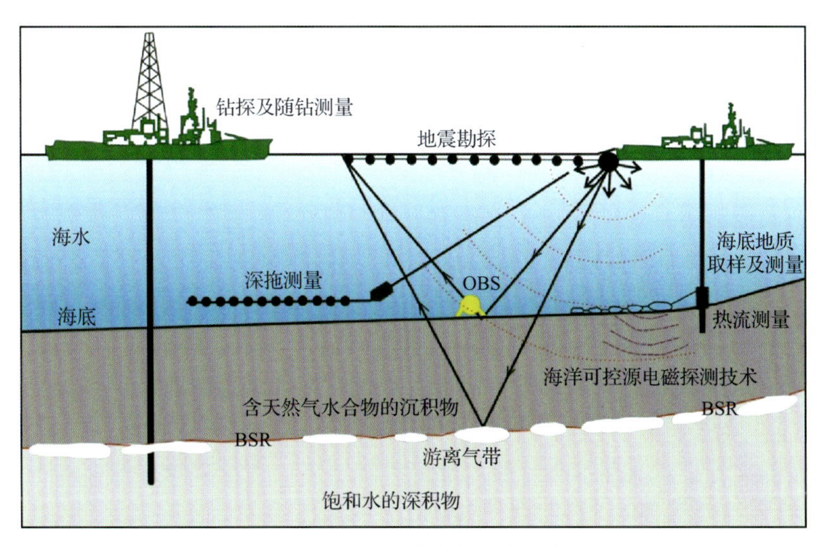

图 1-2　卡斯凯迪亚大陆边缘天然气水合物多学科综合勘查示意图(据 Hyndman et al.，2001 修改)

1.3.1　地球物理勘查技术

地球物理勘查技术在海域天然气水合物的发现和调查中起到了至关重要的作用，从早期在单道地震剖面上发现 BSR 并经钻探证实天然气水合物的存在，到目前世界范围内海域水合物的调查和发现，都与地球物理技术的应用密不可分。特别是进入 21 世纪以来，天然气水合物地球物理勘查技术的应用更加广泛。地球物理勘查技术包括地震勘探技术、浅表层地球物理勘探技术、海洋可控源电磁探测技术、海底热流测量技术及地球物理测井探测方法等。图 1-3 展示了常用地球物理勘探技术，各种方法的探测目的不同，可以起到相互补充的作用。

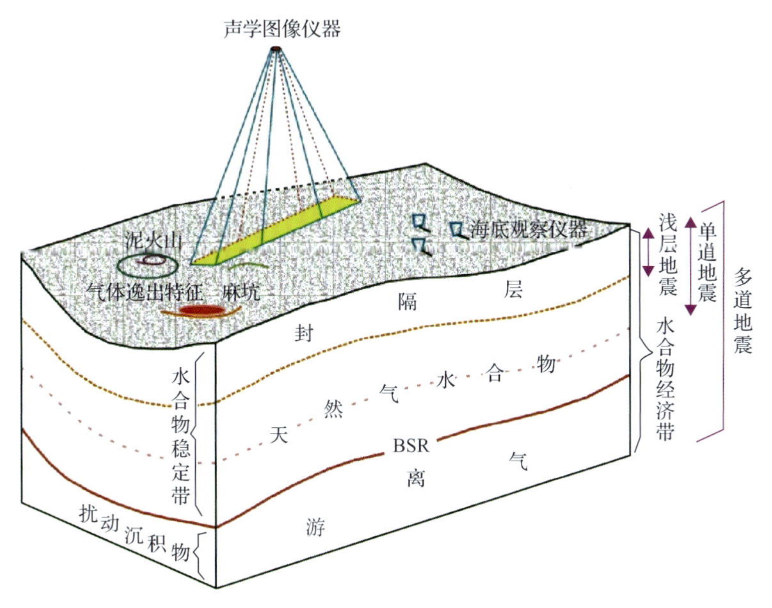

图 1-3　天然气水合物常用地球物理勘查技术示意图(据 Miles，2000)

1. 地震勘探技术

地震勘探技术的特点是分辨率高，探测深度大。在天然气水合物识别上，通过地震勘探技术可以解决以下 3 个方面的问题。

(1) 识别天然气水合物的四个重要标志，即 BSR、振幅空白带、极性反转及地震速度反向变化。

(2) 对天然气水合物形成的沉积和构造环境进行解释，如通过地震解释可确定水合物富集层位及气体来源层位的厚度和面积、沉积体系(重力流、水下扇等)及沉积速率和沉积过程等，同时可以利用地震剖面确认与水合物密切相关的构造体(断层-褶皱系、增生楔、滑塌构造和底辟构造等)及气体运移通道系统(断裂系统、泥底辟等)。

(3) 利用地震信息对天然气水合物资源量进行评价，通过速度分析以及地震正、反演技术等测量地层中天然气水合物的饱和度和孔隙度，用来提供资源量预测的主要参数。

2. 浅表层地球物理勘探技术

对天然气水合物的勘探评价除主要利用地震勘探技术外，海底浅表层声学勘探技术也是非常重要的手段。利用这些技术揭示天然气水合物在海底表层的表征，从海底地形、地貌信息和浅表层沉积物信息等方面来加以判断。浅表层地球物理勘探技术主要手段包括侧扫声呐技术、多波束勘测技术及浅层地震剖面勘探技术等(图 1-4)。

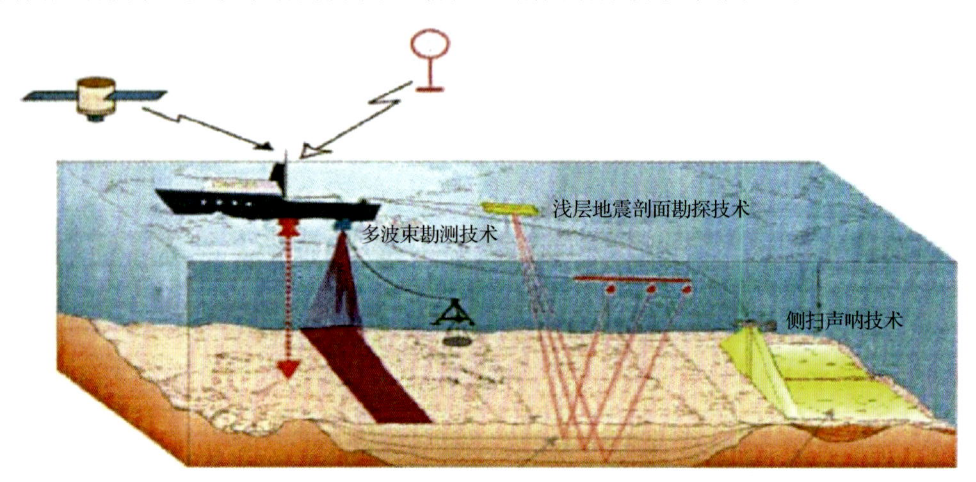

图 1-4　浅表层地球物理勘探技术组成图(来源于 USGS 网站)

侧扫声呐技术、多波束勘测技术和浅层地震剖面勘探技术这三种勘查技术的工作原理基本相似，它们都是通过换能器向海底发射一定频率的声波，该声波在传播过程中不可避免地存在着能量衰减。当遇到不同波阻抗界面时，将同时发生声波的反射与折射现象，一部分反射声波返回至换能器后被接收，折射声波则穿透该界面后继续传播，遇到第二个不同波阻抗界面时，同样发生声波的反射和折射现象。以此类推，直至声波能量衰减至无法检测为止。因此，换能器从海底接收的返回声学信号是一个由不同波阻抗界面反射声波组成的复杂集合，该声学回波信号携带了丰富的海底浅地层沉积物信息，其中海底面的回波信号代表了海底地形、地貌信息，除此之外的回波信号则代表了海底面以下浅层空间的沉积物信息。另外，单道地震由于具有频带宽度较宽，主频较高，穿透地层能力衰减较快，分辨率较高的特点，往往也用来作为浅层水合物标志的一种勘查技术。

3. 地球物理测井探测方法

地球物理测井探测是获取天然气水合物物性特征的一种非常有效的方法。目前已成功应用于水合物勘探的常规测井方法主要有 6 种：①井径；②电阻率；③自然电位；④声波时差；⑤自然伽马；⑥中子孔隙度。在含水合物层段中，井径、电阻率、声波时差及中子孔隙度明显增大，而自然伽马和自然电位值显著减小(图 1-5)。因此，利用测井曲线可获得评价天然气水合物资源量的一些重要参数，结合地震勘探资料，可对研究目标区的天然气水合物的资源前景做出更科学的评价。

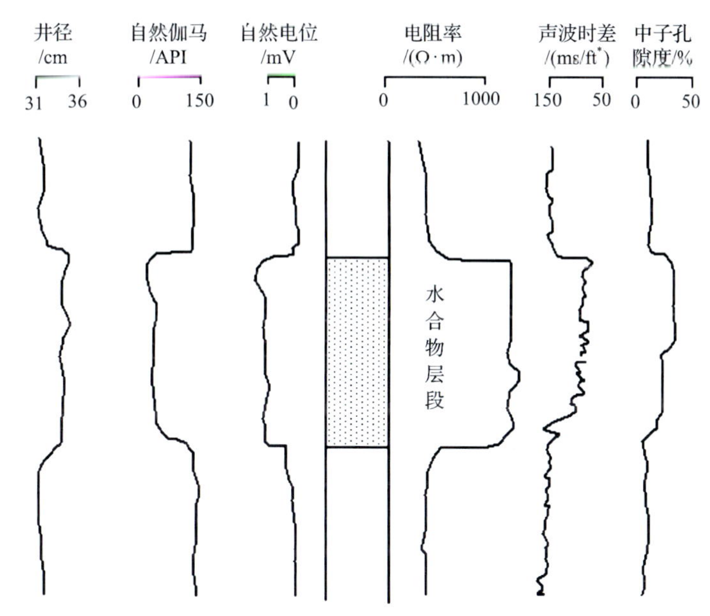

图 1-5　天然气水合物层段的测井响应特征

* 1ft=3.048×10^{-1}m

4. 海洋可控源电磁探测技术

海洋可控源电磁探测技术(controlled source electromagnetic，CSEM)是海域天然气水合物检测的新技术，它最早由深水探测具有高电阻率的碳氢化合物储藏技术发展而成。在海底之下数百米的含天然气水合物沉积层与上下地层相比，电阻率略有差异(几欧米)，CSEM 有能力将这种差异识别出来。CSEM 的工作方式是用船拖着一个沉放于海底之上 100m 能产生交变电磁场的发射器，在发射器后面通过 100～200m 长的双极天线发射接收交变电磁场信号，同时在海底沿测量剖面放置数个电磁场记录仪以记录大地电磁日变资料(图 1-6)。它的探测深度可以达到 3000m，完全可以满足海域天然气水合物的调查需要。该方法除了具有勘探效率高、成本低的优点外，还可以直接求取天然气水合物和游离气的饱和度。具体做法是，对采集到的地层电阻率数据利用阿奇(Archie)公式直接计算出沉积层中的天然气水合物的饱和度。

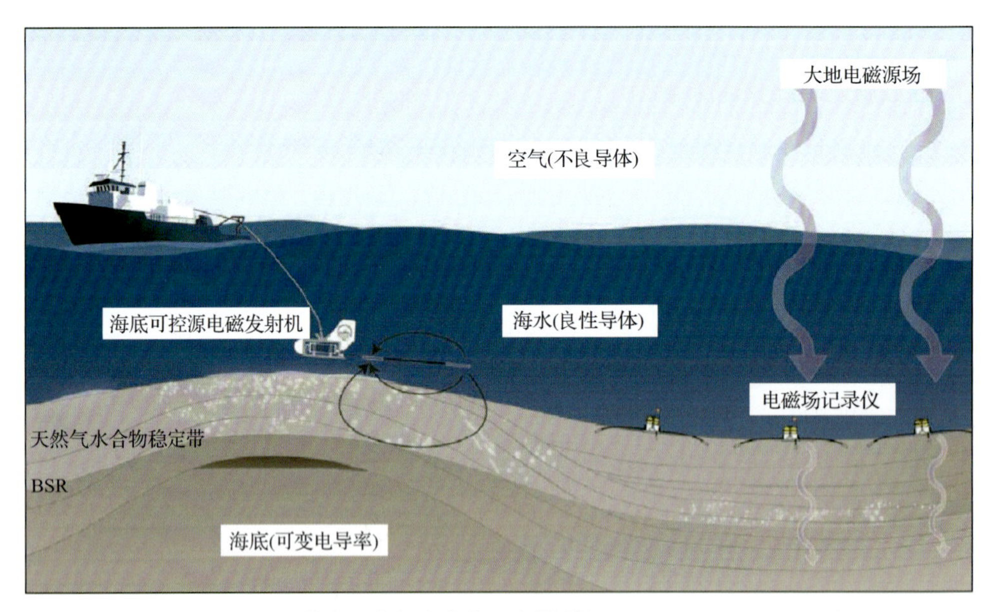

图 1-6　CSEM 勘查天然气水合物示意图(据 Weitemeyer et al.，2006)

5. 海底热流测量技术

由于天然气水合物的稳定带受海底温度和沉积层的地温梯度、压力(水体静压力和沉积物静压力)、沉积物中气体成分和流体盐度等影响，天然气水合物形成的最大深度和矿层厚度主要取决于其相态转换的临界压力和温度。而其中的地温梯度资料是确定水合物稳定带厚度的一个重要参数。用高分辨地震剖面解释 BSR 来推断和评估地层热结构时，换算地温梯度值仅取决于海底温度和 BSR 处的温度，两点的温度计算过于简单，只适用于热导率恒定的均匀沉积物。附加实测的海洋地热流资料作为初始值和边界条件，结合地震勘探得到的速度资料换算沉积物的热导率值，可减少一些不确定性，进而大大改善计算和评估精度。

海底热流采用原位测量，测量设备是一种探针测量系统。该设备主要分两种：一种为布拉德(Bullard)型或李斯特(Lister)型；另一种为艾文(Ewing)型。原位热流测量需要借助于调查船上的地质绞车，采用有缆作业的方式开展。通常在深水海域工作时，与有缆地质取样的情况一样，需要配备声脉冲发生器和甲板监视设备。为了确认地热流探针是否插入海底沉积物中，收放探针的地质绞车应该配备精度较高的张力表以便监视控制。

1.3.2　地球化学勘查技术

地球化学提供了多种有效的天然气水合物识别方法，可以与地球物理勘查技术互为补充。天然气水合物极易随温度和压力的变化而分解，导致在海底浅表层沉积物形成烃类气体、孔隙水、自生矿物及同位素组成等的地球化学异常。这些异常不仅可指示天然气水合物可能存在的位置，而且可利用其烃类组分比值（如 C_1/C_2）及碳同位素成分等指标判断其天然气的成因。因而，地球化学方法成为识别海底天然气水合物赋存的有效方法。地球化学勘查技术主要包括烃类气体地球化学探测技术、孔隙水地球化学探测技术、自生矿物地球化学探测技术和同位素地球化学探测技术等。

1. 烃类气体地球化学探测技术

1）沉积物中烃类气体地球化学探测技术

烃类气体在沉积物中主要有两种赋存状态，第一种是以游离态存在于沉积物颗粒孔隙之间，第二种是以吸附态保存在沉积物颗粒表面。游离态的烃类气体不稳定，易发生逸散。而吸附态的烃类气体较稳定，可以很好地保存下来。根据气体的不同形状，可用不同的方法来解析它们。顶空法和酸解法就是分别测定沉积物中游离态和吸附态类气体的地球化学方法。

2）底层海水中烃类气体地球化学探测技术

饱和甲烷浓度在海水中可达 23mg/L，但这样高的浓度在实际中从未发现过。通常在海水中，甲烷浓度只有几纳克每升到几万纳克每升。然而天然气水合物分解产生的甲烷微渗漏可使这一浓度增加几千倍。底层海水中如此低的浓度无疑给测定带来了相当大的难度。目前海水中甲烷的现场测定方法有真空脱气收集、动态式抽取和甲烷传感器探头等。利用甲烷传感器来测定海水中甲烷浓度异常是一种新兴的探测方法，它可以在调查船走航时连续收集甲烷的地球化学数据，大大提高了调查航次的整体效益，具有十分广阔的应用前景；但是现阶段其灵敏度往往很难达到更高的要求，这也限制了甲烷传感器的推广普及。

3）低层大气中烃类气体地球化学探测技术

海面低层大气中烃类气体由于含量低、流动性大，因而直接测定其异常值比较困难。现在最新的检测手段是利用卫星热红外遥感探测技术，对海面进行大面积长时间观测，圈定甲烷浓度异常区域。其原理是地震作用使岩层发生了强烈的变形和破裂，因此圈闭在沉积层中的天然气将沿断裂或裂隙向上逃逸进入海底或海水，直至低层大气中。随后这些气体在瞬变电场和太阳辐射的作用下激发增温，导致海面低空大气出现增温异常，同时其红外辐射率也出现异常，这些异常被卫星热红外传感器以图像的形式记录下来。目前，在天然气水合物调查中，卫星热红外遥感探测技术在我国已经得到研究和应用。

2. 孔隙水地球化学探测技术

天然气水合物在形成和分解过程中会发生一系列的物理化学变化，这些变化同时会导致沉积物中孔隙水离子含量及其同位素组成发生变化，在天然气水合物赋存区，沉积物孔隙水的阴阳离子含量及其同位素组成在剖面上经常表现出一系列的地球化学异常。沉积物孔隙水组成和离子浓度的异常被认为是天然气水合物存在的良好指示，已经被广泛地应用于天然气水合物的调查研究中。

1）孔隙水中 SO_4^{2-} 浓度异常

在海底沉积物中通常发生甲烷厌氧氧化（anaerobic oxidation of methane，AOM）反应，即 $CH_4+SO_4^{2-} \longrightarrow HCO_3^- + HS^- + H_2O$。随沉积物深度增加，该反应的进行会使孔隙水中 SO_4^{2-} 逐渐亏损，直至在硫酸盐-甲烷界面（sulfate-methane interface，SMI）消耗殆尽。Borowski 等（1999）从两个尺度研究了水合物出现与硫酸盐浓度梯度的关系，即一个全球尺度[深海钻探计划（DSDP）和大洋钻探计划（ODP）孔隙水化学资料]和一个局部（卡罗来纳洋脊-布莱克海台地区，即研究海洋天然气水合物最详细的北美东南部海岸外的卡罗来纳洋脊-布莱克海台）尺度（活塞重力柱状取样岩心和该地区 ODP 钻孔孔隙水资料）。在全球尺度上，有天然气水合物的陆坡站位与浅 SMI 和陡峭的硫酸盐梯度之间存在很强的相关性。所以，线性、陡的硫酸盐梯度和浅的 SMI 是天然气水合物可能存在的标志。

2）孔隙水中 Cl^- 浓度异常

孔隙水中 Cl^- 浓度异常是天然气水合物存在的重要标志。天然气水合物为笼形结构，这种笼形结构不允许 Cl^- 等其他离子进入，所以天然气水合物的形成有排盐作用，使得周围孔隙水中 Cl^- 浓度增高，这种高盐度流体会向上运移，从而造成近海底沉积物中孔隙水 Cl^- 浓度的增高；反之，天然气水合物的分解会使孔隙水中 Cl^- 浓度降低。但应用孔隙水 Cl^- 浓度的变化来判断下伏沉积物是否有天然气水合物应结合 $\delta^{18}O$ 的垂向变化一起考虑。只有当孔隙水 Cl^- 浓度向下降低，并伴随有 $\delta^{18}O$ 向下增大时，才能表明下伏沉积物中赋存有天然气水合物。

3）孔隙水中其他离子浓度异常

近年来用于示踪天然气水合物存在的离子还有 Br^-、I^-、Ca^{2+}、Mg^{2+}、Sr^{2+}、Li^+、Na^+、K^+、Ba^{2+}、HPO_4^{2-}、NH_4^+、HCO_3^-（碱度）等。一般深部有天然气水合物赋存的站位中沉积物孔隙水的离子浓度从浅往深具有明显的变化趋势：Ca^{2+}、Mg^{2+}、Sr^{2+} 含量显著降低，Mg^{2+}/Ca^{2+} 值、Sr^{2+}/Ca^{2+} 值急剧增加；Ba^{2+} 浓度显著升高；NH_4^+ 和 HPO_4^{2-} 浓度高且呈明显上升趋势。

3. 自生矿物地球化学探测技术

1）沉积物自生碳酸盐岩地球化学探测技术

天然气水合物的形成与活动流体密切相关，并常与自生碳酸盐岩伴生。它们在海底呈岩隆、结壳、结核、烟囱或与沉积物和水合物呈互层等形式产出，与之相伴随的往往有贻贝类、蚌类、管状蠕虫类、菌席和甲烷气泡等。过渡带中甲烷（生物成因甲烷气为主）厌氧氧化产生的 CO_2 具有特别低的 $\delta^{13}C$（−40.6‰～−54.2‰），从而导致此带中自生碳酸盐岩相对于正常海相碳酸盐岩具有特别低的 $\delta^{13}C$。在水合物稳定带中，水合物形成时对孔隙水的分馏作用及水合物的分解作用，导致孔隙水的 $\delta^{18}O$ 值升高。因此，相对于海水中沉淀的正常海相碳酸盐岩来说，在此环境中形成的碳酸盐岩具有高的 $\delta^{18}O$ 值。

2) 沉积物自生硫酸盐岩地球化学探测技术

硫酸盐类自生矿物主要有重晶石和石膏等。据报道，重晶石在现代海底冷泉附近广泛发育。冷泉背景下的自生重晶石表面通常不规则，结构类似“泉华”，有着大小不一的孔洞，孔洞可占体积的40%，有时可见双晶。显微镜下观察发现，许多晶体形态表现为螺旋形、菱形和树枝状/玫瑰花状。大的孔洞内部有时可见几厘米长的重晶石轮廓边，被称为“重晶石花边”。露出地面的重晶石表面经常覆盖着一层黑色或灰色物质，而重晶石自身的颜色是白色到黄白色。重晶石的硫同位素 $\delta^{34}S$ 为 21.0‰～38.6‰(CDT)，显示重硫特征。此外，石膏是近来发现的另一种与天然气水合物背景有关的自生矿物，它们散布于沉积物的颗粒间，呈微球粒和颗粒状或板状组成的块状。集合体内石膏晶体均为自形，略带浅黄色和透明状。微观下两种集合体外形中的石膏均有板状-柱状晶形，规则的晶面、晶棱及解理。石膏的 $\delta^{34}S$ 变化范围较大，为–7.54‰～+8.87‰(CDT)，且各种不同的类型(如微球粒和晶体集合体)相差很大。

3) 沉积物自生硫化物地球化学探测技术

硫化物类自生矿物主要表现为肉眼可见的黄铁矿、白铁矿等。在甲烷厌氧氧化反应和由细菌引起的硫酸盐还原过程中生成的硫化物主要有两类，即可溶酸性硫化物(AVS)和黄铁矿(FeS_2)。可溶酸性硫化物是非晶质的 FeS_n，它是在甲烷厌氧氧化反应和硫酸盐还原过程中生成的 H_2S 与孔隙流体中的 Fe^{2+}和 Fe^{3+}反应，生成的铁硫化物，可溶酸性硫化物不仅保存着硫铁矿物形成过程中硫化物和铁离子的反应过程，而且记录了天然气水合物渗漏过程中硫同位素的变化特征。黄铁矿是天然气水合物背景沉积环境下的重要自生矿物之一，其成因通常被认为与微生物作用下硫酸盐的还原过程有关，该过程伴随着有机质或甲烷厌氧氧化作用和 HCO_3^-及 HS^-的产生，同时伴随有碳、硫稳定同位素的分馏，产生了 ^{34}S 亏损的硫化物，并使残留在海水中的硫酸盐相对富集 ^{34}S，HS^-与孔隙水中的铁离子或沉积物中的碎屑铁矿物反应，生成亚稳定的过渡产物——铁硫化物，并最终转化为 ^{34}S 亏损的黄铁矿。

4. 同位素地球化学探测技术

在天然气水合物形成过程中，天然气水合物的结晶会引起同位素的分馏。在两相分馏过程中，重同位素(δD、$\delta^{18}O$、$\delta^{13}C$)浓集于固相，但是随着沉积深度的增加，沉积物被压缩，孔隙减少，包括天然气水合物在内的固体与初始流体发生分离。流体向上排升，所以从含天然气水合物层排升上来的孔隙流体应该富集轻同位素。只要渗透存在，随着进一步压缩，固-液分离过程将继续进行，因此在钻孔上部轻同位素最富集。相反，在钻探取样过程中，环境条件的扰动，有可能使天然气水合物发生分解，释放出的流体具有低盐度以富 $\delta^{18}O$ 和 δD 的特征，它们与孔隙水发生混合，并稀释周围的孔隙水，产生富含重同位素的孔隙流体，因此孔隙水 $\delta^{18}O$ 和 δD 同位素组成是指示天然气水合物的存在较为敏感的地球化学指标。

近年来，除常规的同位素研究外，国际上还十分关注应用一些新的同位素方法(如 $^3He/^4He$、$\delta^{11}B$、δ^6Li、$\delta^{37}Cl$、$\delta^{81}Br$ 等)，这些同位素异常都是指示天然气水合物存在的重要标志。

1.3.3 微生物勘查技术

海洋沉积物中微生物在地球科学中的应用属于国内外近几年来发展迅速的一个新兴交叉学科领域，涉及生物地质学、地质微生物学及极端生物、微生物与矿物相互作用等前沿方向。在海洋水合物分布的海底低温高压环境中生活的底栖微生物包含细菌、古生菌和真核生物 3 个域的微生物。这些微生物类别包括分解沉积物中有机质而提供生物成因气的微生物，将天然气水合物中甲烷氧化的微生物及依靠这些微生物而生存的化能异养大生物，如蠕虫、双壳类等。所有这些生物形成了一种以甲烷为源的低温高压极端生物生态体系。

国内外利用海洋地质微生物识别水合物技术的研究还处于起步阶段，但国内外最近几年的微生物探测技术实践证明，微生物对水合物示踪技术的研发和应用为未来更精确的水合物勘查提供一个新的、更灵敏的技术手段，有助于提高对水合物矿体的识别精度。

1. 微生物计数法

统计沉积物中的微生物数量可以直接显示微生物丰度的变化。常用的计数方法是荧光显微镜计数法，还有荧光原位杂交(fluorescence in situ hybridization，FISH)法。沉积物中原核微生物细胞计数法的最大优点是能够简易和快速得到结果。只要考察船上有一个适当装备的微生物实验室(如提供实验的操作台面及小型仪器和荧光显微镜)，在获得沉积物数个小时后就可以得到数据。如在国际大洋钻探众多航次中，微生物细胞计数法已成为一个例行的船上分析项目。每个钻孔取心完毕 2～3 天内，船上的微生物学家就可完成该钻孔岩心细胞丰度变化曲线及结合钻孔地球化学等参数对比讨论的报告。

2. 群落结构和标志类别法

原核生物的 16S rRNA 的分子量较大，携带信息量多， 在生物进化中分子序列变化缓慢，又有一些足以反映物种特异性的特异基因序列，因此经常被用来作为原核生物系统发育以及多样性研究的标志性基因。通过提取沉积物中微生物总 DNA，扩增 16S rRNA 基因序列，构建克隆文库，可以分析沉积物中微生物多样性，寻找与天然气水合物相关的微生物类群。

微生物计数法和微生物多样性分析的结合应用具有明显优势。首先可以用类似“地球化学勘探”或“微生物油气勘探”技术开展海洋水合物的“区探”；更具优势的一个方面是可以用群落结构特征等更精细的分析技术识别含水合物层，为未来水合物的调查和勘查提供一个有力的微生物技术手段。

3. 其他新兴微生物示踪技术

除了上述从微生物丰度和群落特征来研究对甲烷和水合物存在的示踪外，还有原核生物的生物地球化学和功能基因示踪、原生动物中底栖有孔虫的示踪、化石古细菌(包括古 DNA)及其地球化学的示踪等新方向和技术。

1.3.4 海底可视勘查技术

海底可视勘查技术是一种可以直观地对海底地形地貌、表层沉积物类型和生物群落等进行实时观察的调查手段。目前，国内外可用于海底可视观察的设备主要有海底摄像、电视抓斗、深拖系统和无人遥控潜水器等。在国外，这几种设备都先后应用于水合物调查中，而在我国仅使用了海底摄像。这四种调查设备各有所长，除海底摄像系统外，其他三种都是各种技术的集成，但它们都有一个共同的特点，即具有海底可视观察的功能。

1. 海底摄像

海底摄像，也称为海底电视观测，是一种极为重要的海底直观观测手段，为天然气水合物调查中所有可视技术手段中必不可少的基础技术。2004 年，中德合作使用“太阳号”调查船在南海北部开展水合物资源调查(SO177 航次)，采用海底观测系统(ocean floor observation system，OFOS)对 33 个测站进行了海底电视观测，首次在南海北部陆坡东沙附近海域发现了由冷泉喷溢形成的巨型自生碳酸盐岩。最典型的为“九龙甲烷礁”，在“九龙甲烷礁”区碳酸盐岩结壳裂隙中，发现了化能自养生物菌席(图 1-7)。

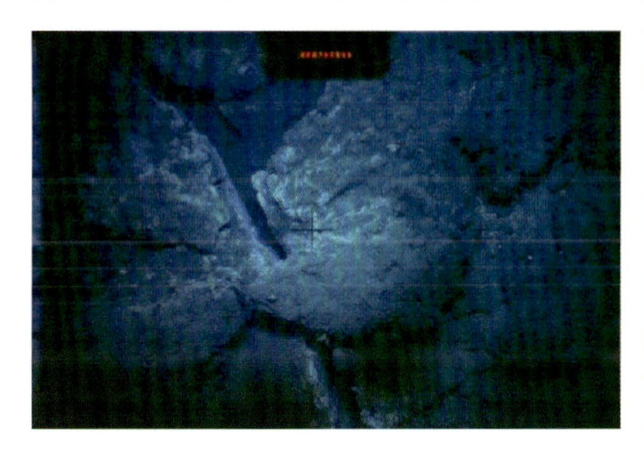

图 1-7　中德合作 SO177 航次 OFOS13 测站海底照片(据黄永样等，2008)

2. 电视抓斗

电视抓斗为海底摄像连续观察和抓斗取样器结合组成的可视抓斗取样器，是一种最有效的地质取样器，其突出特点是既可以直接进行海底观察和记录，又可以在甲板遥控下针对目标准确地进行取样。自 20 世纪 90 年代中期以来，人们尝试性地将此种设备用于海底表层天然气水合物取样，结果不仅普遍获得了成功，而且还观察记录到了海底天然气的溢出状态和天然气水合物的产状特征。1999 年 8 月，德国基尔大学 GEOMAR 海洋地球科学研究中心 Suess 教授等在美国俄勒冈岸外水合物脊进行 TECFlux 项目联合调查过程中，运用 lm×lm 开口的电视抓斗成功地取到了表层沉积物中的天然气水合物样品。

3. 深拖系统

我国的深拖系统目前主要应用于大洋底多金属矿产调查，最先是由中国大洋矿产资源研究开发协会于1995年初从挪威Simrad公司引进的。该系统包括侧扫声呐、浅层剖面、深海电视和深海照相四种功能，可用于微地形地貌测量、沉积剖面测量、对海底目标进行实时录像和拍照。其中深海照相和深海电视系统主要包括深海摄像机、摄像灯、照相机、闪光灯和装有电子设备的压力筒，这些设备装在一个开放式的铝合金框架内，通过船上电子设备控制对海底地形情况进行实时监测录像及照相，并将相应点的高度、深度、位置等有关信息记录在硬盘上。

4. 无人遥控潜水器

无人遥控潜水器(remotely operated vehicle，ROV)是由水面母船上的工作人员通过连接潜水器的脐带提供动力，操纵或控制潜水器，通过水下电视、侧扫声呐等专用设备进行观察，还能通过机械手进行水下作业。以ROV为工作平台的拖曳探测技术发展很快，是国际海洋技术中快速发展的一个重要方向，为当今国际海底探查中的高新技术代表，是一个国家综合国力的象征。

我国ROV研制起步于20世纪80年代后期，先后研制出我国第一艘“ROV海人一号”(HR01)和无缆水下机器人“CR-01”号。2009年，广州海洋地质调查局引进了ROV系统，该设备由加拿大ISE公司设计制造，型号为HYSUB130-4000型，系统由支持母船、ROV控制室、储缆绞车、吊放回收系统、脐带缆、ROV本体、机械手及作业工具等组成(图1-8)。ROV通过搭载合适的辅助设备，可以通过远程操作平台收集科学数据和探查；通过视频或者静态照相获取水下图像；通过前视声呐获取简洁的海底声呐图像；回收海底目标物；检查水下目标物的破损情况及利用特殊工具对水下设备及设施进行维护。系统的工作水深为0～4000m。该系统已成功投入水合物资源的勘查工作中，随着各种搭载高新技术设备和仪器的引进或自主研发成功，ROV将在未来的天然气水合物勘查中发挥更为重要的作用。

图1-8　HYSUB130-4000型ROV系统

1.3.5　地质取样技术

天然气水合物取样主要包括两个方面，即海底浅表层地质取样技术和钻探取心技术。前者用于获取海底表层和浅部(数米至数十米)的沉积物或水合物样品，后者的取样深度可达数百米。

1. 海底浅表层地质取样技术

海底浅表层地质取样技术是发现天然气水合物的直接手段，也是验证其他方法所得调查成果的必要手段。海底浅表层取样器主要有抓斗式取样器、重力式取样器、重力活塞式保真取样器等。

1) 抓斗式取样器

抓斗式取样器有挖泥斗、蚌式采样器、抓斗采样器等几种类型。按虎口闭合力性质将抓斗划分为自重式、杠杆式、弹簧式和绳索式四种形式。这种取样器一般只能取海底0.3～0.4m 深的浅表层样品。把海底摄像连续观察和抓斗取样器结合组成的可视抓斗取样器，称为电视抓斗取样器，它克服了盲目取样、取样量少的缺点，可直接根据海底观察情况获得大容量的样品，是一种最有效的地质取样器。

2) 重力式取样器

重力式取样器主要用于海底淤泥及松软沉积物中取样，常用的有两种，即简单式重力取样器和活塞式重力取样器。其中，简单式重力取样器由于沉积物样品在取样管中上升时要克服与取样管内壁的摩擦力和取样管内的水压，当样品较长时会出现管内土样被压实的现象，从而限制了取样长度，而活塞式重力取样器最主要的优点是消除了样品扰动，并且取样长度较长，但是不能实现保压取样。

3) 重力活塞式保真取样器

重力活塞式保真取样器借鉴活塞式重力取样器和深海沉积物保真取样器两者的优点，能对取到的沉积物样品进行保温保压，并保持原位状态，避免了压力温度变化对其物理化学性能的影响，为天然气水合物存在与否提供了较为精确的判断依据。

2. 钻探取心技术

钻探取心是识别天然气水合物最直接的方法，目前已在世界许多地方获得了天然气水合物的岩心。高保真取样器是获得保持原位压力和温度的高保真岩心样品的主要手段，目前国内外主要有 DSDP 采用的保压取样筒 PCB、ODP 采用的保压取心器 PCS、活塞取样器 APC、日本研制的 PTCS。国内外还有一些用于常规石油天然气取心的压力密闭取心器可直接用于天然气水合物的保压取心，如 ESSO 采用的保压取心器 PCB、Christensen 采用的保压取心器 PCB、美国采用的保压取心器 PCBBL、我国大庆采用的保压取心器 MY-215 等，但保压、保温性能技术指标与 DSDP 采用的保压取样筒 PCB、ODP 采用的保压取心器 PCS、日本研制的 PTCS 相比存在差距，且无天然气水合物取心的历史。

第 2 章　天然气水合物地震勘探技术及成矿响应特征

海域多道地震勘探是现阶段海域天然气水合物勘探最有效的手段。目前，用于天然气水合物勘查的地震勘探方法主要包括常规多道地震及高分辨率多道地震。

多道地震勘探分为二维地震勘探与三维地震勘探。二维地震勘探是指沿一条测线进行单向观测，地下反射点信息沿直线均匀分布，处理后的地震资料为二维地震剖面；三维地震勘探是指沿线间距较小的测线，进行面积观测，地下反射点信息规则地分布在一定面积之内，处理后的地震资料为具有三维空间特征的三维数据体(图 2-1)。三维地震是一种面积地震勘探，高密度的采集和高精度的处理，通过精细的三维数据体资料，可以提取各种剖面图和立体图像，以满足解释工作的需要。

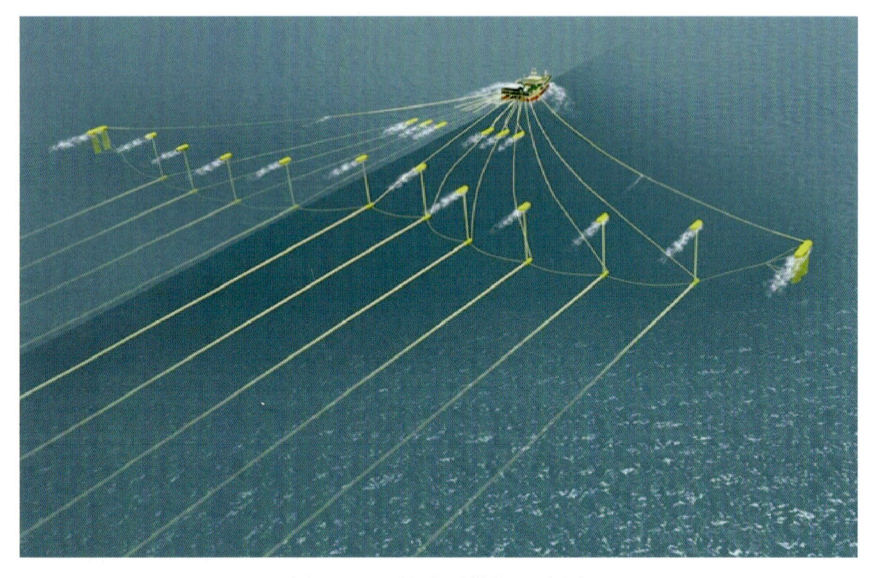

图 2-1　三维地震勘探示意图

2.1　高分辨率多道地震勘探技术

2.1.1　高分辨率二维地震勘探技术

美国、俄罗斯、德国、意大利、日本等国科学家在水合物调查过程中设计了一系列震源进行试验应用，取得了不错的效果，值得我们研究借鉴。例如，美国科学家在布莱克海台，采用 2 条 GI 枪(105/105in^{3}①)，480 道地震电缆(道间距 12.5m)，震源和电缆分

① $1in^3=1.63871\times10^{-5}m^3$，立方英寸。

别沉放 5m，取得了清晰的水合物多道地震资料；日本、韩国、印度等采用的震源有 GI 枪、套筒枪、电火花等，实施多道地震、海底地震仪等技术对海洋天然气水合物进行了研究。我国科学家总结了国内外天然气水合物地震勘探技术，并就震源与水合物勘探频率之间的内在联系进行了研究和试验，取得了较好的研究效果。

根据有关资料，在 20～650Hz 的频带内都可以观察到有关的 BSR 反射，但其反映形态各异。因此，水合物高分辨震源技术主要是为获得满足水合物调查要求的地震勘探频率。

自 1999 年以来，我国相继在西沙海槽、东沙群岛、神狐和琼东南海域开展了天然气水合物资源调查及研究工作。就地震震源而言，针对天然气水合物高分辨率二维地震勘探技术的特点，对震源结构、激发能量、激发频宽及沉放深度进行了综合研究。首先，根据天然气水合物海底埋深较浅、地层复杂的特点，为了突出 BSR 特征、提高 BSR 邻近地层的分辨率，依据“点震源”的相关技术标准及相干枪阵的研究结果(何汉漪，2001)，高分辨率二维地震调查中设计使用的枪阵为 $8\times20in^3$ 套筒枪点震源系统。针对我国南海北部陆坡的实际情况，学者认为天然气水合物的主要识别标志 BSR 在频宽为 10～120Hz、主频为 40～70Hz 时可以得到突出显示，同时在不影响 BSR 有效识别的前提下能够兼顾其他信息获取；通过对海洋地震勘探中地震波、鬼波综合效应的分析，确定了缆源的最佳沉放深度为 5m。套筒枪点震源系统($8\times20in^3$)所获得的地震纵波剖面在突出水合物四大特征、提高 BSR 及其邻近地层的分辨率方面获得了较好的效果。

2.1.2　天然气水合物地震导航定位技术

为了给野外地震资料采集、室内地震资料处理提供高精度的导航定位信息，在天然气水合物二维和三维地震调查中，采用了一套严密的导航定位技术方法，对数据采集、船舶、电缆/震源定位、数据质量、地震面元覆盖状况等环节实行严格控制。

1. 导航定位数据采集系统

天然气水合物地震导航定位系统由 SPECTRA 导航系统、SF-2050M DGPS 接收机、Seamap 尾标定位系统等多套设备组成(图 2-2)。其主要功能是实现指导野外三维地震调查施工，并获取地震炮点，接收点导航定位数据，通过后处理系统对外界干扰、随机误差等诸多不确定因素，需要通过数据处理予以消除，以达到提高导航定位精度的目的。

2. 三维地震采集面元覆盖监控

在海上三维地震调查中，面元覆盖监控与分析技术对地震资料的采集起到极其关键的作用。首先，利用这一技术，可根据施工设计参数，如椭球、投影、工区角点坐标、工区坐标系原点坐标、面元格网定义参数、面元覆盖参数、面元扩展参数等，建立起整个工区的三维格网，在导航系统中实时监控作业进程，适时调整船舶航行方向，从而有

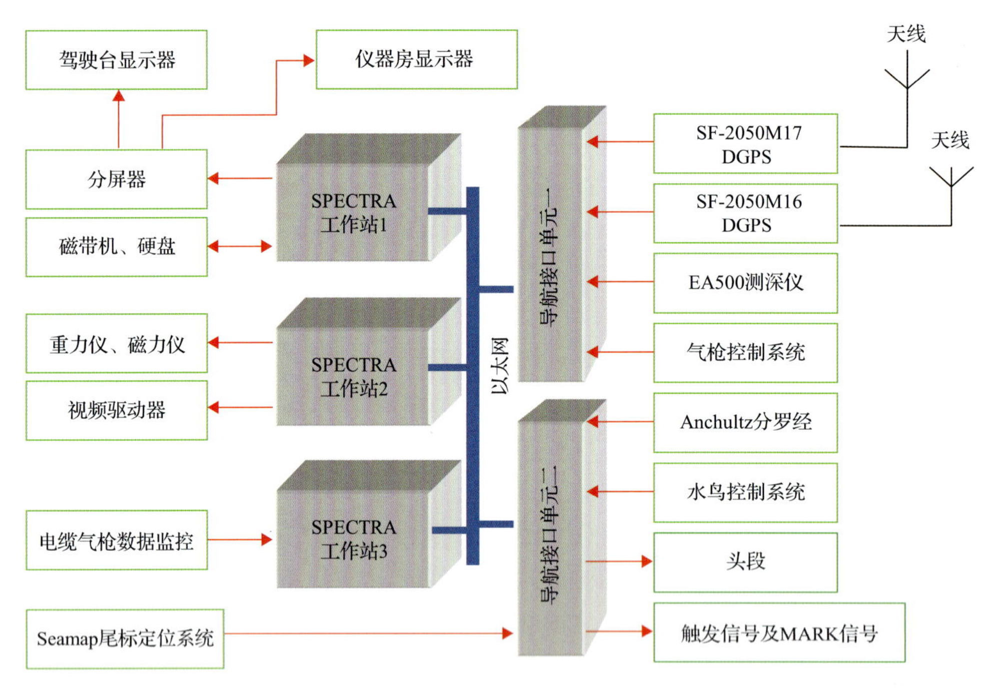

图 2-2　导航定位数据采集系统组成框图

效降低补线率。其次，可以对已完成的测线数据进行处理和技术分析，生成面元覆盖图，找出工区内的空白区域，为野外补线提供依据。

面元格网是三维地震调查数据测量区域的网格。根据设计参数，将调查区域划分成多个小区块，每个小区块称为“面元”。作业时，船沿测线航行放炮，不同的共深度(CMP)点落在不同的面元内。落入面元内的 CMP 点的次数称为面元覆盖次数(图 2-3)。

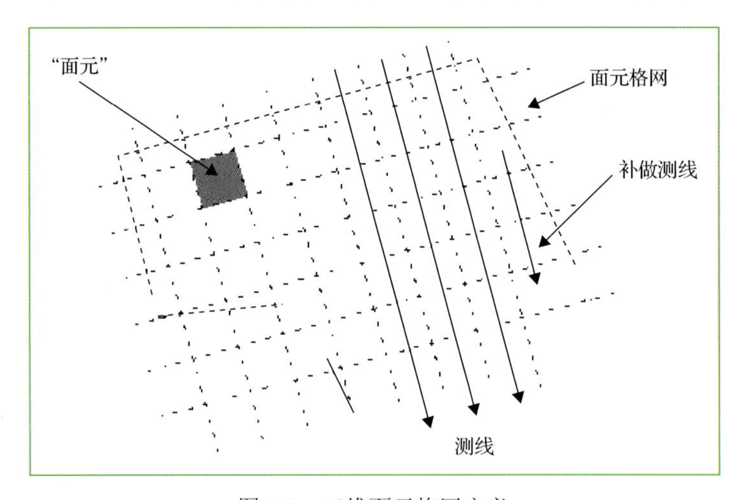

图 2-3　三维面元格网定义

面元格网建立后，每个面元的四个角点均对应一组直角坐标。通过相关软件，判断各 CMP 点具体落在那个面元内，根据面元内 CMP 点的多少，以不同颜色显示出覆盖比率，形成最终面元覆盖图(图 2-4，图 2-5)。

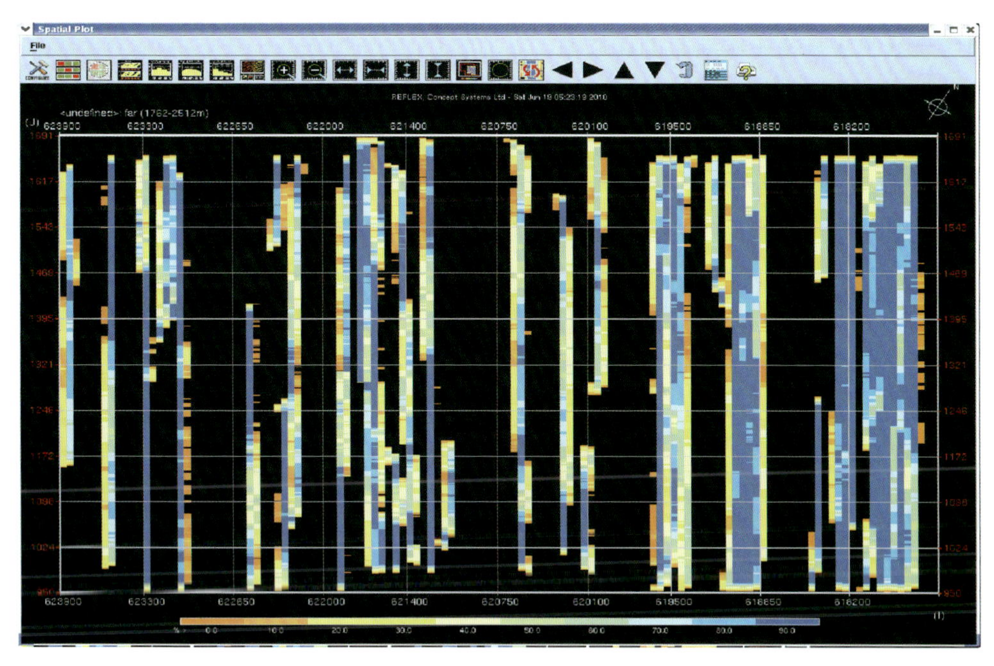

图 2-4　REFLEX 软件远段覆盖效果图

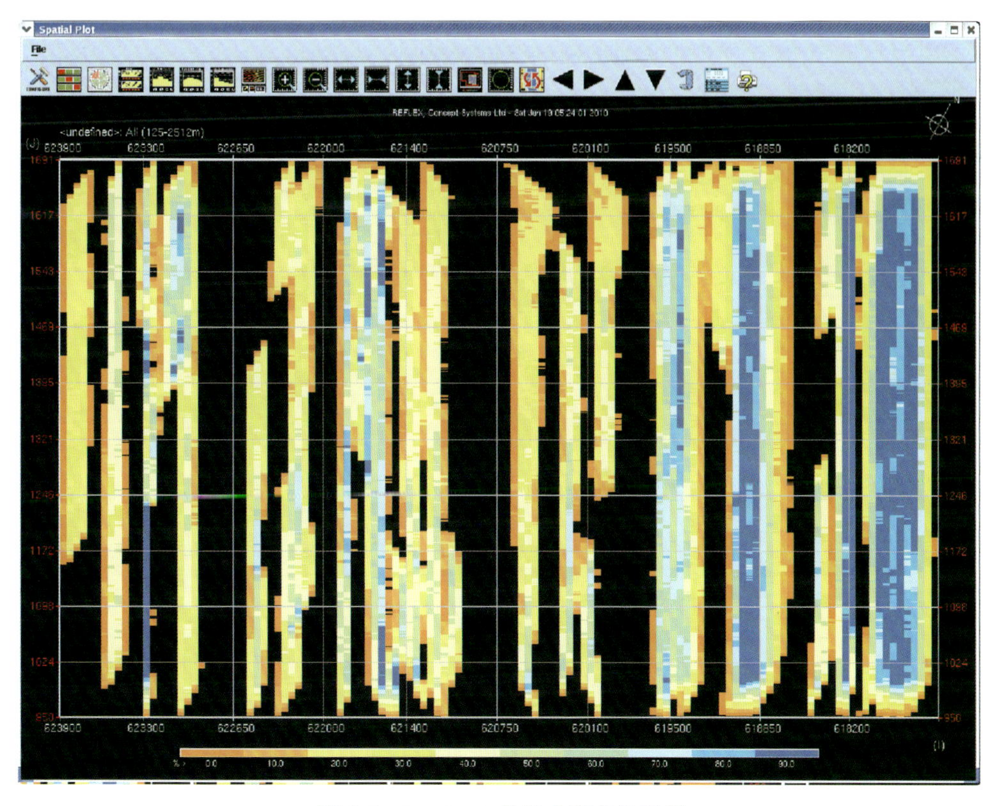

图 2-5　REFLEX 软件全覆盖效果图

2.1.3　天然气水合物三维地震勘探技术

近几年在南海北部陆坡区水合物勘探中采用准三维地震勘探方法。通过几年的研究与发展，天然气水合物准三维地震勘探采用单源单缆地震勘探方法获得了较好的三维成像效果。对于天然气水合物联合采集而言，三维地震调查为了达到较好的成像效果，必须提高定位精度。而实际上，面元大小的选择与定位误差之间形成了一种相互关联、相互制约的关系。面元参数优化是水合物三维地震勘探技术研究的关键内容之一。首先，需要建立相应的地质模型(或地球物理模型)；然后，利用相关的数学模型进行模拟，研究时综合考虑的主要因素包括水合物目标尺寸、最高无混叠频率、横向分辨率、定位精度；最后，通过实际资料的对比验证确定达到面元参数优化的目的。

2.2　多道地震调查处理流程

常规海上地震数据处理技术针对的是海底的油气资源，海底浅层的信噪比和分辨率未得到足够重视。经过这种技术处理的地震资料，BSR 作为干扰被消除，同时空白带与围岩接触关系不能清晰显示，天然气水合物的速度异常无法准确体现。因此，需要研究出一套针对天然气水合物的三维地震资料处理技术。

天然气水合物三维地震资料处理技术针对天然气水合物赋存带这一主要目的层，清晰显示天然气水合物稳定带及其邻近地层之间的物性特征和接触关系，突出以 BSR 为主的天然气水合物标志特征，为天然气水合物矿体的三维解释提供三维数据体(图 2-6)。

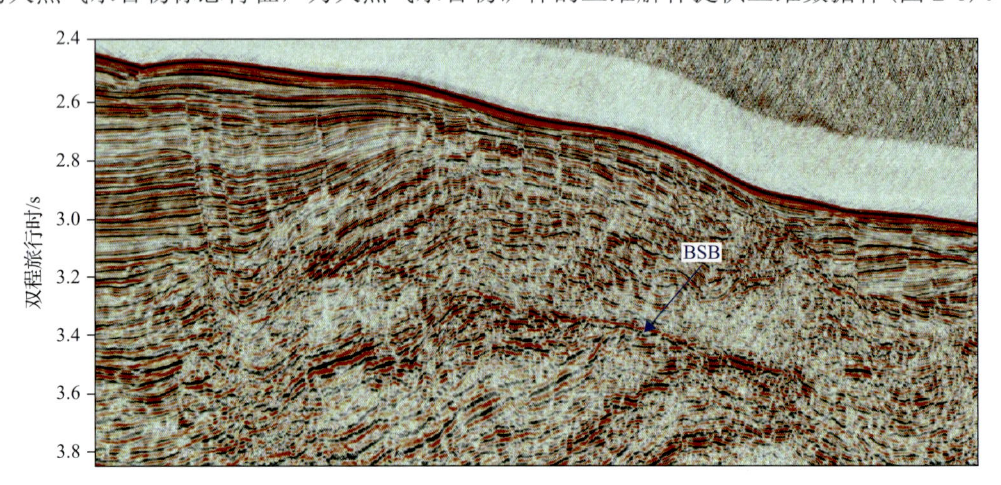

图 2-6　BSR 与地层斜交现象

根据南海天然气水合物识别的相关地球物理特征，天然气水合物多道地震数据处理的主要处理方法和使用原理与常规油气资料处理基本类似，不同点是在保幅处理前提下，突出反极性、振幅空白带、速度异常等与水合物相关的地球物理特征，图 2-7 为水合物多道地震成像处理关键技术示意图。

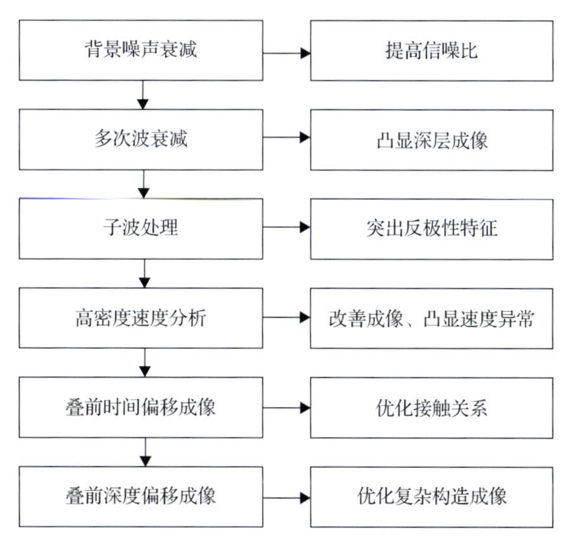

图 2-7 水合物多道地震成像处理关键技术示意图

1. 背景噪声衰减

1) 涌浪噪声

涌浪噪声由海浪引起，普遍存在于海洋拖缆地震中。涌浪噪声与正常的地震反射信号有很大的区别，来自地下界面的地震反射信号无论是在叠前还是叠后，各种数据的分布都是有规律可循的，在能量和频率上都符合地震波的传播规律，而涌浪噪声则不同，其特征是能量强，分布范围广，但频带范围窄，频率较低，通常采用高通滤波的方式衰减涌浪噪声。图 2-8 为涌浪噪声衰减效果图，由于涌浪噪声的存在，掩盖了地下反射地层的反射信息，经过高通滤波后，有效信号得以凸显，更利于反射层位的识别。

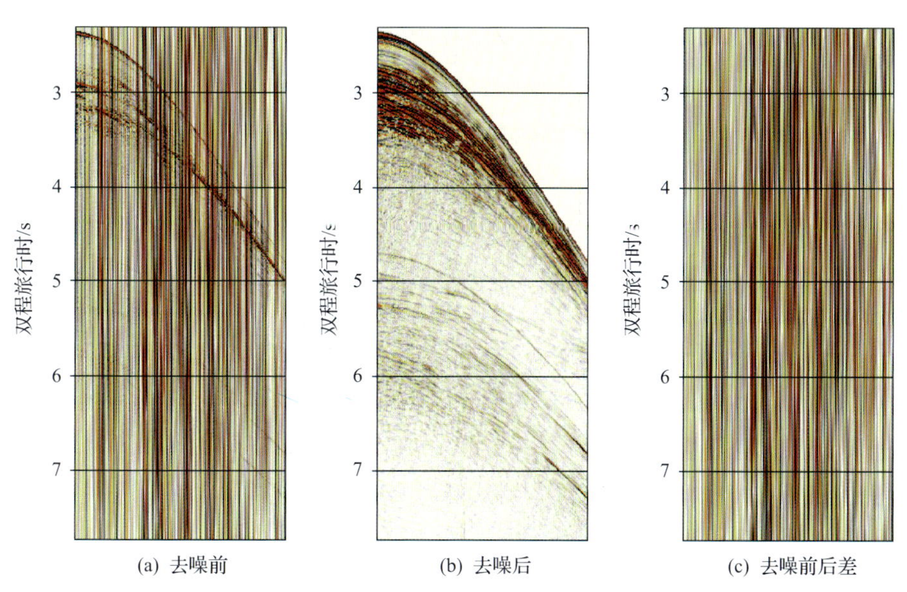

图 2-8 涌浪噪声衰减效果图

2）线性噪声

引起线性干扰的主要因素是他船干扰和水鸟道震动，前者频率较低，通常不超过30Hz，后者频率相对较高，在60Hz左右。线性干扰的视速度通常在1420～3500m/s的范围内变化，由于浅层有效信号能量比较强、频率较高，线性干扰在剖面上的相对影响并不明显，但对反射能量相对较弱的深部地层影响较大。线性干扰的压制主要针对其频率和速度特征，使用线性动校正模型，利用最小平方算法估算炮集中的线性噪声，然后将线性噪声减去获得衰减后的地震数据，图2-9为线性噪声衰减效果图，线性噪声得到较好压制，成像质量得到明显改善。

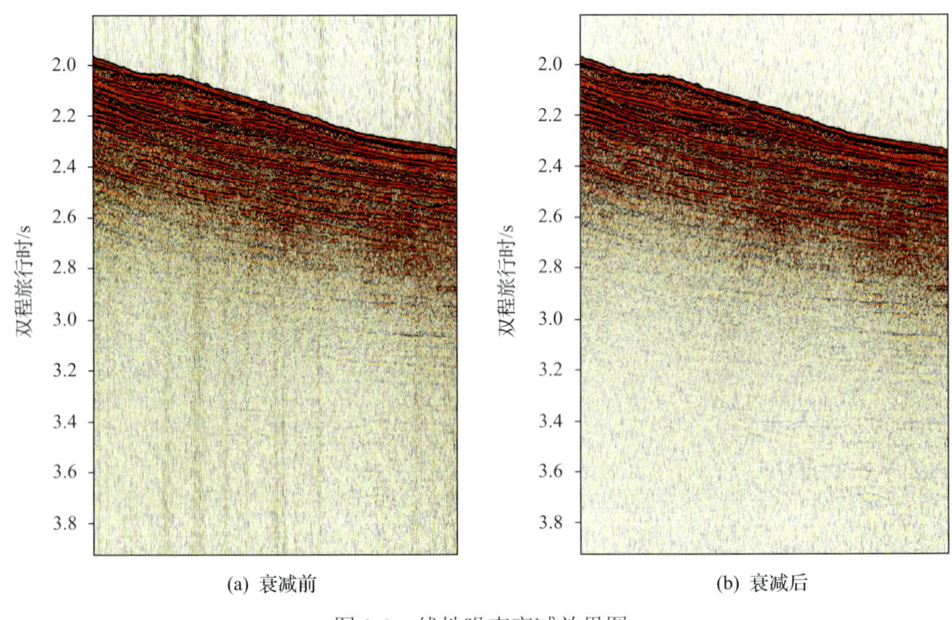

图2-9　线性噪声衰减效果图

3）大值脉冲

大值脉冲一般由两种因素产生：水鸟道震动、电缆挂物。海洋拖缆多道地震采集时，为了使拖缆稳定于一定深度并保持平衡，通常会在电缆上安装一定数量的水鸟，而水鸟的震动会在水鸟道上产生强振幅的随机噪声，其特点是干扰出现位置相对稳定，且振幅值特别大；电缆挂物引起的大值干扰特点是相对水鸟道震动而言出现位置比较随机。大值脉冲的频率与有效信号有一定重叠，因此不能通过简单的滤波方法进行衰减，通常采用 f-x 分频投影滤波的方法进行压制。所依据的主要原理是在 f-x 域所有频率地震有效信号可以预测，而噪声不能预测，在噪声分布的频段，将地震数据分为多个窄频段，利用投影滤波的方法，保留可预测的有效信号，衰减不可预测噪声。该方法的优点是分频处理、保幅性好。图2-10为运用投影滤波衰减大值脉冲的处理效果，大值脉冲被很好地压制，而有效信号获得很好的保护。

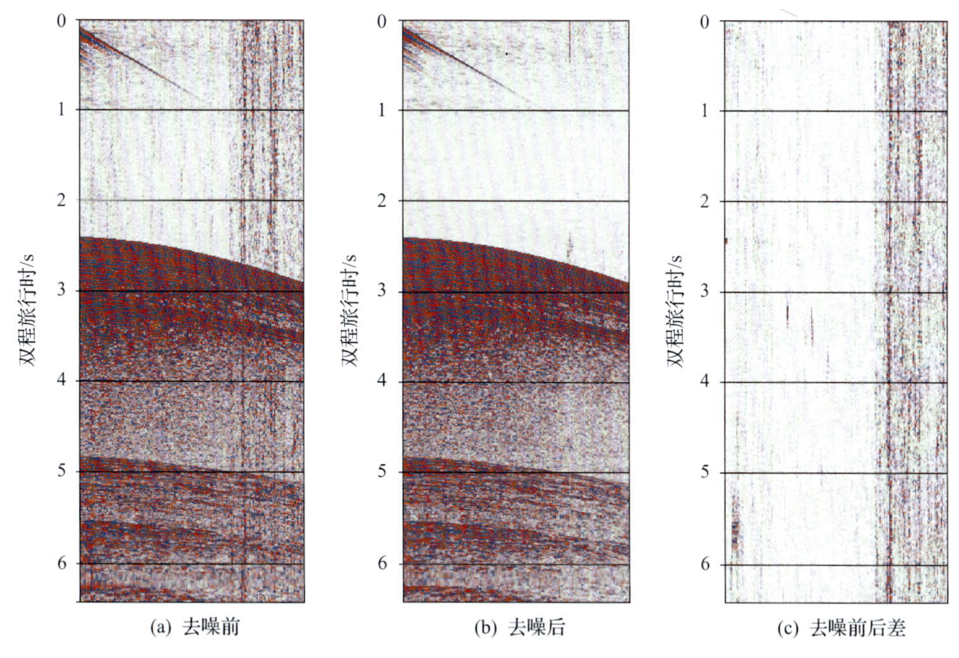

图 2-10　大值脉冲衰减效果图

2. 多次波衰减

多次波衰减是海洋拖缆多道地震数据处理中的关键问题，尽管多次波的出现位置相对水合物储存位置而言较深，不会影响水合物相关的地球物理特征识别。但深部成像对研究水合物的形成、游离气体运移和成藏模式，对确定天然气水合物的形成机制及赋存的地质环境有着重要作用，因此多次波衰减是水合物地震资料处理的关键。通常采用图 2-11 所示的多步串联的方式进行多次波衰减。

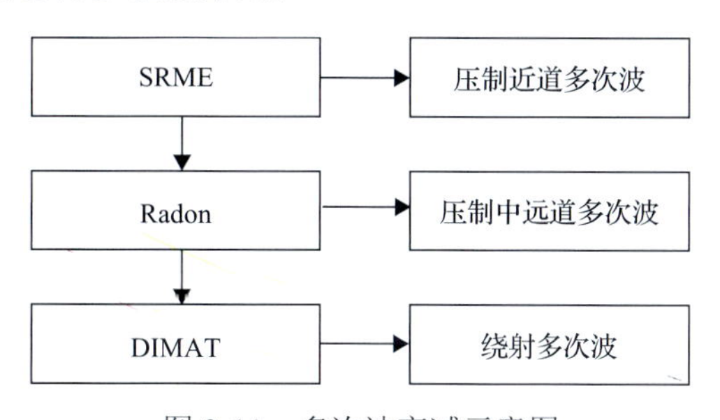

图 2-11　多次波衰减示意图

1) SRME 衰减自由表面多次波

自由表面多次波的预测过程是原始叠前数据与自身沿着自由表面进行时空褶积，即多次波的预测算子，是不含多次波的地震数据。由于此方法不需要地下任何信息，要想正确预测多次波，就必须保证所有所需的子反射都有记录，否则就不能准确预测出多次波。

SRME 多次波衰减方法的实现主要分两步。

第一步，多次波模型的建立。输入 CMP 道集，通过原始数据与自身进行时空褶积，初至波通过时空与褶积就可以构成多次波；低阶多次波通过时空域褶积可以构成高阶多次波。

第二步，自适应减法。自适应减法的实现包括全局匹配和局部匹配，用最小二乘平方算法，将模拟出来的多次波从数据中减去。

图 2-12 为 SRME 压制多次波效果展示，与海底相关的多次波被压制，但仍有部分残余，分析原因主要是 SRME 衰减多次波主要对近道多次波的压制效果较好，对远道多次波及崎岖海底造成的绕射多次波衰减的效果不是很理想。

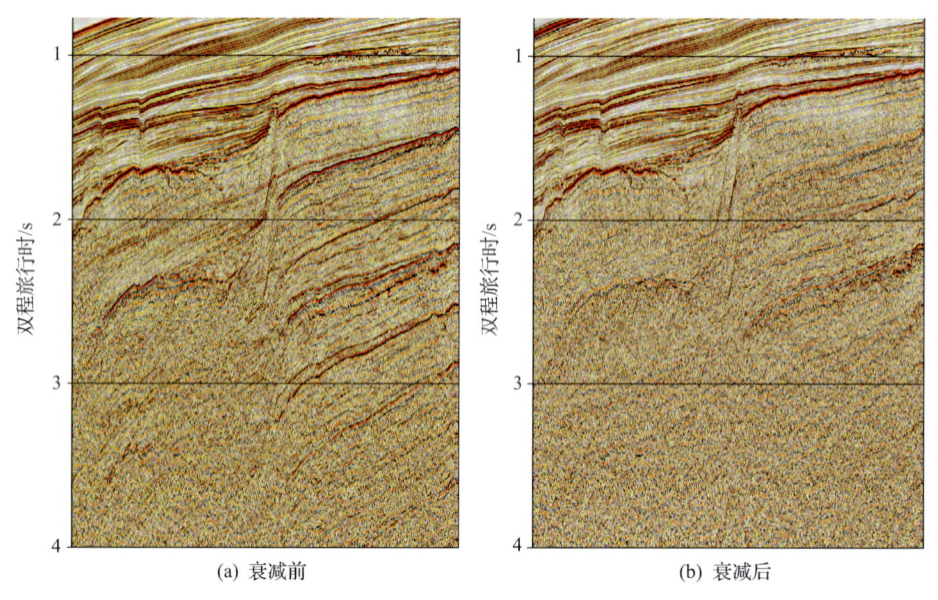

图 2-12　SRME 多次波衰减效果图

2) 高精度 Radon 变换衰减远道多次波

高精度 Radon 变换主要利用初次波与多次波之间速度或时间差异来实现多次波的衰减，为了有效区分多次波和有效波，Radon 变换在动校后的道集上进行处理。原理如图 2-13 所示，在动校正道集上，初次波被拉平，多次波由于动校不足而与有效波有一定的时差，通过控制多次波与有效波的时差，来确定哪一部分是要保留的信号，哪一部分是要去除的。通常选择动校拉平对应的时刻附近的区域为要保留的信号，在这个范围之外为多次。随着偏移距的增大，多次波与有效波的时差越来越大，更利于进行多次波和有效波的分离，因此高精度 Radon 变换更适合进行中、远道多次波的去除。需要注意的是，为了不损害有效信号，速度一定要准，否则容易残留多次波或者伤害有效信号。

图 2-14 为高精度 Radon 变换衰减 SRME 后残余多次波的效果图，速度与初次波有较大差异的中远道多次波得到压制，剖面成像质量更高。

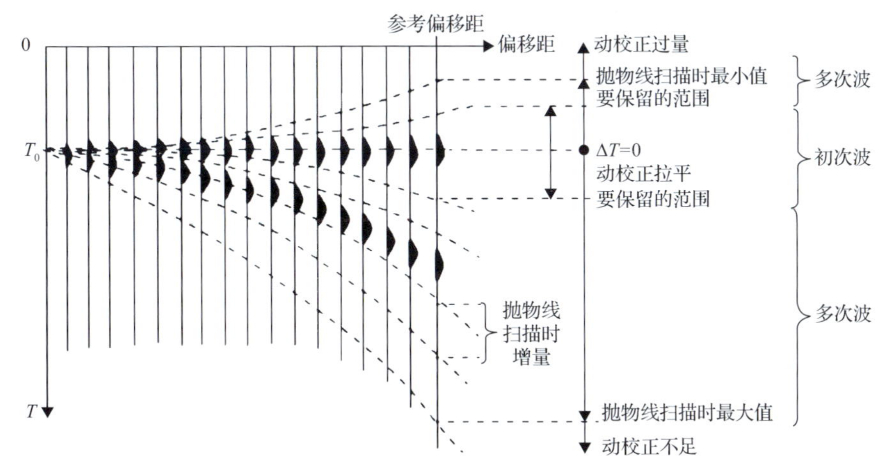

图 2-13　高精度 Radon 变换示意图

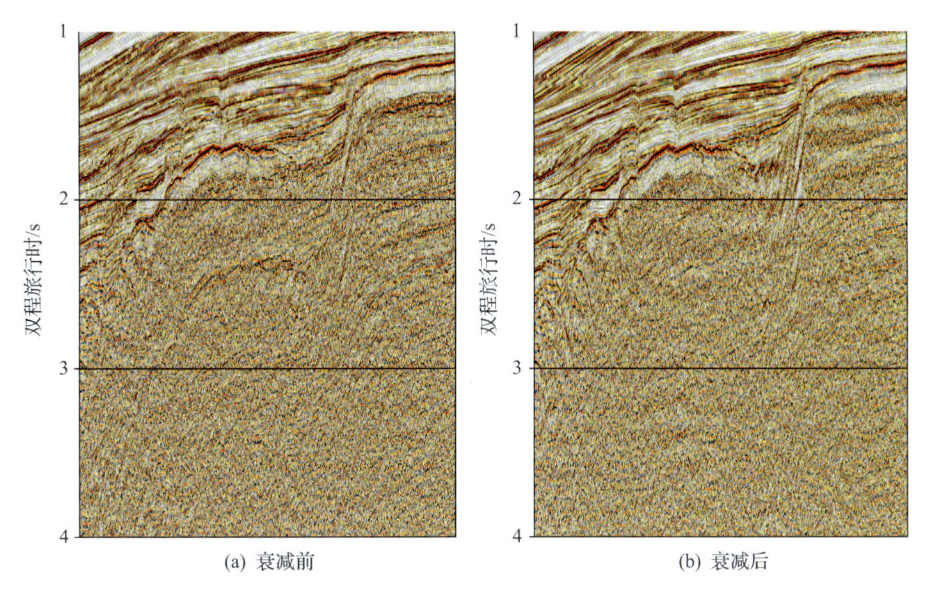

图 2-14　高精度 Radon 多次波衰减效果图

3) DIMAT 分频压制绕射多次波

经过前期的衰减多次波处理之后，仍然残余部分多次波，该部分残余的多次波均存在时距曲线顶点漂移现象即顶点不在零偏移距处的现象。这属于绕射多次波，对该类多次波高精度 Radon 变换无能为力，需要运用专门的去绕射多次波流程，在处理中常采用 DIMAT 即分频去绕射多次波的方法。绕射多次波常是崎岖地层造成，该类多次波形态不符合多次波的规律，常存在时距曲线顶点不在零偏移距处即存在顶点漂移的现象。通常情况下这种绕射多次波具有振幅强、频率高，与有效信号存在一定频带分离现象的特点，常采用分频去噪的方式进行去除。该方法的思路是根据多次波的高频特征，求取一个衰减高频噪声能量的比例系数，并将该系数与原始道集中的高频成分相乘以达到衰减高频绕射多次波的目的。图 2-15 为分频衰减绕射多次波原理图，残余的多次波得到良好衰减。

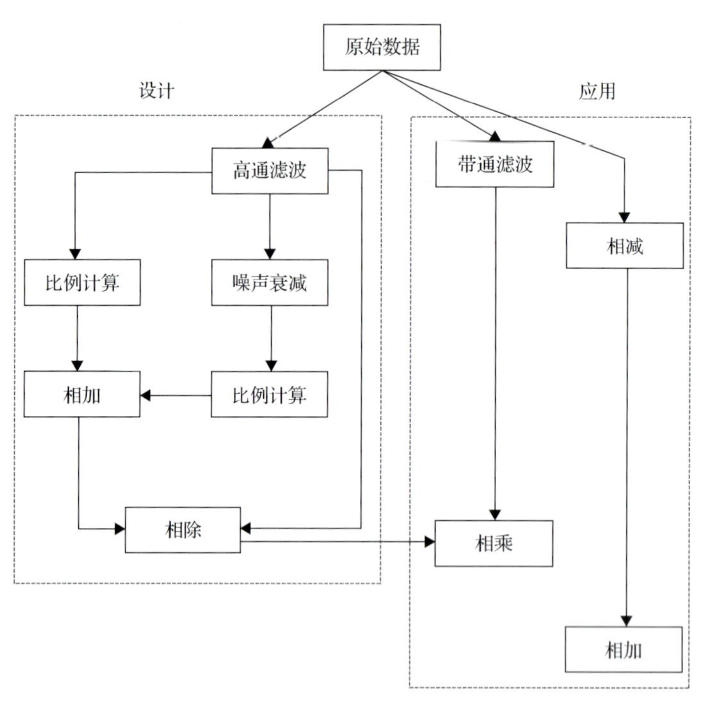

图 2-15　分频衰减绕射多次波原理图

图 2-16 为组合法衰减强绕射多次波的效果图，SRME 通过建立多次波模型来衰减多次波，因此可适用于处理本工区通常形态下的多次波，以及部分由海底起伏导致的绕

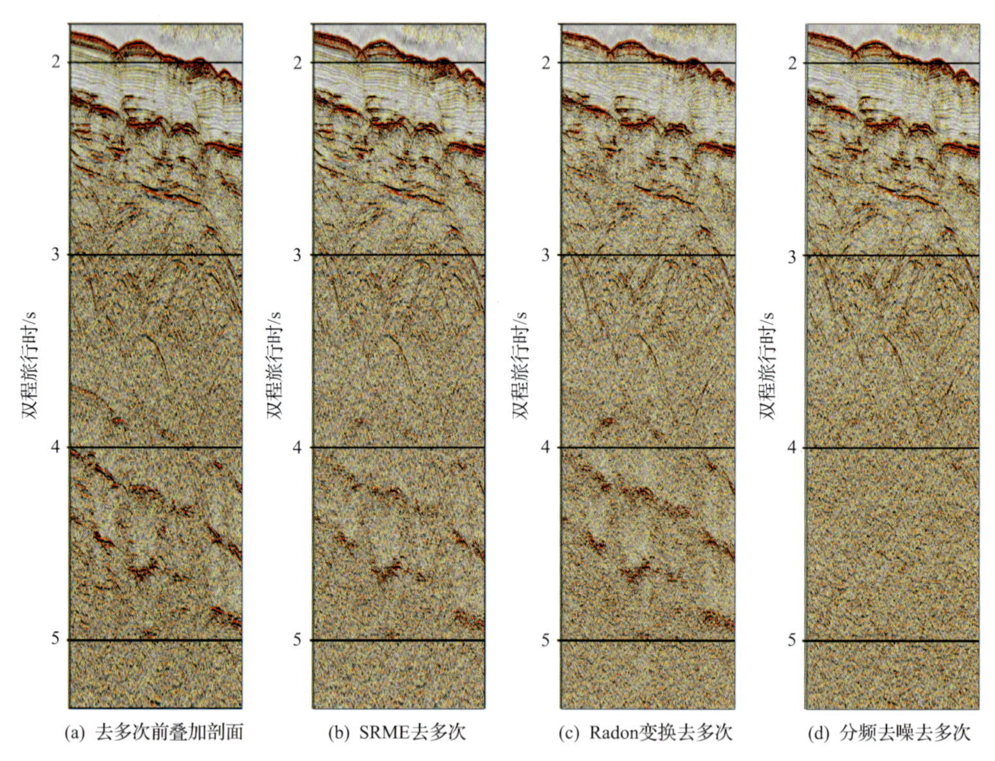

图 2-16　组合法衰减强绕射多次波的效果图

射多次波、强振幅高速地层产生的强多次波等特殊类型的多次波；高精度 Radon 变换主要是进一步处理 SRME 后剩余的常规多次波，即速度低于有效波类型的多次波；分频去噪是进一步消除残留的高频、强振幅绕射多次波。由图 2-16 可见，不同的方法有不同的局限性，衰减不同类型多次波的效果也不同，通过多种方式组合压制多次波，能够获得比较满意的效果。

3. 子波处理

反褶积的基本作用是压缩地震记录中的地震子波，同时，可以压制鸣震和多次波，反褶积处理是天然气水合物地震数据处理中非常重要的一个环节，其结果直接关系到对 BSR 的识别。

反褶积的目的是突出 BSR 与海底的极性反转。在水合物层底界含游离气时，其反射与海底反射的极性相反，这也是识别水合物的一个关键。

反褶积处理的原则是突出子波的相对关系而不是改变其相对关系。处理过程一般是使波形相位逐步零相位化，以便于观察目标层的波形与海底波形的对比是否反转。但这一目标很难在一个很大而且地形变化较快区域的地震数据上实现。在水合物的确存在且其底界含游离气时，如果一个简单的波形压缩处理就能够识别其极性是否反转，过多的波形方面的处理可能产生更大的噪声结果，特别是在数据噪声较大时，情况更为严重。在缺少井数据的前提下，反褶积处理应尽可能少，以免破坏子波极性的相对关系。

图 2-17 为反褶积前后的道集效果对比图；图 2-18 为反褶积前后自相关图，从图中可以看出，反褶积很好地衰减了层间多次波，提高了对地层的有效分辨能力；图 2-19 为子波处理后剖面及波形图，经过子波处理，地震反射信号逐步从混合相位向零相位靠拢，从而有利于地震子波的极性识别，剖面中海底以下 300ms 处的反极性特征非常明显，从波形显示可以看出，子波基本为零相位，BSR 与海底的反极性特征得到了极大的保护与凸显。

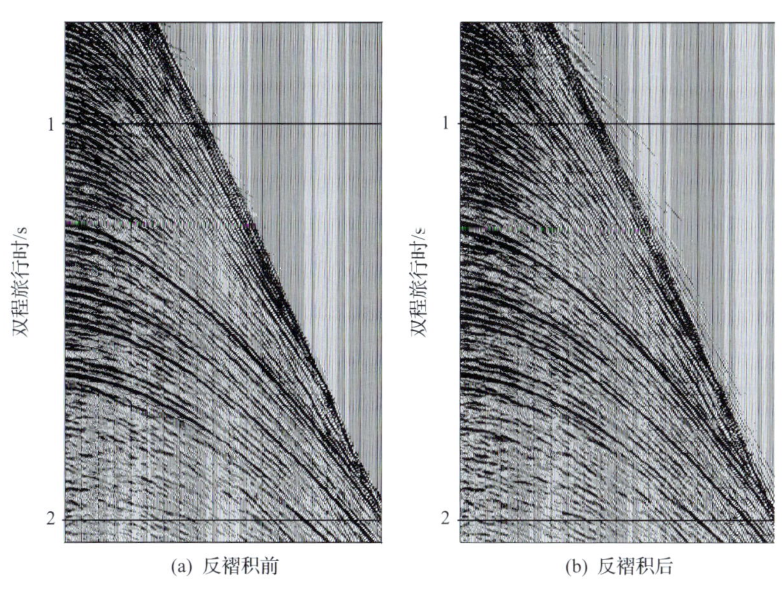

图 2-17　反褶积前后的道集效果对比图

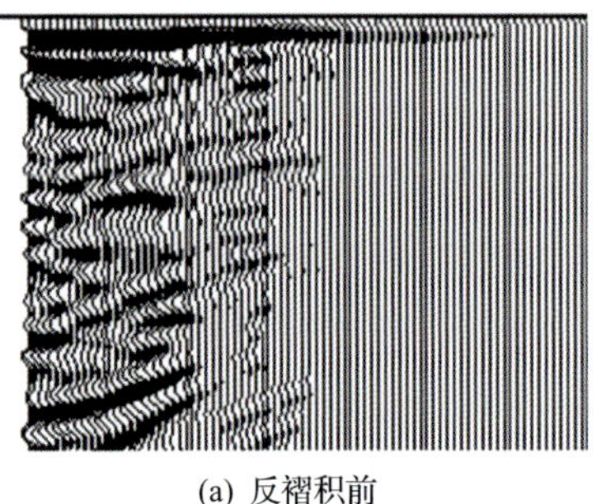
(a) 反褶积前

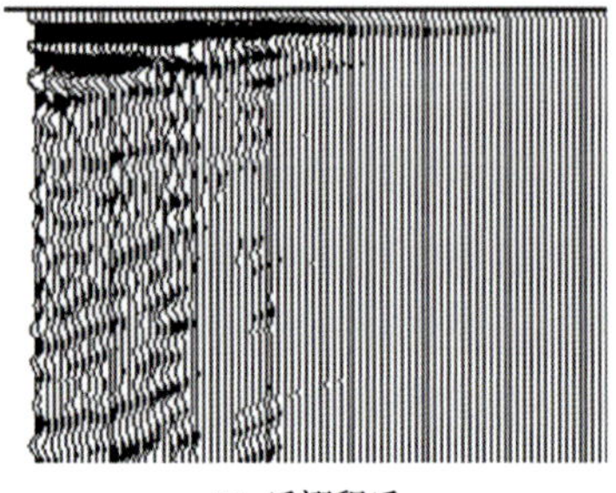
(b) 反褶积后

图 2-18　反褶积前后自相关图

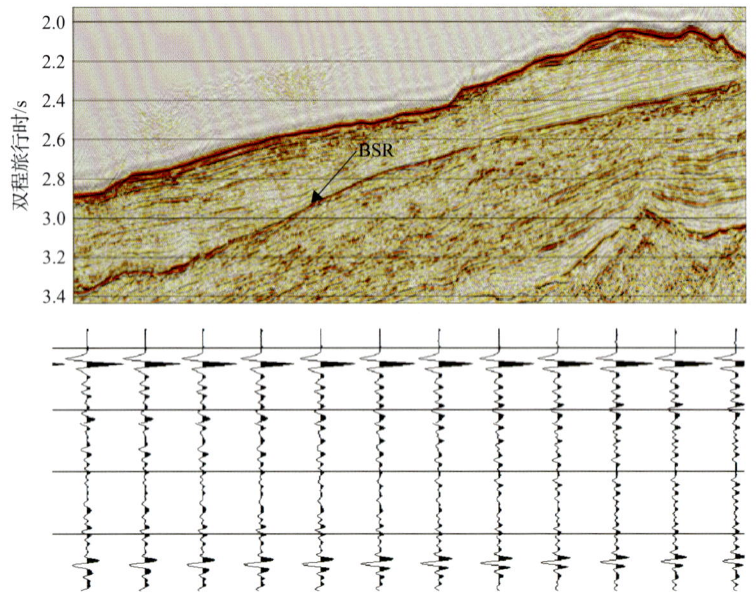

图 2-19　子波处理后剖面及波形图

4. 高密度速度分析

地震波速度是地震勘探中最重要的参数之一，与水合物地震资料成像相关，也与解释中识别地震速度异常相关。天然气水合物地震勘探研究是依据含天然气水合物沉积层及其相邻沉积层的地球物理特征差异进行识别。低速背景中的高速异常是水合物识别的重要标志之一，含水合物地层，纵波速度较高，远大于围岩的速度，且速度会随含量的增加而增大，故速度可用于寻找水合物赋存区，还可以进一步识别富集层位。因此，速度分析的精度在水合物资料处理中显得尤为重要。

在水合物速度分析中，多次迭代速度分析是处理过程中最常用的方法，多次迭代速度分析主要用于多次波衰减、构造成像等，准确的速度更利于对有效信号的保护、对噪声进行衰减。通常水合物速度分析采用的横向间隔为 250m，利于识别水合物的速度反转特征。图 2-20 为进行速度分析时，拾取出的速度反转特性，从对应的波形中发现，速度反转处对应反极性特征。

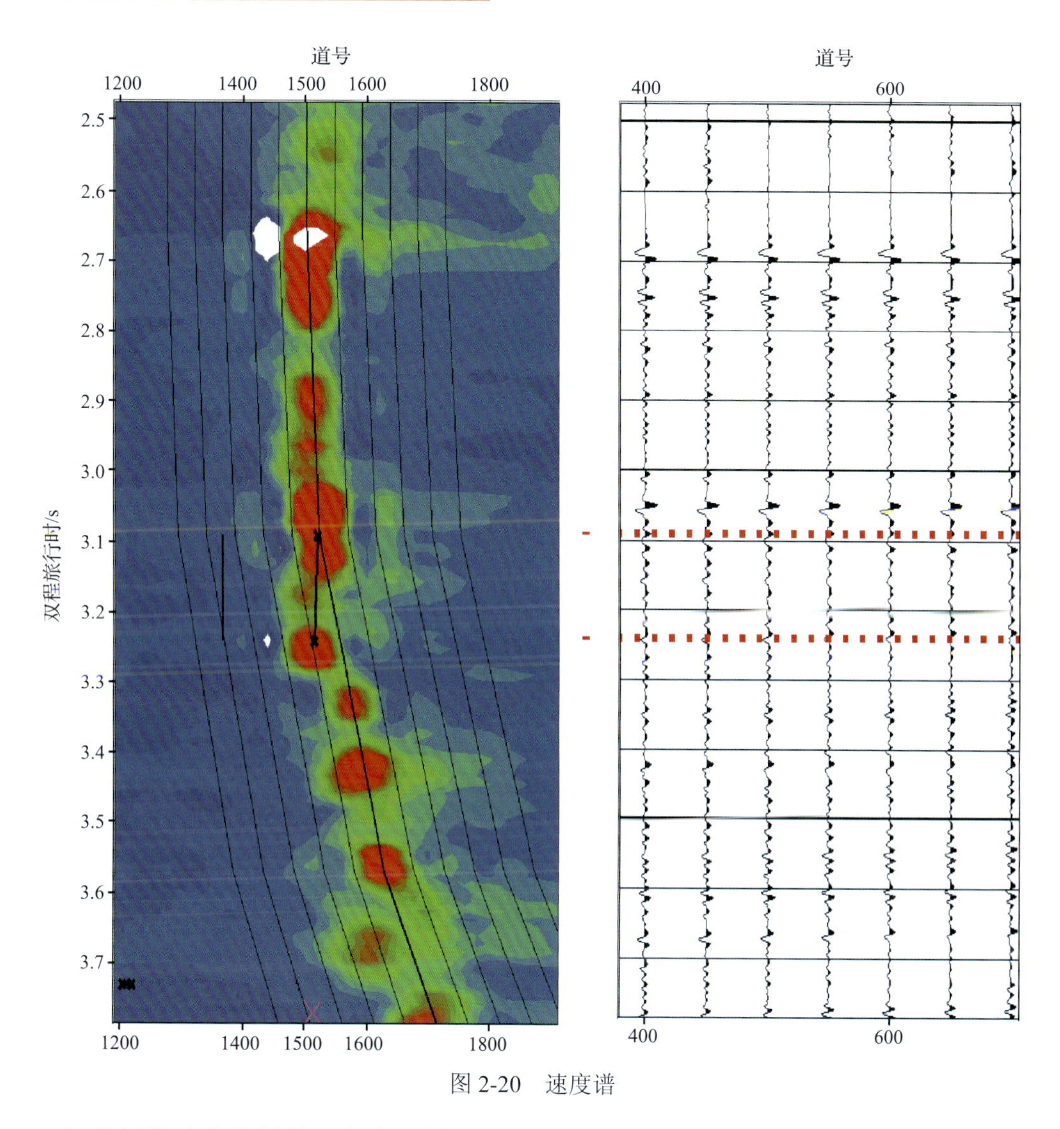

图 2-20　速度谱

但常规的速度分析基于各向同性假设、双曲近似计算走时。在偏移距和目的层深度比值较小时，多层介质的速度值可以用均方根速度代替，这种假设误差较小。在水平层状各向同性介质中，在小偏移距近似的情况下，Dix 双曲线方程如下：

$$t^2 = t_0^2 + \frac{x^2}{V_{\mathrm{NMO}}^2} \tag{2-1}$$

式中，t 为双程旅行时；t_0 为自激有效双程旅行时；x 为偏移距；V_{NMO} 为 NMO 速度。

当偏移距和目的层深度比值较大而引起的误差增大时，需要在常规速度分析的基础上综合考虑大偏移距的各向异性问题。Thomsen(1986)将各向异性问题的影响从各向同性背景中分离出来，提出了各向异性参数和线性近似公式，更直观地表征了各向异性的物理意义，说明各向异性在资料处理中的重要性。运用双参数的速度分析方法来进行非双曲线时差速度校正更贴近实际地层信息，在任意各向异性情况下的非双曲线时差方程如下：

$$t(V_{\mathrm{NMO}},\eta)=\tau_0\frac{8\eta}{1+8\eta}+\sqrt{\left(\frac{\tau_0}{1+8\eta}\right)^2+\frac{x^2}{(1+8\eta)V_{\mathrm{NMO}}^2}} \tag{2-2}$$

式中，η 为各向异性参数(非椭圆率)；x 为偏移距；τ_0 为零偏移距走时。当 η 等于 0 或者当偏移距深度比值很小时，方程收敛为经典的双曲线动校正方程。由此可见，各向异性参数 η 对时差计算的影响是不规则分布的，主要集中在大偏移距。在应用于实际资料的计算当中，只有将 V_{NMO} 和各向异性参数 η 结合起来，采用双谱分析技术，才能有效地解决大偏移距下的各向异性问题。

高密度双谱速度分析是在每一道都进行速度分析，在提高速度分析密度的同时综合考虑各向异性的影响，根据非双曲线时差方程进行分析，同时拾取和估算速度 V_{NMO} 和非椭圆率 η。

在分析过程中，加入两个参数 $\mathrm{d}t_n$ 和 τ_0 来进行非双曲线校正。参数 $\mathrm{d}t_n$ 为最大偏移距时的剩余时差，参数示意图如图 2-21 所示。

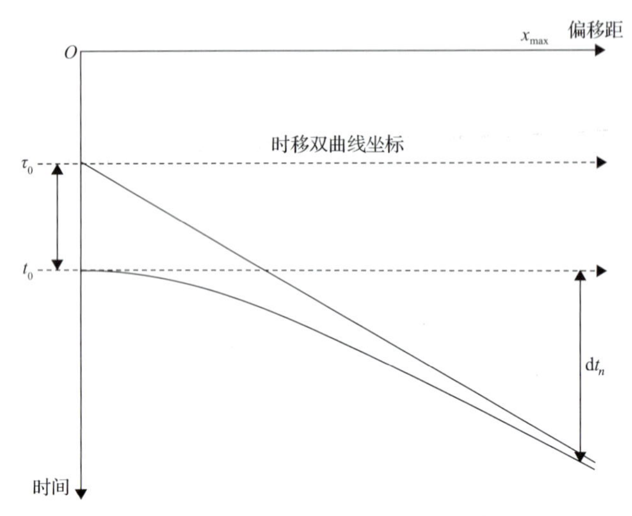

图 2-21　双谱分析参数 $\mathrm{d}t_n$ 和 τ_0 示意图

通过公式变换，由 V_{NMO}-η 影响的非双曲线动校方程可以转换为 $\mathrm{d}t_n$-τ_0 来表征，具体公式如下：

$$V_{\mathrm{NMO}}=\frac{x_{\max}}{\sqrt{\mathrm{d}t_n(\mathrm{d}t_n+2\tau_0)\dfrac{t_0}{\tau_0}}} \tag{2-3}$$

$$\eta=\frac{1}{8}\left(\frac{t_0}{\tau_0-1}\right) \tag{2-4}$$

从而 $\mathrm{d}t_n$-τ_0 对可以随时转化为 V_{NMO}-η 对，这样就可以通过扫描 $\mathrm{d}t_n$-τ_0 来转换获得 V_{NMO}-η 参数，从而完成双谱速度分析。

图 2-22 为高密度双谱速度分析前后动校正道集对比图，可以看出，在高密度双谱速度分析校正之前的道集上，同相轴在大偏移距位置，常规速度分析无法校平，存在校正

过量或者校正不足的现象，各向异性问题对校正结果影响非常明显。在经过高密度双谱速度分析校正之后，同时分析拾取速度和各向异性参数，使道集在大偏移距位置的同相轴得以拉平。图 2-23 为高密度速度分析前后叠加效果图，高密度双谱速度分析之后，各向异性解决，从而大偏移距有更多的有效信息参与数据处理之中，使反射波的同向轴更为连续和清晰，剖面细节刻画更加明确，特别是水合物目标层所在的浅层信噪比和分辨率有了非常明显的提升。

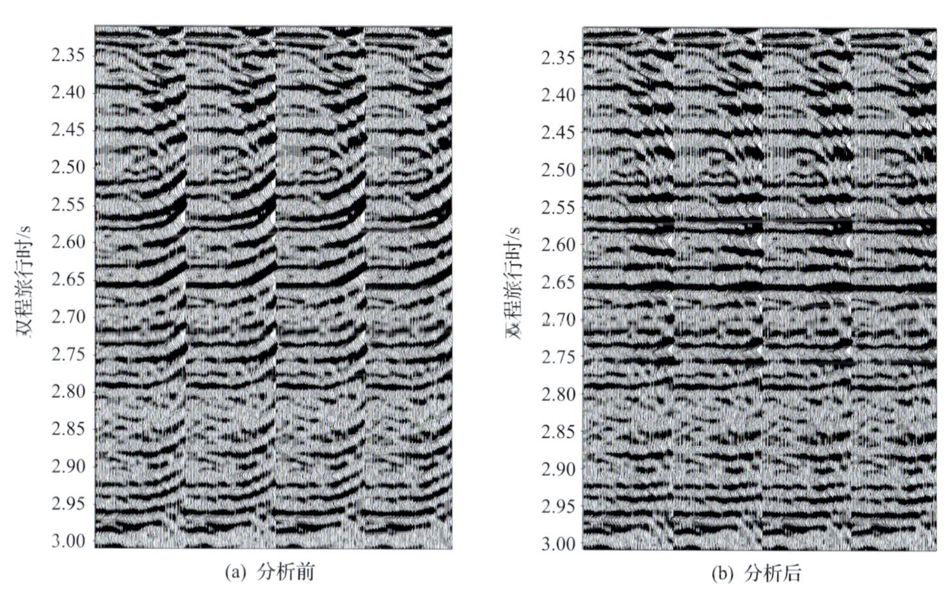

(a) 分析前　　(b) 分析后

图 2-22　高密度双谱速度分析前后动校正道集对比图

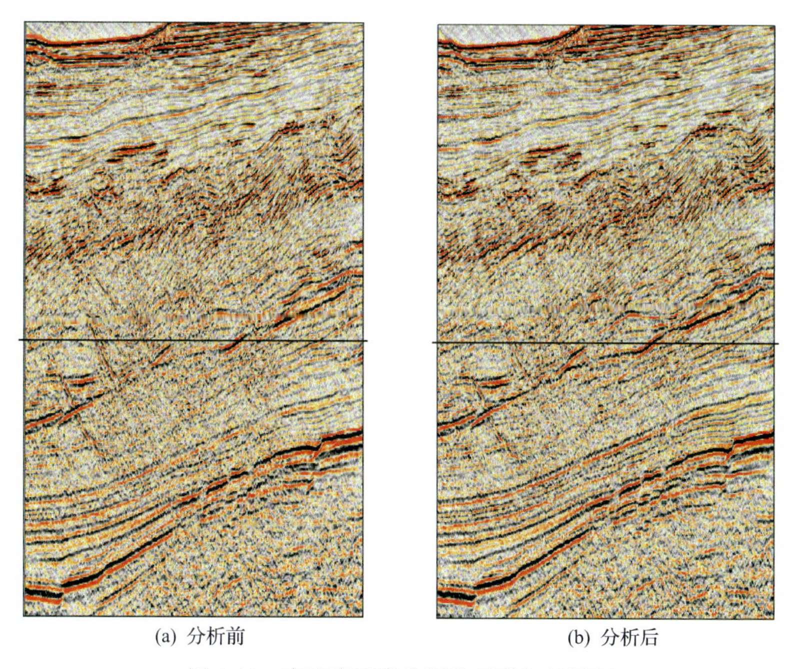

(a) 分析前　　(b) 分析后

图 2-23　高密度速度分析前后叠加效果图

5. 叠前时间偏移成像

偏移的基本目的是使绕射波归位，使地质结构更为清晰，即我们通常所说的成像清楚。不同的地质构造条件要选择合适的偏移算法，不同的介质偏移算法成像效果也不一样。按偏移的理论基础可分为两类：一类为基于射线理论的，另一类为基于波动方程的；按偏移所在的域不同可分为时间偏移和深度偏移；按进行偏移的阶段可分为叠前偏移和叠后偏移，按偏移方式可分为二维偏移和三维偏移。根据本工区的具体情况，海底起伏不平，变化很大，虽然项目目的层段为新生界(相对较浅)，但要兼顾中生界的层段，而且从以前的处理资料来看，工区的地下构造比较复杂，因此选择在工业上很成熟的 Kirchhoff 积分叠前时间偏移方法，算法上选择弯曲射线叠前偏移的算法来进行成像。

除速度场外，影响偏移成像结果的主要因素是直射线与弯曲射线、偏移孔径、去假频滤波。根据以往处理经验，使用弯曲射线偏移要比使用直射线耗费时间长，但是使用弯曲射线的成像效果明显好于使用直射线的成像效果，在偏移时一般使用弯曲射线。因此，叠前时间偏移处理需要的主要参数是偏移孔径、去假频滤波参数、偏移角度参数等。

偏移孔径：从理论上讲，偏移孔径越大效果越好，如果偏移孔径过小，则偏移收敛绕射双曲线的能力较差。在实际应用中要根据资料的好坏和不同的地质目标选取不同的偏移孔径。偏移孔径太小会使陡倾角成像不好，倾斜地层不能准确归位，而且造成以水平同相轴为主的假象。过大的孔径会带来偏移噪声，同时加大计算量，因此偏移孔径参数比较重要。在处理中要选择兼顾浅中深层成像效果的偏移孔径。

去假频滤波参数：在道间距和最高频率一定的前提下，绕射波到达检波点的角度太陡，偏移剖面容易出现假频现象，因此需要进行反假频滤波处理。随着去假频参数的增大，剖面的信噪比将得到提高，但分辨率会有所降低，要在权衡好信噪比和分辨率的情况下，最终选取合适的去假频参数。

偏移角度参数：偏移角度参数和偏移孔径联合运用以控制孔径大小和陡倾角成像的角度。

水合物叠前时间偏移要获得好的成像结果，除了上述参数之外，前期的保幅噪声衰减、多次波压制及子波处理也非常重要。图 2-24 为叠前时间偏移剖面，BSR 在剖面中能够清晰识别，BSR 分布于局部地层，与海底平行，极性与海底相反；与 BSR 相关的成像模糊带也能清晰识别，这与 BSR 之下的含游离气有一定关系。叠前时间偏移能够满足对含水合物地层的识别，成像结果及偏移道集可以用于后续与水合物相关的地震属性分析、叠前叠后反演等。

6. 叠前深度偏移成像

叠前时间偏移假设绕射曲线为双曲线，成像点恰是绕射双曲线的顶点，因此它只能

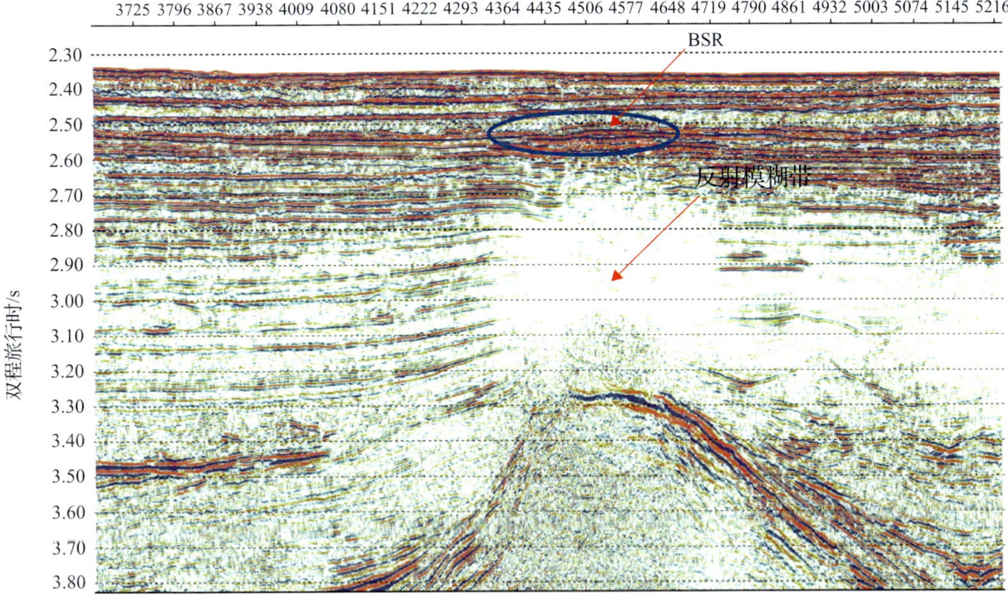

图 2-24　叠前时间偏移剖面

解决共反射点叠加的问题，不能解决成像点与地下绕射点位置不重合的问题(绕射双曲线的顶点不对应绕射点)，也由此决定了叠前时间偏移技术主要应用于地下横向速度变化不太复杂的区域。

时间偏移只考虑了速度的纵向变化，而深度偏移既考虑了速度的纵向变化，又考虑了速度的横向变化。当介质速度存在剧烈的横向变化、速度分界面不是水平层状时，采用叠前深度偏移技术则能实现共反射点的叠加和绕射点的准确归位。

叠前深度偏移理论建立在复杂构造模型的基础上，它具有如下优点：①成像精度高，适用于复杂介质；②能够提高大倾角地层信噪比和分辨率；③能够综合利用地质、钻井和测井等资料进行约束，能直接得到深度剖面进行深度构造解释。

叠前深度偏移技术是解决复杂构造准确成像的关键技术，特别是在深海崎岖海底地区，能够正确地恢复叠前时间偏移上的假构造，有利于对构造极性较为准确的地质评价和构造解释，寻找有利储存位置。要获得好的深度偏移结果，需要做到以下两点。

(1) 做好资料的预处理工作是获得好的深度偏移成像结果的基础。具体要做好噪声衰减、多次波压制、子波处理等，保持资料的原有构造特性，子波一致、振幅分布均匀，以及高信噪比高分辨率的特征。

(2) 建立好的深度-速度模型是另一个重要方面。深度偏移前预处理过程中进行的多次迭代速度分析建立的初始模型，在深偏速度更新过程中也有至关重要的作用。

图 2-25 为深度偏移时层析反演速度模型的流程示意图。图 2-26 为深度偏移成果剖面 BSR 相关的反极性、振幅空白带、成像模糊带特征清晰，剖面波组特征明显，地层连续性好，分辨率高，断层等细节特征清晰，有利于解释人员对深度构造特征进行解释，以及对 BSR 埋藏深度等特征的解释。图 2-27 为层速度与深度偏移剖面叠合显示，速度异常特征清晰，BSR 之上为高速异常区域，BSR 之下为低速异常区域，这可能与 BSR 之下含游离气相关。通过成像剖面与层速度剖面联合解释，更利于对 BSR 的分布特征进行分析。

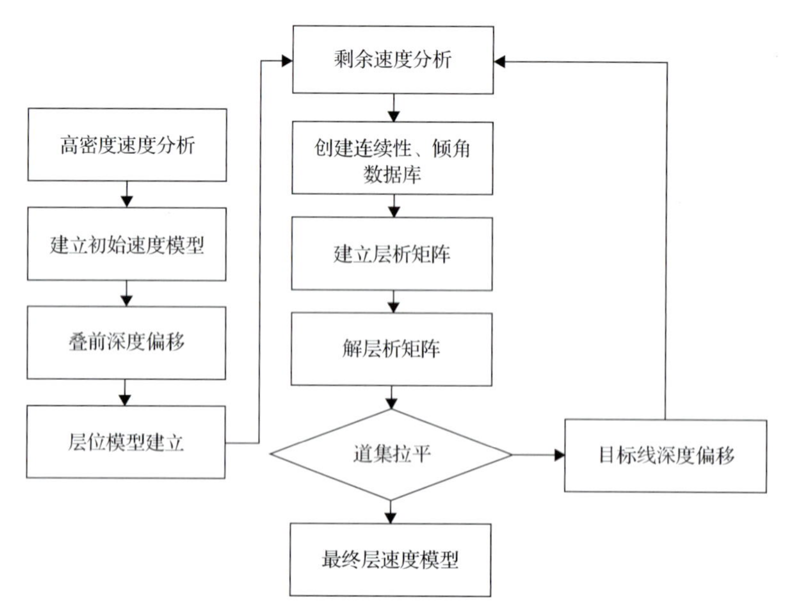

图 2-25 层析反演速度模型的流程示意图

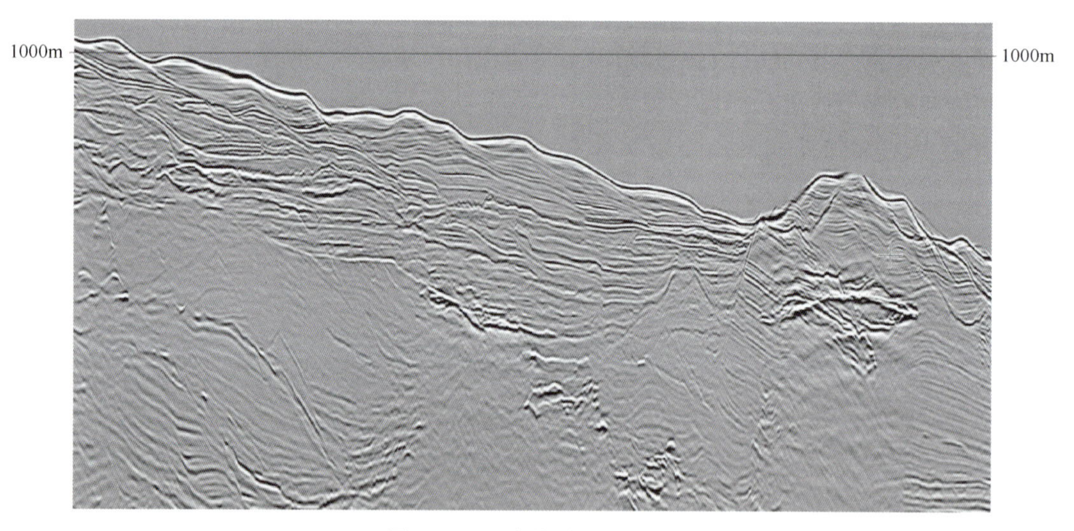

图 2-26 深度偏移成果剖面

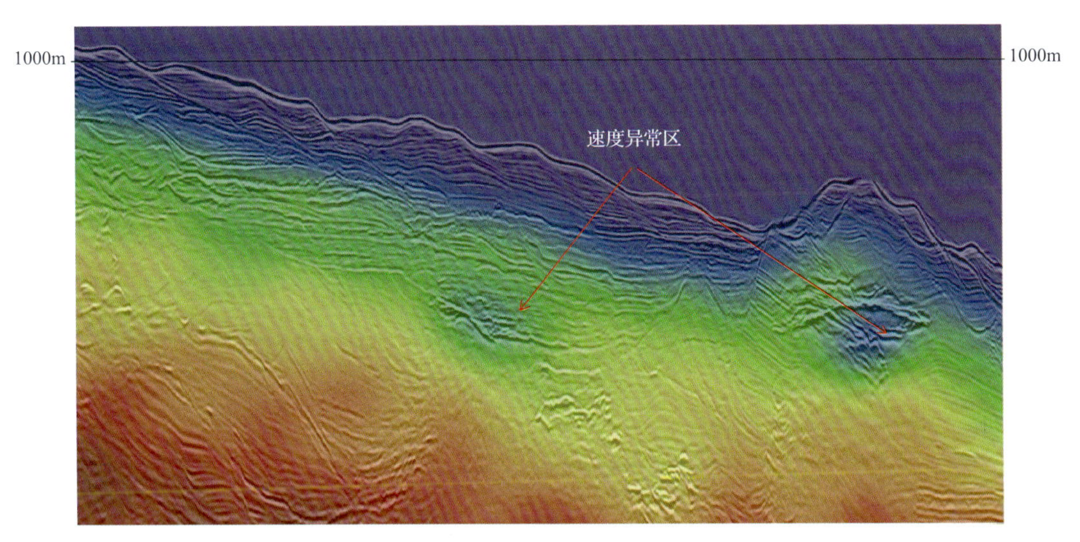

图 2-27　层速度与深度偏移剖面叠合显示

2.3　多道地震调查解释方法

2.3.1　地震地层解释

通过对地震资料的解释，可以识别含水合物沉积层及产状特征，初步了解水合物可能存在的特殊地质构造环境，预测水合物的有利分布区域，探索天然气水合物的成藏条件及分布规律，为天然气水合物的资源评价提供理论依据。同时，通过地震地层解释找出水合物与沉积厚度、沉积相、沉积速率之间的内在联系，得出一些规律性的认识，从而达到寻找有利于形成水合物赋存区域的目的。

1. 对天然气水合物赋存带深度及厚度的解释

对天然气水合物的地质解释主要有两个目的：一是利用地震剖面识别出 BSR，了解其产状特征及分布范围，进而编制埋深图，据此可确定天然气水合物成矿带的底界深度及分布范围。从世界范围看，各主要天然气水合物分布区的海水深度在 800～4300m，BSR 的深度为 200～700m，与中国南海 BSR 的分布深度基本相当(表 2-1)。二是根据 BSR 以及“地震反射空白带”来确定含水合物地层的厚度分布状况，编制水合物赋存带的厚度图，为资源评价服务。

表 2-1　世界主要海区 BSR 分布深度统计表

地区	海水深度/km	BSR 深度/km
布莱克海台	2.3～5.0	0.5～0.6
新泽西州大陆斜坡	2.6～3.0	0.6～0.7
墨西哥海岭墨西哥湾西部	1.2～2.0	0.5～0.6
加勒比海南部	1.5～2.0	0.5

续表

地区	海水深度/km	BSR 深度/km
墨西哥外中美海沟内斜坡	2.2～3.5	0.4～0.6
危地马拉外中美海沟内斜坡	1.5～3.0	0.5～0.6
尼加拉瓜外中美海沟内斜坡	1.1～2.2	0.4～0.5
哥斯达黎加外中美海沟内斜坡	0.8～1.5	0.5～0.6
巴拿马外中美海沟内斜坡	2.2～2.3	0.5～0.6
日本海沟内斜坡	0.8～4.3	0.5～0.6
新西兰东部希库朗伊海沟	2.0～2.6	0.5～0.6
霍克湾	2.8～2.3	0.5～0.7
阿曼海湾	2.8～3.0	0.6～0.7
白令海（乌姆克山口）	1.7～2.2	0.6～0.7
中国南海	0.3～2.5	0.2～0.74

2. 天然气水合物赋存带的沉积速率

Dillon 等（1993）通过对美国大西洋大陆边缘天然气水合物的研究，认为沉积速率是控制水合物聚集的最主要因素，含天然气水合物的沉积物的沉积速率一般都较快。根据有关资料，对于生物甲烷气的形成，必须具有超过 30m/Ma 的沉积速率。东太平洋海域中美海槽赋存在天然气水合物的新生代沉积层的沉积速率高达 1055m/Ma；西太平洋美国大陆边缘中的 4 个水合物聚集区内，有 3 个与快速沉积区有关，其中的布莱克海台晚渐新世至全新世沉积物的沉积速率达 160～190m/Ma。究其原因，大多数海洋天然气水合物是由生物甲烷生成的（Kvenvolden and McMenamin，1980），在快速沉积的半深海沉积区聚积了大量的有机碎屑物，它们由于迅速埋藏在海底未遭受氧化作用而保存下来，并在沉积物中经细菌作用转变为大量的甲烷（Claypool and Kaplan，1974）。另外，沉积速率高的沉积区易形成欠压实区，从而可构成良好的流体输导体系，将有利于水合物的形成。

根据我国在西沙海槽和东沙群岛的天然气水合物调查资料显示，西沙海槽区自中新世以来，沉积了一套厚达 200～2000m 的稳定地层，具有较高的沉积速率，其柱状样的分析揭示了近 13 万年来西沙海槽区的沉积速率为 3.3～13.3cm/ka。东沙群岛陆坡一带也具有较高的沉积速率，如位于东沙群岛附近海域的 ODP1144 孔证实 1.1Ma 以来的沉积速率高达 500m/Ma，1145 孔证实晚更新世的沉积速率达 215m/Ma，而在过 1144 孔的地震剖面上发现了 BSR 的显示。根据 ODP184 航次在南海的钻井资料和以往南海浅表层的地质取样资料做的南海晚第四纪沉积速率等值线图，与整个南海的 BSR 分布图对比，可以发现 BSR 分布集中的地区也就是沉积速率高值区。因此，快速沉积区是天然气水合物的主要富集区。

3. 天然气水合物赋存带的岩性特征

天然气水合物的形成需要有一定的孔隙空间和水介质，其储集空间的形成则是由沉积体的类型所决定。北 Alaska 测井曲线的研究(Collett，1998)表明水合物主要充填在粗粒储集岩的孔隙中。而沉积层的砂泥比直接影响储层空间和孔隙水的发育，从而影响天然气水合物的发育。一般来说，地层砂泥比越小，储集空间越小，孔隙水越少，不利于天然气水合物的形成；砂泥比越大，储集空间越大，孔隙水越多，有利于天然气水合物的形成，但砂泥比太大，封闭性变差，反而不利于水合物的形成，因而，要求沉积物的砂泥比较为适中。

4. 水合物赋存带的沉积厚度

一般沉积速率高的地方沉积厚度就大，为形成天然气水合物提供了物质基础。在西沙海槽盆地，上中新统—第四系的厚度为200～2000m，地震相分析及地震速度研究表明，在西沙海槽的大部分区域，上中新统—第四系泥质含量高达 90%以上(局部区域小于80%，最小仅 50%)，以浅海-半深海相的碎屑岩沉积为主，具有较大的沉积厚度和较高的沉积速率，泥岩及有机质含量较高，热成熟度较低，为生物气的大量形成提供了物质保证。但沉积厚度最大的地方即沉积中心处，砂泥比太小，不利于水合物的形成。

5. 水合物赋存带的沉积相特征

根据水合物形成与发育的沉积条件来看，沉积速率较高、沉积厚度较大、砂泥比较适中的三角洲和各种重力流的前缘是水合物发育较为有利的相带。研究表明，生物气可以形成于多种沉积环境及岩石类型中，除三角洲外，其中浅海及深水碎屑岩也是最有利于生物气形成和聚集的沉积相带之一。在浅海环境中，水体相对平静，阳光充沛，生物繁盛，尤其是浮游生物异常发育，泥质岩中有机质含量高，主要为II型有机质。据有关资料统计，在浅海碎屑岩陆架中，源岩的有机碳平均含量可达2%左右，在浅海区，沉降速率与沉积速率大体相当，有机质得以有效保存，也有利于保持还原环境，对生物气的形成十分有利。有关资料显示，在浊流沉积的黏土中，有机质含量比深海黏土中的有机质更加丰富，可作为生物气的源岩。其有机质主要为草质和木质成分构成的III型有机质，虽然有机碳含量有变化，但是有可能超过1%(Mattavelli et al.，1983)。据西沙海槽区的地震资料分析，西沙海槽区第四系—上中新统以浅海-半深海碎屑岩沉积为主，同时局部发育的大规模三角洲、扇三角洲及浊积扇等碎屑岩沉积均是生物气形成和聚集的有利相带。

2.3.2 地震构造解释

纵观世界海洋中天然气水合物分布特点，不管是在主动大陆边缘还是被动大陆边缘中均发现有丰富的天然气水合物资源。被动大陆边缘典型的分布区域包括布莱克海台、北卡罗来纳洋脊、墨西哥湾、南美东部大陆边缘的亚马逊海底扇、挪威西北巴伦支海、印度大陆边缘、非洲西部海岸及南极波弗特海等；主动大陆边缘典型的分布区有南设得兰海沟、中美洲海槽、秘鲁海沟、俄勒冈滨外、温哥华岛外卡斯凯迪亚大陆边缘、日本海南部俯冲带、中国台湾西南部及印度洋西北部阿曼湾等海域(张光学等，2001)。在主动大陆边缘中，天然气水合物常见于增生楔及弧前盆地等区域，尤其是增生楔部位最为发育；与活动大陆边缘不同，在被动大陆边缘地区，水合物成矿带与下列构造环境有密切关系：①断裂-褶皱发育带；②泥底辟、盐底辟和火成岩底辟发育区；③海底滑塌构造体。

利用地震资料来分析确定与水合物密切相关的各类构造现象，如断层、褶皱、底辟构造、构造滑塌体、增生楔等，可以探讨天然气水合物的形成与各种构造现象的内在联系，分析各类构造体的成因及规模，寻找有利于水合物发育的构造部位等。因此，构造解释的主要目标是利用地震资料去揭示水合物的形成、分布与各类构造之间的关系。

1. 被动大陆边缘地震构造解释

1) 断层-褶皱体系

断层-褶皱体系是在被动大陆边缘中与水合物形成密切相关的构造体，从目前世界典型的被动大陆边缘水合物分布区的地震剖面看，大多都发育有丰富的断层或褶皱构造，水合物富集带主要聚集在大断裂附近或其上部的沉积层中。如布莱克海台、北卡罗来纳洋脊、墨西哥湾、亚马逊海底扇、印度大陆边缘、挪威西北部大陆边缘等，在这些地震面上除发现明显的 BSR 及其相伴的“Blanking”外，断层-褶皱体系也非常发育，在地震剖面中可看到连续的同相轴被断层中断(图 2-28)，甚至将 BSR 错开。由于断层的切割，BSR 呈断续分布，有些深部断层还延伸到浅部地层当中甚至直达海底。在一些地区，天然气在沿断层向上运移过程中，由于扩散到沉积层中而形成明显的反射模糊区(图 2-29)，即“气烟筒”现象。

断层-褶皱体系与天然气水合物的形成过程关系密切，断层为深部天然气向浅部地层运移起到了良好的通道作用，而褶皱构造更易于对天然气的捕获，从而形成水合物稳定带及 BSR。以我国西沙海槽调查区为例，根据最新的地震资料分析，西沙海槽两侧为继承性隆起，中部(海槽地带)为长期断陷，有继承性又有明显的新生性。区内基底与上覆盖层中张性正断层较为发育，控制着区内沉积发育、分布及厚度变化，并造成了基底及盖层构造明显的分割性，组成了大小不一的块断带，显示出区内构造“南北分带、东西分块”块断分割的一大特征，从区内 BSR 分布情况来看，在不同构造单元相接的部位 BSR

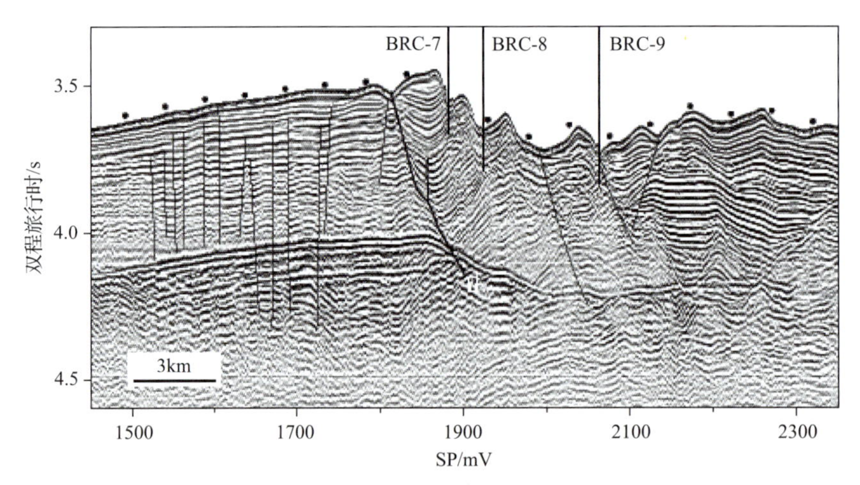

图 2-28　布莱克海台区断裂特征(据 Ruppel et al.，1995)

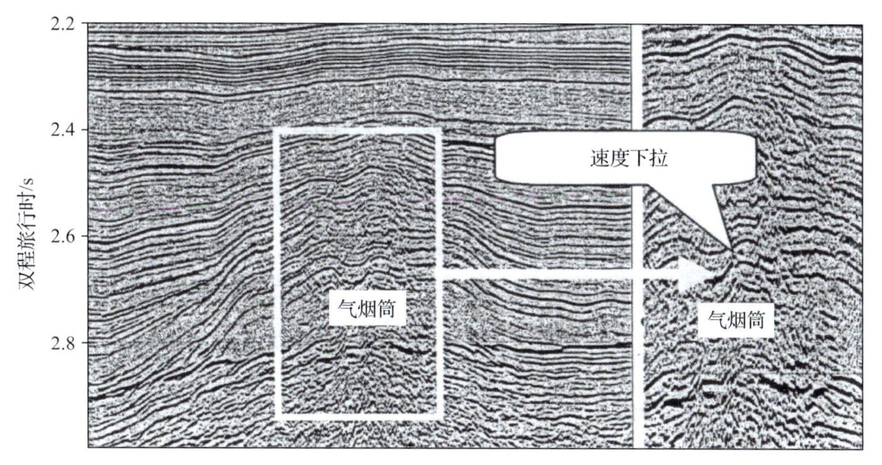

图2-29 大西洋北部大陆边缘“气烟筒”特征(据牛滨华等，2000)

较为发育，尤以北部斜坡与中部拗陷相接处、中部拗陷和南部隆起相接的区域最为广泛。这些不同构造单元相接部位，一般具有地形坡降较大，其下伏各地质层位中的断裂较为发育的特点，很多断层切穿较新的沉积层延伸至水合物稳定带内部，为下部天然气向浅部地层运移开辟了有利通道。

2)底辟构造

天然气水合物附近往往存在异常干的沉积带(anomalously dry sediment zones)，同时，邻近地层中常伴有泥底辟构造。泥底辟的形成可归结为以下原因(Hovland et al.，1997)：随着水合物的形成，使邻近地层的孔隙水濒临枯竭，最终导致这些地层极度失水而成为异常干的沉积层，由于富烃类流体的强烈活动还导致邻近地层内部形成广泛分布的泥底辟。底辟构造是被动大陆边缘中与水合物密切相关的构造类型，由于在被动大陆边缘巨厚沉积层中存在大量塑性物质及高压流体，大陆边缘外侧火山活动及张裂作用，易于形成底辟构造。底辟构造的形成通常发生在具有快速沉降速率和沉积速率的盆地中，由于大量泥岩在欠压实或构造挤压的条件下，深部或层间的塑性物质(泥、盐)发生垂向流动，从而使上覆沉积层发生上拱和刺穿而形成底辟构造。通过对地震剖面的解释可发现这种与水合物有关的泥底辟及气体异常，在地震剖面上最直接的判别标志是在横向上引起同相轴的突然中断，形成杂乱反射区，呈柱状、蘑菇状和枕状等形态，内部通常为无反射或弱反射，顶面呈波状起伏，与围岩的界线分明，并具有清晰的上翘牵引特征，通常在底辟两侧受牵引的地层中出现强BSR，BSR之上出现空白带。根据地球物理资料分析，在泥底辟发育区地震层速度明显降低，而且规模较大的泥底辟对应为重力低值。由于底辟构造在形成过程中会引起构造侧翼和顶部沉积层的倾斜和破裂，易于流体排放，因而对水合物的形成十分有利(图2-30)。在美国东南大陆边缘南卡罗来纳盐底辟构造、布莱克海台、非洲西部岸外及尼日利亚陆坡区等水合物富集带中均发现有与水合物密切相关的底辟构造。

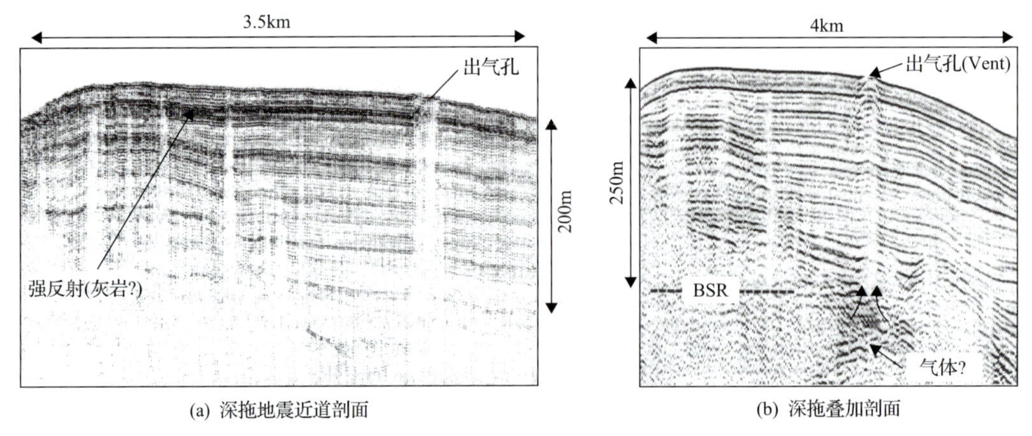

图 2-30　卡斯凯迪亚大陆边缘“出气孔”地震特征(据 Spence et al.，2000)

3) 海底滑塌

在大陆边缘斜坡部位，海底滑塌是一种常见的地质现象，自 20 世纪 70 年代后期以来，科学家们已注意到在海底滑塌部位存在天然气水合物，并通过地震剖面发现了海底滑坡及 BSR。通过进一步研究认为海底滑坡与水合物的分解及形成有密切的关系。前人研究表明，由于深部的构造运动，水合物富集层的平衡状态遭到破坏，以前的硬质沉积物释放的气体和水造成沉积物周期性的整体移动，在大陆斜坡附近沉积物沿斜坡向下发生重力滑动，随后，在天然气水合物形成带的天然气沿斜坡向上运移，再次形成水合物，这种现象在西里海盆地的西坡及西北坡最为常见。

由于水合物的分解引起的海底滑坡现象在非洲西南部大陆边缘和美国东部大陆边缘的研究中已得到证实(Summerhayes et al.，1979)。图 2-31 和图 2-32 分别为布莱克海台区

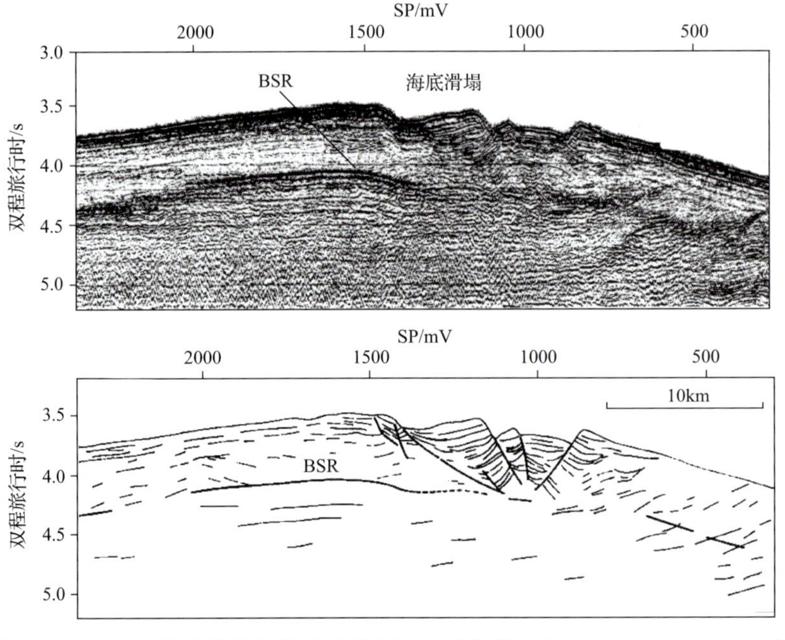

图 2-31　布莱克海台海底滑塌地震特征及地质解释(据 Dillon and Max，2000)

和南极西部大陆边缘 BSR 发现区海底滑塌的地震响应特征，图中清晰地反映出了海底滑塌现象及 BSR 的特征。

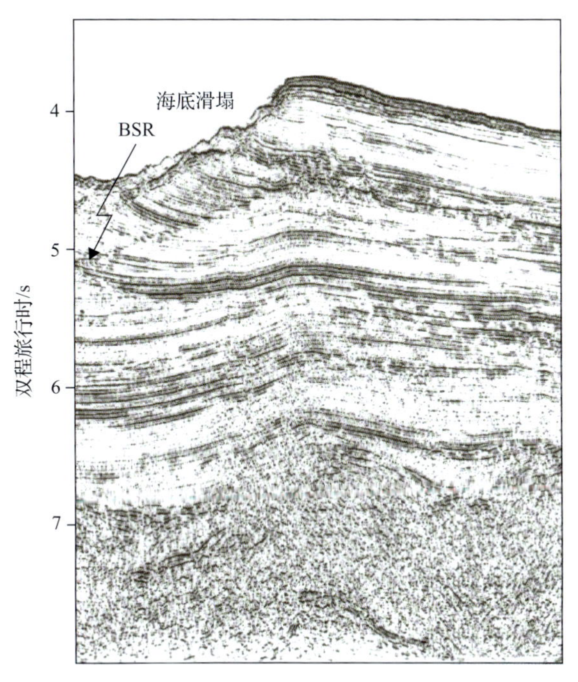

图 2-32　南极西部大陆边缘海底滑塌地震特征(据 Lodolo and Camerlenghi，2000)

水合物稳定带在自然界的消失可引起海平面下降或底部水温上升，海平面下降时，水合物压力降低，部分水合物开始分解。水合物厚度取决于该处流体静水压力下降多少，一般情况下，海平面下降 100m，就会使陆坡上水平面宽度超过 100m 的水合物有利带处于不稳定状态。水合物分解时释放大量的水和气体，会造成上覆流体静水压力增大，使含水合物沉积层顶部边界发生破裂，依次引起斜坡带沉积物沿斜坡发生滑动，从而形成混杂堆积。水合物分解也可以由连续沉积和陆坡沉积物的深埋藏造成，在连续沉积作用下，由于水合物的埋深不断加大，地层温度也逐步加大，最终使水合物变得不稳定，在重力直接作用或外界因素(海啸、风暴等)诱发下，沿陆坡发生滑动或滑塌而形成的沉积物流。滑动作用使部分滑塌物与和水流混合后形成一种高密度流体沿斜坡呈块体搬运，这种块体重力搬运可以是由沉积物带着流体向前运动，有别于液体流携带沉积物的正常搬运方式。

2. 主动大陆边缘地震构造特征

主动大陆边缘由沟-弧-盆体系构成，洋壳下插至陆壳之下，大洋板块沉积物被刮落下来，堆积在海沟的陆侧斜坡形成增生楔。天然气水合物在活动大陆边缘增生楔的顶端、弧前盆地等区域广泛分布，特别在增生楔部位水合物最为发育，这与活动大陆边缘中具备气体来源、运移及聚集的有利条件有关。在汇聚大陆边缘部位，富含有机质的新生洋壳物质由于俯冲洋壳的底侵作用被刮落而不断堆积于变形的前缘内，深部具备了充足的气源条件。同时增生楔处沉积物不断加厚，陆源有机碎屑被不断埋藏起来；同时，增生楔部位构造变动活跃，构造挤压导致沉积物脱水脱气，形成一系列叠瓦状逆冲断层（图 2-33），有利于孔隙流体携深部甲烷气沿断层向上排出，在适合于水合物形成的地层温压带中形成水合物（张光学等，2001）。

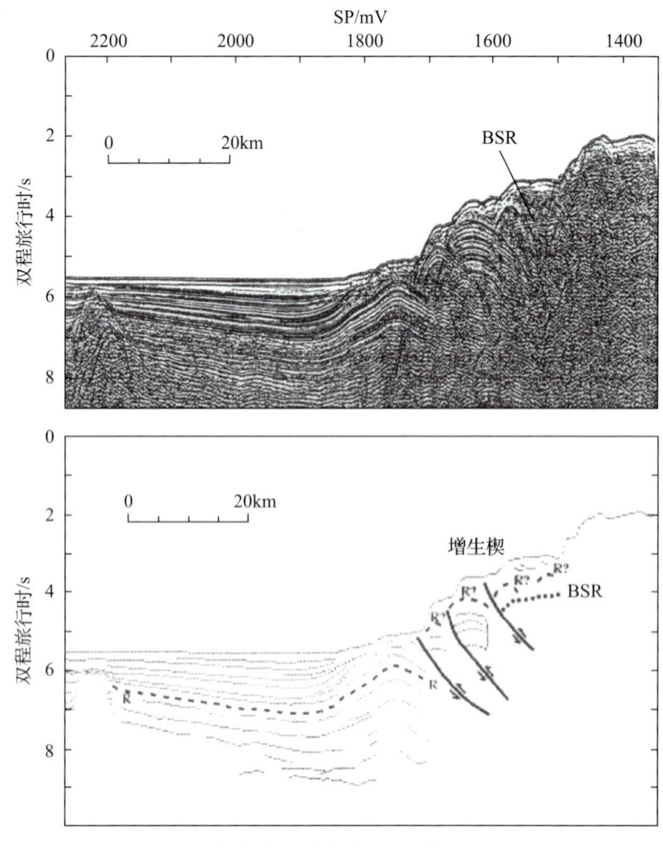

图 2-33　海地北部活动大陆边缘增生楔地震特征（据 Dillon et al.，1993）

目前几乎在世界各主要活动大陆边缘中均有发现 BSR 的报道，典型的有中美洲海槽、南设得兰海沟东南侧增生楔、智利西部增生楔、俄勒冈滨外、温哥华岛外卡斯凯迪亚大陆边缘等。中美洲海槽是最早证实有丰富水合物的地区，1979 年 DSDP66 航次在该区所完成的 20 个钻井中有 9 个发现水合物，根据该区的地震剖面特征分析，在海槽东侧斜坡上有明显的增生楔，地震反射层向大陆方向倾斜，在浅部地层存在清晰的 BSR 显示，并且与地层反射同相轴相交。Field 和 Kvenvolden（1985）通过对北加利福尼亚海域的地震资料研究发现伊尔河盆地沉积物中广泛发育 BSR，面积在 3000km^2 以上。该盆地位于门多西诺断裂带北部的北加利福尼亚大陆边缘，是一个典型的活动大陆边缘弧前盆地，由 3000 多米厚的上新统和更新统海相沉积组成。这些沉积物经过强烈的形变作用，主要是压实作用，而形成大量的断层、褶皱和抬升。运用侧扫声呐和高分辨率地震剖面，在海底隆起及斜坡带圈出了大量天然气异常区和渗漏区（Field and Jennings，1987）。

增生楔是主动大陆边缘的一种主要构造单元，沿板块活动大陆边缘发育深海沟，靠陆一侧由多个逆冲岩席组成复合体，在其后发育沉积型弧前盆地（如位于加利福尼亚大陆边缘的伊尔河盆地），两者构成陆坡。增生带在地震平面上具有独有的特征，在地震平面上可清晰地揭示出俯冲洋壳基底、拆离断层及上覆增生体的面貌，增生楔附近厚度明显加大，地层褶皱明显，发育一系列逆断层，而且反射层面大多向陆地方向倾斜，BSR 一般位于增生楔的浅部地层中，与地层斜交的反射特征非常明显(图 2-34，图 2-35)。

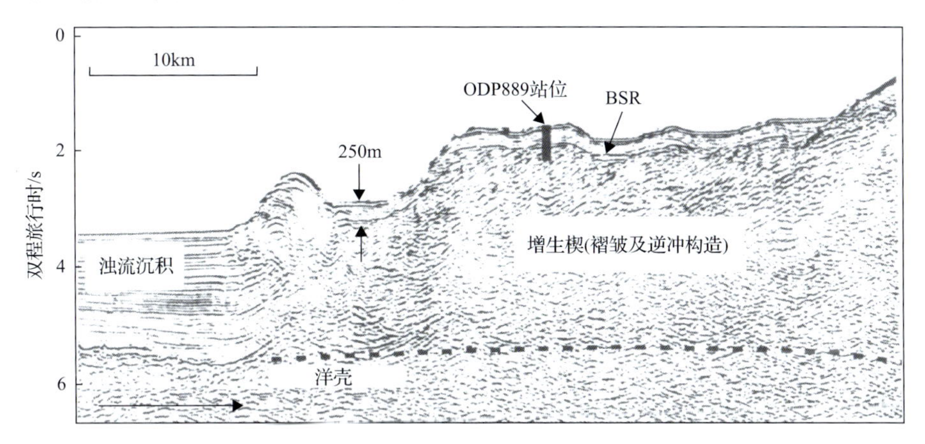

图 2-34　卡斯凯迪亚大陆边缘增生楔地震特征(据 Spence et al.，2000)

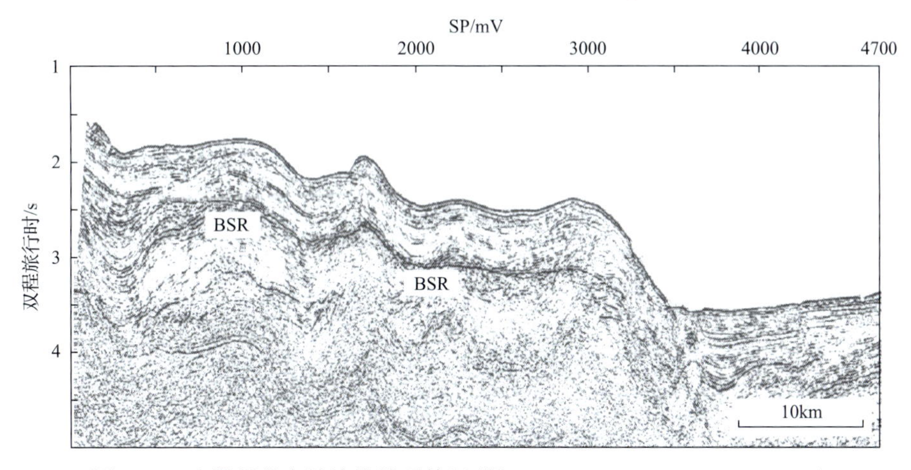

图 2-35　南设得兰大陆边缘地震特征(据 Lodolo and Camerlenghi，2000)

相对于被动大陆边缘，BSR 在主动大陆边缘增生楔部位的地震剖面上更容易识别，可能有两个方面的原因，一是增生楔属于构造不稳定区，构造隆升可能造成水合物稳定带底部压力降低，水合物部分分解，在稳定带底部富集有大量的游离气，使水合物稳定带的底界波阻抗差加大，造成 BSR 的反射强度及连续性增加；二是在增生楔部位，地层的产状向大陆一侧倾斜，与海底的倾向正好相反，而且地层的褶皱变形非常强烈，造成了水合物所形成的 BSR 与地层斜交的特征非常明显，因此，在活动大陆边缘中识别的 BSR 特征也更加明显。

2.4　南海天然气水合物成矿带地震响应特征

目前，南海天然气水合物地球物理勘查以多道高分辨率地震调查为主，先后在西沙海槽、东沙海域、神狐海域及琼东南海域发现了天然气水合物存在的 BSR、振幅空白、极性反转、BSR 与沉积地层斜交等地球物理特征标志。

2.4.1 天然气水合物主要识别标志——BSR

通过对我国南海北部 BSR 的地震响应特征分析，我们可以根据反射波组的连续性对 BSR 进行分类，即可划分为高连续 BSR、中连续 BSR 及低连续 BSR。为了更好地对 BSR 进行定性描述，在此我们提出一个根据振幅和连续性的复合分类原则，即根据连续性和振幅两个地震响应特征对 BSR 进行定性分类。可划分为如下四类 BSR：①高连续强 BSR(图 2-36)；②低连续强 BSR(图 2-37)；③高连续弱 BSR(图 2-38)；④低连续弱

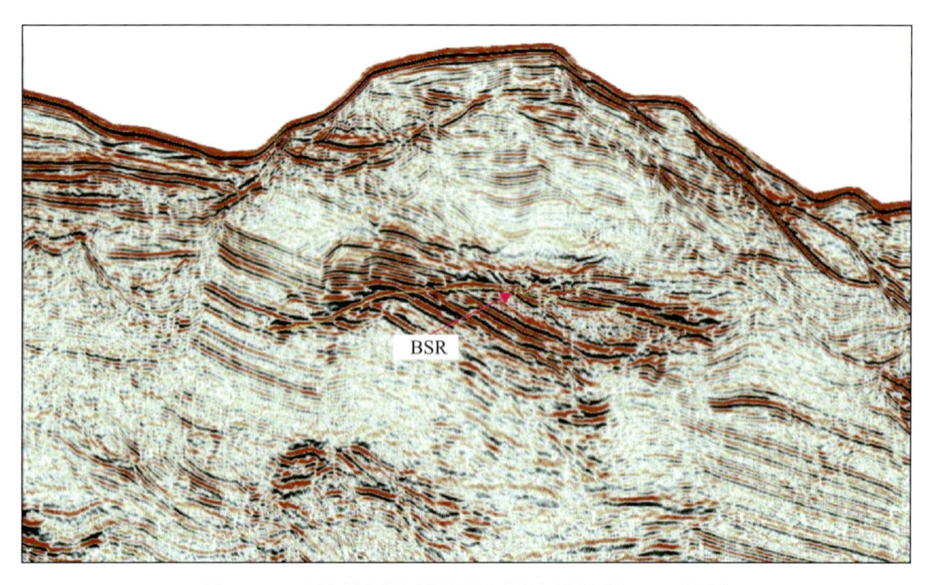

图 2-36 南海神狐海域地震剖面高连续强 BSR 特征

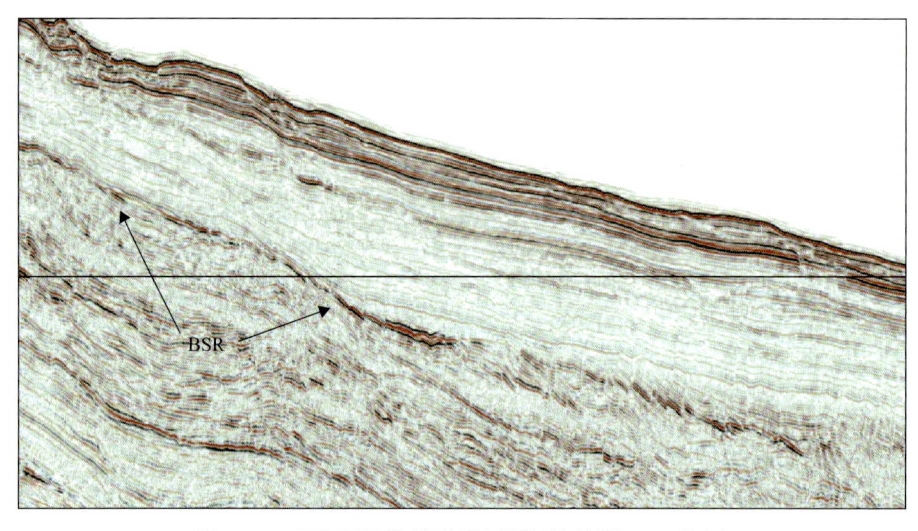

图 2-37 南海西沙海槽地震剖面低连续强 BSR 特征

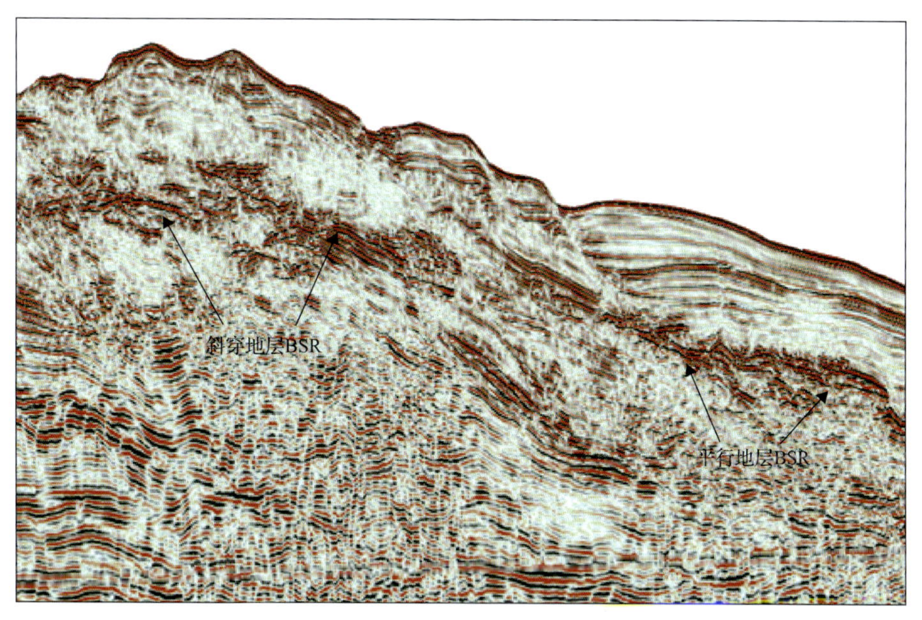

图 2-38　南海西沙海槽地震剖面高连续弱 BSR 特征

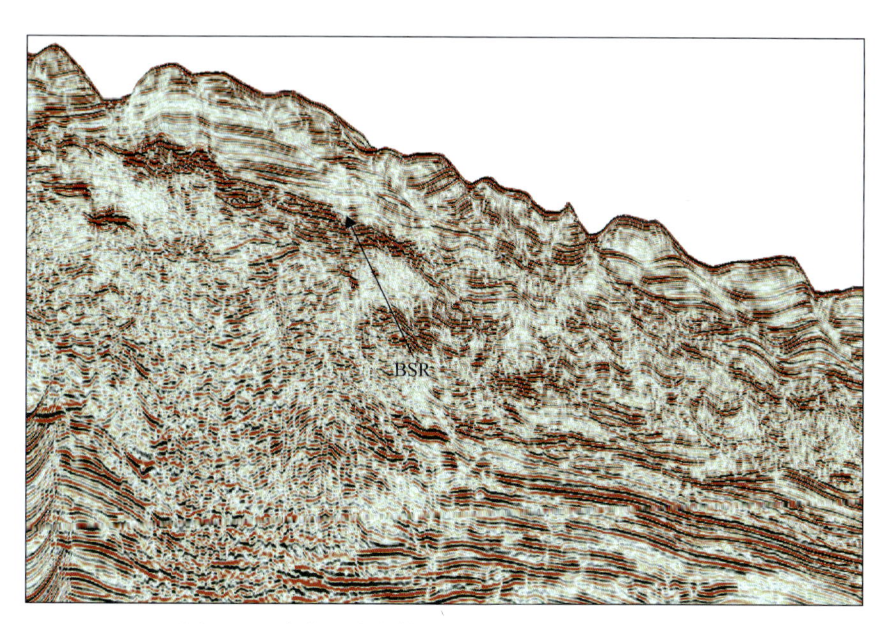

图 2-39　南海西沙海槽地震剖面低连续弱 BSR 特征

BSR（图 2-39）。这样分类有两个好处：一是利用振幅的强弱特征可定性解释水合物底界的反射强度，间接了解含水合物带与下伏地层的波阻抗差异，进而对水合物或游离气的丰富程度做出判断；二是根据 BSR 的连续性可分析水合物及游离气在横向上的分布变化情况。

2.4.2 天然气水合物成矿带地震响应特征

在含天然气水合物地层中，地震波速度增大，使它与下伏地层之间的反射系数增大，在地震剖面上出现相应的强反射界面，而在其上方的含水合物层中沉积物孔隙被天然气水合物充填胶结，使地层变得“均匀”，波阻抗差减少，在地震反射剖面上通常呈现弱振幅或振幅空白带。综合研究认为，南海天然气水合物层一般具有以下几个地震响应特征。

1) 振幅特征

天然气水合物成矿带是一个物性相对均匀的地质体，这种充填和胶结作用降低了成矿带内各地层间的波阻抗差，从而使成矿带内的反射减弱，形成振幅空白带(图 2-40)。也就是说，在含有天然气水合物的沉积层中的波阻抗差降低，可能是地层界面天然气水合物分子胶结引起的。因此，在含天然气水合物层应能观察到地震反射振幅降低，且作为一个典型特征，空白效应与填充于主沉积物的天然气水合物的量成正比，天然气水合物越多，声阻抗降低越大。空白区在天然气水合物赋存带产生，即使没有 BSR，有时也能观察到空白现象(Sloan，1990)。

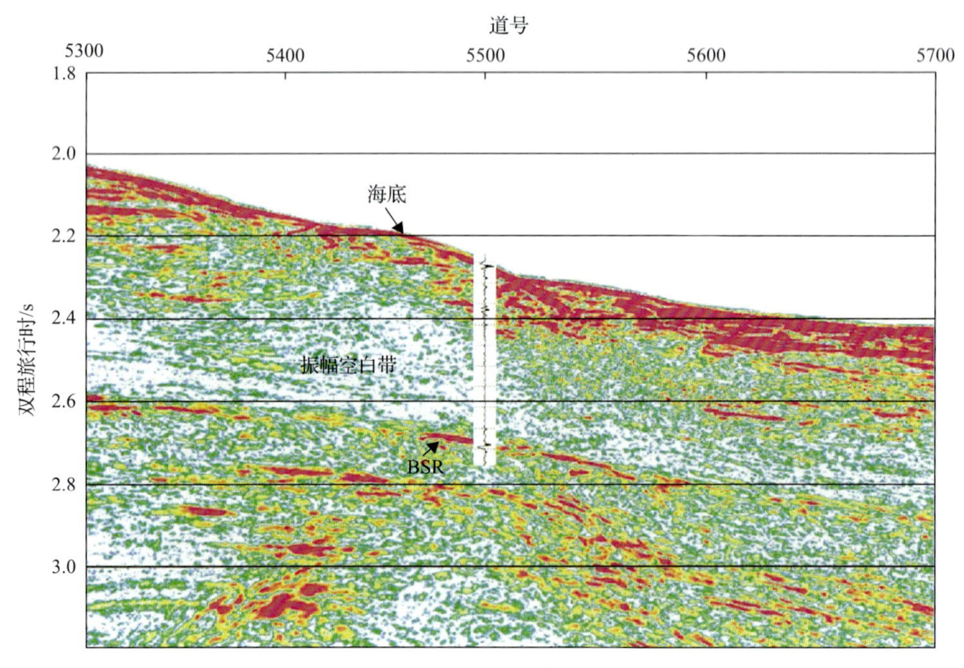

图 2-40 南海西沙海槽水合物成矿带瞬时振幅剖面

2) 速度特征

含天然气水合物地层叠加速度高于上下地层的叠加速度，含游离气地层叠加速度低于天然气水合物之上的地层叠加速度，且层速度下降较大。图 2-41 为南海神狐海域叠加速度异常与地震剖面 BSR 位置对比。(a)中速度谱中红线代表拾取的叠加速度。在浅层

1.50～1.67s 段，叠加速度缓慢增加，速度值为 1510～1520m/s，在 1.67～1.70s 段，叠加速度增加明显，速度值增加到 1550m/s，至 1.70～1.77s 段，叠加速度突然下降到 1500m/s，下降幅度较大，即天然气水合物下地层比天然气水合物上地层叠加速度要低，推测此段地层可能含有游离气，其上覆地层可能有天然气水合物存在。再往下叠加速度逐渐增加。(b)中地震剖面上，可以看到 BSR 为明显的大致平行于海底的强反射，横向上连续性较差，不容易追踪。BSR 之上振幅空白带明显，BSR 之下的地层有杂乱反射，明显有气体存在的特征。剖面上该点的 BSR 埋深大约在 1.70s，位置正好与速度谱上划分的天然气水合物和游离气界面相吻合。

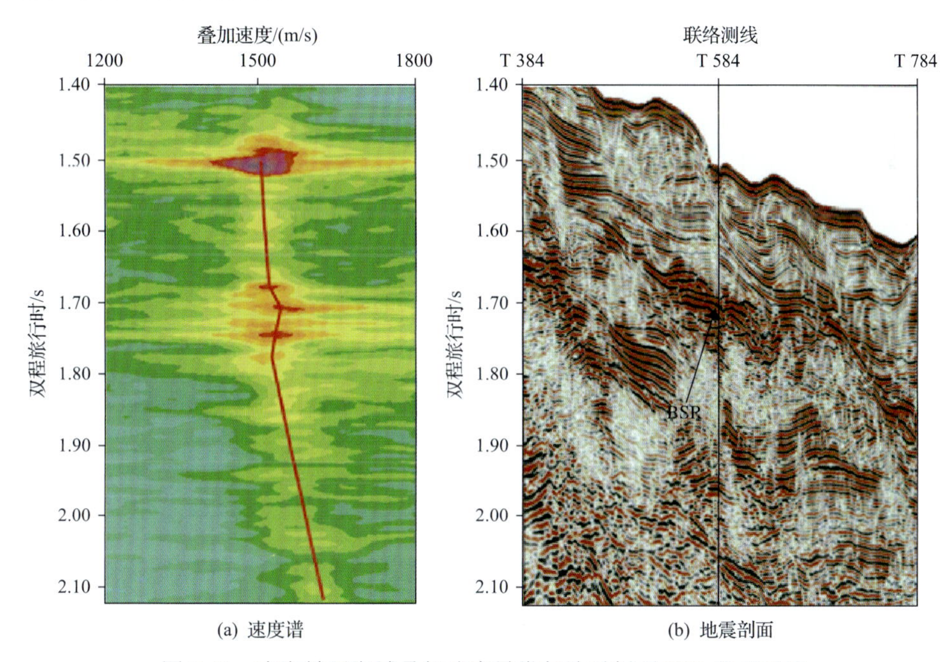

图 2-41　南海神狐海域叠加速度异常与地震剖面 BSR 位置对比

3) 地震属性特征

瞬时振幅信息是某一道给定时刻能量的稳定性、平滑性和极性变化的一种度量。通常含天然气水合物层的波阻抗比下伏游离气层波阻抗高，地震剖面 BSR 表现为强振幅，而在含水合物层内部由于地层密度相对均匀常常表现为弱振幅特征，与常规地震剖面相比，瞬时振幅信息更能突出 BSR 强反射及天然气水合物发育部位的弱反射(图 2-42)。

瞬时相位剖面不考虑振幅强度变化，反映的是地震剖面上反射同相轴的连续性，即当地震波穿越不同岩性地层时会引起地震波的相位变化，因此，BSR 斜穿地层在瞬时相位剖面上表现较为明显(图 2-43)；BSR 不连续或振幅较弱时，瞬时相位剖面上则可以更加清晰地追踪 BSR，能够提高解释的精度；但当地层与 BSR 面平行或交角较小时，相位剖面的效果不明显。

瞬时频率属性通过反映地震反射波所在时间的即时频率来反映地层的含气性，不同于 AVO 属性通过振幅的变化来反映游离气的存在。地震波穿过含游离气地层时，高频成分被吸收，在瞬时频率剖面上表现为低频特征。由于游离气和天然气水合物常常赋存在一起，瞬时频率剖面能清楚地反映游离气富集区分布范围(图 2-44)。

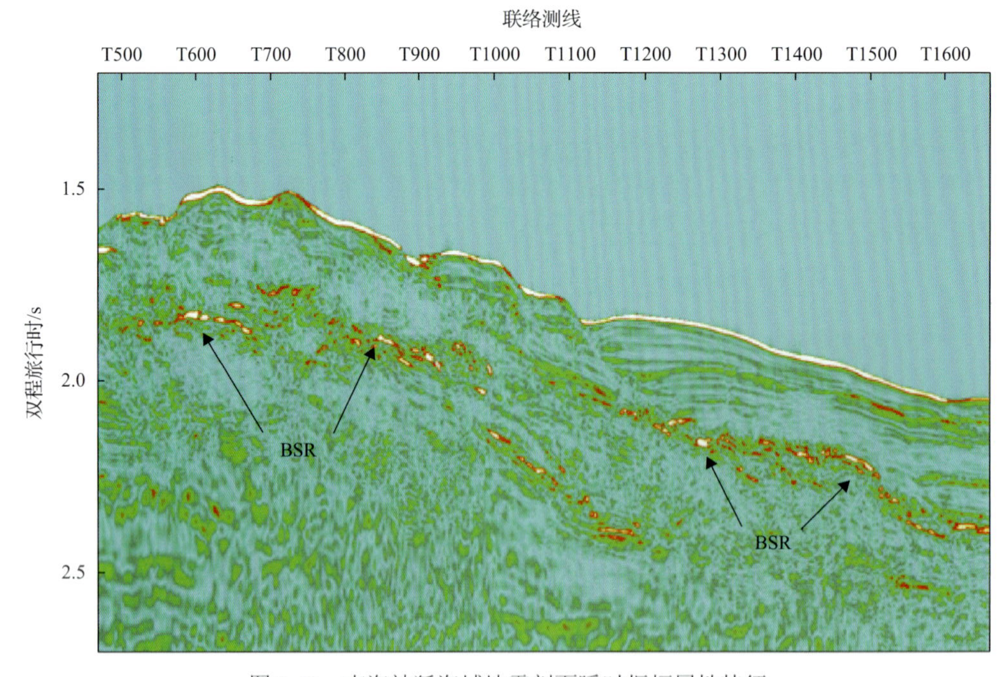

图 2-42　南海神狐海域地震剖面瞬时振幅属性特征

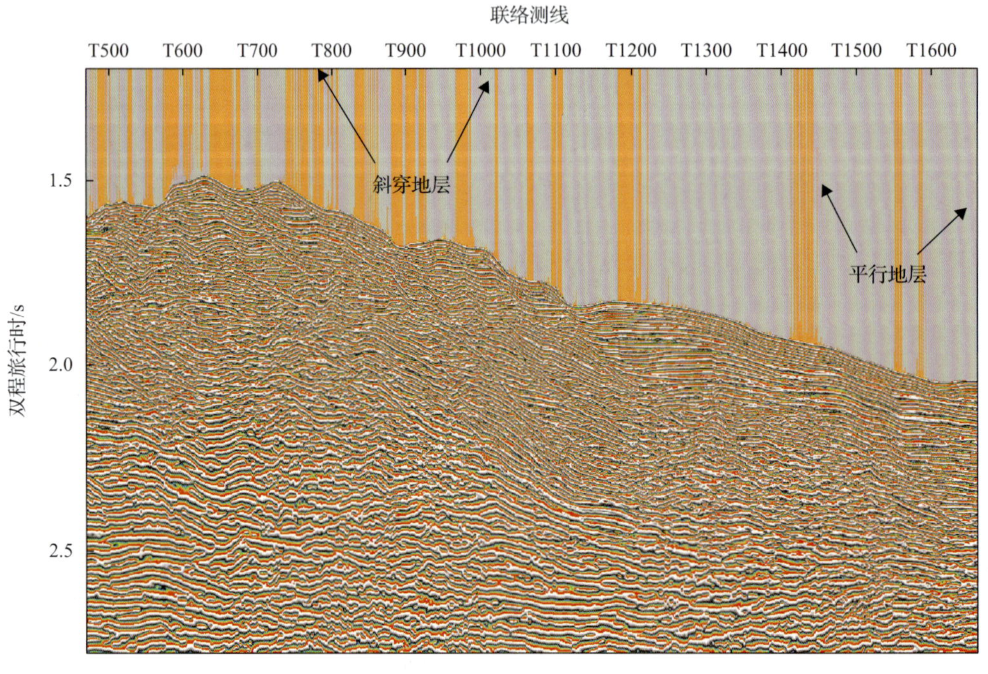

图 2-43　南海神狐海域地震剖面瞬时相位属性特征

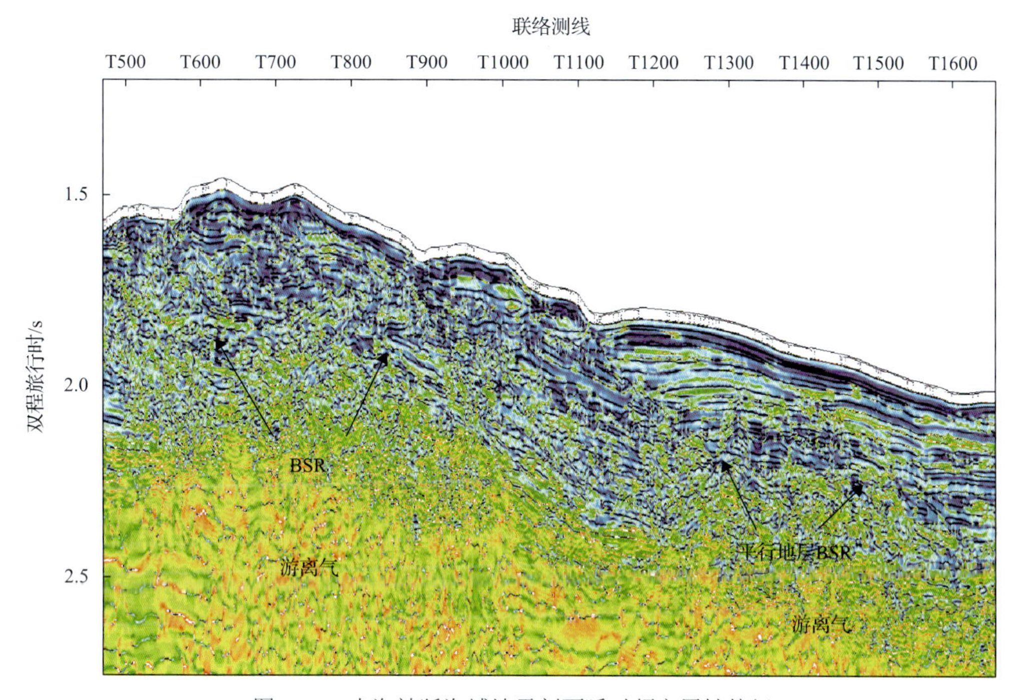

图 2-44　南海神狐海域地震剖面瞬时频率属性特征

第 3 章　天然气水合物浅表层地球物理勘探技术

天然气水合物赋存于海底之下，除了直接取样，任何单一的调查方法都不可能对其进行可靠的识别，需要多种探测技术的结合和多项指标的综合判定。由于天然气水合物在我国的研究历史还不长，目前采用的探测及研究手段也都比较粗浅，许多调查和资料处理分析方法在国内还未展开，急需在技术方法上取得进一步的提高。多道高分辨率地震勘探技术是目前世界上探测深海天然气水合物的常用手段，也是目前最有效的探测方法之一。其特点是采用数字记录、分辨率高、探测深度大。它对于有关水合物各种基本信息的研究，如速度分析、层厚计算及水合物潜在聚集位置的初步确定有独到之处。

然而，多道地震勘探技术在其应用上也存在一定局限性，主要表现为对浅表层地层的分辨能力有限及难以揭示地震波速度的小范围变化。天然气水合物常赋存于海底以下较浅层(通常在 300m 以浅)，并常在海底形成麻坑、丘状体、自生碳酸盐岩等指示性标志。1998 年，Bouriak 和 Akhmetjanov 通过 TTR-8 航次的调查，深入分析了天然气水合物的形成与分解造成的区域浅层地质地貌特征，并推测天然气水合物的形成及其与海底地形地貌的成因关系示意图(图 3-1)。因此，海底浅表层地球物理勘探技术的研究对示踪水合物富集区及指导浅部水合物勘探具有重要意义。目前应用较为广泛且成熟的浅表层地球物理勘探技术主要有浅层地震剖面勘探技术、单道地震勘探技术、侧扫声呐技术、多波束勘探技术、海底摄像技术。以上勘探技术主要聚焦海底浅表层的地质、地貌、地

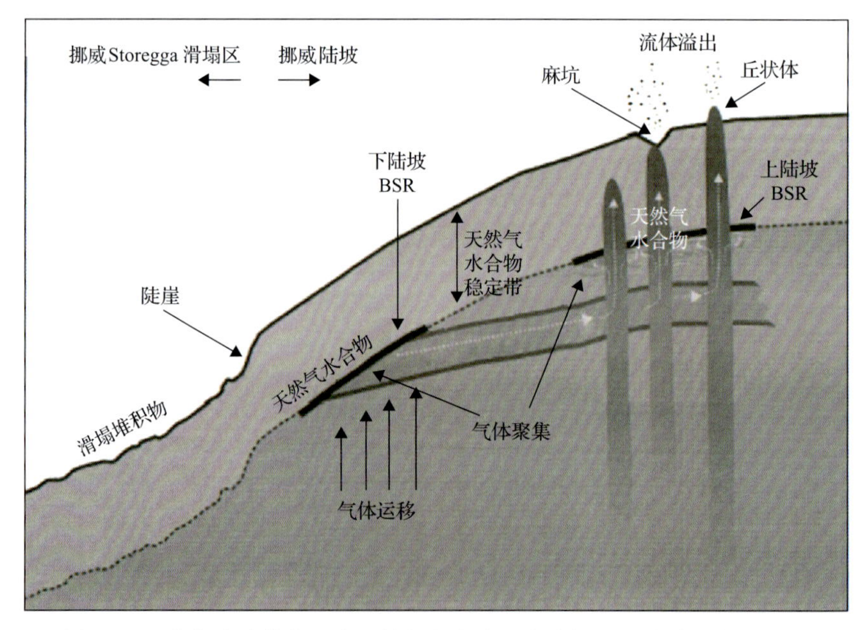

图 3-1　天然气水合物的形成及其与海底地形地貌的成因关系示意图
(据 Bouriak and Akhmetjanov, 1998，修改)

球物理响应特征，正好填补了多道地震系统无法较好地揭示海底浅表层地质特征的缺陷。由于水深一般在 300～3000m 的地方才存在水合物且其埋深多为海底之下 200～800m，因此在进行野外勘查时，这些系统需设置最适合寻找水合物的参数。多勘探手段相融合实现了技术互补，能更具体、更清晰、更系统地揭示海洋地质勘探深层—浅层—表层的整个过程。

3.1　浅层地震剖面勘探技术

3.1.1　工作原理及类型简介

浅层地震剖面测量系统是探测海底浅层结构、海底沉积特征和海底表层矿产分布的重要手段。浅层地震剖面勘探技术基于水声学原理，通过换能器(阵)将控制信号转换为不同频率声波信号向水下发射，声波在传播过程中遇到不同物性介质的分界面时，发生反射或散射，浅层剖面设备的换能器(阵)接收这些反射信号，经过数字化处理后，存储在计算机中，并通过图形显示技术将海底地层剖面呈现出来。相对于多波束勘探技术和侧扫声呐技术，浅层地震剖面测量系统的发射频率较低，产生声波的电脉冲能量较大，发射声波具有较强的穿透力，能够有效地穿透海底数十米的地层。与单道地震勘探技术相比，浅层地震剖面勘探技术分辨率要高得多，有的系统在中、浅水探测的分辨率甚至可以达到十余厘米。

浅层剖面测量系统根据发射的声波类型可以分为两种：一种采用调频声波发射与匹配滤波相关技术，以达到较好的勘测效果；另一种采用大功率电脉冲声源，以达到高分辨率。按发射模式，系统还可以分为余弦波、线性调频(Chirp)等发射模式；根据探头安装的方式可分为船载型和拖曳型。实际勘探作业过程中要根据不同的海底探测要求，选择恰当的工作频率。

3.1.2　发展概况

浅层地震剖面勘探技术在近几十年出现并且得到了迅速的发展。20 世纪 40 年代推出最原始的海底剖面仪，60～70 年代出现商品设备。由于当时技术基础的限制，无法实现复杂信号的处理、地层的高分辨探测和自动成图，地层探测结果只能绘在热记录纸带上，不能长期保存。90 年代以来，随着电子和计算机技术的快速发展，数字信号处理、海量数据存储和电子自动成图等技术的发展，促进了许多新型剖面测量系统的问世。

1. 国际发展状况

海底探测要求浅层地震剖面测量系统既拥有较高的地层穿透深度，又具有较高的地层分辨率。国际上工作性能较好的浅层剖面仪有美国产 PTR-106B 型、Bathy2000P 型和 X-Star 型，日本产 SP-2 型和 SP-3 型，挪威产 TOPASPS018 型等。

美国 Datasonics 公司生产的 SBP-5000 型和 EG&G 公司生产的 UNIBOOM 浅层地震剖面系统可以精确地揭示海底地形和海底以下 40m 以内的地层结构、断裂、滑塌和浅层气等，分辨率高达 0.2m。

TOPASPS018 是挪威 Simrad 公司生产的窄波束浅层地震剖面系统，属于船载型设备，在同类产品中，是目前国际上较先进的深水浅地层剖面探测系统。该浅层剖面仪可根据工作需要，选择不同的波形进行勘测，其中里克子波波形能提高分辨率，线性调频波形能提高声波穿透率。在 2003 年“大洋一号”科学考察船执行调查任务的过程中，使用该浅层剖面仪采集了 1000km 以上的地层剖面，在 2～4km 水深还能够获取较清晰的声反射信号，其中砂、沉积物、富钴结壳和基岩在剖面上有较好的反应。

2. 国内发展状况

20 世纪 70 年代中国科学院和地矿系统开始研制浅层剖面仪；“八五”期间交通运输部把研制穿透率强的中地层剖面仪列入国家攻关项目；在“十五”期间国家 863 计划已立项开始研制一种深拖式超宽频海底剖面仪。目前由我国研制成功的浅层剖面仪有 HQP-1 型、HDP-1 型、CK-1 型、QPY-1 型、SES-96 型、GPY-1 型、DDC-1 型、PGS 型、PCSBP 型等。其中，PCSBP 型(pulse compression sub-bottom profiler)是中国科学院声学研究所研制的达到国际先进水平的脉冲压缩式浅层剖面仪。由中国科学院声学研究所东海站和交通运输部水运规划设计院共同研制的 PGS 型中地层地质剖面仪表现了优良性能，特别是声学系统设计较先进，优于国际同类产品。PGS 型剖面仪工作频带为 0.3～10kHz，最大工作水深为 200m，在粗砂地层穿透为 25～30m，淤泥穿透达 100～400m，表层分辨率达到 0.15～0.30m，深层分辨率为 0.5～2.0m，该设备已经在沿海工程建设中发挥了重要作用。

3.1.3 在水合物勘探中的应用

浅层地震剖面勘探技术在探测海底浅层结构和沉积特征、解释浅层地质构造和岩浆活动特征，探测富钴结壳的分布状况上具有广泛且重要的应用。

Solheim 和 Elverhøi(1985)指出巴伦支海(74°55′N～27°36′E)水深大约 340m 的海底存在着一大群似火山洼地。在调查中发现这些火山口与甲烷气体的释放有关。为了确定该海火山口地区甲烷气体的来源，1993 年 10 月，R/V Meter 船在该海域 75°00′N～27°20′E 的 50km^2 范围内进行了浅层地震剖面、多波束及海底摄像调查，确认了甲烷羽状流在该区受底层水季节性温度变化的影响。调查指出在数个火山口内存在天然气水合物，在火山口形成之后气体仍持续不断地流动，而储存于浅层附近的水合物是影响底层水体温度变化及引起大量甲烷季节性释放的原因。

从火山口 A 的浅层剖面(图 3-2)可以看到两个隆起的丘状体，其中一个从底部隆升了近 20m，到达火山口附近。火山口周围海底平坦，靠近火山口具有一薄而不均匀的沉积盖层。多波束调查结果发现，内部丘状体具有杂乱的反射特征，但声波无法穿透火山口底部，说明其表面坚硬且不规则。在较大火山口 E 之下可以见到一单一的、侧向受限制的强反射层，其深度范围在火山口底之下 30～130ms(图 3-3)，而在非火山口的区域之下则没有见到类似的反射层存在。这些特征被认为主要是受包括位于水合物带之下气体的聚集所致(Dillon and Paull，1983)。尽管 Solheim 和 Elverhøi(1985)曾指出从该区的地

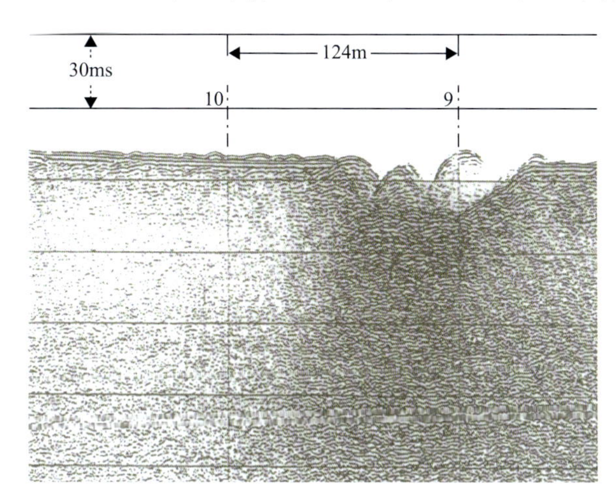

图 3-2　巴伦支海火山口 A 的浅层剖面(据 Long et al.，2001)

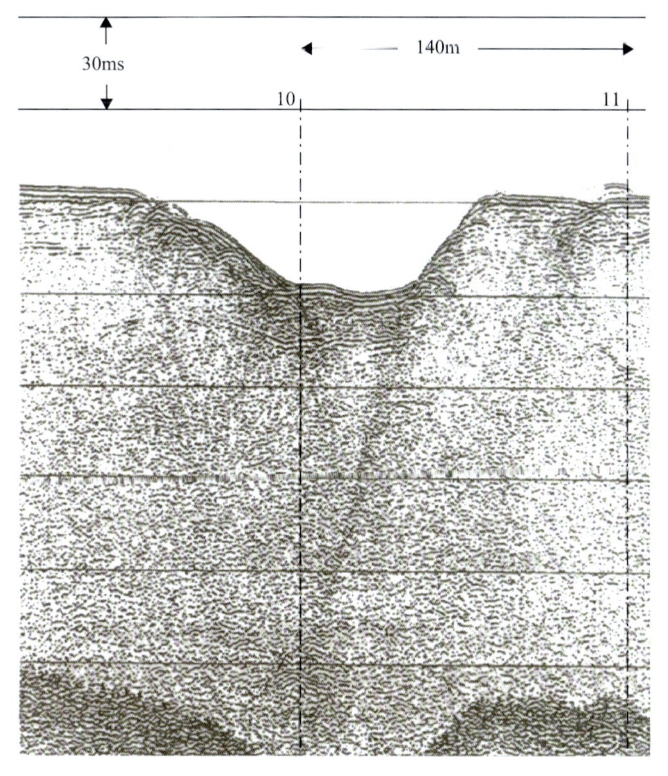

图 3-3　巴伦支海火山口 E 的浅层剖面(据 Long et al.，2001)

震剖面中未能识别出 BSR，但横向上受到限制的反射层则明显出现在浅层剖面上，这可能是由于反射波能量太弱而未能在所选择的单道剖面上反映出来。

据有关资料表明，南巴伦支海的气体水合物分布范围超过 55km^2。在 ODP164 航次 996 站位（即布莱克海台的底辟部位），发现有微生物气体从海底溢出（Paull et al., 1995）。经分析，在海底麻坑 320m 之上的富气羽状流仍然具有活性的厌氧生物群落。这些羽状流明显是从位于断层之上的海底麻坑溢出，并且这条断层一直延伸到 BSR 中的盐丘上。声呐资料同时揭示了该断层区的海底反射情况。另外，海底摄像和取样也显示反射现象跟海底生物群落和碳酸盐结壳有关。图 3-4 是 ODP164 航次 996 站位泥底辟的浅层剖面，钻孔位置在泥底辟的小凹陷处。图中 A、B、C、D、E 是 5 个岩心样，©是碳酸盐结壳，Ⓗ表示有气体水合物出现，间隔处是空白带。

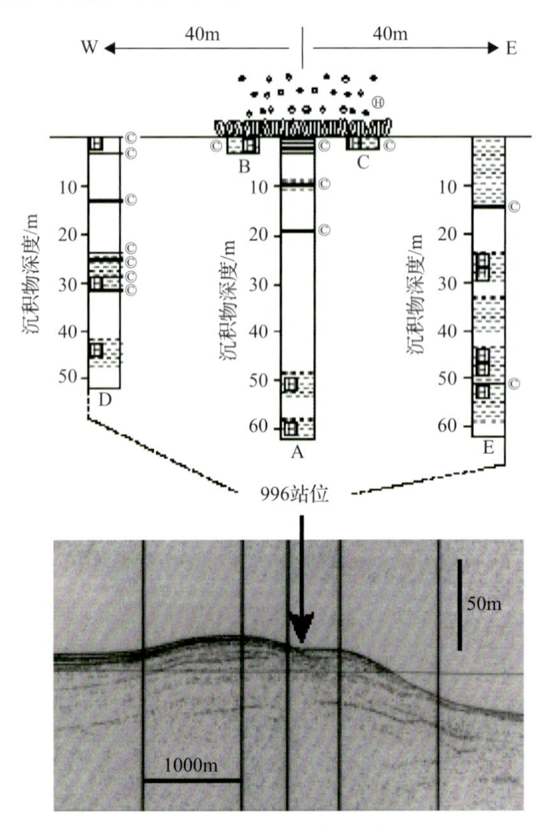

图 3-4　ODP164 航次 996 站位浅层剖面（据 Naehr et al.，2000）

位于克里木大陆边缘（黑海北部）东南面的 Sorokin 海槽以泥岩的穿刺作用而闻名，Kremlev 和 Ginsburg 于 1988 年已经在此区域的海底沉积层中发现了水合物。1996 年夏季，俄罗斯 R/V“Gelendzhik”号在 TTR-6 航次采集的浅层剖面中，看到声学异常遍及整个研究区。图 3-5 显示声学空白（中部）伴随有海底穹窿，其东北 500m 处的柱状扰动与麻坑有关。

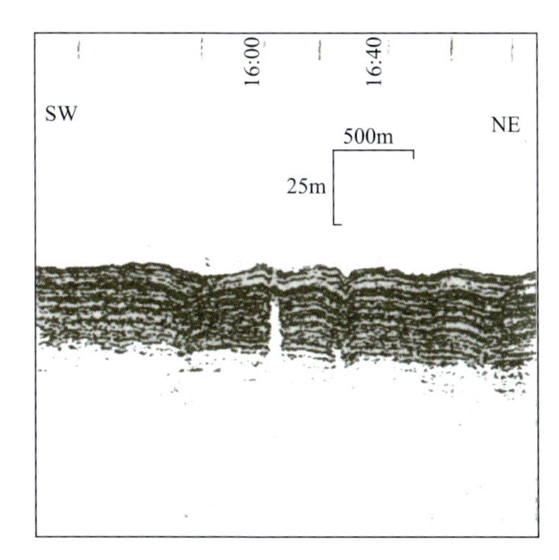

图 3-5　声学异常浅层剖面(据 Ivanov et al.，1996)

3.1.4　未来发展方向

随着探测要求的不断提高，浅层地震剖面勘探技术还将得到不断地发展，主要表现在以下两个方面。

(1) 充分应用新出现的差频参量阵技术。参量阵声呐在高压下同时向水底发射两个频率接近的高频声波信号(F_1，F_2)作为主频，当声波作用于水体时，会产生一系列二次频率如 F_1、F_2、(F_1+F_2)、(F_1-F_2)、$2F_1$、$2F_2$ 等。其中的 F_1 高频用于探测水深；而 F_1、F_2 的频率非常接近，因此(F_1–F_2)频率很低，具有很强的穿透性，可以更好地穿透地层，可用来探测海底浅地层剖面，而且仍然保持高频时的束角不变，而这种差频的频率很低，指向性很强，旁瓣很小，并兼有水深测量的功能。

(2) 超宽频浅层地震剖面系统的出现。应用新的分频合成技术实现扫频信号组合的任意选择，在现场可实时调整工作参数，能适应不同用途、不同地层分辨率和穿透深度的需求。

此外，未来浅层地震剖面勘探技术应采用电火花震源，以加大震源能量，降低发射频率，进而增大海底探测深度。同时需要对后处理技术进一步加强改进，改善数据解释、研究海底底质类型的识别。

3.2　单道地震勘探技术

3.2.1　工作原理和系统简介

众所周知，海洋底部具有复杂介质环境，声波在其中传播会遇到不同的反射强度。单道地震勘探技术就是利用不同介质具有不同信号发射波的特点来获取海底地质数据。一般来说，单道地震勘探系统主要由三部分组成，如图 3-6 所示。随着我国深海战略的实施和推进，海洋地质调查范围不断扩大，对各种地质勘探技术要求越来越高。

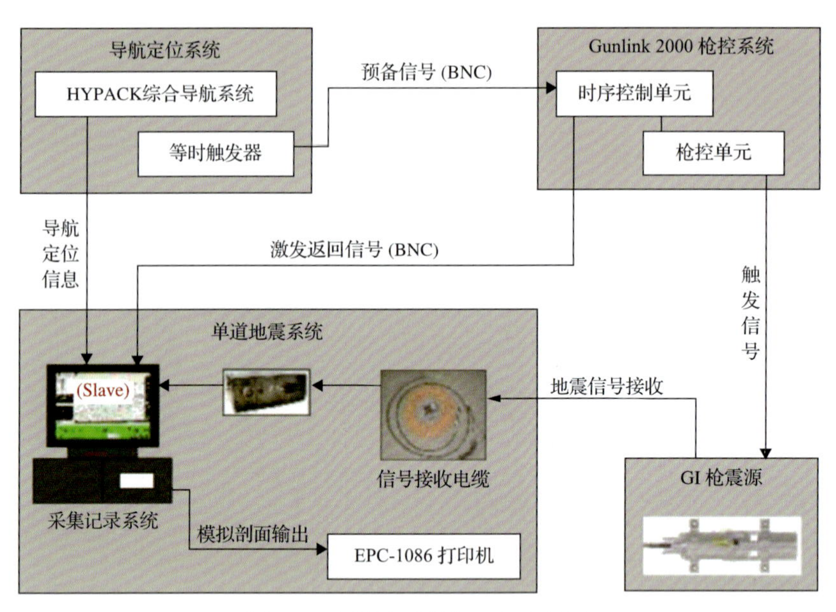

图 3-6　单道地震勘探工作系统图

单道地震调查与多道地震调查相比具有分辨率高、操作便捷、配置灵活、运行稳定、工作效率高且作业费用低的特点。由于工作主频和发射能量的差异，高分辨单道地震的地层穿透能力远远强于深水浅地层剖面仪。

单道地震勘探技术在井场调查、地质灾害调查、区域地质调查、天然气水合物资源勘查等不同领域得到了广泛的普及和应用，为获取海洋地质数据和开展海洋工程建设做出了突出贡献，是一种十分重要的地质勘探技术。

3.2.2　在勘探实践中的应用

1. 在油气井场勘探中的应用

单道地震勘探技术在油气井场勘探中的应用主要表现为勘探施工区域内是否存在各种古河道、暗流、溶洞、浅层气及地质层断裂等复杂地质问题，能够有效提高油气井场地质勘探设计的科学性，保证勘探工程项目顺利推进。

图 3-7 为采用单道地震勘探技术对珠江入海口盆地某井场中心(井位)勘探形成的单道地震剖面图。从成图效果来看，单道地震勘探技术在油气井场调查中具有较大的利用价值。根据单道地震剖面反射特征，将其分成四个反射层(面)，分别是图中的 R_0(海底)、R_1、R_2 和 R_3 反射界面，并在此基础上分成了四个反射层，即 A(R_0-R_1)、B(R_1-R_2)、C(R_2-R_3)和 D(R_3 以下)。从地震剖面图来看，该井场 A 层(地下 176～193m)发育河道沉积层；B、C、D 层(193m 以下)属于三角洲沉积层，D 层顶部可以确定古河道位置。

通过上述分析实例可知，单道地震剖面图可以清晰地显示珠三角盆地某井场内的河道沉积、埋藏古河道等地质结构，河道范围内的岩性与周边地质岩性差异较大，是当地地质灾害高发区域之一。

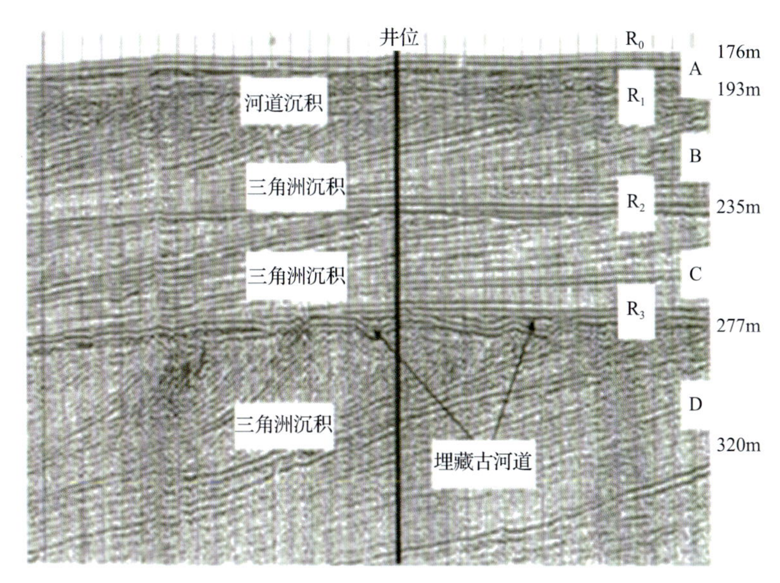

图 3-7　过井单道地震剖面图

2. 在区域地质勘探中的应用

在海洋地质勘探中应用单道地震勘探技术，可以对海底地层内的暗沟、沙坡、古河道、溶洞、沟槽发育、三角洲沉积、浅层气分布、地层褶皱、海底侵蚀、基岩等情况进行全面摸查，为分析各种地质灾害提供科学数据和信息支持。

由图 3-8 可以看出，该区域存在明显的多期下切河道地质特征，在晚更新世以来经历了复杂的地质变化运动，海平面出现大幅抬升；图 3-9 显示的是一个反射模糊区，这意味着该区域可能存在浅层气发育。

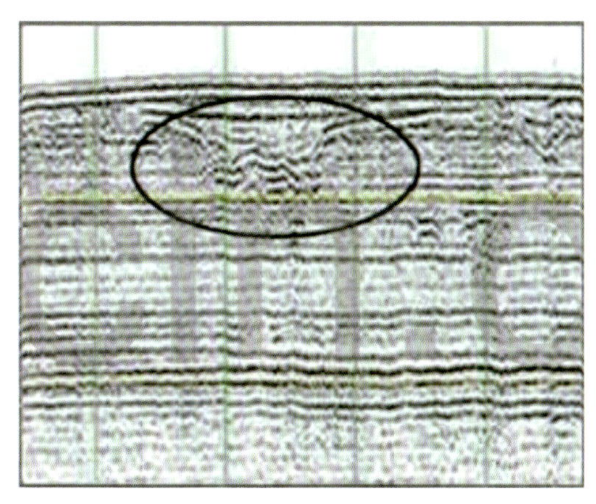

图 3-8　多期下切河道图

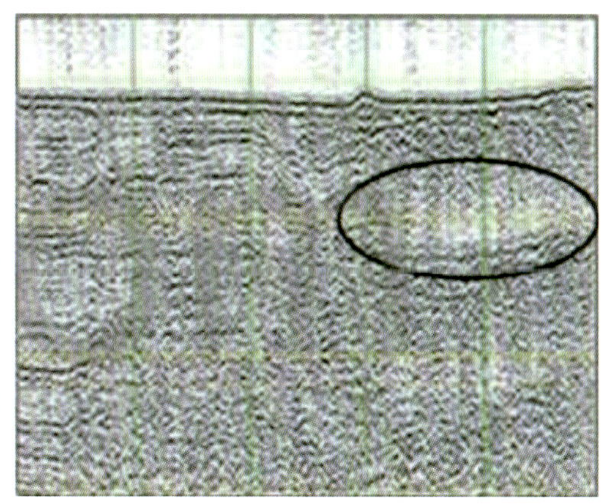

图 3-9　疑似浅层气

3. 在天然气水合物勘探中的应用

单道地震勘探技术是美国和加拿大探测深海天然气水合物的技术方法之一，它是利用强脉冲声源和单道接收器探测来自浅部地层的反射信号。单道地震资料能提供精确的水合物及相关气体沉积的地震结构图像，实践证明可以用该方法初步识别空白带和BSR的分布。事实上，美国、日本、英国等早已开始对单道地震勘探技术进行研究和改进，使其应用于天然气水合物地质勘探。1993年，欧洲共同体制定了使用单道地震勘探技术获得BSR反射率变化的稳定路径。单道地震勘探技术还能够对海底含气区的声浑浊、溶洞带、反射增益、速度下拉、复合波、气烟囱等特征进行有效识别，对于揭示天然气水合物赋存区的冷泉气源位置、气体渗漏断层及运移通道等有重要的参考价值。

水合物勘探早期主要采用单道和常规低覆盖次数的多道资料寻找BSR，通过专门处理手段，取得了比较满意的效果，国外有学者在对卡斯凯迪亚水合物区进行探测时，采用单道地震勘探技术更加准确地确定了BSR的位置。此外，在ODP164航次调查中，通过995、996和997钻孔的单道地震剖面非常清晰地揭示了BSR的特征。在图3-10所示的地震剖面中，BSR呈平行于海底的强振幅反射，BSR反射层上、下具有显著的地震波速异常变化，表明BSR之上的空白带是高速水合物，BSR之下是低速游离气层，进而再次印证了单道地震技术在指示水合物富集区的可靠性和准确性。

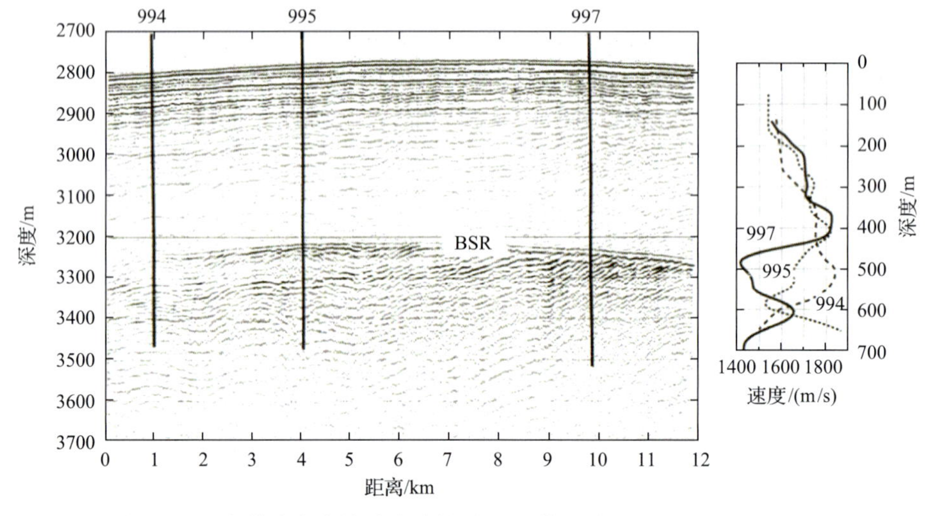

图3-10　布莱克海台单道地震剖面BSR特征(据Paull et al.，2000)

由秘鲁海沟经中美洲大陆边缘向北至北加利福尼亚大陆边缘加积体及弧前新生代沉积盆地(伊尔河盆地)内存在清晰的水合物BSR，并很可能一直延伸至俄勒冈边缘海。美国地质调查局为了考察北加州大陆边缘地质特征，于1977年、1979年和1980年对该区进行了勘查，认为门多西诺断裂带北部板块的聚敛产生了巨厚的消减带及增生楔。调查过程中，采用160kJ的单枪电火花震源系统，得到的地震记录清晰地显示出在浅地层处有一平行海底的强反射层，即BSR。如图3-11所示，在相对隆起的正地形处BSR较连续，负地形处(拗陷处)BSR不明显，与向陆倾斜的反射层斜交，表明海底地貌对BSR的分布具有控制作用。单道地震剖面中的BSR双程旅行时介于0.15～0.35s，根据地震波传播速度，推测BSR埋深约为225m。

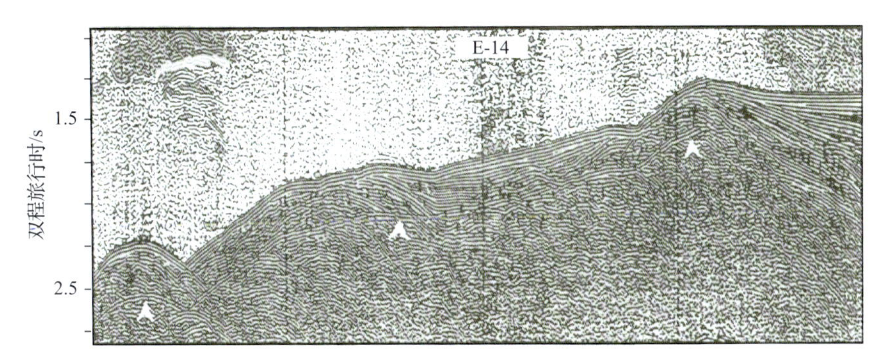

图 3-11　北加利福尼亚岸外的单道地震剖面(箭头所示为 BSR)(据 Revnic et al.，1986)

位于印度洋西北的阿曼湾内莫克兰俯冲带及增生楔也是水合物发育的理想地区。White 早在 1979 年阿曼湾内发现水合物层及圈闭的游离气(White，1979)。1981 年，英国剑桥大学贝尔实验室 White 和 Louden(1982)利用单道地震系统(采用参数：气枪容量 160in^3，工作压力 200psi[①]，5～70Hz 带通滤波处理)在莫克兰大陆汇聚板边缘采集的资料，在厚层沉积的构造增生楔隆褶带处发现水合物 BSR(图 3-12)。

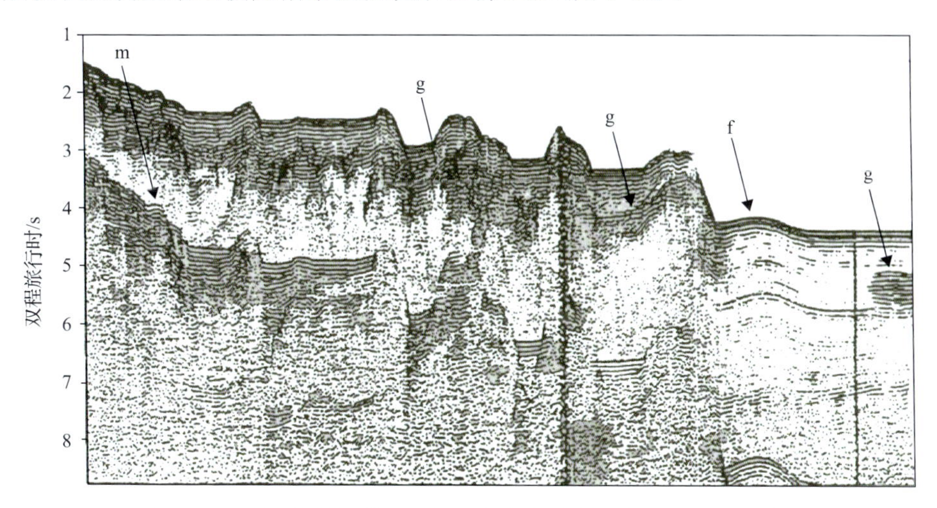

图 3-12　莫克兰俯冲带及增生楔单道地震剖面(据 White，1979)

m-海底多次波；f-逆冲褶皱前锋带；g-BSR

1988 年，印度国家海洋研究所在沿印度西部被动大陆边缘上斜坡中部海隆区，利用高分辨率地震及浅层剖面系统也观察到水合物 BSR、空白带。如图 3-13 所示，从单道地震剖面上可发现在海底之下 0.35s 处出现 BSR，BSR 上依次为声波空白带和地震透明带，BSR 之下则为声波混浊带。由于浅沉积层扭曲变形及断裂作用，BSR 显示出轻微上隆并被断层复杂化，其中部分气体通过断面向上迁移，在地表形成梅花坑地形，部分气体圈闭在水合物层之下，致使 BSR 之下呈杂乱或分散双曲线反射特征。

德国亥姆霍兹基尔海洋研究中心为了研究水合物与地滑事件的关系，从挪威西部挪威海 Storegga 滑塌区的单道模拟记录剖面上发现海底之下 0.10～0.35s 处出现两组强反射

① 1psi = 6.89476×10^{3}Pa。

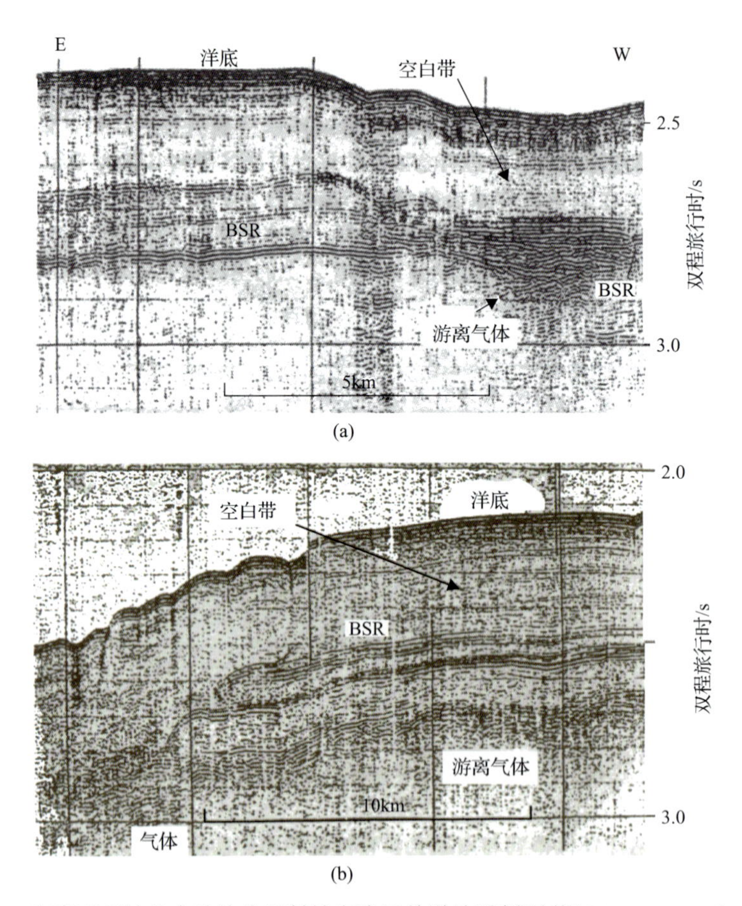

图 3-13　印度西部被动大陆边缘下斜坡海隆区单道地震剖面(据 Veerayya et al.，1998)

层，构成双 BSR 结构(Mienert 等，1998)(图 3-14)。对比发现，浅层处的 BSR 与滑移面处于同一深度，认为该区水合物形成与浅地层处的地层滑坡密切相关。

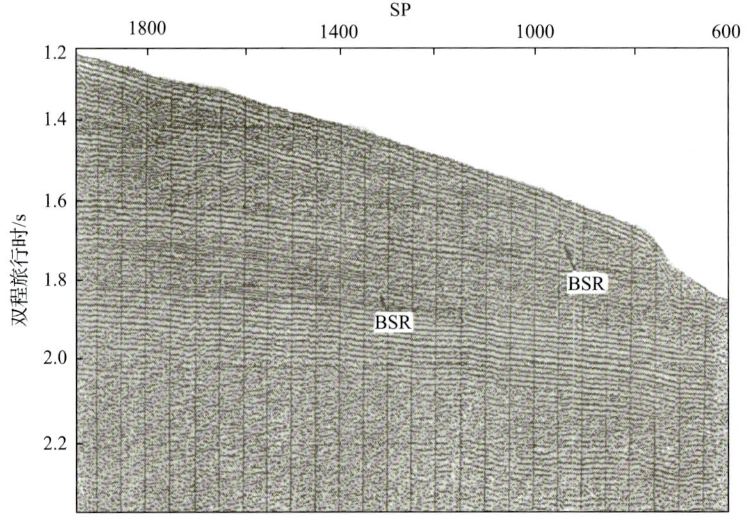

图 3-14　挪威西部 Storegga 滑塌区的单道地震剖面(据 Mienert et al.，1998)

为研究气体水合物的运移通道、海底泥底辟和气体溢出特征，以及根据滑塌区的沉积物来估算流体运移深度。R/V“Professor Logachev”号对挪威的Storegga滑塌区进行了与气体水合物相关的高分辨率单道地震调查，调查系统包括21个气枪震源，1条长350m的单道水听器电缆，数据采样率为1ms，频率为50～250Hz，主要采用频率为180Hz，波长为8.3m。图3-15(a)为获取的单道地震剖面，图中可见到BSR和强反射。图3-15(b)为根据单道地震剖面计算的相对速度模型，可见到BSR界面处的速度出现突然降低，呈现明显的速度异常特征。

在分析、总结诸海底浅层勘探技术和海底微地形、地貌关系的基础上，Bouriak和Akhmetjanov(1998)推出一个水合物的形成及水合物与海底泥底辟、流体溢出地貌的关系示意图(图3-1)。图中说明了气体水合物的形成以及由于气体的运移、溢出而在海底形成麻坑、丘状体等地形地貌。

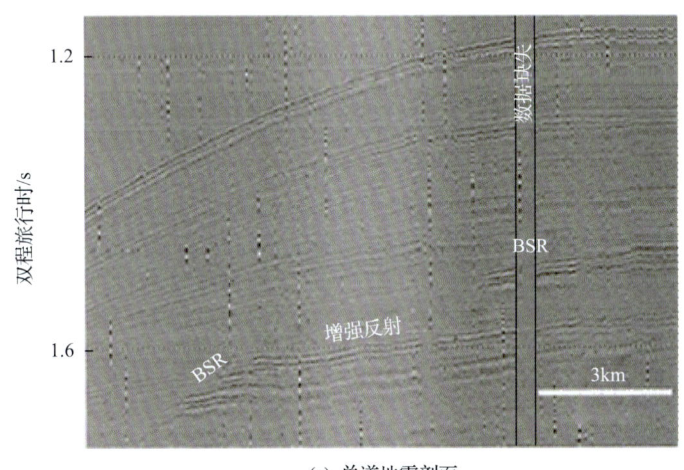

(a) 单道地震剖面

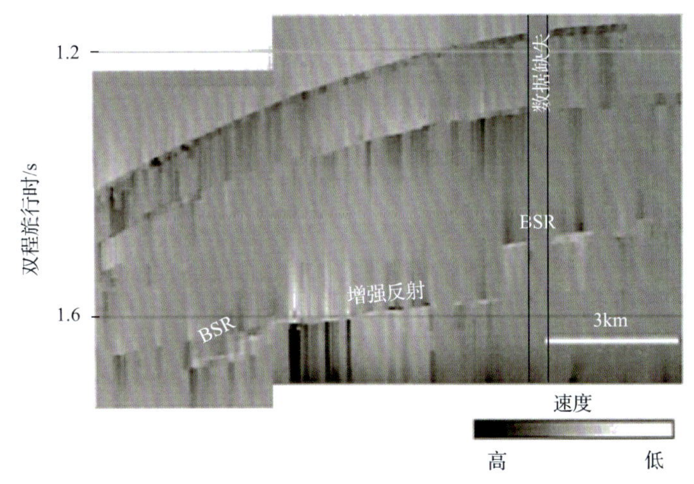

(b) 相对速度模型剖面

图3-15　单道地震剖面和相对速度模型剖面(据Bouriak et al.，1999)

3.3 侧扫声呐技术

3.3.1 技术原理及类型简介

侧扫声呐技术运用海底地物对入射声波反向散射的原理来探测海底形态，它利用声学能量强度和回波到达时间的变化来产生海底声学图像。声波强度取决于海底反射强度、反射物(如水合物)的分布、地层穿透深度、浅表层散射率、水柱特征和声波穿透的角度。

典型的侧扫声呐装置主要由数据显示和记录单元、数据传输和拖鱼电缆、水下声波发射和接收换能器组成，其探测过程如图 3-16 所示。侧扫声呐技术能对测量扫描的斜距、船只航行速度变动、定位误差和盲区进行自动改正，通过磁带机给予转录、回放，可以按不同的尺度编制地貌图，对了解海底、湖泊、江河地貌、暗礁、沉船、管线和其他障碍物特别有效。

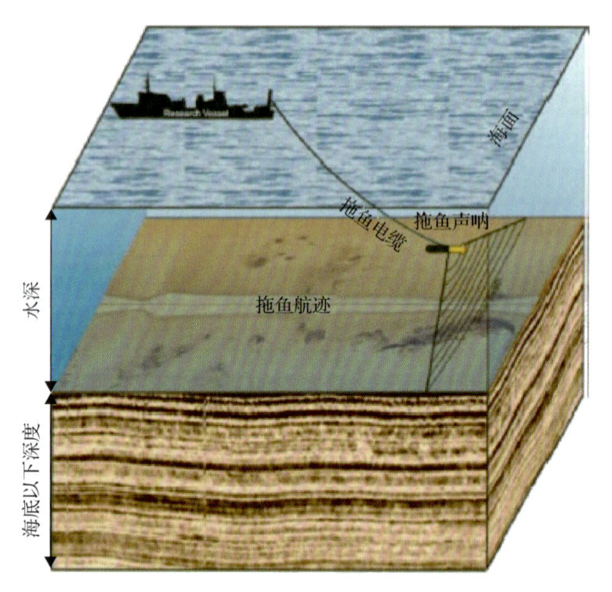

图 3-16 拖曳式声呐拖鱼作业图

根据声学探头安装位置的不同，侧扫声呐可以分为船载型和拖体型两类。

船载型声学换能器安装在船体的两侧，该类侧扫声呐工作频率一般较低(在 10kHz 以下)，扫幅较宽，如英国生产的 Gloria 型工作频率为 6.5kHz，每侧扫幅宽度可达到 30km，航速可达 8kn。

拖体型侧扫声呐系统又可根据拖体距海底的高度分为离海面较近的高位拖曳型和离海底较近的深拖型两种。高位拖曳型侧扫声呐系统，如 SeaMARK-I 型及 SeaMARK-II 型侧扫声呐系统的拖体在水下 100m 左右拖曳，能够提供侧扫声呐图像和测深数据，航速较快(8kn)。深拖型侧扫声呐系统拖体距离海底仅有数十米，如 EDO 公司生产的

DeepTowSystem，美国 KleinAssociatesInc.公司、Datasonics 公司、TritonTechnology 公司及英国 O.R.E.公司生产的侧扫声呐系统等，该类产品要求拖体距离海底较近，航速较低，但获取的侧扫声呐图像质量较高，通过其侧扫声呐图像甚至可分辨出十余厘米的管线和体积很小的油桶。最近有些深拖型侧扫声呐系统也具备高航速作业能力，如 Klein3000、Klcin5000 等侧扫声呐系列新产品，航速达到 10kn 依然能获得高清晰的海底侧扫声呐图像。

3.3.2　系统构成

以拖曳型侧扫声呐为例，其基本系统的组成一般包括拖鱼、绞车、工作站，以及必要的外部辅助设备(如 GPS 接收机、超短基线等)，如图 3-17 所示。侧扫声呐的拖鱼是一个流线型稳定拖曳体，它由鱼前部和鱼后部组成。鱼前部由鱼头、换能器舱和拖曳钩等部分组成，左右两侧各装备一条(在双频的情况下两条)收发换能器；鱼后部由电子舱、鱼尾、尾翼组成。尾翼用来稳定拖鱼，当它被渔网或障碍物挂住时可脱离鱼体，收回鱼体后可重新安装尾翼。拖曳钩用于连接拖缆和鱼体的机械连接和电连接。根据不同的航速和拖缆长度，把拖鱼放置在最佳工作深度。拖曳电缆安装在绞车上，其一头与绞车上的滑环相连，另一头与侧扫声呐的鱼体相连。拖缆有两个作用，一是对拖鱼进行拖曳操作，保证拖鱼在拖曳状态下的安全；二是通过电缆传递信号。拖缆有两种类型，即强度增强的多芯轻型电缆和铠装电缆。沿岸比较浅的海区，一般使用轻型电缆，其长度从几十米到一百多米。多芯轻型电缆便于甲板上的操作，可由一个人搬动，其负荷取决于内部增强芯的尺寸，一般在 400～1000kg。铠装电缆用于较深的海区，大部分侧扫声呐铠装电缆是“力矩平衡”的“双层铠装”，这意味着铠装电缆具有两层反方向螺旋绕成的金属套。工作站是侧扫声呐的核心，它控制整个侧扫声呐系统工作，具有数据采集、处理、显示、存储及图形镶嵌、图像处理等功能。它由硬件和软件两部分组成，硬件

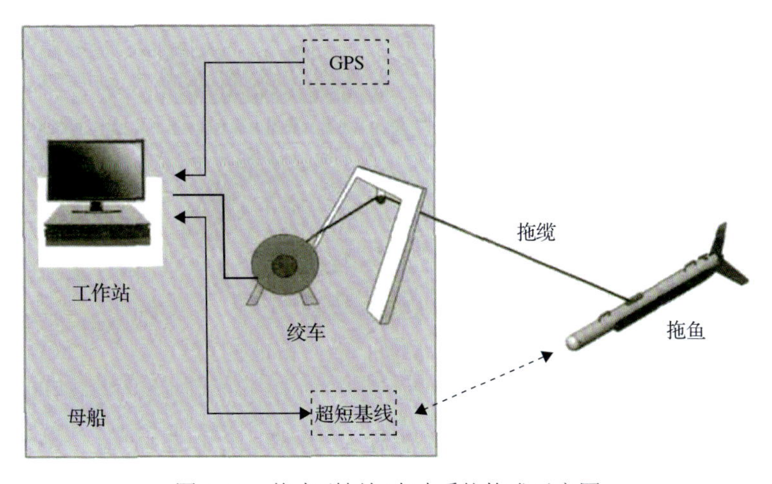

图 3-17　拖曳型侧扫声呐系统构成示意图

包括高性能的主计算机、接收机及为拖鱼提供高压电源的供电模块，软件包括系统软件和应用软件。

3.3.3 研究现状

1. 国际研究现状

1960 年英国海洋科学研究所研制出第一台侧扫声呐并用于海底地质调查，20 世纪 60 年代中期侧扫声呐技术得到改进，提高了分辨率和图像质量等探测性能，开始使用拖曳体装载换能器阵，拖曳体距海底的高度数十米。70 年代研制出适应不同用途的侧扫声呐，轻便型系统总质量仅 14kg。近年来，计算机处理技术的快速发展和应用有效地推进了侧扫声呐技术的发展，出现了一系列以数字化处理技术为基础设计的数字化侧扫声呐设备，进而使侧扫声呐技术步入了全新发展阶段，符合特定探测深度和精度的侧扫声呐系统不断研发面世。传统的单频模式逐渐被具备高、低两个频段的双频模式取代，以适应不同的应用环境，特别是对地质调查及掩埋目标的探测，信号形式也逐渐从简单的单频脉冲演变为 Chirp 信号，以获得更好的分辨力。

挪威 Simrad 公司生产的 MS992 侧扫声呐仪为数字式双频系统，系统设计灵活，允许用户把图像信息同时记录在磁带和硬盘拷贝到记录仪上。侧扫声呐系统扫描宽度为 100～500m，测量海底地形的精度大约为水深的 3%，在此范围内，它能精确描绘海底大于 5cm 物体的形状及位置，是目前获得海底图像的主要工具。海底图像包括海底稳定性、流体运动和地形结构等信息，还可以用于识别甲烷气体溢出坑。

此外，诸如多波束侧扫、多脉冲技术也不断地被应用于侧扫声呐系统中，以实现高速拖曳全覆盖的同时获得高分辨率的地貌图像信息。美国 Klein 公司近年来研发的 Klein5000V2 系列采用波束控制与数字生态聚焦技术，在拖鱼每一侧同时生成数个相邻的平衡波束，可以实现高速拖曳全覆盖的同时获得高分辨率的微地貌信息，并可同步记录地形资料。2008 年法国 IXBLUE 公司推出了高性能合成孔径声呐系统 SHADOWS，意味着侧扫声呐硬件系统迈向了更高的台阶。EdgeTech 公司研发的 4200 系列深海多波束侧扫声呐系统，代表了目前国外商业侧扫声呐发展的前沿。此外，其他诸如 DeepVision、Konsberg、ATLAS 及 Teledyne 等公司也都有自己的成熟商业侧扫声呐系列产品。

2. 国内研究现状

我国对侧扫声呐系统相关技术的研究起步较晚，1970 年我国才开始研究侧扫声呐系统，并于 1972 年由中国科学院声学研究所研制出了我国第一款舷挂式侧扫声呐系统。20 世纪 80 年代中期，华南工学院林振镳等成功研制出 SGP 型高分辨率侧扫声呐系统，工作频率为 190kHz 和 160kHz，作用距离最大为 400m，采用乘积阵和加法阵进行波束变换。1996 年中国科学院魏建江等成功研制出 CS-Ⅰ 型侧扫声呐系统，工作频率采用 100kHz 和 500kHz 分时工作，测高频率为 200kHz，100kHz 的作用距离为 2×500m，换能器波束水平开角为 1°，500kHz 的作用距离为 2×100m，换能器波束水平开角为 0.2°，垂直开角均为 40°，最大工作深度为 300m，适应海况为 4 级。该侧扫声呐系统采用双频分时工作，较好地解决了侧扫声呐分辨率和作用距离间的矛盾，作用距离指标超过同类双频侧扫声呐指标，进入世界先进产品行列。在“十五”期间的 863 计划“资源与环境技术领域”设置了研制侧扫声呐的相关课题，已成功开发出高分辨率侧扫声呐技术，并获得高分辨率的三维地形图和地貌图。随着国家海洋战略及“一带一路”倡议的不断推进，海洋调查仪器设备的国产化需求日益迫切。

虽然目前我国的侧扫声呐技术在理论研究上已经和发达国家不相上下，但受相关工程技术限制及长期以来对进口设备的依赖，导致国内无论是中国科学院声学研究所的拖曳式双频带双侧侧扫声呐，还是杭州应用声学研究所的 AUV 载多波束侧扫声呐，基本还处于样机研发状态，均未达到成熟的商业化水平。此外，海洋探测设备研发存在投入大、周期长、技术起点高等特点，导致国内长期以来对侧扫声呐系统的研发基本以研究所或高校为主，而企业参与较少。随着国家对海洋重视程度的提升，越来越多的企业开始投入到海洋探测装备的研发与制造当中。其中，杭州边界电子技术有限公司通过国际合作的方式，研发了具有完全自主知识产权的拖曳式双频侧扫声呐系统“剑鱼 1400”，该系统具备 100kHz/400kHz 双频带，最远探测距离可达 1000m。水平波束宽度分别是 1.5°(100kHz)、0.4°(400kHz)，垂直航向分辨力分别是 8cm(100kHz)、2cm(400kHz)，是目前国内较成熟的商业侧扫声呐产品之一。

3.3.4　在勘探实践中的应用

侧扫声呐技术是海洋探测的重要工具之一，应用极其广泛。在海洋水下救捞、海洋地质地貌测量、海底地质勘测、海底工程施工、海底障碍物和沉积物探测及大洋多金属结核勘测上发挥着重要作用。此外，侧扫声呐技术还可用于探查海底的沉船、水雷、导弹和潜艇活动等，因而有重要的军事意义。

1. 在水合物勘探中的应用

美国海军研究实验室已经研制出一种双频拖鱼侧扫声呐系统，主要用于对海底的条带扫描。该系统能够探测埋在海底下的物体，它的穿透能力为海底以下几米至几十米。目前，该系统已经进入试用阶段，完全能够为获得相关图像和识别近海底区域的水合物分布提供有益的帮助。

俄罗斯 R/V“Gelendzhik”号在 TTR-6 航次期间采集到了 5 个含气体水合物的钻孔样，同时在井位附近取得了高分辨率地震记录，并进行了深拖侧扫声呐测量。侧向扫描使用了 MAK-1 深拖式声呐系统，声呐的工作频率为 30kHz，条幅宽度为 2km，海底剖面仪工作频率为 4.9kHz。该系统的拖曳速度为 2～2.5kn，沉放深度约在海底以上 100m，拖曳探头的定位使用短基水下导航系统。5 个含有气体水合物的岩心样品都是在深海拖曳侧向扫描声谱图上有较高背散射的区域进行的(图 3-18)。岩心 BS-289G、BS-290G 和

BS-294G 从等轴暗斑处采到，这种暗斑被解释为火山泥岩；岩心 BS-292G 来自一个环形拗陷中部的不规则形暗带之中，这种拗陷被解释为海底火山泥岩的塌陷构造；岩心 BS-288G 从一个伸展暗带处得来，这种暗带被认为来自开放断层的泥流。所有岩心取样都发现了泥质角砾岩，且气体水合物都存在于该角砾岩中。分析认为此处的气体水合物与海底流体强烈流动有关。

在过地震 256 测线的 BS-288G 井位上，可以在海底以下 200ms 处观察到一个锥形的地震反射声学空白带(图 3-19，箭头表示流体运移路径)，其宽度超过 500m，可能与挠曲

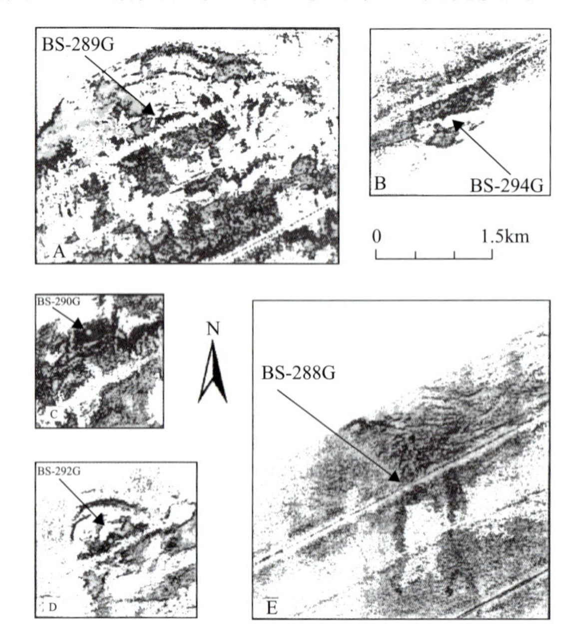

图 3-18　5 个岩心的声呐声谱图(据 Bouriak and Akhmetjanov，1998)

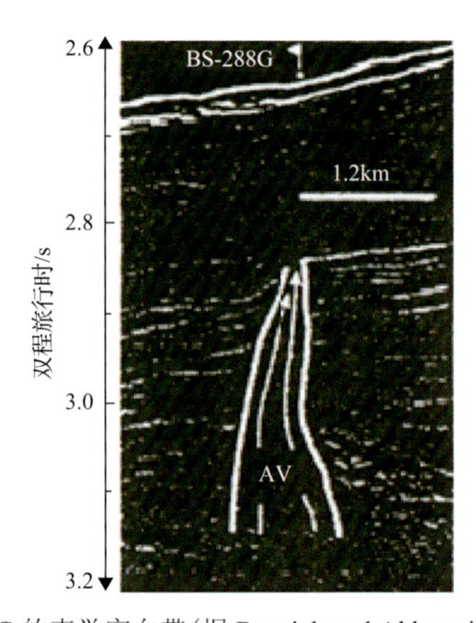

图 3-19　BS-288G 的声学空白带(据 Bouriak and Akhmetjanov，1998)

有关。它指出了气体通过断裂带运移，在经过此井位的浅层剖面上也观察到了相似的地震反射空白带，宽约 200m（图 3-20）。如果考虑到高频因素，它反映了以下两种可能：一是位于最上部的气体充填薄层吸收了地震波能量；二是气体发生强烈流动。不管是哪种情况，地震数据都间接表明此井位附近相对于邻区的气体含量有明显的异常，因而反映其可能与水合物的富集有关。

在采集到气体水合物的 BS-292G 站位处，其海底以下 160ms 深的地方可观察到由强绕射波形成的某种声学混浊体（AT）（图 3-21），图中声学混浊体所反映出的流体穿过断层及破裂带的运移路径用箭头表示。由于此站位附近的海底地形相当平缓，推测这种绕射是由羽状流引起。

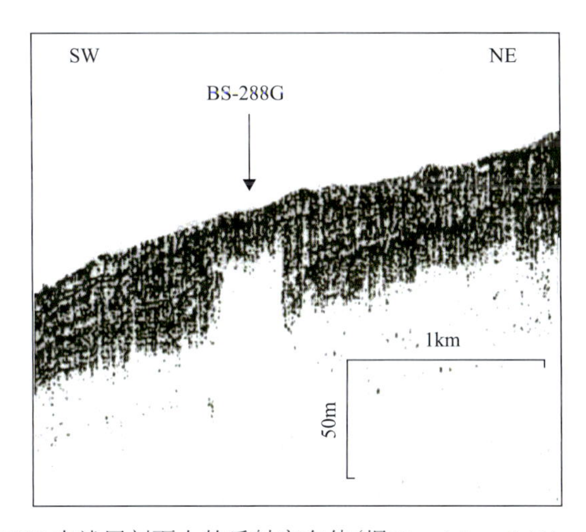

图 3-20　BS-288G 在浅层剖面上的反射空白体（据 Bouriak and Akhmetjanov，1998）

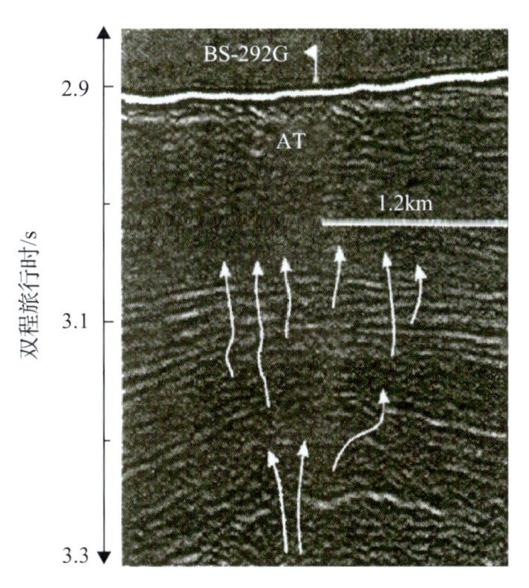

图 3-21　BS-292G 的声学混浊体（据 Bouriak and Akhmetjanov，1998）

M-48 测线侧扫声呐图像及浅层剖面(图 3-22)显示了一不规则、带有数个强反射波的海底地形及可能的浅层气囊，图中还可以清楚地看到具有较强的背散射区(左侧)所对应的海底地形较为平坦，而较弱的背散射区(右侧)所对应的海底地形起伏较大。另外，侧扫声呐图像上对应于剖面上的那些强反射波或由气体引起的不规则条带状强背散射出现在海底附近，表明滑塌与气体有关。因此认为海底强反射似乎不仅与那些复杂的小规模海底起伏有关，而且与浅部沉积物由于气体充填度不同而引起的物理性质的显著变化有关。

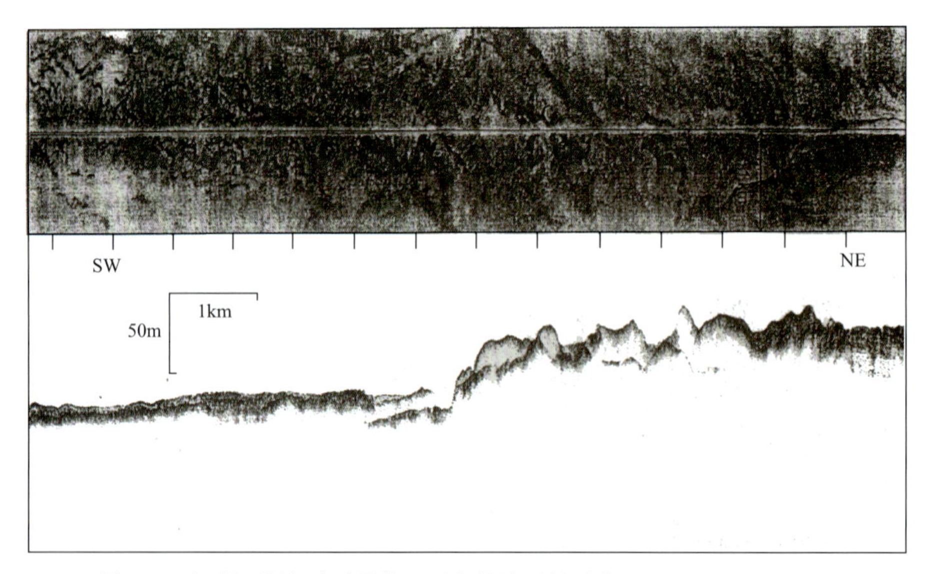

图 3-22　滑塌区侧扫声呐图像及对应的浅层剖面(据 Ivanov et al.，1996)

综上所述，侧扫声呐图像上黑色的“之”字形线段与沉积物的移动有关。这些线段所具有的较强的背散射可能受到下列因素的影响：上覆塑性地层滑移而导致较老和较致密的沉积物暴露；滑塌体前沿的泥质角砾岩；在浅部地层中有强烈的流体排放，这些气体来源可能与水合物分解渗漏有关。

此外，通过 M-47、M-48 两段剖面(图 3-23，图 3-24)可以解释浅部沉积物中气体含量的区域性分布情况。在这两段剖面中，可以看到层状的浅部地层所形成的杂乱反射区，而这通常都解释为气体含量的增加所致。由于绝大部分具有杂乱反射区的沉积层都发育于海底隆升区，由此可以得出这样一个结论：横向的气体运移多发生在沿倾向向上的方向。图 3-25 显示了一流体从负向地形逸出的典型例子，大量的流体明显地从这些麻点状的洼地沿坡向下扩散。在剖面上同样也可以看到海底表层沉积物受侵蚀而形成的小细谷，且海底表层沉积物声浊度往上坡逐渐增加。图 3-24 显示另一个相似的例子，富含气体沉积物的渗流发生于线状构造位置，这些线状构造通常被解释为大致与陆坡方向一致的断层。

在研究区内还发现了异常的浅层反射，该反射层位于海底之下 10m，有时可达到海底，其反射能量明显强于海底反射，具有不随海底地形变化且与上覆沉积层形态不一致

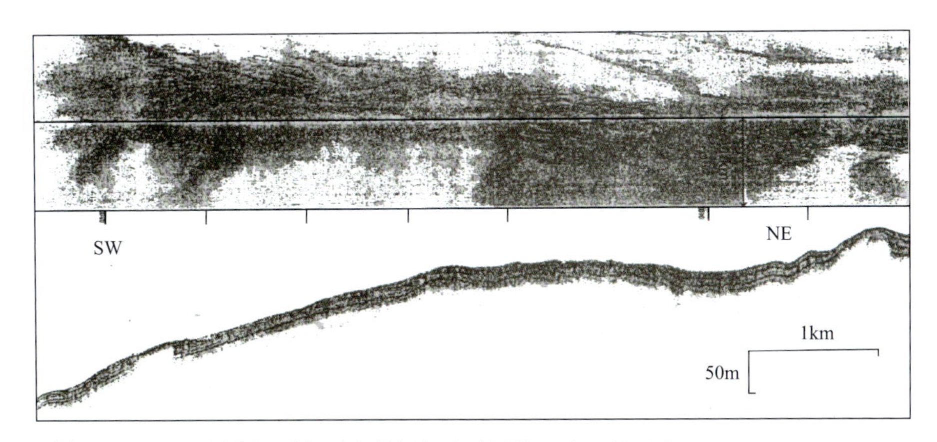

图 3-23　M-47 测线泥质角砾岩的侧扫声呐图像及浅层剖面（据 Ivanov et al.，1996）

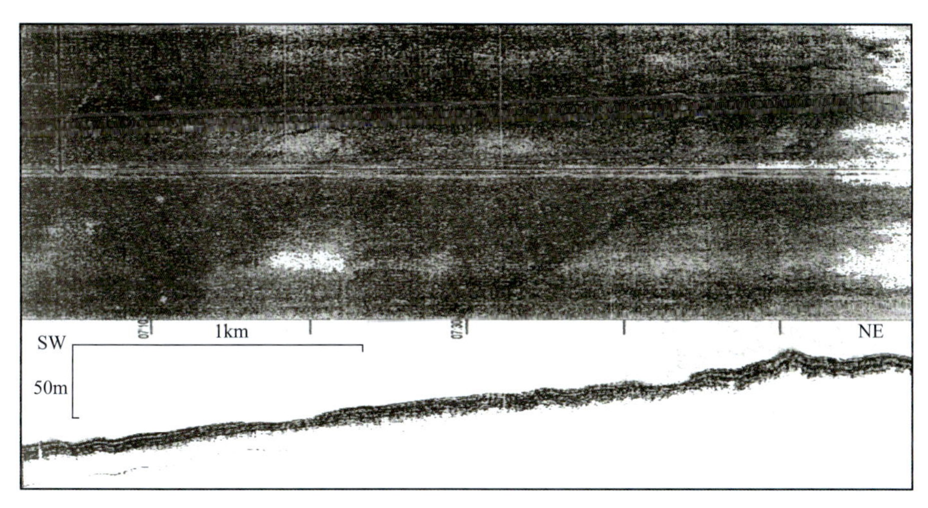

图 3-24　M-48 测线泥质角砾岩的侧扫声呐图像及浅层剖面（据 Ivanov et al.，1996）

的特征（图 3-25）。在反射波变弱或出露海底的区域，整个沉积层序变成了声学透明区。在侧扫声呐图像上，这些区域与增强的背散射区相一致。在西南部，该反射波出现在流体大量流动所导致的滑塌构造边缘的海底上。从该处取得的岩心（BS-284G）含有被 Staffini 等称为“似奶冻”一样的饱和气体的泥质角砾岩。这种强反射特征表明其与下伏富含气体层直接相连，因此，被解释为浅层气囊。

1998 年，R/V“Professor Logachev”号在 TTR-8 航次对挪威 Storegga 滑塌区进行了与气体水合物相关的 OKEAN 长条幅侧扫声呐调查，目的是讨论各种气体和气体水合物地貌特征的异同，以及水合物与浅表层滑塌的关系。调查采用的工作频率为 9kHz，扫描宽度为 8km，系统拖曳速度为 6kn，沉放深度在海底几十米，获得了整个调查区的侧扫声呐图像（图 3-26）。图 3-27 中方框 1 和 2 的图像经放大观察到了强背散射斑块（图 3-27），其分布范围与 Mienert 等（1998）报道的麻坑位置相吻合。经综合分析认为该区水合物形成与滑塌密切相关。

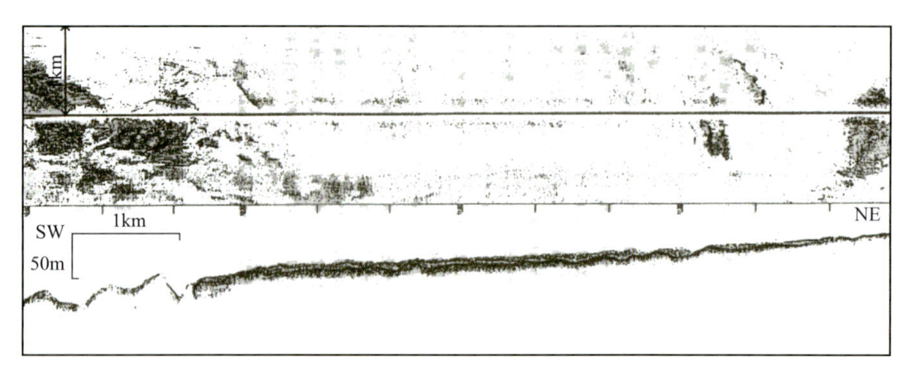

图 3-25　M-48 测线泥火山的侧扫声呐图像及浅层剖面(据 Ivanov et al.，1996)

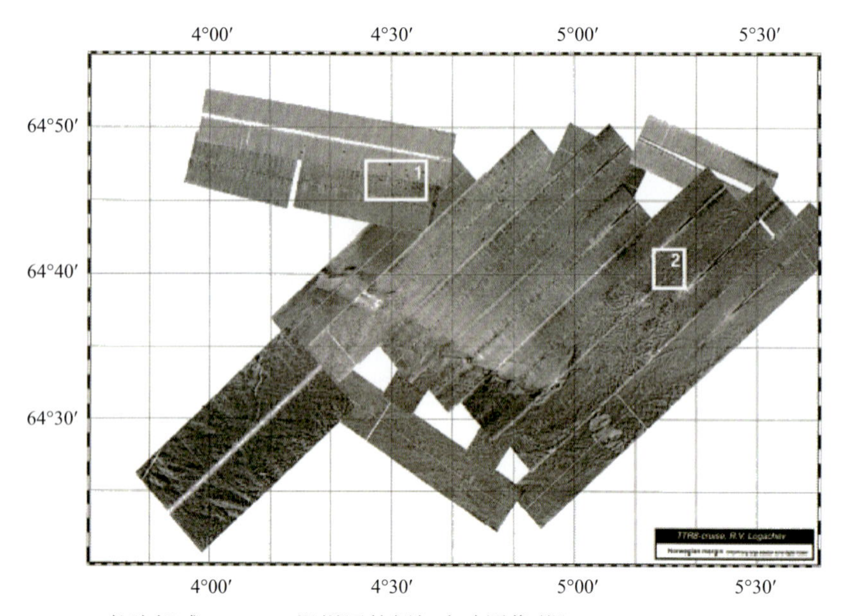

图 3-26　TTR-8 航次挪威 Storegga 滑塌区的侧扫声呐图像(据 Bouriak and Akhmetjanov，1998)

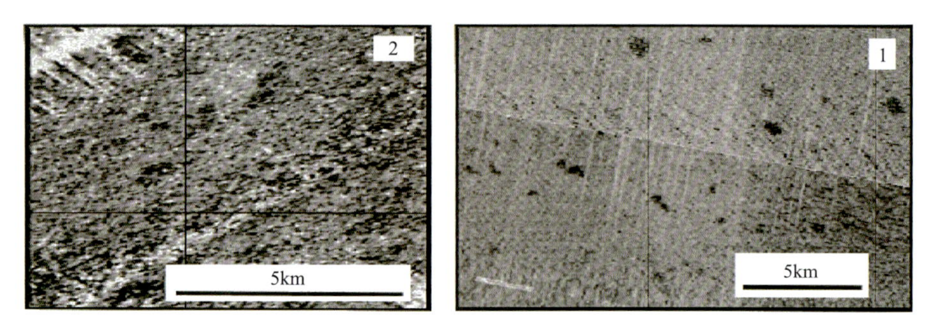

图 3-27　挪威 Storegga 滑塌区某两处强背散射斑块图像(据 Bouriak and Akhmetjanov，1998)

2. 在富钴结壳区勘探中的应用

我国在大洋科学考察第 21 航次使用 SIS-3000XL 型(Benthos 公司)声学深拖在富钴

结壳区进行了高分辨率微地貌地形探测，并利用搭载的侧扫声呐数据对结壳区的地形地貌进行了初步识别，利用背反射信号强度的差别区分不同的地形地貌特征，如圆形平底坑、台状凸起、陡坎、平缓区等(图 3-28)。

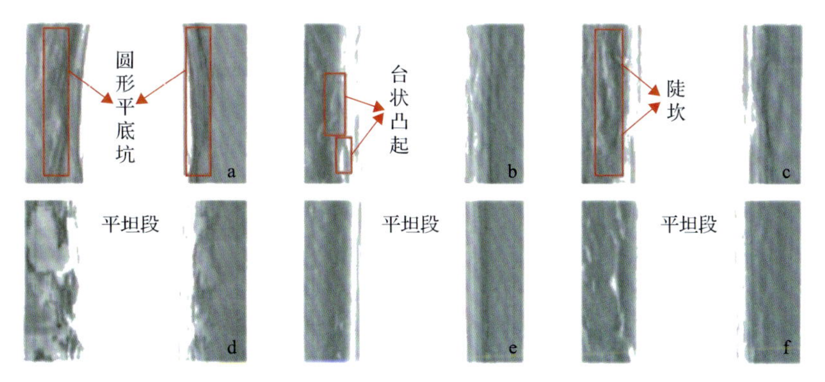

图 3-28　大洋科学考察第 21 航次特征地形地貌的侧扫声呐灰度图(据徐建等，2011)

在大洋科学考察第 29 航次富钴结壳的调查中，使用我国自行研制的 DTA-6000 型声学深拖在采薇海山区域进行了 2 条测线的测量，侧扫声呐的工作频率为 150kHz，发射线性调制的 Chirp 信号，侧扫声呐结果可以区分均匀的沉积物区域和沉积物与基岩、结壳混合区域(图 3-29)。

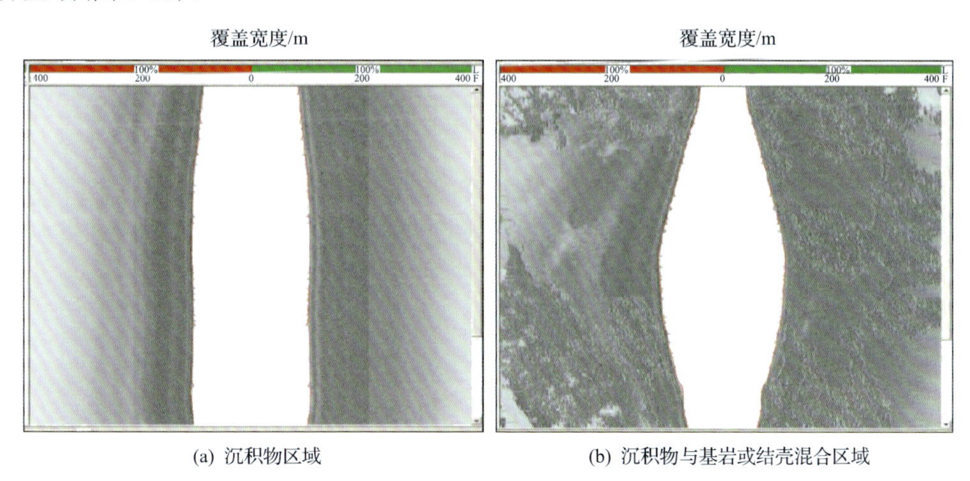

图 3-29　大洋科学考察第 29 航次侧扫声呐灰度图(据曹金亮等，2016)

3. 在其他工程地质勘测中的应用

图 3-30 为应用侧扫声呐技术观测到的南海东部海域海底地貌图像，区域水深分别为 780～820m 和 850～880m，最大海底坡度约 10°。图 3-30(a)地貌图像显示海底经历了多期滑塌过程，表现为断阶型陆坡地形，滑塌体呈台阶状分布；图 3-30(b)中显示一条南北向海底峡谷局部的地貌特征，峡谷带走向近 NS 向，峡谷两侧海底陡峭，其发育受陆坡梁、滑坡、断阶型陆坡陡坎等地形地貌的综合影响。峡谷底部除了侵蚀作用外，还存在浊流堆积和海底蠕动，反射强度不均匀，反射强度和海底滑坡地形相关。

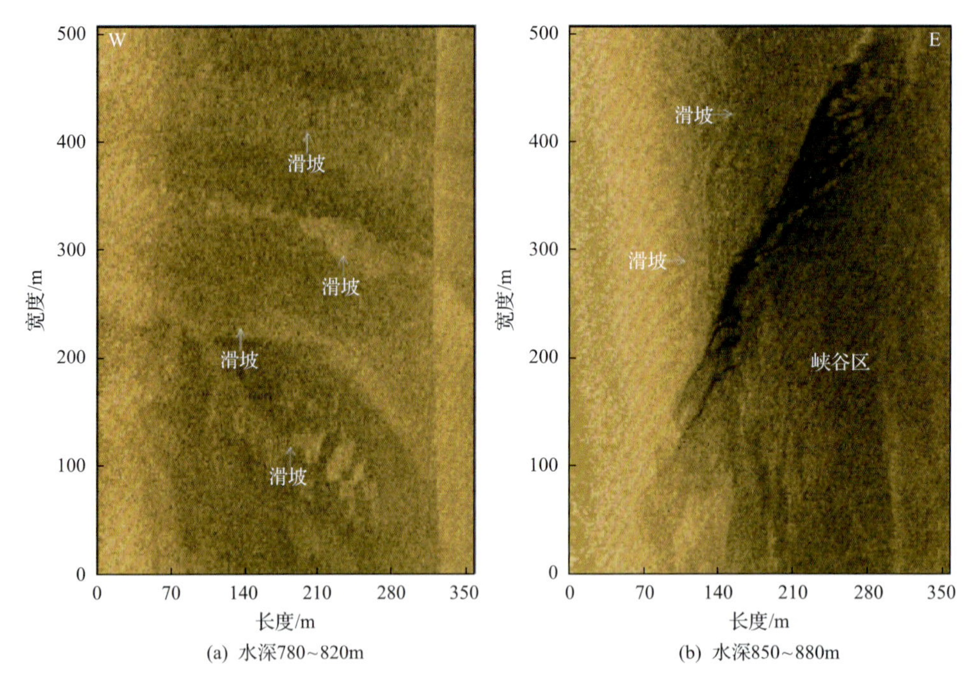

(a) 水深780~820m (b) 水深850~880m

图 3-30 侧扫声呐识别的海底峡谷与滑坡水深 780～820m 和水深 850～880m

图 3-31 为应用侧扫声呐技术识别的海底地貌图像，区域水深 180～183m。区域内海底主要为沙土覆盖，沙波有规律地呈条带状分布，宽度为 20～30m，NNE-SSW 走向，沙波带长度超过 1000m，沙波波长 2～6m、波高 0.2～0.4m。在该区域附近，2011 年实测底层流速最大为 0.3kn，主流向为 NW-SE，对海底具有冲刷作用。

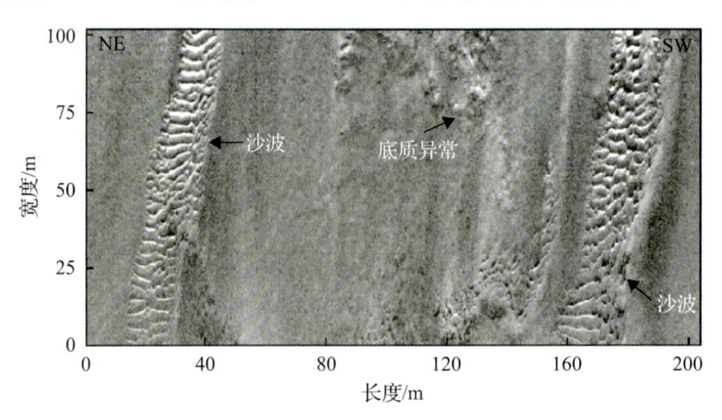

图 3-31 海底条带状沙波

安永宁(2017)通过分析侧扫声呐探测海底障碍物的成像原理，探讨了侧扫声呐在海管悬空治理效果检测中的应用，并分别以“抛填砂袋结合覆盖层”和“水下短桩支撑”治理效果检测为例，进一步说明了侧扫声呐在非透空式的探测结果和声图解译情况。非透空式治理后海管在侧扫声呐图像上的反射特征依次为管线强反射、“声学透空区”海底面反射、“声学阴影区”空白反射(图 3-32)。运用侧扫声呐技术检测悬空管线的治理效果方便快捷、图像清晰，取得了很好的应用效果。

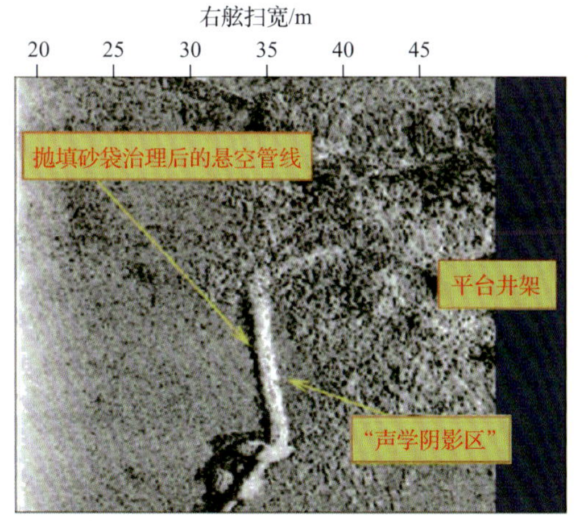

(a) 单侧扫宽量程为50m，测线平行于治理管线　　(b) 单侧扫宽量程为75m，测线斜交于治理管线

图 3-32　非透空式治理后的侧扫声呐图像

3.3.5　关于侧扫声呐系统的几个关键问题

通过对国内外侧扫声呐技术发展现状的综合分析，本书认为未来侧扫声呐技术主要存在以下几个关键问题：

1. 频率选择问题

侧扫声呐系统工作频率直接关系到整个声呐扫描的分辨率和扫描宽度。频率越高，分辨率越高，但提高频率后其扫描范围会降低，这严重制约了侧扫声呐探测系统的扫描分辨率和成像质量的提高，因此通过设置相关机制或算法来确定侧扫声呐系统最佳频率是侧扫声呐系统未来将进一步解决和优化的问题。

2. 散射问题

侧扫声呐系统在工作过程中，当声脉冲从声呐系统发出后，会沿着不同的方向进行传播，传播过程中还会有许多的干扰，如海水表面气泡、水中生物及粗糙的海底等，这些干扰都会引起声脉冲沿着不同的方向产生毫无规律的散射现象，这样容易导致声脉冲能量损耗，严重限制了侧扫声呐系统的探测范围和距离。而要想进一步提高侧扫声呐系统在深海领域的探测性能，这是必须解决的关键问题。

3. 环境噪声干扰问题

海洋环境极其复杂，任何时候都有大量的噪声，这些噪声很容易对侧扫声呐系统带来噪声污染，严重影响侧扫声呐系统工作的稳定性，特别是海浪、海洋生物、海流等。这些噪声具有不可预测性和无规律性，声源各异，很难通过相应的噪声滤除算法来消除。因此，解决侧扫声呐系统噪声干扰问题也是进一步提高侧扫声呐系统成像质量的关键问题。

3.4 海底多波束勘探技术

3.4.1 工作原理和技术简介

多波束测深声呐(multi-beam bathymetric sonar)，又称为条带测深声呐(swath bathymetric sonar)或多波束回声测深仪(multi-beam echo sounder)等，其原理是利用发射换能器基阵向海底发射宽覆盖扇区的声波，并由接收换能器基阵对海底回波进行窄波束接收，如图 3-33 所示。通过发射、接收波束相交在海底与船行方向垂直的条带区域形成数以百计的照射脚印(footprint)，对这些脚印内的反向散射信号同时进行到达时间和到达角度的估计，再进一步通过获得的声速剖面数据由公式计算就能得到该点的水深值。当多波束测深声呐沿指定测线连续测量并将多条测线测量结果合理拼接后，便可得到该区域的海底地形图。

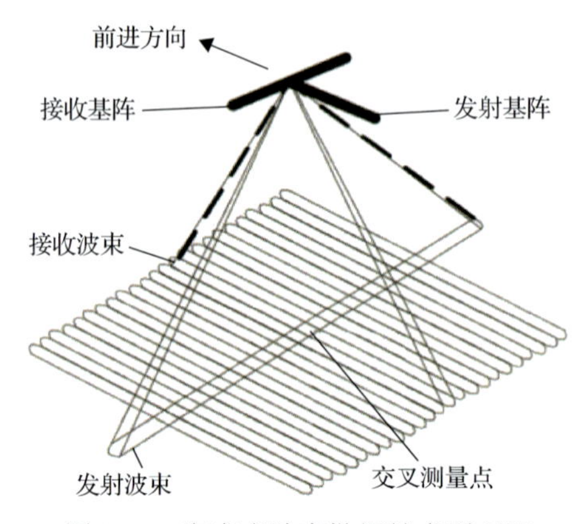

图 3-33 海底多波束勘探技术原理图

多波束勘探系统是一种由多个传感器组成的复杂系统。它不同于单波束勘探系统，在测量断面内可形成十几个至上百个测点的条幅式测深数据，几百个甚至上千个反向散射强度数据，能获得较宽的海底扫幅和较高的测点密度，极大地改进了海底数据采集的速度。由于测量波束较窄，并采用先进的检测技术和精密的声线改正方法，系统可确保探测精度和波束脚印的坐标归位计算精度。多波束勘探系统除了提供高密度的水深数据外，还可以提供类似侧扫声呐产生的海底图像。它可以全覆盖、高精度对感兴趣的海底区域进行测量，结合高精度的实时差分 GPS 测量技术，已应用于全海深范围的勘测，是当今世界上测量海底地形最先进的手段。多波束调查结果类似于航空摄影，可将海底地形变化直观地用三维立体图的形式表现出来。因而，多波束勘探系统具有全覆盖、高精度、高密度和高效率的特点，在海底探测的实践中发挥着越来越重要的作用，多波束勘探系统日益受到海底测量同行的认可。

多波束勘探系统可以分为声波反射-散射和声波相干两种类型，大部分多波束系统基于声反射-声散射原理，少数基于声波相干原理。目前后者的波束数较多(1000～4000 束)，具有较大的覆盖率(10～20 倍)，但探测频率较高(60Hz)，测量水深较浅(600m)；前者的波束数一般在 120 个左右，覆盖率为 3～705 倍。在浅水区，声波相干多波束系统的性能指标明显优于声波反射-散射多波束系统，但目前在深海勘测中主要还是使用声波反射-散射多波束系统。SeaBeam2112 和 Simrad EM950 是目前常用的多波束系统，采集数据时，作业船速为 10～12kn。多波束水深资料可当作图像来处理，加上侧扫声呐资料和地震资料便可提供水合物经济带的三维地形图像，从图像可清晰识别甲烷气体溢出坑(如麻坑和泥火山口)。处理多波束水深资料时，时间序列信号内容也可提供一种新的方法来判定海底和次海底物理性质，这样或许可以确定水合物的出现位置和分布特征。

3.4.2　声呐产品类型

根据不同的分类条件，多波束勘探系统可以分为多种类型。目前，多波束测深声呐按照载体不同可以分为船载式和潜用式；按照测量水深可以分为浅水型、中水型、深水型；按照发射频率可以分为单频和多频(宽带)；按照覆盖宽度可以分为宽覆盖和超宽覆盖；按照完成功能可以分为单功能探测型和多功能探测型；按照技术交叉可以分为测深型和测深辅助型(基于测深延伸为独立仪器，如海底管线仪、海底桩基形位仪、前视避碰声呐)等。以 Kongsberg 公司多波束测深声呐产品为例，其收购公司旗下产品 GeoSwathPlus 型专用于 ROV/AUV 等水下潜器的多波束测深声呐；将两个 EM2040 呈 V 形安装的超宽覆盖、浅水多波束测深声呐，并且该声呐系统可发射宽带信号；探测深度 3～1000m 的 EM710S 中水型多波束测深声呐；最大探测深度可达到 11000m 的 EM122 型深水多波束测深声呐等。随着技术的不断发展，多波束测深声呐产品呈系列化趋势，更加适应对海底特性的不同探测需求。

3.4.3　研究新进展

1. 超宽覆盖多波束测深技术

只有具备宽覆盖或超宽覆盖探测能力的多波束测深声呐才能发挥出更高的测量效率，因此，如何提高多波束测深声呐的覆盖范围是其技术研究的前沿热点问题之一。换能器基阵的辐射扇面开角是多波束测深声呐保证其覆盖能力的重要前提，因此国内外首先通过设计特殊的基阵形式以取代传统多波束测深系统采用的 Mill’s 交叉阵在超宽覆盖能力上的欠缺。例如，2004 年德国 Atlas 公司推出的 Fansweep Coastal 是一种 U 形基阵多波束测深声呐，充分利用其物理形状自然补偿边缘波束方向的声源级，据厂商公开的理论测试曲线可以补偿 12dB，较好弥补了边缘波束区域信号弱的问题。然而经验证，其在技术上仍然存在一定问题。多条多元发射线阵组成弧形发射阵，且使用 V 形阵进一步实现多波束测深声呐的超宽覆盖探测，是目前国内外应用较为普遍的一种超宽覆盖技术。利用两套都能独立进行收发的基阵构成 V 形安装，使每套基阵水平夹角合理设置后发射波束主轴偏离基阵正下方，增强了边缘波束方向的能量，有利于接收边缘波束的海底回波信号。另外，多波束测深声呐超宽覆盖条件下的边缘波束测深精度估计问题也相应地得到广泛关注。

2. 多波束高分辨测深技术

分辨率是衡量多波束测深声呐技术水平的另外一个重要指标，它决定了水下小目标以及复杂地形的精细探测能力。近年来，由于相干机理的引入解决了多波束勘探系统分辨率受波束数目限制的问题，且算法结构简单使多波束测深声呐在不增加波束形成数目和基本硬件成本的情况下，就能获得非常高的分辨率，因此为越来越多的科研单位及多波束测深声呐生产厂商所重视。

Llortpujol 等(2008)提出利用波束范围内相位差序列的全部数据点估计海底深度的方法，并利用实测数据验证了该算法的有效性和可行性。哈尔滨工程大学在国家自然科学基金的支持下，对该算法展开了深入系统的研究。李海森等(2011)在借鉴国外基本思想的基础上详细分析了多波束相干法高分辨测深机理，研究了三种噪声源(即外部加性噪声、基线解相关引起的噪声和移动声脚印引起的噪声)对多波束相干测深算法性能的不利影响；经过一系列针对性研究，解决了多波束相干测深方法中多波束相干相位差序列的获取、相位差序列的可变带宽滤波处理及相位解模糊方法三个关键技术，完善了多波束相干法高精度估计方法与硬件实现结构设计，为该方法的工程实现提供了较完备的理论与实践基础。

3. 多波束高精度测深技术

多波束测深声呐技术的研究重点已经由传统常规技术向稳健性好、精度高升级，更加注重追求测量结果的有效性和真实性。测深算法从单一“能量中心”算法发展到加权时间平均(weight mean time，WMT)结合相位差检测算法。目前，进一步降低各种噪声对声呐接收信号的影响进而提高新测深算法的估计精度是实现高精度测量的本质和关键。但是由于海底真实深度的未知性和不可视性，无论采用哪种测深算法，都只能获得某种条件(准则)下对海底“真实”深度的估计，因此，对测量设备测深精度或者测量可信性的评估是不可回避的问题，近年来人们开始尝试从不确定度(uncertainty)的角度间接地评估测深结果的“可信性”。此外，在实际的多波束测深声呐的使用中，还会遇到一些异常测深误差是上述各种高精度海底回波检测算法无法解决的问题，并且会在海底等深线图或三维地形图产生一定的测深假象，如“隧道效应”和声线的“折射效应”。为此国内外学者倾力研究上述测深假象的产生机理与消除技术。

4. 多波束海底地貌探测

在获得高质量的海底地形数据的同时，多波束测深声呐还可以利用来自海底的反向散射声信号，通过声成像对海底生境(如海草、珊瑚礁、岩石、砂砾、沙、泥沙、淤泥及它们之间的混合物等)、沉底目标等进行更详细、更准确的认识，使多波束测深声呐成为一种集地形、地貌、底质分类探测为一体的多功能海洋勘测工具。

国外多波束测深声呐产品一般采用如下三种海底地貌获取方法：①由每个波束主轴方向得到一个声强值。②对接收波束(横向宽角度覆盖扇面)进行幅度时间序列采样。由于该方法类似于侧扫成像方法，所以称为伪侧扫声呐成像。③对每个接收窄波束都进行幅度时间序列采样，称为“snippet”方法或者脚印时间序列，与前两种方法相比，“snippet”方法具有高分辨率及地形地貌数据融合相对较好两方面的优势。

5. 多波束底质分类

随着海底特性探测需求的提高，多波束测深声呐的底质分类技术同样受到了国内外的重点关注，近年来研究进展明显，而且已形成了多款商用海底分类软件。挪威 Simrad 公司的 TRITON 分类软件，加拿大 QTC 公司的 MULTIVIEW 软件等。利用多波束勘探系统的海底底质分类技术主要围绕两个方面展开。第一，声学特征量的提取与分析，这一点是底质分类技术的前提与重要保障。一般来说，可用于分类的声学特征量主要包括海底反向散射强度数据的均值、分位数、标准差、对比度、频谱及直方图等。第二，分类方法的选择与实现。常用的方法主要包括贝叶斯统计方法、神经网络分类法、纹理分析方法等。

3.4.4 在水合物勘探中的应用

1996 年夏季，俄罗斯 R/V“Gelendzhik”号在 Sorokin 海槽区的 TTR-6 航次中，采用 Simrad EM-12S 多波束测深仪进行水深测量。测深图像记录显示了等轴状正向构造泥火山的存在，其横断面宽为几百米至 2.5km，高可达 120m，位于图中央(图 3-34)。在海底反射图上，这些特征通常表现为反射性级别加强(黑色)。在图上还可见到一系列大而不规则的强反射性斑块，它们可能与深部物质通过那些小通道及海底底层中的断层而逸出有关，也可能与那些广泛的，以滑塌、泥石流和浊流形式沿斜坡向下的块体滑移有关。

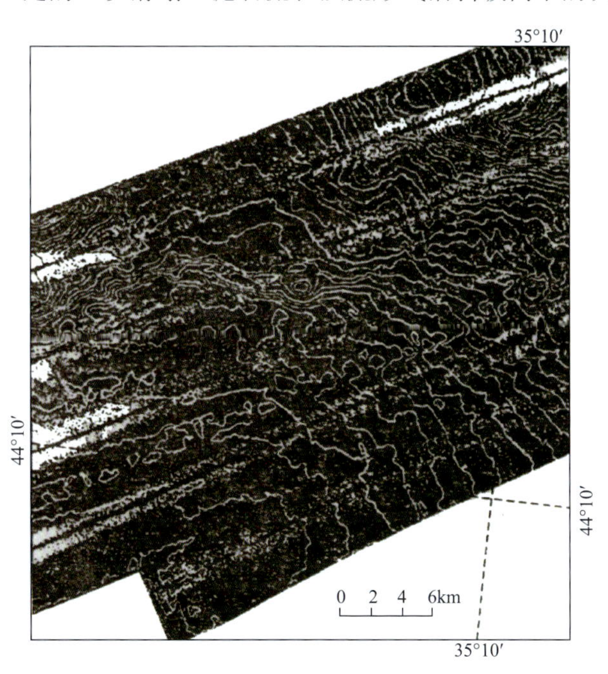

图 3-34　多波束测量获得的海底地形图(等深线间隔为 10m)(据 Ivanov et al.，1996)

在2000年西沙海槽区天然气水合物资源调查中，广州海洋地质调查局“海洋四号”船在S6和S14两个大型重力活塞取样站位附近进行了多波束全覆盖水深测量。从S6站位的调查结果来看，海槽凹槽西部斜坡坡度明显比东部陡，西坡发育陡坡和阶梯状小陡坎，东坡则呈波浪状起伏，局部发育高差约50m的海山，但未能观察到与水合物相关的微地貌特征(图3-35，图3-36)。

成熟的水合物看来都出现在气体能够聚集和循环进入水合物稳定带的盖层处。盖层下游离气的发育程度往往受控于盖层的范围和形态，能够完全闭合的盖层则是天然气水合物及捕获气体的理想靶区。因此，水合物分裂产生的甲烷气往往在盖层处被捕获。如果沉积“丘”和“台地”水深足够深，盖层基底处形成完全闭合，则这种地形地貌具有捕获气体的潜能。当然，捕获气体的多少取决于气体来源和迁移情况。低振幅的海台就能够捕获从水合物稳定带之下渗透到海底的甲烷气。此外，“痘瘤”状海底

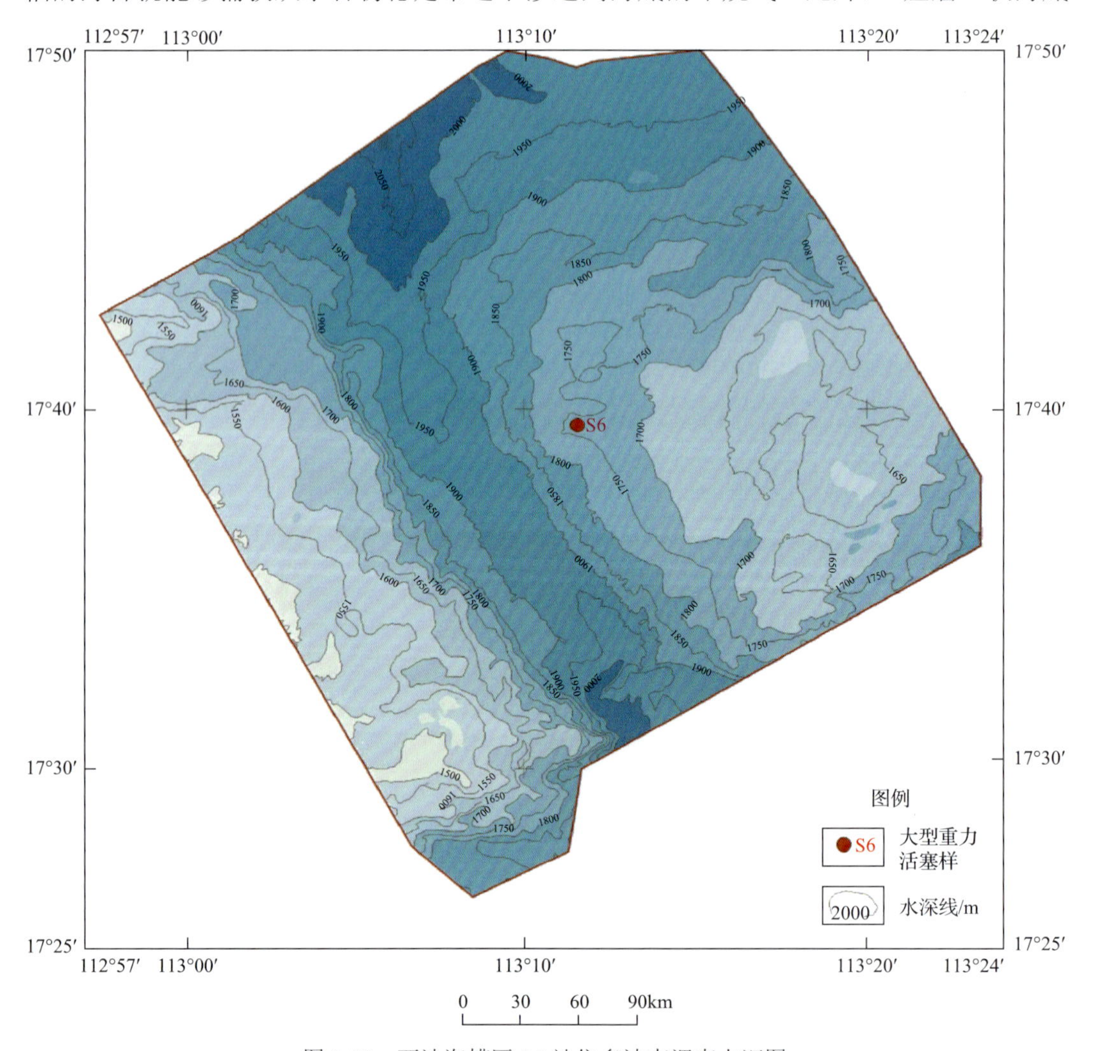

图3-35　西沙海槽区S6站位多波束调查水深图

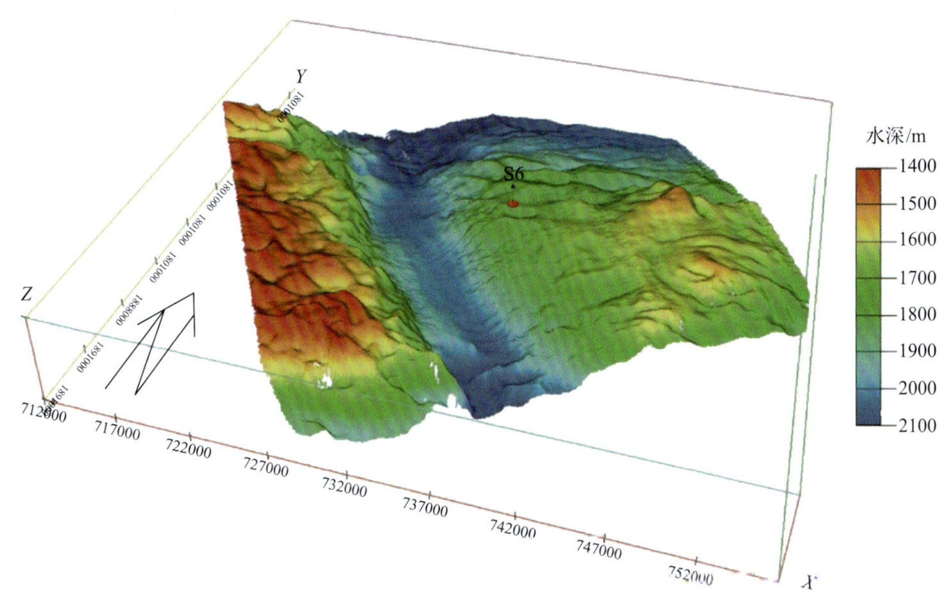

图 3-36　西沙海槽区 S6 站位多波束调查地貌图

地形可作为识别天然气水合物盖层下含气的标志，同时指示已有部分气体逸出。这些情形可通过多波束海底地形的全覆盖高精度测量，开发声速剖面改正、传感器姿态改正和定位精度优化技术，提高水深数据的精度和分辨率，就能够胜任这些标志的发现。

3.4.5　产品发展趋势

多波束测深声呐系统及相关技术的研究已经经历了半个多世纪的发展。目前国际上知名的多波束测深声呐产品主要包括美国 L-3 ELAC Nautik 公司的 SeaBeam 系列、德国 ATLAS 公司的 FANSWEEP 系列、挪威 Kongsberg 公司的 EM 系列、丹麦 Reson 公司的 Seabat 系列及美国 R2SONIC 公司的 SONIC 系列等(各系列产品性能指标详见有关产品网站)。通过产品的系列化，多波束测深声呐实现了全海深、全覆盖、高分辨率测量。其典型发展趋势主要有以下四个特点。

1. 高精度、高分辨率

由于边缘波束海底散射信号的信噪比降低、“隧道效应”和声线的“折射效应”等测深假象及海底地形复杂性的影响，早期的多波束测深声呐难以实现高精度(特别是内部与边缘波束同时高精度)，同时由于声照射海底脚印偏离垂向后不断展宽增大，海底采样不均匀，因此小目标探测或微地形探测效果不佳。为此，围绕高精度和高分辨率，国内外学者和厂商开展了大量深入细致的研究工作。新颖的高分辨率、宽带信号处理及测深假象消除、联合不确定度多波束测深估计等技术的采用大幅度提高了多波束测深声呐的精度、分辨率和可信性。

2. 超宽覆盖

覆盖范围是指水平探测距离与垂直深度之比，决定了多波束测深声呐的实际测量效率，尤其是在浅水区域，宽覆盖和超宽覆盖是多波束测深优越性的集中体现，也是多波束测深声呐最引人关注的性能。因此业内也经常通过这个技术指标来衡量其产品的先进性或作为选型参考。一般 3～5 倍以下是常规覆盖能力，目前技术已趋于成熟；6～8 倍属宽覆盖且达到国际先进水平，国内外主流产品大多达到这个能力，而 8 倍以上则达到超宽覆盖，是国际领先水平，只有少数商家可以达到。目前国内已经实现了 8 倍以上超宽覆盖的原理样机。

3. 多功能一体化

自多波束测深声呐问世以来，学者一直努力拓展其获取更多海底特性信息的能力，如多波束海底地形探测的同时兼顾海底地貌探测。其基本思想是采用同一套硬件设备或者基于同一组海底采样数据，运行不同的软件进而获取更丰富的海底特性信息，这既能减少测量船勘测设备购置成本、数量和种类，节省能源和空间，更突出的优势是可以实现海底多种特性共点同步探测。目前，国际上已实现了多波束海底地形和地貌探测的产品有 Seabat7125、EM3000 等，而 QTC 公司通过进一步提供软件数据分析，可以实现多波束海底底质分类和识别。国内多波束海底地形地貌探测技术已经取得显著进展，但多波束分类尚处于基础阶段。总之，基于多波束测深声呐平台实现海底地形、地貌、底质分类与识别等多功能一体化探测是未来的发展方向之一。

4. 小型化、便携式

国内外各个多波束测深设备厂商，在努力实现高精度、高分辨测量的同时，为了测量人员使用测量设备时的舒适度及安装方便等要求，努力提高设备的集成度、小型化。特别是在内陆湖泊，水浅船小的情况下，一两个人即可完成测绘任务，大大降低了测绘成本。这种轻便设备的基阵安装方式多样，既可以安装在船上，也可以安装在水下潜器上，表现出很强的适应性和灵活性。

3.5 海底摄像技术

3.5.1 工作原理及技术简介

海底摄像系统是一种将海底图像通过考察船的铠装同轴电缆，采用数字传输、计算机控制的数字成像技术。具有简便实用、造价低廉的特点，可实现垂向悬挂、海底直接监视和收放操作快速反应。该系统能实时传输图像并显示于船上的控制台上，还能同时显示摄像机高度、设备工作状态等信息，用户可点按屏幕上的按钮，控制水下的照明灯和摄像机，有选择地摄录高清晰度的彩色海底图像并记录于磁带上。该技术用来探测海底地形地貌，分析并圈出可能与水合物有关的地貌标志。

3.5.2 在水合物勘探中的应用

在海洋环境中，水合物富集区烃类气体的渗逸可在海底形成特殊环境和特殊的微地貌特征。地貌标志主要有泄气窗、泥火山、麻坑、碳酸盐结壳、厌氧生物群等(图 3-37，图 3-38)。近几年，德国基尔大学 GEOMAR 海洋地球科学研究中心，在美国俄勒冈州西部大陆边缘卡斯凯迪亚水合物海台就发现了许多不连续分布、大小在 5cm^2 左右的水合物泄气窗，泄气窗中甲烷气苗一股股地渗出，渗气速度为 5L/min。在该渗气流的周围有微生物、蛤和碳酸盐结壳。

(a) 碳酸盐结壳　(b) 海星和蛤

(c) 海鱼　(d) 虾

(e) 生物群落溢气口，箭头指示水流方向，空白下20cm为碳酸盐沉积物　(f) 箱式取样品展示的生物群落组合

图 3-37　与水合物相关的沉积物和生物标志

(a) 据陶军(2001)；(b)～(f) 据 Suess 等(1998)

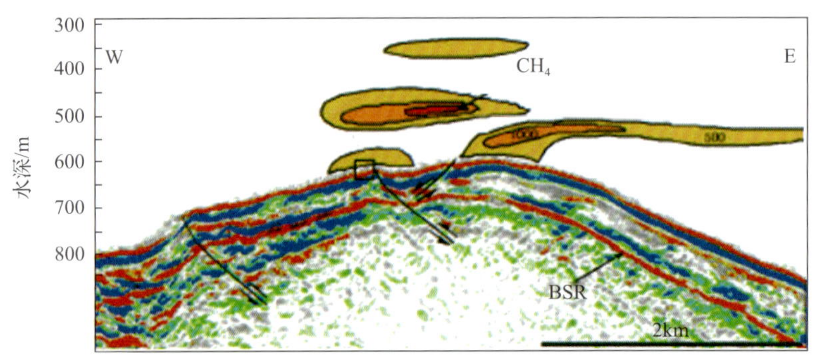

(a) 甲烷羽状流从海底溢出示意图

(b) 海底白色不连续的层状水合物

(c) 溢出在海底的水合物

图 3-38　与水合物相关的海底地貌特征(据 Suess and Bohrmann，1998)

2001 年 8 月，在西沙海槽区天然气水合物资源取样调查过程中，广州海洋地质调查局“海洋四号”船于 HX-20 测站发现了可能为水合物赋存证据的海底沉积物——碳酸盐结壳(图 3-37)。

在水合物发育或者在有水合物地震标志地区的海底，如日本南海海槽、美国俄勒冈外海、墨西哥湾及大西洋布莱克海台常可观察到大量的麻坑地貌(深约 10m、直径约 100m)。据统计，在世界被动大陆边缘的水合物探测区均存在这种现象，分析认为麻坑可能是天然气沿断裂向上迁移进入水体所致，其下多为被断层复杂化的褶皱地层，并有因气体充填所形成的反 U 形、丘形圆锥、穹状及蘑菇状等声波模糊带，最下部可能为类似底辟柱的构造，垂向上由上至下构筑成“梅花坑-断褶复杂化地层-底辟柱”式样的三层楼构造。在麻坑内可见到双壳类、贻贝类、蚌类生物和管状蠕虫类及厌氧菌席等，且蠕虫类的触须和双壳类的壳体都具有鲜艳的色彩，其中以大量的长 20～30cm 的巨型贝类(遗体)为主，形成了一种特殊的以溢出的天然气为“食物”的生物群落。该生物群在水深 500m 海底的黑暗环境下，仅分布在活动的天然气溢气口周围，形成面积可达数平方米的生物密集区。因坑内有大量的冷甲烷气泡溢出，故其又称“冷生物群落溢气口”，在麻坑以外的地区则很难见到此类生物。分析认为这种特异的生物群落是依靠水合物分解时释放出的甲烷气来生活，这种生物在形成过程中要消耗大量的氧气。因此，含水合物的沉积物可能有特定的古生物组合，故这种特殊生物群落及地貌可作为水合物是否存在的间接标志。

由于水合物形成的特定地质环境，其伴生矿物种类和产状也具有一定的特殊性。伴生的矿物主要有自生碳酸盐岩和自生菱铁矿等，它们往往在麻坑处形成管状碳酸盐沉积物。这些自生碳酸盐岩矿物多呈岩隆、结壳、结核和烟囱等形式产出；在垂向上自上而下呈带状分布，其中浅部多为生物成因的碳酸钙矿物，深部为孔隙水沉淀形成的自生菱铁矿。其形成主要是水合物分解释放出大量的CO_2气体，与海水发生化学反应形成碳酸根所致。另外，自生碳酸盐岩和自生菱铁矿两类矿物形成的层位不同，且具有不同的结构及$\delta^{13}C$同位素特征，如在日本南海海槽天龙海丘、美国俄勒冈外海 BSR 分布的地区均有多个管状碳酸盐沉积块体(每个长 25cm、直径 10cm 左右)，在布莱克海台富含水合物层段自生菱铁矿的$\delta^{13}C$具有高值。故这种特殊的伴生沉积物也可作为判断水合物是否存在的间接指示。

第4章　天然气水合物地球化学勘查技术及地球化学异常

根据天然气水合物勘查要求，天然气水合物调查需进行沉积物、孔隙水及烃类气体的地球化学分析，通过地球化学数据的相对异常来识别天然气水合物。本章主要介绍南海天然气水合物勘查过程中主要使用的地球化学手段及相应进展。

4.1　天然气水合物地球化学勘查技术

4.1.1　样品的采集和前处理

1. 气体的采集及处理

气体样品主要来自水中溶解气、沉积物顶空气及沉积物酸解烃。水中溶解气主要针对温盐深仪（CTD）采集的分层海水和沉积物取样过程中采集的底层水。主要利用真空法进行气体的提取。水样采集之后须立即将其置于预抽真空的容器之中，然后向容器中加入饱和食盐水，让水中溶解气体释放至容器中气压与大气压相同。

沉积物顶空气制样针对新鲜沉积物样品。岩心取到甲板上之后，迅速截取所需沉积物，挑选约 8cm^3 样品置于 12mL 的玻璃瓶中用隔膜封口，盖上金属盖子待测。

样品运到实验室后，先将其自然晾干捣碎，然后称取约 10g 样品进行酸解处理。具体制样过程中先将真空系统抽至 0.099MPa，若 15min 后其压力降低量不超过 0.001MPa 即满足制样所需真空度。将样品置于烧瓶并用 40℃的水浴加热，缓慢加入稀盐酸使样品酸解直至不再产生气泡为止，系统利用碱液来吸收 CO_2。

2. 沉积物孔隙水的采集及处理

沉积物孔隙水可采用压榨法和真空抽提法进行。压榨法主要适用于大体积孔隙水提取，需要截取 1cm 厚的沉积物岩心样品于压榨装置内，通过试压进行孔隙水的提取。真空抽提法适用于高分辨率小体积孔隙水的采集。可使用 RhizoSphere 公司的 Rhizo CSS 采样设备，直接将采样管插入岩心柱，采样管另一端连接注射器并施加负压，直至注射针管中充满孔隙水为止。

采集完成的孔隙水应根据分析项目的具体要求进行保存。对于溶解无机碳同位素测试用样品，先进行过滤然后用小瓶满瓶密封，尽量避免样品与空气中的二氧化碳接触；元素含量测试样品可加入少量盐酸酸化。保存器皿尽量采用 PP 或 PE 等高纯塑料材质，样品密封好后在 4℃情况下保存待测。

4.1.2　气体分析方法

气体成分分析主要采用气相色谱法进行。根据气相色谱仪的量程选取合适的进样器，插入已经完成制备的顶空气或者酸解烃的容器中，然后抽取气体注射入气相色谱仪进行测试。测试要求相对误差低于 5%，主要完成 C_1、C_2、C_3、C_4 的分析，如条件适合可增加 C_5、C_6 的含量分析。

同位素分析采用带有气相色谱仪的气体同位素质谱法(GC-IRMS)进行，与成分分析取样要求相同。

4.1.3　孔隙水分析方法

沉积物孔隙水的地球化学分析一般包括理化因子(pH、温度、总碱度等)、阴阳离子(钾、钠、钙、镁、氯、硫酸盐等)、溴碘及微量元素(铁、锰、铷、锶、钡等)、溶解无机碳(dissolved inorganic carbon, DIC)和各种稳定同位素(碳、氢、氧、硫、硼、锶等)组成。

普通理化测试在现场完成，pH 可采用 pH 计测定，温度用带温度探头的温度计完成，总碱度分析采用滴定法。氯离子含量宜采用滴定法测定，使用 0.1mol/L 硝酸银溶液为滴定液，监测标准为 IAPSO 国际海水标准，分析相对误差应低于 1%。溶解无机碳同位素及含量测定采用连续流质谱法(CF IRMS)，分析技术细节见 Yang 等(2008)的研究，分析精度 δ^{13}C 应优于 0.2‰，溶解无机碳含量相对标准偏差应小于 5%。孔隙水的 SO_4^{2-} 含量可采用离子色谱法进行测试，相对标准偏差应小于 2%。阳离子含量可采用离子色谱法或等离子光谱法完成，相对标准偏差应小于 3%。

硼同位素可采用多接收等离子质谱法测定，可采用基体匹配技术测定，分析精度差应小于 0.2‰。硫同位素可采用气体同位素质谱法和多接收等离子质谱法测定，气体同位素质谱采用 EA-TRMS 技术，分析精度应优于 0.25‰。多接收等离子质谱法可采用基体匹配技术(Lin et al.，2014)，分析精度应优于 0.15‰。锶同位素可采用热电离质谱法测定，具体测试过程参阅濮巍等(2005)的研究，^{87}Sr/^{86}Sr 的分析精度要优于 10×10^{-6}。

微量元素使用等离子质谱法进行测定。根据待测元素性质将样品按照一定比例稀释后分别采用酸性介质(卤素除外)和碱性介质(溴和碘)进入仪器进行分析，分析精度应优于 5%。

4.1.4　沉积物自生矿物处理及分析

在海洋沉积物中，自生矿物以不同的粒径产出，因此对于自生矿物的预处理过程主要包括两种方法，即沉积物全岩矿物化学提取和粗粒级矿物筛选。鉴于本书自生矿物部分主要介绍黄铁矿和石膏(见 4.2.3 节)，因此本节主要介绍这两种自生矿物的分析方法。

铬还原法是提取沉积物中黄铁矿中硫元素的最有效手段，该方法是指在酸性条件下采用二氯化铬($CrCl_2$)将沉积物中各种还原性无机硫转化为气态硫化氢(H_2S)，再将硫化氢进行捕获后测量硫的含量。这一方法的优势在于捕获硫化氢所产生的硫化银(Ag_2S)沉淀继承了沉积物中全岩黄铁矿的硫同位素组成，因此该方法的产物可以被继续用于硫同位素分析。然而，除黄铁矿之外，铬还原法同时会提取包括马基诺矿、胶黄铁矿、磁黄铁矿和元素硫在内的多种还原性无机硫组分。因此，在实际选取这一方法时需要谨慎排除其他非黄铁矿硫元素的来源干扰。

粗粒级矿物筛选法借鉴从古海洋学研究中分选有孔虫的方法，主要包括采用标准检验筛对沉积物进行筛洗和采用实体显微镜对筛洗后的矿物进行分选两个步骤。其中，前者所采用的标准检验筛孔径通常为 63μm，即等同于粉砂级组分以上的粒径大小。在尽可能挑选出全部可以在显微镜下辨认的黄铁矿和石膏颗粒之后，则可以对这些颗粒进行称重和后续的硫同位素测试。这一方法的优势在于可以无需搭建任何化学提取装置便可以得到沉积物中的黄铁矿和石膏颗粒，但是劣势在于会损失粒径低于 63μm 的细粒级部分，无法代表全岩黄铁矿和石膏的地球化学指标。

自生黄铁矿和石膏的形态学分析主要采用扫描电子显微镜（SEM）对筛选得到的粗粒级矿物颗粒进行观察，并且可以结合能谱（EDS）对其矿物成分进行分析。这两种矿物的硫同位素组成通常采用气体源同位素比值质谱法（GS-IRMS）进行分析，常用的仪器包括 Finnigan Delta-S、Finnigan MAT 251、Finnigan MAT 252 和 Finnigan MAT 253。在上机分析之前，需要将黄铁矿和石膏转化为二氧化硫（SO_2）气体。这一过程虽然存在离线和在线两种制备方式，但是两者原理相似。对于前者，需要将黄铁矿粉末与氧化铜（Cu_2O）粉末按照质量比 1∶10 混合，1100℃灼烧；将石膏溶解后转化为硫酸钡（$BaSO_4$）沉淀，再将其与五氧化二钒（V_2O_5）粉末和石英（SiO_2）砂按照质量比 1∶3.5∶3.5 混合，1100℃灼烧（Yanagisawa and Sakai，1983）。最后，收集灼烧后的产物二氧化硫并将其导入质谱仪进行测试。对于样品的在线制备，则是采用元素分析仪（EA）燃烧样品，将其中的硫定量转化为二氧化硫气体。以氦作为载气，将燃烧产生的混合气体传送通过无水高氯酸镁和等温气相色谱柱依次吸收其中的水蒸气和非二氧化硫的其他气体。提纯后的二氧化硫被载气传送至仪器气体分流接口，与作为外部标准的二氧化硫参考气体一起被导入质谱仪进行测试。

4.2 南海天然气水合物地球化学异常

4.2.1 气体地球化学异常研究

1. 天然气水合物成藏气体的地球化学研究

天然气是天然气水合物的主要组成部分，也是水合物能成为重要能源的关键。在天然气水合物赋存区域往往会出现烃类气体从沉积物中向海水渗透的现象，如在水合物脊海底喷溢的甲烷的量最高可达 74000nl/L，墨西哥湾浅海处甚至在海面上都能发现溢出的烃类气体（Suess et al.，1999；Macdonald et al.，2004）。天然气水合物分解后释放出大量的烃类气体，这些气体在沉积物中运移、扩散或渗透一直到达海底进入海水，这一过程使周围沉积物及海水中烃类气体含量升高，发现天然气水合物的 DSDP 和 ODP 航次中，均存在顶空气甲烷高值异常。除甲烷外，在天然气水合物赋存区往往还存在 H_2S 浓度的异常。例如，在北加利福尼亚滨海区的 Eel River 盆地，浅表层沉积物中发现有天然气水合物产出，对沉积物的气体含量分析表明它们均含有 H_2S，而不含水合物的沉积物样品则基本不含 H_2S（Brooks et al.，1991）。在卡斯凯迪亚汇聚大陆边缘，浅表层沉积物（4～17m）中发现有天然气水合物赋存区海底见含甲烷的流体喷溢活动，喷出的流体也含

H_2S(占 1.5%～3.0%)(Kastner et al.，1998)。因此底层海水和沉积物中烃类气体异常是天然气水合物探测的重要标志之一。

除烃类气体浓度外，烃类气体来源也是天然气水合物研究的重要组成部分。与传统的油气资源相比，天然气水合物的气体成分是以甲烷为主的烃类气体。烃类气体的形成有生物成因气和热分解气两种成因，分别对应不同的烃源岩演化阶段、气源构成及成因类型，运移途径及成矿潜力直接控制着水合物的成矿规模。因此，烃类气体成因的研究对水合物勘探开发有重要意义。

戴金星等(2017)综合了国内外 20 个地区(盆地)相关天然气水合物地球化学资料，统计结果显示世界天然气水合物中的气体主要是生物成因气，并以 CO_2 还原型生物气占绝大部分，仅在俄罗斯贝加尔湖盆地发现乙酸发酵型生物气。有少部分热解气型天然气水合物，热解气中既有油型气也有煤成气，以油型气为主。

微生物气是在低温条件下由微生物对有机质分解作用形成的，有两种不同的产生方式，即二氧化碳还原和有机质发酵。微生物气的主要贡献来源于二氧化碳细菌还原生成的天然气。细菌还原成因的天然气通常形成于天然气水合物稳定区带中，由沉积物中有机质分解产生的 CO_2 细菌还原作用形成。沉积物中有机碳含量是决定天然气水合物形成的制约因素。现有资料显示，生物气大量形成所需要的有机碳含量高于 0.5%(苏丕波等，2017a)。分析表明，在危地马拉滨海带含天然气水合物的沉积物中有机碳含量为 2.0%～3.5%(Hesse and Harrison，1981)。在 Blake Outer 洋脊，沉积物中有机碳含量平均为 1%(Kvenvolden et al.，1983)。推测在天然气水合物形成时，这些沉积物中有机碳含量可能更高。而由热分解形成的甲烷，通常形成于沉积盆地较深部，在 80～150℃条件下，将沉积盆地中有机质分解为甲烷，并通过盆地卤水向上迁移至高孔隙度、高渗透率的浅部天然气水合物稳定区的沉积物中(Claypool and Kvenvolden，1983)。

不同成因的天然气具有完全不同组分特征及同位素组成。$C_1/(C_2+C_3)$ 是一个有效的区分气源的指标，一般将 $C_1/(C_2+C_3)<100$ 认定为热成因气，$C_1/(C_2+C_3)>1000$ 认定为微生物气，介于两者之间为混合气。从同位素组成来看，细菌还原成因的甲烷气的 $\delta^{13}C$ 值十分低，一般为–94‰～–57‰。而热分解成因的甲烷气的 $\delta^{13}C$ 值较高，一般为–57‰～–29‰。

Bernard 等(1976)曾利用甲烷的 $\delta^{13}C$ 值和 $C_1/(C_1+C_2)$ 来判别不同成因的天然气水合物(图 4-1)。热分解成因的甲烷气具有高的 $\delta^{13}C$ 值(>–60‰)和低的 $C_1/(C_1+C_2)$，而生物成因的甲烷气具有低的 $\delta^{13}C$ 值(<–60‰)和高的 $C_1/(C_1+C_2)$(达 10000 以上)。Whiticar(1993)利用甲烷的 $\delta^{13}C$ 值和 δD 值来判别不同成因的天然气，进一步将二氧化碳还原产生的甲烷与醋酸发酵产生的甲烷进行区分。

研究表明，由沉积物中有机质分解产生二氧化碳，再经细菌还原形成甲烷，这两种气体的 $\delta^{13}C$ 组成通常存在正相关关系(Galimov and Kvenvolden，1983)。例如，在 Blake Outer 洋脊区 DSDP Leg75 的 533 站位，甲烷的 $\delta^{13}C$ 值随深度的增加而变重，即由近顶部的–94‰升高至深部的–66‰(图 4-2)。同时，二氧化碳的 $\delta^{13}C$ 值也呈现随深度的增加而变重的同步变化趋势，即由–25‰升高至–4‰(图 4-2)。类似的 $\delta^{13}C$ 值随深度的变化趋势也见于危地马拉和秘鲁的滨海区 DSDP 和 ODP 钻孔剖面中(Jeffrey et al.，1985；Kvenvolden and Kastner，1990)。

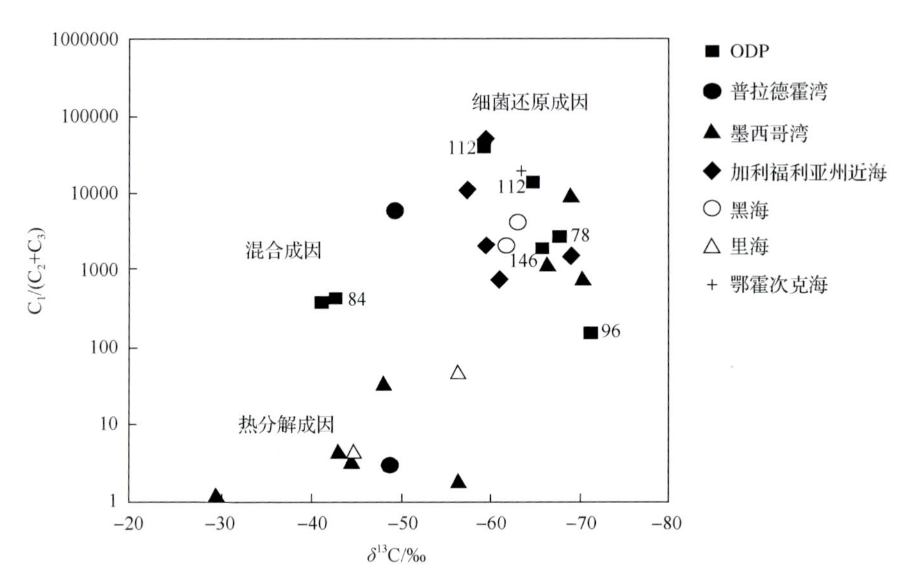

图 4-1　不同成因天然气水合物样品中气体成分体积比 $C_1/(C_2+C_3)$ 与甲烷的 $\delta^{13}C$ 值关系（据 Bernard et al.，1976）

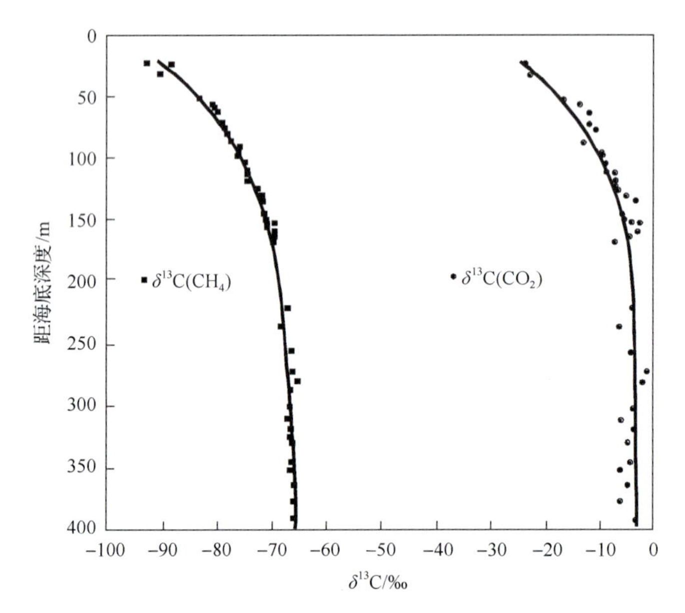

图 4-2　Blake Outer 洋脊区 DSDP Leg75 的 533 站位钻孔剖面中甲烷和二氧化碳的碳同位素组成随深度变化关系图（据 Galimov and Kvenvolden，1983）

世界各海域分布的天然气水合物，以细菌还原成因的甲烷为主，但有的产地两种成因的甲烷均有存在。例如，在墨西哥湾，大多数天然气水合物样品中甲烷$\delta^{13}C$ 值＜–60‰，但在 Green Canyon 区和 Mississippi Canyon 区产出的一些甲烷$\delta^{13}C$ 值只有–56.5‰～–43.2‰，在这两个地区，甲烷的含量只占气体总含量的 62%～78%；在 Bush Hill 地区，甲烷只占气体总含量的 21.2%，其$\delta^{13}C$ 值只有–29.3‰（Brooks et al.，1986；Sassen and MacDonald，1994）。在 Caspian 海域与泥火山（mud volcanoes）共生的天然气水合物中只含有 59%～96%的甲烷，其δ^{13}C 值为–57.3‰～–44.8‰。这些甲烷属于热分解成因(Bernard et al., 1976)。

世界天然气水合物的生物气δ^{13}C 值最重的为–56.7‰，最轻的为–95.5‰，其中–75‰～–60‰是出现高频段。世界天然气水合物所含气体中δ^{13}C 值最重的为–31.3‰，最轻的为–95.5‰；δD 值最重的为 115‰，最轻的为–305‰。

2. 南海北部陆坡天然气水合物烃类地球化学异常研究

南海与水合物相关的烃类异常研究始于 20 世纪末，ODP184 航次在南海北部陆坡地区的 1144 和 1146 站位发现了含量丰富的甲烷气体，1146 站位钻孔在 599m 深处甲烷气体含量可达 85000×10^{-6}(1.59×10^{-6}mL 甲烷/mL 沉积物)。王宏语等(2002)在南海西沙海槽测得浅表层沉积物样品中游离态甲烷气体背景值为 1.59×10^{-6}，异常下限为 2.90×10^{-6}。这些甲烷气体再逸散到海水中，浓度将进一步降低。正常底层海水中甲烷含量小于 20nl/L(＜1nmol/L)，然而天然气水合物分解产生的甲烷微渗漏可使该浓度异常增大。对南海海底沉积物酸解烃的测试结果表明(王宏语等，2002；牛滨华等，2005；孙春岩等，2007)，海底沉积物随着埋深的增加气态烃含量具有增高的趋势，是深部烃类微渗漏的反映。研究发现西沙海槽北部陆坡比槽底及南部斜坡具有更好的甲烷异常显示。据此王宏语等(2002)还圈定了几个水深 300m 以上的甲烷高含量异常区域，同时，这些异常区具有较为稳定的新近系及第四系沉积地层，沉积速率较快，孔隙度较大。地震剖面上也具有 BSR 和 AVO 的异常显示，符合天然气水合物矿藏形成的"储、运、保"条件，为该区进一步开展天然气水合物资源的重点勘查提供了科学依据。

祝有海等(2008)进一步综合整理了已有的南海各区浅表层沉积物中的甲烷含量数据，总体变化为 0.8～22154μL/kg，平均为 336μL/kg。可分成台西南、笔架南、琼东南—西沙海槽、中建南—中业北、万安—南薇西和南沙海槽六大异常区，其中南沙海槽是异常最强烈的地区(5.6～22153μL/kg，平均为 5330μL/kg)，台西南盆地次之(51.2～781μL/kg，平均为 320μL/kg)。

通过 CTD、岩心顶水及原位测试等手段，近十年来南海北部海域获取了一系列底层水烃类气体的高精度数据(表 4-1)，这些数据对指导水合物勘探具有重要的应用价值。数

表 4-1　南海北部海域底层水烃类气体含量表

异常区	取样技术	水深/m	测点数	底层水熔接器甲烷浓度/(nmol/L)		
				最高值	最低值	均值
白云凹陷海域	底水原位	1000～2000	18	299.74	11.99	97.86
神狐东北部海域	CTD	500～1500	3	10.64	2.07	5.65
台西南盆地东北海域	岩心顶水	200～2000	124	27378.04	0.22	943.21
	CTD		9	5149.82	0.50	578.72
九龙甲烷礁海域	底水原位		44	829.10	2.12	129.54
	CTD	1000～2000	21	3.36	0.16	1.67
	CTD		10	4.12	0.59	1.23

据显示，台西南盆地底层水烃类气体含量显示出了异常高的含量(27378.04nmol/L)，该海域广泛发育泥火山，显示出明显的甲烷渗漏特征，是最理想的水合物勘探区域。白云凹陷作为南海水合物钻探的重点区域，高烃类含量异常与现有勘探结果基本一致(孙春岩等，2017)。

在水合物气体成因判别方面，近十年来在南海北部陆坡先后进行的水合物钻探为天然气水合物烃类地球化学异常研究提供了最佳的研究对象，为我国南海水合物气来源及成藏模式研究提供了有力支撑。

神狐海域是我国最早开展水合物钻探计划的区域，先后于 2007 年和 2013 年开展了两次钻探(GMGS-1 与 GMGS-3)。GMGS-1 的 8 个站位中的 3 个站位钻获高甲烷含量的扩散型天然气水合物实物样品，其甲烷含量超过 99.7%。通过对水合物样品进行烃类气体分析得到钻探区水合物富集层分解气气体组成主要为甲烷，甲烷中碳同位素 δ^{13}C 值为–62.2‰～–54.1‰，甲烷氢同位素 δD 范围为–225‰～–180‰，表明天然气水合物的烃类气体气源主要是微生物通过二氧化碳还原的生物化学作用而形成的生物甲烷气，有部分热裂解气的加入(吴庐山等，2010；苏丕波等，2017b)。这一结果与该海域浅表层沉积物的顶空气分析结果一致(吴庐山等，2010；付少英和陆敬安，2010)。GMGS3 钻探岩心水合物分解气及释压孔隙气地球化学分析结果表明，天然气以甲烷占绝对优势，但在部分站位还检测到一定量的乙烷和丙烷等重烃，相较于 GMGS1 钻探区水合物分解气气体组分中重烃含量明显升高；且气源成因判识表明，GMGS3 钻探区水合物气源以微生物气和热成因的混合成因为主(图 4-3)。热成因气对水合物成藏具有重要贡献，相较于 GMGS1 钻探区，GMGS3 钻探区热成因气对水合物成藏的贡献更大(张伟等，2017，2018)。

珠江口盆地东部海域的 GMGS-2 航次也取得了大量水合物实物样品，通过对水合物样品分解气体进行分析，该气体显示出了典型的生物气特征，$C_1/(C_2+C_3)>1000$，δ^{13}C 值低于–70‰。暗示该海域水合物的主要气源以浅层生物气为主，缺乏热解气的特征(戴金星等，2017；刘昌岭等，2017)。

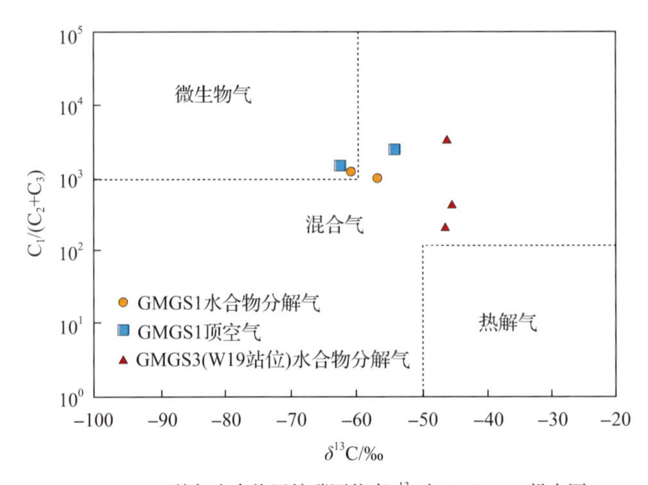

(a) 天然气水合物甲烷碳同位素δ^{13}C与$C_1/(C_2+C_3)$投点图

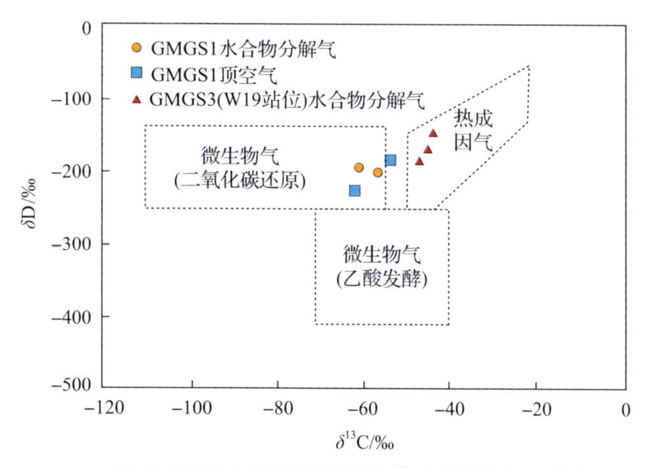

(b) 天然气水合物甲烷碳同位素$\delta^{13}C$与氢同位素(δD)投点图

图4-3　神狐海域GMGS1与GMGS3钻探区取心站位水合物成因判别对比(据张伟等，2017)

2015年，广州海洋地质调查局在琼东南海域的水合物调查航次时，在其中两个站位成功获取到块状天然气水合物实物样品。通过地球化学分析，天然气水合物实物样品分解气体中存在甲烷、乙烷和丙烷。甲烷碳同位素$\delta^{13}C(CH_4)$值为–57.0‰～–51.0‰，乙烷碳同位素$\delta^{13}C(C_2H_6)$值为–26.7‰～–14.0‰，丙烷碳同位素$\delta^{13}C(C_3H_8)$值为–24.4‰，呈现出原油裂解气$\delta^{13}C(CH_4)<\delta^{13}C(C_2H_6)<\delta^{13}C(C_3H_8)$的特征。此外，由于甲烷/乙烷值高于500，说明该组样品可能有生物成因气的贡献。推测海马冷泉区的水合物很可能为生物成因气和油型裂解气混合来源(苏丕波等，2017a)。

综上所述，烃类地球化学异常作为天然气水合物勘探的重要手段在南海天然气水合物的研究中发挥了重要作用，通过底层水及沉积物中烃类气体含量异常基本上圈定了有利的天然气水合物成藏区域，后期钻探结果与之前的预期基本一致。通过对比天然气水合物的气体成因发现南海北部陆坡区水合物气源以生物气为主，在琼东南盆地及神狐海域有部分热解气混入，珠江口东北海域及台西南盆地则属典型的微生物气成因。这些认识为水合物成藏模式的建立提供了重要证据，也为下一步天然气水合物勘探提供了思路。

4.2.2　沉积物孔隙水地球化学异常

孔隙水作为海洋沉积研究的主要对象之一，对天然气水合物研究的贡献具体表现在水合物异常识别、成藏流体来源与运移过程示踪、流体组分在浅表层的微生物地球化学过程响应等方面。本节侧重讨论海洋天然气水合物成藏区的孔隙水地球化学特征及相关研究内容，需要具备同位素地球化学、流体运移数值模拟等必要知识。

1. 孔隙水化学组分与早期成岩作用

海洋沉积物中发生的地球化学过程对许多元素的局部与全球循环会产生深远影响。海洋沉积物地球化学受控于沉积物的初始物质组成，在后沉积阶段还可能被物理、化学或生物过程改变，这些过程通常总称为早期成岩作用(Berner，1980；Boudreau，1997；Burdige，2006)。早期成岩作用的空间范围限于沉积物深为数百米之内，此时沉积物仍然处于浅埋藏状态，地温梯度尚不足以令环境温度升至 200℃，静岩压力也不至于引起黏土矿物脱水(Berner，1980)。早期成岩阶段总体上是沉积物经压实(compaction)而逐渐脱去孔隙水，同时被生物活动与化学反应改造的过程。活跃的生物地球化学反应是早期成岩阶段的特征之一，是全球元素循环的重要部分。

有机质的降解(degradation)是早期成岩作用的驱动力。有机质在微生物的酶促催化下，从复杂化合物分解为简单化合物，直至最终变成无机产物。有机质中的不同元素所经历的生物化学反应途径不同，但基本上均以氧化还原反应为主，作为电子供体的有机质被一系列终端电子受体(terminal electron acceptor)氧化(Tromp et al.，1995)。通常有机质以一定的次序来利用这些电子受体，按优先级顺序从高到低依次是氧(O_2)、硝酸盐(NO_3^-)、高价锰(Mn(Ⅳ))、高价铁(Fe(Ⅲ))及硫酸盐(SO_4^{2-})(Froelich et al.，1979；Canfield and Thamdrup，2009)。当这些终端电子受体被利用殆尽时，有机质才会发酵产生甲烷。尽管控制有机质分解速率的因素存在地域差异，一般认为有机质成分(尤其是有机碳含量)、沉积和埋藏速率、电子受体的可用性及微生物的活跃性可能起了主导作用(Henrichs and Reeburgh，1987)。

根据沉积物不同深度处发生的有机质生物地球化学反应，考虑氧的参与程度，由浅到深可以大致分为氧化(oxic)、次氧(suboxic)、缺氧(anoxic)三个环境区带(图 4-4)。每个区带都对应不同的再矿化过程。在缺氧带底部经由产甲烷反应生成的天然气属于生物成因气，通常形成于海底之下数十米深度内、有机质含量高的细颗粒沉积物中。与之相对应地，埋藏在沉积物中的有机分子(碳水化合物、蛋白质、脂质等)分解产生干酪根，而干酪根在深成作用下继续热裂解而形成的则是热成因气(付少英，2005)。

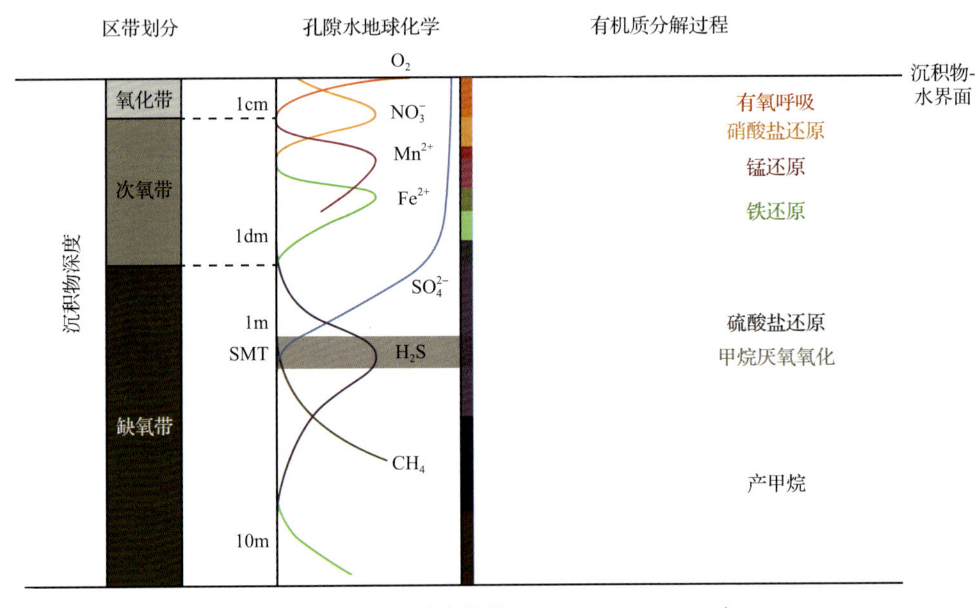

图 4-4　氧化还原分带(据 Froelich et al.，1979)

沉积物和孔隙水既为早期成岩反应提供场所，又可能是一些反应的参与者。因此，其化学组分的变化可以记录早期成岩阶段的微生物地球化学反应。其中，尤其以孔隙水地球化学的响应最为灵敏。与只能保存成岩反应状态的沉积物相比，孔隙水在反映涉时的、变化的信息方面更具优势。

2. 孔隙水地球化学特征与异常识别指标

有机质从有氧带，经次氧带，到缺氧带，与孔隙水中溶解的终端电子受体发生反应而改变溶液组分，加上孔隙水作为流体本身的运移能力，呈现出随深度垂向变化的孔隙水地球化学特征。以溶质浓度(或其他含量或参数)为 x 轴，深度为 y 轴，可以得到浓度剖面曲线。浓度随深度的垂向变化可以用其对深度的导数来表示，反映在孔隙水组分的浓度剖面曲线上则是斜率。斜率代表溶质的浓度变化率，斜率为正值表示溶质浓度随深度增加，斜率为负值表示溶质浓度随深度减少。斜率大小反映浓度变化率的大小，剖面曲线上变化率相对大的区段往往指示附近可能有反应发生。

设想沉积物某一深度处发生化学反应，它引起溶质增加或减少的快慢程度用反应速率表示。该反应导致某物质的浓度突然升高而形成浓度梯度。分子或原子倾向于从高浓度区域向低浓度区域的运动叫作“扩散”。在微观层面上，这是由于粒子的布朗运动引起的。在此引进通量的概念，定义为单位时间内通过单位面积的物质的量或质量。根据Fick定律，孔隙水中化学组分扩散引起的通量正比于该组分的浓度梯度，其比例系数定义为扩散系数。在一维浓度剖面曲线的情况下，浓度梯度恰好等于曲线上的斜率。另外，孔隙水组分随流体一起运动而发生称为“平流”，它通常只与流量有关、与浓度梯度无关。其作用是让物质在孔隙水中以固定流速迁移。

水合物形成主要受物理过程控制，但是其所需物源与生烃过程有关，因此天然气水合物成藏区的沉积物孔隙水组分可以与水合物的形成、积累或分解建立直接或间接的联系。孔隙水地球化学异常指的就是其化学组分或同位素组成受到附近水合物赋存影响而变得不同于正常海洋沉积物孔隙水剖面分布的现象。孔隙水是海水埋藏至沉积物-水界面之下的流体，其主要成分应该与海水接近。按照化学性质差异，海水的主要成分可以分为保守元素和非保守元素两大类(Emerson and Hedges，2008)。两者的主要区别在于是否存在非保守元素参与化学或生物过程，非保守元素的含量在垂向上会发生明显变化。有鉴于此，孔隙水化学组分同样可以分为两类：含量主要由物理过程控制的氢(H)、氧(O)、氯(Cl)、钠(Na)、钾(K)等视为保守元素，其组分发生改变可直接指示天然气水合物的形成、积累或分解状态，称作“直接指标”；碳(C)、氮(N)、硫(S)、溴(Br)、碘(I)、钙(Ca)、镁(Mg)等元素以及自其衍生的溶解无机碳、总碱度等则归为非保守物质，同时受物理和化学过程影响，无法直接反映水合物成藏状态，称作“间接指标”。

天然气水合物形成和分解对孔隙水的直接影响(如盐度异常及同位素组成异常)往往出现于水合物带附近，对其研究往往集中于水合物埋藏较浅的区域(西非、墨西哥湾、水合物岭、日本南海海槽等)或者实施过深海钻探的地区(Hesse，2003；Torres et al.，2004；Uchida and Tomaru，2004；Tomaru et al.，2007；Kastner et al.，2008；Kim et al.，2012)。水合物的埋深在不同地质背景下差异较大，而深海钻探成本高昂，因此在大多数情况下普通地质取样无法达到水合物层，此时就需要通过一些间接指标来协助判断水合物的存在。这些离子或元素含量及同位素组成都与早期成岩过程中有机质降解、甲烷氧化反应相关(Hesse and Schacht，2011)。水合物层含有高浓度的天然气，因此在整个水合物成藏区浅表层都会出现烃渗漏的现象，烃的渗漏会对早期成岩作用产生影响，进而改变上述离子或者元素在孔隙水中的含量及同位素组成。

1)直接指标

(1)盐度异常

盐度用来衡量海水内溶解的盐分，定义为 1kg 海水中溶解物质的克数，单位是 g/kg 或 10^{-9}(Lewis and Perkin，1978)。由于海水的主要溶解物质是氯离子和钠离子，盐度可用这些离子浓度来换算。尽管孔隙水的盐度变化可以同时反映在各种溶解组分上，含有非保守元素的组分因为叠加了其他化学反应而无法真实代表盐度。天然气水合物可以看作晶格内含有天然气分子的特殊形态的水冰，其形成或分解类似水冰在液相和固相之间转变的物理过程，因此排盐效应会从中起作用(Hesse and Harrison，1981)。以氯化钠和水组成的二元溶液为例，随着氯化钠浓度增加，溶液凝固温度下降。一定浓度的氯化钠溶液开始冻结时，部分水首先结冰，水分子转为固态时将氯化钠分子排斥在晶格之外，从而使未冻结的水中溶解更多的溶质，剩余溶液浓度增大。盐度增大导致冰点进一步降低，如此直至所有水分都冻结，氯化钠和水共同固化(图 4-5)，此时称为共晶点(温度 –21.2℃，氯化钠浓度 23.1%)(Negi and Anand，1986)。

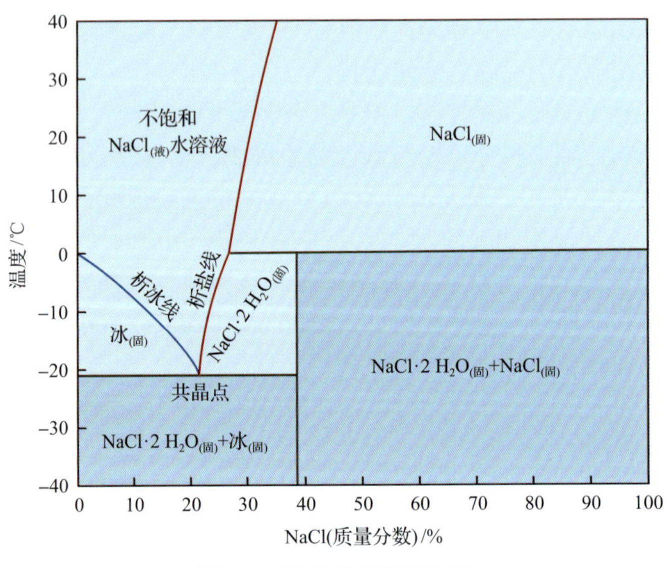

图 4-5　氯化钠水两相体系

水合物形成过程同样会引起附近孔隙水盐度提升，水合物晶格内则是低盐淡水。反之，水合物分解时，晶格内的淡水释放，造成附近孔隙水盐度降低。在正常情况下“保守”的离子(氯、钠、钾等)受水合物形成或分解影响，表现为异常的浓度剖面曲线(Egeberg and Dickens，1999)。如图 4-6，水合物海岭在 1245 站位的水合物稳定区内出现氯离子负异常可能与取样期间水合物分解有关，而 1249 站位浅表层氯离子强烈富集则反映其顶部水合物正在快速生成(Milkov et al.，2004)。

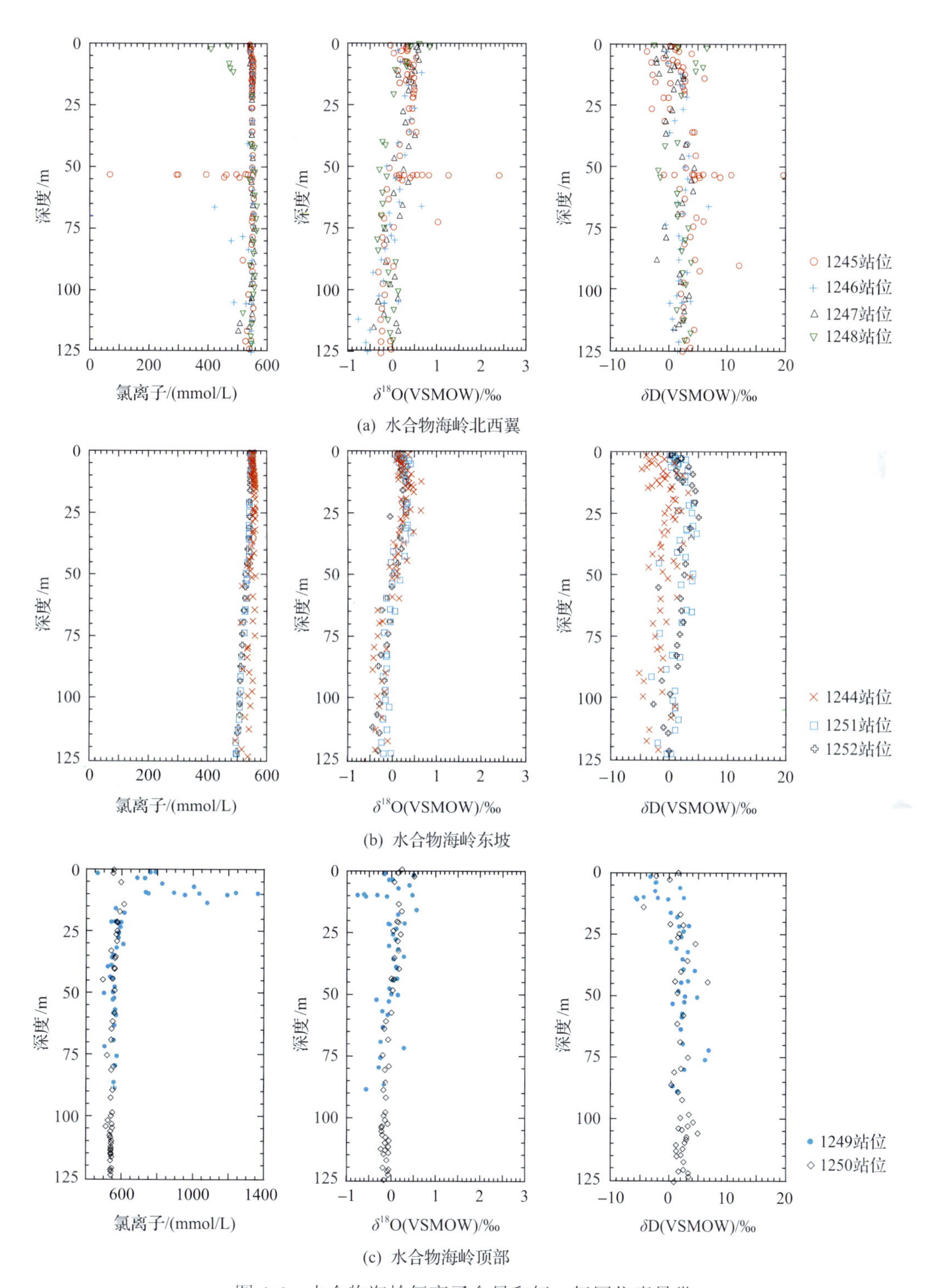

图 4-6　水合物海岭氯离子含量和氢、氧同位素异常

并不是所有盐度异常都可以作为水合物存在的证据。例如，盐底辟可以使附近沉积物孔隙水盐度增加。热液反应区也会因为相分离而形成高盐海水富集。深部成岩作用导

致的矿物脱水会淡化孔隙水。断层或裂隙的存在会改变孔隙水局部盐度(Hooper，1991)。此外，被埋藏在沉积物孔隙中的同生水盐度明显不同于其上、下层位的情况也时有发生，而沉积水与埋藏时代的海水盐度有关(Adkins-Regan，2002)。这些异常现象都未必与水合物的成藏状态有关。

另外需要注意的是，孔隙水盐度异常在大多数情况下因溶质运移而无法表现出明显的浓度剖面突变。尤其是从柱状样中提取的孔隙水样品，可能既包含水合物引起的盐度异常，又有浓度变化导致的扩散，同时还有贯穿整根柱状样的平流过程。因此，盐度异常的信号并不总是典型的，需要结合其他指标才能判断。

(2)氢、氧同位素异常

孔隙水的氢、氧同位素异常可以指示水合物形成或分解的状态。如果孔隙水中富集了重质氢、氧同位素，表明水合物可能正在分解；相反，如果孔隙水中富集了轻质同位素(或表述成亏损了重质同位素)，表明正在结晶。同样以水合物海岭的1245站位和1249站位为例，在图4-6中可以看出氢、氧同位素组成表现出和盐度异常相反的倾向。

在水合物成矿区，氢、氧同位素异常和盐度异常都是由相变过程引起的，两者之间具有相关性。从液相转为固相时，孔隙水亏损重质同位素，同时因为排盐效应而富集溶解组分，因此氢、氧同位素负异常和盐度正异常相互耦合，成为水合物正在形成的直接证据。反之，氢、氧同位素正异常和盐度负异常相互耦合是水合物分解的标志。不过，正如盐度异常一样，氢、氧同位素异常也可能是其他的原因导致，如孔隙流体混合、蒙脱石去风化。

水合物形成于低温、高压并且有合适气源的环境，当环境条件不利于水合物稳定存在时就会分解。地温梯度的存在，一方面使沉积物越往深处温度越高，超过一定深度时水合物不再稳定，其分解后释放的水表现为氢、氧同位素正异常和盐度负异常，不同于分解前的环境孔隙水。另一方面，沉积物压实作用或深部外源流体引起孔隙水做平流运动，经过分解层位混入水合物释放出的水，理论上可以在剖面上形成连续变化的盐度和氢、氧同位素组成的耦合变化趋势(Kastner et al.，1990)。以此确立的盐度剖面曲线可以代替恒定海水盐度作为水合物成矿区取样站位的盐度基线，其他溶解组分含量就能据此得到校正(Hesse and Harrison，1981；Egeberg and Dickens，1999)。基线在一定程度上反映了未受取样扰动的海洋沉积物原位孔隙水盐度分布。

总之，使用直接指标判断水合物赋存情况，需要综合考虑盐度(氯、钠、钾离子浓度)和氢、氧同位素组成，两者应该呈负相关。如果它们符合前述相关性，但并未表现出连续平滑的剖面曲线，可能是其他原因造成的数据解耦，如取样引发的局部层位水合物分解。遇到这种情况需要仔细甄别。

2)间接指标

(1)硫酸盐及硫同位素异常。

在终端电子受体利用序列中，SO_4^{2-}几乎排在末位(Froelich et al.，1979)。然而，由于它在海水和孔隙水中广泛存在，含量很高，其氧化有机质的实际贡献反而位居第一。硫酸盐是厌氧微生物进行化能合成的重要原料。它和有机质在缺氧条件下发生如下反应

(Berner，1974)：

$$2CH_2O + SO_4^{2-} \longrightarrow 2HCO_3^- + H_2S$$

这个反应被称为有机碎屑参与的硫酸盐还原(organoclastic sulfate reduction，OSR)反应，参与其中的微生物统称为硫酸盐还原细菌，发生硫酸盐还原反应的沉积物区域被称为硫酸盐还原带[图 4-7(a)]。在大部分沉积物中，硫酸盐还原反应使得海水及孔隙水中的硫酸根离子浓度随深度变大逐渐被消耗，形成一个平缓的浓度梯度。如果仅仅因为硫酸盐还原反应，孔隙水硫酸根离子并不总是能被消耗殆尽。然而，在有机质补给较为充足的地区(如陆坡、陆架区)，其降解产物甲烷替代有机质被硫酸盐氧化：

$$CH_4 + SO_4^{2-} \longrightarrow HCO_3^- + HS^- + H_2O$$

这个反应称为甲烷厌氧氧化反应(Iversen and Jorgensen，1985；Reeburgh，2007)。该反应使浅表层孔隙水硫酸根离子迅速消耗[图 4-7(b)]。与硫酸盐还原反应类似，甲烷厌氧氧化反应同样需要微生物介导，通常认为该微生物是硫酸盐还原细菌和厌氧嗜甲烷古菌组成的互养集合体。并且嗜甲烷古菌与产甲烷古菌关系非常密切，后者在 SO_4^{2-} 浓度变低时开始发生产甲烷反应。

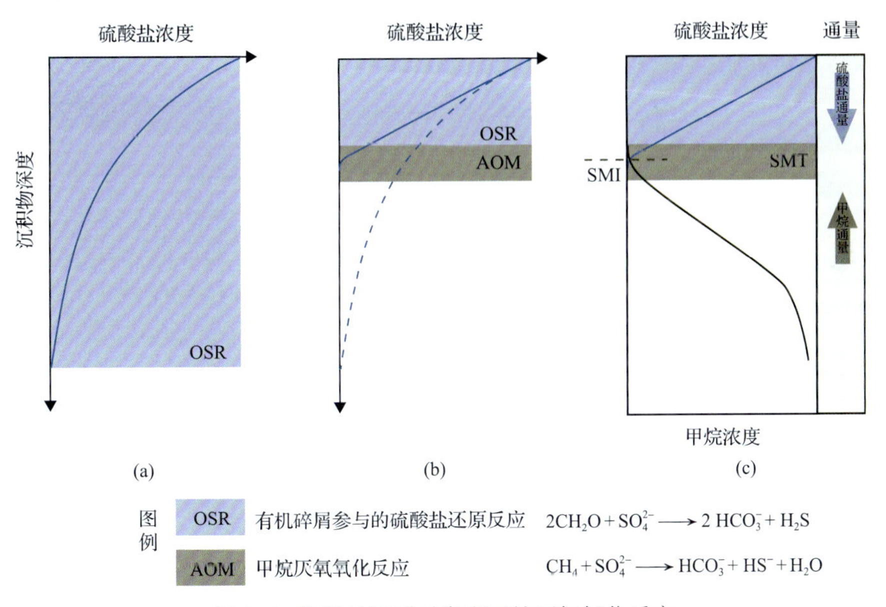

图 4-7　硫酸盐还原反应和甲烷厌氧氧化反应

硫酸盐和甲烷发生甲烷厌氧氧化反应的部位称为硫酸盐-甲烷过渡带(sulfate-methane transition，SMT)，它位于硫酸盐还原带底部，其中，甲烷和硫酸盐直接接触的面称为硫酸盐-甲烷界面。在 SMT 位置上方，硫酸根离子浓度随深度增加而下降，相反地，甲烷浓度随深度增加而增加[图 4-7(c)]。于是甲烷厌氧氧化反应成为硫酸盐和甲烷共同的汇(Reeburgh，2007)。海水中稳定大量存在的硫酸盐无法逾越 SMT 向更深部扩散，而大多数更深部产甲烷反应生成的甲烷被截留在 SMT，硫酸盐和甲烷均在 SMT 位置互相反应直至耗尽(Iversen and Jorgensen，1985)。海洋沉积物中，甲烷厌氧氧化反应消耗了多达 90%的上升甲烷(Borowski et al.，1996；Valentine and Reeburgh，2000)。SMT 厚度受反应速率的影响。理论上，硫酸盐和甲烷共同消耗殆尽的沉积物深度为硫酸盐-甲烷交接带。

甲烷厌氧氧化反应的存在加剧了孔隙水硫酸根离子的消耗。参与反应的部分甲烷可能是硫酸盐还原反应剩余的有机质在更深部经由产甲烷反应生成。甲烷在孔隙水中运移直至在 SMT 遇到硫酸盐，后者在此处同时被有机质和甲烷还原，很快消耗殆尽。一旦耗尽，向上运移的甲烷继续在新的 SMT 遇到硫酸盐。如果甲烷通量足够大，这一系列过程最终可导致 SMT 向着海底界面推移。越是剧烈消耗硫酸盐，其浓度剖面曲线越是表现为梯度较大、近似线性的特征[图 4-7(c)]。较大的梯度与较浅的 SMT(或 SMI)相互对应，均可作为微生物反应强烈的证据，从而暗示更大的生烃潜力。

硫酸盐还原反应和甲烷厌氧氧化反应是硫酸盐在海洋沉积物缺氧带中发生的重要反应，已有学者开展了硫同位素分馏的研究。作为反应产物的硫化物亏损 ^{34}S，孔隙水硫酸根离子则富集 ^{34}S，并且反应速率越小，分馏程度越大；反之亦然(Bolliger et al.，2001)。通过硫酸根离子的 $\delta^{34}S$ 剖面曲线可以观察到 SMT 附近有明显的高值，说明以硫酸盐还原细菌为代表的微生物歧视重质硫同位素，导致硫酸根离子中富集 ^{34}S。甲烷厌氧氧化反应过程中，硫化物和硫酸盐的硫同位素分馏可能超过 40‰(Canfield et al.，2010)。硫酸盐的硫同位素正异常及较陡的硫酸盐梯度结合起来，可作为辅助判断微生物活动性的间接指标。

(2)溶解无机碳、总碱度及碳同位素异常。

无论是硫酸盐还原反应还是甲烷厌氧氧化反应，都把含碳化合物氧化为高价态的二氧化碳。溶解于海水或孔隙水的二氧化碳有三种主要无机形式：溶液相二氧化碳 $CO_2(aq)$、碳酸氢根离子(HCO_3^-)及碳酸根离子(CO_3^{2-})，至于碳酸(H_2CO_3)本身的含量可以说微乎其微。这些无机形式总称海水溶解无机碳系统，从二氧化碳溶解于海水到碳酸的电离有如下一系列可逆反应：

$$CO_2(g) \rightleftharpoons CO_2(aq)$$

$$CO_2(aq) + H_2O \rightleftharpoons HCO_3^- + H^+$$

$$HCO_3^- \rightleftharpoons CO_3^{2-} + H^+$$

通过简单的计算，可以证明现代海水的三种溶解无机碳里占绝对多数的是碳酸氢根离子。一般如无特殊说明，DIC 可代表二氧化碳的三种溶解组分浓度之和，即

$$DIC = c_{CO_2} + c_{HCO_3^-} + c_{CO_3^{2-}}$$

一定的 pH 条件下，以碳酸氢根离子作为溶解无机碳的代表(Sauvage et al.，2014)。

从电荷平衡的观点来看，总碱度定义为孔隙水结合氢离子的能力。对于海水溶解无机碳系统而言，碳酸碱度更为常用：

$$CA = c_{HCO_3^-} + 2c_{CO_3^{2-}}$$

式中，CA 表示以浓度为单位的碳酸碱度，碳酸碱度对总碱度的贡献占 90%以上。

海水中的总碱度与盐度呈比例，然而孔隙水由于受到早期成岩反应的影响，并不满足这个关系。有机质再矿化释放溶解无机碳会导致总碱度增加，方解石、文石等矿物的自生碳酸盐沉淀又会降低孔隙水总碱度。以沉积物缺氧带发生的主要化学反应而言，硫酸盐还原反应和甲烷厌氧氧化反应均会使孔隙水的溶解无机碳含量增加，而硫酸盐还原带之下发生的二氧化碳还原产甲烷反应则会消耗溶解无机碳(Snyder et al.，2007)。溶解无机碳可以在孔隙水中扩散、平移，与沉积物内的 Ca^{2+}、Mg^{2+}等阳离子结合形成沉淀从而离开溶液相。此外，不排除还有碳酸盐矿物溶解使其重回孔隙水的可能性。

在甲烷通量较大的地区，甲烷厌氧氧化反应是消耗孔隙水硫酸盐和甲烷的主要过程。来自深部的甲烷被硫酸盐氧化，只有少量甲烷可能抵达海水，因此甲烷厌氧氧化反应对调节全球气候具有重要意义。正因为大量的甲烷经过甲烷厌氧氧化反应被氧化为二氧化碳，沉积物 SMT 部位产生的溶解无机碳明显高于主要由硫酸盐还原反应贡献的背景值。考虑到孔隙水溶质运移作用，往往可在浅表层沉积物孔隙水剖面上观察到从海底向 SMT 深度逐渐增加的溶解无机碳或总碱度曲线。在 SMT 深度之下，曲线未必总是随深度而增长，这取决于来自深部的流体所含溶解无机碳的量级。通常情况下，SMT 深度与溶解无机碳或总碱度曲线的拐点位置是可以呼应的。

更进一步，一部分化学反应(尤其是微生物介导的成岩反应)过程中，碳同位素会发生动力学分馏。例如，在产甲烷反应时，轻质同位素更容易被微生物利用，从而产物中 $^{13}CH_4$ 相对 $^{12}CH_4$ 较少，表现为生物成因甲烷气亏损 ^{13}C，其 $\delta^{13}C$ 值达–100‰～–50‰，这不同于热成因甲烷气的–50‰～–20‰(Whiticar，1999)。甲烷厌氧氧化反应过程中几乎不发生同位素分馏，因此生物成因甲烷经甲烷厌氧氧化反应氧化后形成的溶解无机碳继承了甲烷碳同位素特征，即亏损 ^{13}C。另外，在硫酸盐还原带中，同样几乎不发生同位素分馏的硫酸盐还原反应生成的溶解无机碳继承有机质的碳同位素特征。海洋有机质 $\delta^{13}C$ 值范围是–22‰～–17‰，而陆源有机质多为–28‰～–25‰(Burdige，2005)。这意味着单独的硫酸盐还原反应过程产生的溶解无机碳 $\delta^{13}C$ 值应该落在–30‰～–20‰范围内，如果孔隙水溶解无机碳 $\delta^{13}C$ 值低于–30‰，可以认为有甲烷参与甲烷厌氧氧化反应而生成亏损重质碳同位素的无机碳产物。尽管在孔隙水中，不同来源的溶解无机碳相互混合，然而若是 SMT 部位的溶解无机碳 $\delta^{13}C$ 表现为相对有机质碳同位素组成负漂的异常值，仍然能起到一定的指示作用(Burdige and Komada，2011；Chatterjee et al.，2011)。典型的水合物站位的 $\delta^{13}C$ 值随深度分布规律表现为亏损 ^{13}C 的生物成因甲烷出现在紧邻 SMT 深度下部的产甲烷带，略低于溶解无机碳的 $\delta^{13}C$ 低值层位，反映后者可能已经过流体改造(Chatterjee et al.，2011)，而同一个站位的沉积物总有机碳(total organic carbon，TOC)的 $\delta^{13}C$ 值在–25‰附近摆动(Pohlman et al.，2010)。

甲烷厌氧氧化反应仅发生在 SMT，由此造成的该深度附近溶解无机碳、总碱度的正异常，加上溶解无机碳 $\delta^{13}C$ 的负异常，都是沉积物浅表层微生物地球化学活跃的直接反映。然而，这并不能确保沉积物更深部具备较大的生烃潜力。即便可能生烃，也无法保证天然气的生成，更不必说天然气在适当温压条件下形成天然气水合物。因此，孔隙水溶解无机碳及其相关异常指标是水合物赋存的间接证据。同样基于上述理由，即便直接测试沉积物甲烷气的碳同位素组成，也只能作为间接指标之一。

(3)溴、碘异常。

溴、碘与氯同为卤素，它们对生物合成过程具有重要的意义。溴以溴化物或有机溴化合物的形式在自然界中存在，多由海洋生物(如藻类)产生(Elderfield and Truesdale，1980；Carter-Franklin and Butler，2004)。褐藻是生物体内碘的最强积累物，是碘的全球生物地球化学循环(特别是沿海大气中碘代烃)的主要来源(Küpper et al.，2008)。尽管碘的化学性质相对稳定，在亲生物性质上却是碘优于氯，溴则是介于两者之间。海洋沉积物中大部分溴、碘来源于被埋藏海洋生物的有机质分解(Muramatsu and Hans Wedepohl，1998)。因而沉积物孔隙水中的碘含量相对海水背景值可以达到很高，这种趋势无法明显反映在溴含量上(Tomaru et al.，2007)。孔隙水中的溴、碘含量与沉积物中的有机质含量及其分解速率有关，而早期成岩生烃潜力同样与这些因素有关，从而孔隙水溴、碘含量与生物成因甲烷气有一定程度的相互联系(Martin et al.，1993；Tomaru et al.，2009)。

在水合物成藏区确实可以观察到溴、碘高异常的现象。布莱克海台的997站位的沉积物孔隙水溴、碘离子浓度表明，随着深度增加，溴、碘含量呈上升趋势，与其他有机质分解产物的分布一致(Egeberg and Barth，1998)。其他已知存在水合物的钻探海域，如水合物海岭(Lu et al.，2008)、日本南海海槽(Muramatsu et al.，2007)、秘鲁海槽(Fehn et al.，2007)等，孔隙水溴、碘含量也有相似的高异常报道，尤其是碘的梯度明显高于溴。

浅表层沉积物孔隙水的溴、碘含量具有多解性，它们既可能来源于浅表层沉积物中的有机质分解，也可能是由于深部富溴、碘流体输送而来(Lu et al.，2007)。后者多见于俯冲带地区。然而，无论来源是浅层原位还是深层异地，溴、碘富集和有机质分解的关系仍然很大，可以据此进一步勘探有机质的埋藏位置，从而找到天然气水合物气源。

(4)镁、钙、锶、钡异常。

元素周期表上同属ⅡA族的镁、钙、锶、钡具有相似的化学性质，它们在孔隙水中以二价阳离子形式存在，其中钙和镁与生物的关系比较密切。镁是海水阳离子中丰度仅次于钠的元素(Teng，2017)。由于白云石或黏土矿物的净沉淀，沉积物孔隙水中的镁离子浓度通常随深度增加而减少(Higgins and Schrag，2010)。深海碳酸盐的主要贡献者是数量众多的钙质超微化石(如颗石藻)和浮游有孔虫等(Burdige，2006)。由于玄武岩基底吸收镁的同时释放钙，两者离子浓度通常随沉积物深度增加分别下降和上升(Berner and Raiswell，1983)。对于浅表层沉积物而言，孔隙水钙离子浓度变化往往受溶解无机碳影响很大，后者又与有机质分解过程密切相关。在水合物成矿区，活跃的生物地球化学过程导致自生碳酸盐的沉淀，从而使孔隙水亏损钙、镁等元素，以自生文石、自生(含镁)方解石等矿物形式进入沉积物相(Naehr et al.，2007)。以钙离子为例，浅表层孔隙水往往可以观察到随深度减小的剖面曲线，如墨西哥湾(Smith and Coffin，2014)、哥斯达黎加(Karaca et al.，2010)、日本海的上越盆地(Snyder et al.，2007)等。此外，当孔隙水中硫酸根离子含量较高时，钙也可能与之形成自生石膏(Briskin and Schreiber，1978)。石膏被多次报道发现于水合物赋存区沉积物中，如果它们是自生成因，对地质历史上SMT深度的识别具重要指示意义(Lin et al.，2016a)。

海水或孔隙水中的锶，其含量通常介于钙和钡之间，它常常和钙、镁在较高 pH 条件下形成共沉淀物(Ohde and Kitano，1984)。放射性锶同位素比值 $^{87}Sr/^{86}Sr$ 不会受生物分馏影响，因此可以作为流体来源示踪(Torres et al.，2004；Teichert et al.，2005；Li and Jiang，2016)。可能的流体来源包括陆壳长英质和玄武质岩石、现代海水、生物成因方解石、火山物质、洋壳等。由于锶含量及 $^{87}Sr/^{86}Sr$ 值在浅表层孔隙水容易受到不同来源的影响，一般在孔隙水源区示踪时需要结合其他证据。

海洋沉积物中的钡以铝硅酸盐和硫酸盐(重晶石)微晶形式存在，后者对孔隙水中硫酸盐浓度的变化非常敏感(Dymond et al.，1992；Torres et al.，1996)。钡在孔隙水中的溶解度很低，即便在硫酸盐浓度较低的环境下，钡仍然以重晶石形式存在，而非离子状态。然而，当孔隙水硫酸盐消耗殆尽时，大量的钡离子从重晶石中溶解，其浓度可以跃增几个数量级(Brumsack and Gieskes，1983)。作为一个异常指标，浅表层沉积物孔隙水钡离子浓度剖面可以用来指示 SMT 深度(Dickens，2001)。在 SMT 底部，溶解钡离子达到较高值，并随孔隙水向上运移至硫酸盐还原带，重新沉淀为重晶石进入沉积物相，形成钡峰(Dickens，2001)。因此孔隙水钡离子在 SMT 底部附近浓缩，与出现在沉积物 SMT 位置的钡锋是对应的。孔隙水钡离子浓度异常和硫酸盐浓度异常相互印证，为浅表层沉积物早期成岩过程提供了不同的分析视角。需要指出的是，如果钡和硫酸盐浓度之间不存在相关性，则钡离子的浓度提升可能仅仅是重晶石溶解度变化的影响。

(5)营养盐。

孔隙水营养盐(铵盐、活性磷酸盐等)含量和有机质分解过程有关。有机质通常含有一定比例的氨和磷，它们随着有机物的微生物降解而被释放到孔隙水中(Burdige，2006；Beck et al.，2009)。在天然气水合物成矿区，由于浅表层微生物代谢，这些营养盐含量通常随沉积物深度的增加而增加，与溶解无机碳趋势近似，表明可能具有相似的来源或相似的分解过程(Burdige and Komada，2013)。

营养盐是有机质分解释放的无机产物，因此严格来说不能称为“异常”。然而如果将其结合到其他直接或间接的异常指标，可以为水合物勘探提供信息支持。

(6)锂、硼。

一般情况下，孔隙水中的锂含量相对海水较低。由于结构相似性，轻质锂可以通过和孔隙水中的铵盐进行离子交换而从沉积物黏土矿物中释放出来，出现锂离子浓度的高异常和锂同位素组成(δ^7Li)的低异常(James and Palmer，2000；Vigier et al.，2008)。这不失为一种辅证有机质分解的间接方法。

硼和硼同位素组成($\delta^{11}B$)的情况与锂相似。轻质硼在孔隙水和沉积物之间吸附/解吸时具有高移动性，因此孔隙水硼含量上升过程中伴随着 $\delta^{11}B$ 下降(Brumsack and Zuleger，1992；Spivack et al.，1993；Williams et al.，2001)。此现象在其他水合物成矿区也有发现，如水合物海岭(Teichert et al.，2005)、日本南海海槽(Spivack et al.，1995)。尽管高温热液条件下，锂、硼具有相似的水岩交互反应过程，但低温时硼更容易吸附在沉积物相(Spivack et al.，1993)。因此锂和硼的剖面曲线表现并不一致，不过在浅表层孔隙水中总体趋势是其浓度随深度的增加而上升，而对于钻孔则主要用于流体源区示踪。

3. 孔隙水异常指标在南海天然气水合物勘探中的应用

南海的孔隙水地球化学异常特征研究是我国在南海北部陆坡区开展的一系列水合物调查计划主要组成部分，研究主要集中于南海北部四个潜在的水合物成藏区（神狐海域、东沙海域、西沙海槽及琼东南盆地）。在政府的大力投入下，经过近 20 年的发展，国内相关研究单位的孔隙水采样、样品测试、数据分析解释等方法和技术逐步完善，在水合物层识别和饱和度估计、早期成岩作用影响、数值模型方面取得了一系列重要进展。

1）盐度异常与水合物层识别

盐度作为天然气水合物异常识别指标在南海水合物计划启动即被应用到实际勘探之中。有学者利用区域上不同沉积物深度的氯离子含量分布特征对南海北部陆坡西沙海槽以及东沙海域的水合物分布做出了初步预测（Jiang et al.，2008；蒋少涌等，2005）；Yang 等（2013）对琼东南盆地 HQ-1PC 站位的孔隙水研究发现该站位在 3m 深度附近出现明显的盐度高异常，并且该高异常与碘含量、硫酸根含量异常一致，可能与该站位附近水合物的形成有关，由于上述区域目前还没有获取到水合物实物样品，其氯离子异常原因还待进一步证实。

神狐及东沙海域 GMGS-1、GMGS-2 等钻探计划的实施，使氯离子异常指标得到了实际的验证和应用。GMGS-1 航次通过盐度异常在三个钻孔（SH2、SH3、SH7）识别出水合物，通过盐度的稀释程度计算上述钻孔的水合物饱和度为 26%～48%（Wu et al.，2011）；与神狐海域不同，GMGS-2 航次水合物取心钻孔在多个层位发现盐度异常，与该地区多层水合物成藏现象一致，通过计算该海域水合物在孔隙中的饱和度与神狐海域接近（22%～55%）（Zhang et al.，2015）。

2）水合物成藏与早期成岩作用

在水合物钻探计划实施之前，主要的地质及地球化学勘探来自于浅表层的地质取样工作，因此浅表层早期成岩作用相关异常研究是南海北部陆坡沉积物孔隙水研究的重点。

早期成岩作用研究主要关注硫酸盐梯度的变化。在早期发表的文献中，研究者主要关注硫酸根本身的变化趋势（如硫酸盐梯度和 SMI 深度），通过 SMI 深浅来指示水合物。西沙、神狐、东沙及琼东南盆地均有硫酸盐梯度及 SMI 深度的报道。西沙海槽是国内相关研究工作开展最早的区域，该海域所报道的 SMI 深度普遍高于 15m（杨涛等，2006；Jiang et al.，2008；Luo et al.，2013），Luo 等（2013）对该海区麻坑区域的 C14 站位的硫酸盐梯度进行拟合得到 SMI 深度为 14.3m，是目前西沙海槽报道的最低值。神狐海域是目前南海北部陆坡区研究程度最高的区域，Wu 等（2013）统计该海域多个站位的 SMI 发现该海域 SMI 深度呈现北浅南深的特征，北区有该海域最浅的 SMI 深度，最低值在 HS-312PC 的 7.7m，该结果与 Yang 等（2010）在北区研究 HS-A 及 HS-B 站位结果吻合（SMI 深度分别为 10m 与 11.1m），在北区实行的 GMGS-1 钻探对上述结果进行了验证，五个钻孔 SMI 深度范围为 17～27m（Wu et al.，2011），说明该区域的浅 SMI 值与该海域天然气水合物成藏有关。从硫酸盐变化特征来看，东沙海域的硫酸盐异常最为明显，相对于西沙和神狐，东沙海域整体上具有硫酸盐还原速度快、SMI 深度浅的特点，不同研究团队均在该海域报道过 7m 左右的 SMI 值(蒋少涌等，2005；Hu et al.，2015)，在其东部九龙甲烷礁及海洋四号沉积体 SMI 深度甚至可以低至 4.0m(孟宪伟等，2013；邬黛黛等，2013)。但由于该区域构造复杂，相邻站位硫酸根的变化差异明显，Ye 等(2016)对该区域相邻 10km 的 A 和 B 站位的孔隙水进行了对比研究，发现两站位的硫酸盐变化特征截然不同，SMI 深度分别为 20m 和 9m，Hu 等(2015)对九龙甲烷礁相关站位的研究也有类似发现。琼东南海域相关报道较少，从已有研究来看，该海域也表现出了相对较浅的 SMI 特征(邬黛黛等，2009)，如 HQ-48PC 的 6.05m、HQ-1PC 的 7m 等(吴庐山等，2010；Yang et al.，2013)。总体而言，较浅的 SMI 深度被解释为甲烷厌氧氧化反应过程的贡献，SMI 深度越小说明研究区沉积物中甲烷含量越高，相应的水合物成藏潜力越大。因此，仅仅从目前报道的 SMI 深度而言，东沙以及琼东南海域具有优于神狐海域的水合物成藏潜力，并且有浅表层成藏的可能，两个海域浅表层水合物的发现也验证了上述猜测(Zhang et al.，2015；Liang et al.，2017)。

除硫酸根自身的特征外，孔隙水溶解无机碳含量及碳同位素组成对硫酸盐还原过程的研究也至关重要。国外相关研究表明，在天然气水合物埋藏深的区域由于甲烷上涌量较少，硫酸盐梯度也有可能小于某些有机质含量高的区域(Borowski，2006)。因此，浅的 SMI 深度可能是原位有机质还原，而不是甲烷厌氧氧化反应过程所致。有机质与甲烷碳同位素组成有较大差异，通过成岩过程产生的溶解无机碳碳同位素继承了两者的同位素组成特征，通过溶解无机碳碳同位素的值可以有效识别甲烷厌氧氧化反应过程的存在。前面所述的大部分硫酸盐还原的研究工作都同步进行了溶解无机碳含量及同位素的分析工作，如东沙海域 A 与 B 站位有截然不同的碳同位素特征。与 SMI 深度相对应， A 站位有较高的碳同位素组成与较深的 SMI 值，B 站位则表现出明显的甲烷碳同位素特征(–40‰)及较浅的 SMI 值，说明 B 站位有明显的甲烷厌氧氧化反应过程，该过程使硫酸盐被快速消耗(Ye et al.，2016)。九龙甲烷礁 D-5 站位的碳同位素也明确指示出甲烷的活动迹象。由于取样深度的限制，碳同位素组成最低的样品无法获取，此时可以通过消耗的硫酸根和生成的溶解无机碳含量的比例来判断甲烷厌氧氧化反应过程。西沙 C-14 站位，九龙甲烷礁的 D-F 站位，神狐的 HS-A 以及 HS-B 站位均通过该手段识别出甲烷厌氧氧化反应过程的存在(Yang et al.，2008；Luo et al.，2013；Hu et al.，2015)。

此外，硫酸盐硫的同位素组成($\delta^{34}S_{CDT}$)也可以用于硫酸盐还原过程的判别(Luo et al.，2013；林安均，2014)。高的硫酸盐还原速率会引起相对较小的硫同位素分馏。一般而言，在甲烷厌氧氧化反应过程显著的区域硫酸盐还原速率相对较高，通过计算不同站位的硫同位素分馏因子可以判别硫同位素还原速率的高低，进而判断甲烷厌氧氧化反应过程，该方法已应用于西沙及东沙海域相关站位的研究中。甲烷厌氧氧化反应过程判别对现有 SMI 或者硫酸盐梯度指示水合物成藏方法是一个很好的补充，在硫酸盐还原机理明确的基础上可以通过硫酸盐还原梯度计算各研究站位的甲烷通量，由于硫酸盐还原梯度与 SMI 深度所代表的含义基本一致，因此本节不再就硫酸盐还原梯度及甲烷通量进行阐述。

如前面所述，早期成岩作用是一系列生物、物理及化学过程的集合，硫酸盐还原过程的产物溶解无机碳、硫化氢与孔隙水中的其他元素如钙、镁、铁等反应产生一系列自生矿物(碳酸盐、硫化物)，在烃渗漏强烈的区域则会形成碳酸盐结核、烟囱等。有学者通过对孔隙水的钙、镁、锶金属含量进行分析判断西沙海域麻坑区域及九龙甲烷礁区所生成的自生碳酸盐以高镁方解石为主(Luo et al.，2013；Hu et al.，2015)。Lin 等(2016a)通过硫酸盐曲线与自生黄铁矿和石膏的含量及硫同位素关系揭示：由于甲烷渗流强度的降低，环境趋于氧化，黄铁矿被氧化从而形成石膏，该发现对于反演甲烷通量在地质历史上的变化有重要意义。

在产甲烷带，有机质的降解除了释放甲烷之外，还会释放出磷、氮及碘。在甲烷浓度高的区域，营养盐及碘也有相对较高的浓度，其中碘作为微量元素，可以有效指示有机质的降解程度。神狐海域、东沙海域、琼东南均有相关研究的报道(Yang et al.，2010，2013；Ye et al.，2016；傅飘儿等，2016)，在孔隙水地球化学异常明显的站位，碘的变化比较显著，碘含量的变化与硫酸盐的变化趋势呈极好的负相关关系，其通量变化与甲烷通量的变化吻合程度较高，可以通过碘通量代替甲烷通量来示踪水合物的成藏，目前碘异常已成为南海北部陆坡区水合物找矿的重要指标之一。

近几年来，有相关研究引入了在古海洋学上应用广泛的氧化还原敏感元素来指示沉积物的氧化还原环境，如 Hu 等(2015)通过对钼、铀元素在垂向上的变化分析铁氧化物还原带与硫酸盐还原带对钼、铀含量的控制，进而分析甲烷厌氧氧化反应过程对两个元素的影响。

非传统同位素是目前国际地球化学研究的热点，在南海北部陆坡的孔隙水地球化学研究中也有氯同位素的报道，Li 和 Yang(2017)分析了东沙海域部分站位孔隙水中的氯同位素，结合 Br/Cl、I/Cl 讨论了孔隙流体的来源及与水合物之间的关系。

3)数值模型

孔隙水地球化学模型可以用来动态地、定量地解释孔隙水组分之间的反应和运移关系。南海北部陆坡区关于水合物的地球化学模型开始主要用于水合物成藏模型的研究，正如苏正对神狐海域钻探区水合物成藏影响因素的探讨。两者的区别在于成藏模型需要显式考虑天然气水合物的形成演化过程，而孔隙水地球化学模型则更侧重于溶解组分之间的各种生物地球化学反应，并借用运移模型令组分得以在孔隙水中“运动”。

随着南海北部陆坡水合物勘探工作的深入，模型所需相关参数慢慢完善，孔隙水地球化学模型工作也逐步开展起来。曹运诚建立了利用孔隙水地球化学数据计算水合物稳定区顶界深度的模型(曹运诚和陈多福，2014；苏正等，2014)。该模型利用硫酸盐通量与水-甲烷两相平衡时的甲烷溶解度曲线，辅以碳酸氢根和镁钙离子在 SMI 附近的通量变化，以对流扩散理论推导了顶界深度方程。其优点是基于浅表层孔隙水地球化学数据做出估算，具有一定的实用价值。模型显然适用于南海北部陆坡区地质背景，从晓荣等(2017)将此模型应用到东沙海域三个站位之上，推测了水合物赋存的可能性。

Luo 等(2015)用非稳态反应运移模型研究西沙海域的麻坑演化。他采用了耦合的固相(微粒有机碳及代表有机物初始年龄的虚设变量)和液相(各主要溶解组分)控制方程，考虑有机质降解、甲烷厌氧氧化、产甲烷、自生碳酸盐沉淀等反应。非稳态设定主要体现在可变输入的有机碳通量或有机质反应活性，以此可解释硫酸盐等实测浓度曲线上的“拐点”。通过类比活跃冷泉，作者用该模型估算了麻坑流体停止活动的时限。书中对碳输入通量变化的地质时间控制可与东亚季风活动相互印证，使非稳态模型恰如其分地发挥了作用。

为了讨论深部甲烷通量对南海东北陆坡区浅表层孔隙水地球化学特征的影响，Ye 等(2015，2016)使用了一维非稳态反应运移模型，考虑了有机质降解、甲烷厌氧氧化、产甲烷和自生碳酸盐沉淀等反应，以各溶解组分作为主变量运行模型。由于其意在对比同一海脊不同位置站位浅表层孔隙水地球化学对深部甲烷通量的响应，其中一个位于海脊顶部的站位被设定为无平流通量的参考站位。在此基础上，维持其他模型参数不变，仅增加平流通量(甲烷溶解于其中)就可以拟合另一个位于海脊坡脚的站位实测孔隙水数据，说明改变深部甲烷通量确实能有效影响 SMI 深度变化。模型同时检验了研究站位 SMT 内的甲烷厌氧氧化反应速率，该数值介于布莱克海台和水合物海岭所报道的值之间，具有从被动大陆边缘到主动大陆边缘过渡的特征。

4.2.3　沉积物中自生矿物研究

在海洋天然气水合物赋存区域和/或冷泉发育区域，由于甲烷以较高的通量在沉积物中向上运移，因此这些区域的早期成岩作用主要受甲烷厌氧氧化的制约，向下扩散的硫酸盐被硫酸盐还原细菌(sulfate-reduling bacteria，SRB)还原，导致一些硫化物和硫酸盐矿物自生形成于沉积物中。本节主要讨论黄铁矿和石膏这两种代表性自生矿物的形成原理、形态及它们对甲烷和/或天然气水合物的指示意义。

自生黄铁矿(FeS_2)是普遍存在于海洋沉积物中的一种自生矿物，对海洋沉积物样品和实验室合成产物的研究结果表明，自生黄铁矿的形成主要经历了三个中间反应步骤(Berner，1969；Sweeney and Kaplan，1973；Goldhaber and Kaplan，1974；Goldhaber，2003；Rickard and Morse，2005；Yamaguchi et al.，2005；Jørgensen and Kasten，2006；Fu et al.，2008；Roberts，2015)。

(1)孔隙水硫酸盐还原并且产生硫化氢($m(HS) = m(H^2S) + m(HS^-) + m(S^{2-})$，这一过程通常发生于氧($O_2$)、硝酸盐($NO_3^-$)、含锰氧化物($MnO_2$)和含铁(氢)氧化物(FeOOH)作为电子受体参与有机质氧化之后。

(2)硫化氢还原沉积物中的含铁矿物并且进一步与其产物溶解态二价铁离子(Fe^{2+})结合形成马基诺矿(FeS)。

(3)马基诺矿转化为黄铁矿，该过程是自生黄铁矿形成的最重要阶段，然而对于该步骤的具体实现方式尚未完全清楚，可能的三种实现方式分别为复硫化物反应、硫化氢反应和铁丢失反应。在这一过程中，通常会出现亚稳态的含铁硫化物中间产物，包括胶黄铁矿(Fe_3S_4)和磁黄铁矿(Fe_7S_8)(Sweeney and Kaplan，1973；Wilkin and Barnes，1996)，它们的存在可以作为黄铁矿化不完全的标志(Roberts and Weaver，2005；Fu et al.，2008；Larrasoaña et al.，2007)。

在富含甲烷流体的沉积物中，自生黄铁矿通常以莓球或自形微晶集合体的形式产出，其中大多数莓球又是由粒径更次一级的自形微晶(粒径近似为莓球的1/10；Rickard，1970)组成，这些微晶通常为八面体和立方体形态。在中国南海北部陆坡各种不同形态的黄铁矿集合体中，实心杆状和空心管状集合体普遍产出于天然气水合物和/或冷泉沉积背景下，其可能代表甲烷和/或硫化氢在沉积物中扩散或汇集的通道(陆红锋等，2007；Lin et al.，2016b，2016c，2016d，2016e，2017)。尽管如此，仍然不能排除它们的形态是继承自底栖生物潜穴、虫管的可能性(Hein and Griggs，1972；Siesser and Rogers，1976；Huang et al.，2006)。除此之外，在中国南海和全球其他海域，黄铁矿集合体还经常以不规则状和充填/交代微体生物壳体的形态出现，它们的产出可能与沉积物颗粒间的孔隙和微型裂隙(Hein and Griggs，1972；Siesser and Rogers，1976；陆红锋等，2007；陈祈等，2008)及微体生物壳体(Hein and Griggs，1972；Sweeney and Kaplan，1973；Siesser and Rogers，1976；初凤友等，1994；Kohn et al.，1998；Stakes et al.，1999；Novosel et al.，2005；Huang et al.，2006；Pu et al.，2007)的形态约束有关。

海洋自生黄铁矿形成过程中的稳定硫同位素分馏可以划分为两个过程，即硫酸盐还原和还原产物硫化氢与铁离子的结合。对于后者，在低温(22～24℃)和不同pH(4.0～9.3)的实验条件下，硫化氢与二价铁离子(Fe^{2+})结合形成马基诺矿和马基诺矿转化为黄铁矿的过程中几乎不发生明显的硫同位素分馏(Price and Shieh，1979；Wilkin and Barnes，1996；Böttcher et al.，1998)，即黄铁矿继承作为其硫源的硫化氢的硫同位素组成。因此，硫酸盐还原过程中的硫同位素分馏成为黄铁矿形成过程中硫同位素组成的主要影响因素(图 4-8)。在硫酸盐还原过程中，含有轻硫同位素(^{32}S)的硫酸盐被优先还原为硫化氢，导致重硫同位素(^{34}S)在剩余硫酸盐中逐渐富集(Goldhaber and Kaplan，1974；Goldhaber，2003)。基于这一原理，在硫酸盐还原带内，同一层位的产物硫化氢和剩余硫酸盐的硫同位素组成均会随着埋藏深度的增加而逐渐升高，并且在甲烷厌氧氧化反应发生的SMT内均达到最高值(Aharon and Fu，2000；Jørgensen et al.，2004；Borowski，2006；Raven et al.，

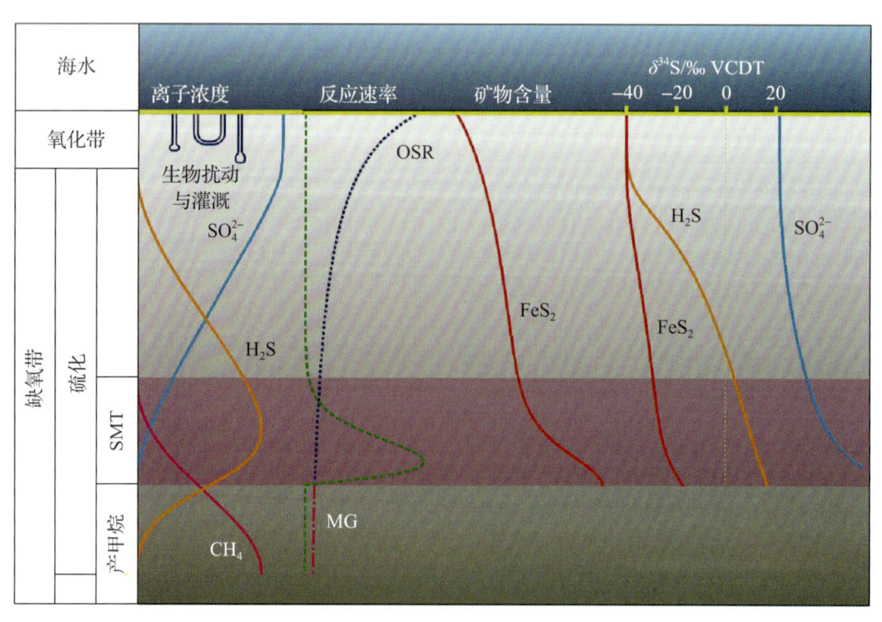

图 4-8　稳定状态下自生黄铁矿形成过程模式图

图中从左到右依次包括早期成岩地球化学分带、孔隙水硫酸盐(SO_4^{2-})、甲烷(CH_4)和硫化氢浓度、有机碎屑参与的硫酸盐还原(OSR)、甲烷厌氧氧化(AOM)和甲烷产生速率、黄铁矿(FeS_2)含量及硫酸盐、硫化氢和黄铁矿硫同位素组成

2016)。因此，与硫酸盐还原反应相关的黄铁矿通常在硫酸盐还原带顶部最先形成并且具有最轻的硫同位素组成，随着埋藏深度的增加，重硫同位素在黄铁矿中逐渐被累积，直至在SMT内产出的与甲烷厌氧氧化相关的黄铁矿具有最重的硫同位素组成(Jørgensen et al.，2004；Borowski et al.，2013；Lin et al.，2016c)。

在中国南海北部陆坡，自生黄铁矿的硫同位素组成分布范围为–51.3‰～41.0‰，其中沉积物中铬还原硫所代表的全岩黄铁矿的硫同位素组成分布范围为–47.6‰～41.0‰，表明其与粉砂级以上(粒径高于63μm)的黄铁矿颗粒之间不存在明显的硫同位素组成差异(Pu et al.，2007；谢蕾等，2012；Lin et al.，2016a，2016c，2016d，2016e)。此外，如果采用二次离子质谱(SIMS)对黄铁矿颗粒进行原位硫同位素分析，得到的结果为–41.6‰～114.8‰，这不仅几乎覆盖了全岩黄铁矿的分布范围，而且呈现出异常富集^{34}S的特征(Lin et al.，2016e)。由于以有机质作为电子供体的硫酸盐还原过程普遍存在于各种海洋沉积条件下，因此即便处于天然气水合物和/或冷泉沉积区域，沉积物中仍然存在部分成因与硫酸盐还原相关的自生黄铁矿，导致其硫同位素组成低至–50‰。与之相反，在SMT内，与甲烷厌氧氧化反应相关的自生黄铁矿均呈现出硫同位素组成的明显正偏趋势。由此，富集^{34}S的黄铁矿可以作为沉积物中富含甲烷的有效示踪标志，这一认识已经逐渐成为对南海现今和过去SMT进行识别的可靠指标(Lin et al.，2016b，2016c，2016d，2016e)。

石膏($CaSO_4 \cdot 2H_2O$)作为一种指相矿物，通常作为蒸发作用的标志性矿物出现(Reading，1996)。然而，一些调查和研究发现，在正常水深、盐度的海洋沉积环境中，也陆续出现自生石膏的踪迹，这些石膏均形成于沉积物孔隙水中钙离子和硫酸根离子的离子积超过石膏溶度积(6.1×10^{-5})而产生的自发沉淀作用(Bannister and Hey，1936；Criddle，1974；Cronan et al.，1974；Siesser and Rogers，1976；Briskin and Schreiber，1978；Xavier and Klemm，1979；黄惠玉和王慧中，1994；颜文等，2000；苏广庆等，2002；陈丽蓉，2008)。直到21世纪初，一些学者发现，在天然气水合物和/或冷泉沉积环境下也有自生石膏的产出，起初这一发现来自东太平洋水合物海岭(Wang et al.，2004)，随后在中国南海和其他海域也相继有所发现，其产出被认为在某种程度上与甲烷-天然气水合物系统有关(陈忠等，2007；Larrasoaña et al.，2007；Pierre et al.，2012，2014；Kocherla，2013；Novikova et al.，2015；Lin et al.，2016a，2016d；Pierre，2017)。

在中国南海，自生石膏分别产出于北部陆坡和南沙海槽，其形态主要包括片状、透镜状单晶和片状晶簇、玫瑰花状多晶集合体(陈忠等，2007；Lin et al.，2016a，2016d)。对这些石膏所开展的硫同位素地球化学分析表明，产自于北部陆坡的分布范围为–24.5‰～16.6‰，不同于产自于南沙海槽的28.6‰～32.5‰。对比同一层位自生黄铁矿的硫同位素组成，这两个区域的自生石膏可能具有不同的成因：①北部陆坡自生石膏的硫来源于硫化物的氧化；②南沙海槽自生石膏的硫来源于硫酸盐还原过程中富集^{34}S的剩余硫酸盐；③两者的钙均来自于孔隙水酸化所导致的钙质生物壳体的溶解，但是酸化的原因却不相同，前者为硫化物氧化所释放的氢离子，后者则来源于甲烷厌氧氧化反应产生的硫化氢与二价铁离子(Fe^{2+})相结合的反应过程。这两种截然不同的成因分别代表沉积物中完全不同的甲烷流体含量，这或许表明自生石膏在这两个区域的成因互不相同。因此，对于南海自生石膏与甲烷-天然气水合物系统之间的关系，还有待进一步和更多的研究。

第5章　天然气水合物微生物勘查技术及示踪标志

5.1　天然气水合物微生物勘查技术

海洋深部生物圈(deep-sea biosphere)早在国际大洋钻探阶段的“长期科学计划”中提出了一个新的水合物识别方法——微生物方法，这方面的研究仍然是目前执行的整合国际大洋钻探计划(IODP，2003～2013年)的一个重点。从2009年在德国召开的IODP大会“INVEST”会议白皮书可知，海洋深部生物圈的研究仍将是未来新国际大洋钻探计划中的一个重要研究领域(Ravelo et al.，2010)。其中有一个重要的方面涉及水合物与微生物研究，即微生物在天然气水合物形成和分布及其分解和成矿(如自生碳酸盐岩等)乃至气候变化等方面的作用。

海洋沉积物中微生物在地球科学中的应用属于国内外近几年来发展迅速的一个新兴交叉学科领域，涉及生物地质学、地质微生物学及极端生物、微生物与矿物相互作用等前沿方向。本章介绍天然气水合物沉积环境中地质微生物勘查技术的基础和原理，国际大洋钻探对地质微生物与甲烷和水合物关系的启示，以及我们在南海的部分应用尝试实例。

5.2　微生物勘查技术原理

5.2.1　微生物的主要类别

天然气水合物形成于低温、高压和有充足的气体和流体来源的环境中。海洋天然气水合物主要分布在水深大于300m的海底陆坡沉积物中，即分布在海底低温高压环境中，包括了从海底表面至海底底表下数百米的沉积物中。

微生物学研究中有多种分类方法。现代微生物研究通用的是建立在生物系统发育和分子水平基础上的、由美国Woese提出的三域学说(Three Domains Theory)。Woese等(1990)对大量微生物和其他生物的16S和18S rRNA基因进行研究，比较其同源性，在他们所提出的全生命系统树中，将地球上的生物分为3个域，即细菌域(或真细菌)(Domain Bacteria)、古生菌域(或古细菌)(Domain Archaea)和真核生物域(Domain Eukarya)。其中前两个域的生物属原核生物，细胞内不含具备核仁和核膜的细胞核，也不具备复杂内膜的细胞器。真核生物中有单细胞为主的真核微生物，包括真核单细胞藻类、原生动物以及真菌和黏菌等。

在地球环境中人们发现不同的“极端环境”，这些环境中存在某些特有的物理和化学条件，包括高温、低温、强酸、强碱、高盐、高压、高辐射等(董海良等，2009)。在这些环境下只有少数生物类别适应了其特殊生态环境而能生长和繁殖，这些生物被称为嗜极微生物(extremophile)。按其所适应的极端环境，又分为嗜酸、嗜碱、嗜盐、嗜压、嗜冷和嗜热等嗜极微生物类别。这些生物按对氧气的需求又可分为好氧生物和厌氧生物。海洋环境具有多样性，尤其具有丰富的极端环境，如从海底冷泉到热泉、酸性冷泉到碱性冷泉，有高盐环境，更有广布的深海高压环境和有氧或无氧环境。所以海洋微生物中有不同的嗜极微生物类别。

在海洋天然气水合物分布的海底低温高压环境中生活的底栖微生物包含细菌、古生菌和真核生物域 3 个域的微生物。目前国内外主要对细菌域(或真细菌)和古生菌域(或古细菌)的原核生物开展了与甲烷或水合物有关的研究。这两大类原核生物都有许多嗜极类别，天然气水合物成藏环境中虽然是低温高压环境，但目前发现的嗜极微生物有多样性，有嗜盐、嗜压、嗜冷和嗜热等细菌和古生菌类别(Parkes et al.，1994；D'hondt et al.，2004；Schippers et al.，2005；李涛等，2008)。此外，也有利用属真核原生动物的底栖有孔虫(肉足虫类)等类别展开对冷泉区甲烷渗漏的研究(Torres et al.，2003；陈芳等，2007)。

5.2.2　地质微生物与天然气水合物形成和分解的主要关系

海底天然气水合物分布在海域沉积物中的生物类别，包括分解沉积物中有机质而提供生物成因气的微生物，将天然气水合物中甲烷氧化的微生物及依靠这些微生物而生存的化能异养大生物，如蠕虫、双壳类等。所有这些生物形成了一种主要以甲烷为源的低温高压极端生物生态体系。

地质微生物与天然气水合物的主要关系表现在两个方面：提供生物成因来源气体，对水合物或甲烷进行分解。这两个相反的方面涉及具有不同营养方式的微生物类别，以及它们的生命活动与微生态(包括地质的、物理化学的和生物的相互作用)等一系列复杂过程。国内外已有不少文献给予综述和介绍(Parkes et al.，2000；Kotelnikova，2002；Battistuzzi et al.，2004；Boetius and Suess 2004；吴能友等，2006；张敏和东秀珠，2006；王家生等，2007；刘涛等，2009)。

如果仅从与甲烷的关系来说，产甲烷古生菌类(Methanogens)属于古生菌域中的广古生菌界的第二亚群。它们是严格厌氧的类别(Whiticar，1999；Whitman et al.，2001)。在海洋沉积物中的产甲烷菌能以沉积物中的 CO_2 为碳源并利用 H_2 作为 CO_2 的还原剂合成有机物($CO_2+4H_2 \longrightarrow CH_4+2H_2O$)，也可通过醋酸发酵($CH_3COOH \longrightarrow CH_4+CO_2$)。而海洋沉积物中 CO_2 的主要来源是微生物对沉积物中有机质的分解。

海洋沉积物中甲烷分解涉及更复杂的生物类别和过程，如甲烷厌氧氧化反应。目前的认识是，至少有两类化能异养微生物类群的参与(Bohrmann et al.，1998；Boetius et al.，2000；Orphan et al.，2001；Cambon-Bonavita et al.，2009；Suess，2010)：一类微生物是硫酸盐还原细菌类(sulfate-reducing bacteria, SRB)；另一类是甲烷厌氧氧化古生菌类(anaerobic-methanotrophc archaea，ANIME)，这是一类十分独特的以甲烷等碳化合物为唯一碳源和能源的类别。甲烷厌氧氧化作用的大致反应过程为

$$2CH_4+2H_2O \longrightarrow CH_3COOH+4H_2 \text{(AOM 氧化作用)} \quad (5\text{-}1)$$

$$SO_4^{2-}+4H_2+H^+ \longrightarrow HS^-+4H_2O \text{(SRB 还原作用)} \quad (5\text{-}2)$$

$$CH_3COOH + SO_4^{2-} \longrightarrow 2HCO_3^- + HS^- + H^+ \text{（SRB 还原作用）} \tag{5-3}$$

$$CH_4 + SO_4^{2-} \longrightarrow HCO_3^- + HS^- + H_2O \text{（总反应式）} \tag{5-4}$$

Suess（2010）对全球天然气水合物有关的海底冷泉环境做了进一步的总结，本章引用图 5-1 来说明有冷泉（或天然气水合物渗漏）环境下，微生物与甲烷、水合物、流体和大生物的大致关系，以及上述几个反应在冷泉地质体系中发生的大概范围。

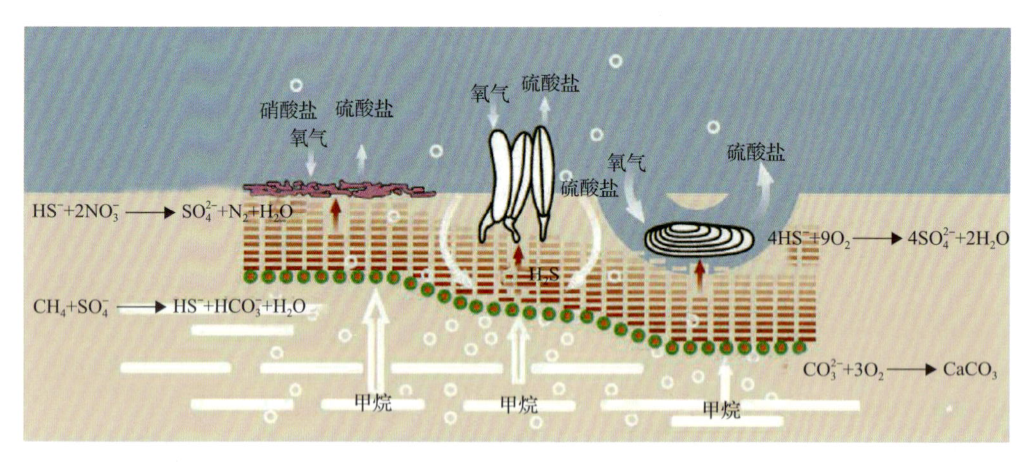

图 5-1 海底冷泉生态体系（据 Suess，2010）

由于有大量的甲烷被氧化，在海底形成大量碳酸氢根，碳酸氢根和海水或流体中丰富的钙离子结合，沉淀为自生碳酸盐岩（主要矿物为文石和方解石，呈块状、烟囱状等产出）（Bohrmann et al.，1998；Cavagna et al.，1999；Greinert et al.，2001；陈多福等，2002；Luff and Wallmann，2003）。

在含水合物或冷泉出露的区域，还有一个十分重要的微生物和地球化学相互作用的界面，即硫酸根离子和甲烷转换界面（Chenet al.，2005；陆红锋等，2006；陈祈等，2007）。在沉积物顶部的流体富含硫酸盐，其含量随着沉积物埋深降低；而下伏沉积物中甲烷含量向下增加，图 5-1 中绿色（中间红色）点指示的就是这个界面。在该界面上硫酸盐还原形成的硫化氢和剩余的硫酸根离子与孔隙流体中其他元素结合，形成一系列硫化物类和硫酸盐类自生矿物（如黄铁矿，通常呈多种集合体状）。

目前对具体参与甲烷厌氧氧化反应的不同生物及其相互作用或耦合作用的机制与过程还缺乏了解。不过，研究已经揭示了它们的几个类别，如甲烷厌氧氧化古生菌主要为 ANME-2 族类别与硫酸盐还原细菌（主要是脱硫八叠球菌属 *Desulfosarcina* 和脱硫球菌属 *Desulfococcus*）的共栖互养体（Syntrophism），以及少量的 ANME-1 族的厌氧甲烷氧化古生菌（Orphan et al.，2001，2002；Knittel et al.，2005；Nauhaus et al.，2005）。人们还在显微镜下“逮着”了两类生物的生命活动过程中共栖体的“集体照”（图 5-2），照片显示绿色硫酸盐还原球菌集合成层，围绕 ANME-2 古细菌核共生，形成球状集合体（Orphan et al.，2001）。

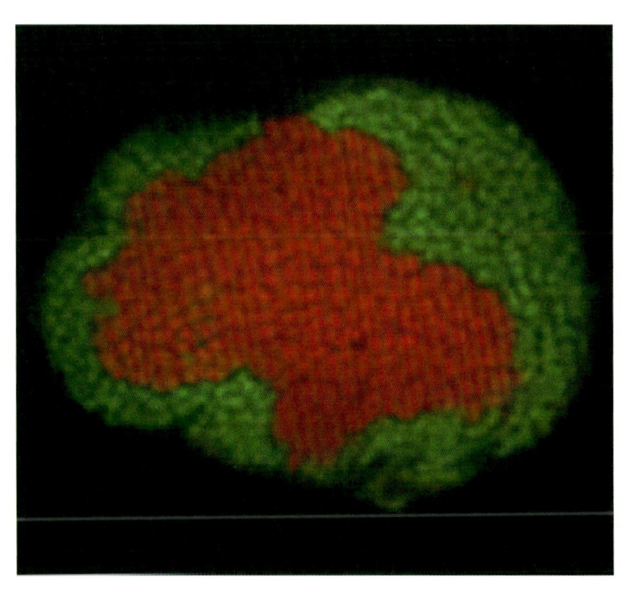

图 5-2　Eel 河盆地冷泉沉积物中获得原核微生物(据 Orphan et al，2001)

其中绿色为硫酸盐还原球菌集合成层，围绕 ANME-2 古细菌核共生，形成球状集合体；白色长度为 5μm

对天然气水合物成藏的研究，不仅要研究它们在沉积物中的形成与保存及沉积体中的甲烷通量，还要了解甲烷的成因。实际上水合物在沉积物中的存在还受到流体的物理和化学属性，以及含水合物岩性(包括不同沉积组分和颗粒大小)的影响。另外，这些因素也构成和影响了生活在含水合物沉积物中微生物的微生态环境。未来通过对原核微生物地球化学标志的提取和研究，将能获得对这些微生物的生活环境及其与甲烷和水合物，以及流体等的关系的更深入和更细致认识(表 5-1)。

表 5-1　水合物海岭冷泉沉积物中识别出的几个重要甲烷厌氧氧化古生菌类别(Knittel et al.，2005)

发现的主要类群	微生物类别
Desulfosarcina-Desulfococcus	SRB of Deltaproteobacteria(硫酸盐还原细菌)
Archaea	古生菌
ANME-1	广古生菌类
ANME-2	广古生菌类
ANME-2a	广古生菌类
ANME-2b	广古生菌类
ANME-2c	广古生菌类
Marine Benthic Group-B	泉古生菌类

5.2.3 微生物油气勘查技术

海洋天然气水合物的成藏往往和下伏或周边油气田有密切的关系，而在油气勘探方面，微生物勘查技术却是一个相对“古老的”成熟技术。

把微生物技术应用到油气勘查实践的历史可以追寻到 20 世纪 30～40 年代欧美微生物

学家的创意。通过对油气田表层土壤中氧化烃类气体细菌(hydrocarbon-oxidizing bacteria，HCO)的探测来识别油气渗漏区(Mogilewskii，1938)。

油气微生物勘探技术的原理是在油气藏压力的驱动下，油气藏的轻烃气体持续地向地表作垂直扩散和运移；土壤中的专性微生物以轻烃气体作为其唯一能量来源，在油藏正上方的地表土壤中非常发育并形成微生物异常(图 5-3)。采用微生物油气勘探技术可以检测出这种微生物异常进而预测下伏油气藏的存在(梅博文等，2002)。

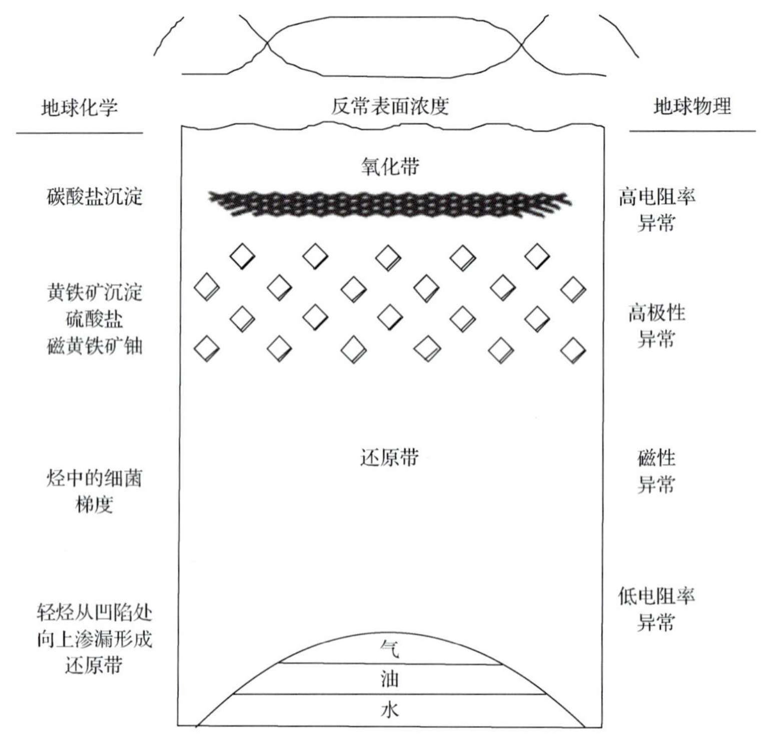

图 5-3　轻烃微渗漏模式(据 Schumacher，1996)

经过 60 多年的发展，该技术不断成熟，在油气田勘探中得到广泛应用。现今使用的油气微生物勘探技术发展为两类：一类称为微生物石油调查技术(microbial oil survey technique，MOST)，由美国 Hitzman 研发，后由 Beghtel 等(1987)提出改进，并由美国地质微生物技术公司运行(Schumacher，1996)；另一类为微生物油气勘探技术(microbial prospection for oil and gas，MPOG)，由德国 Wagner 在 20 世纪 50 年代末至 60 年代初研发和倡导应用(Wagner et al.，2002)。二者设计原理有所不同，MOST 早期的设计和应用是利用丁烷氧化菌的高抗丁醇的特性来探测烃微渗漏现象；而 MPOG 设计则利用油气田土壤(包括海洋浅表沉积物)中 HCO 进行探测，考虑了油气勘查的差异，确定出区分指示天然气渗漏和石油渗漏的不同标志。

不论是哪种方法，其基本理论都是“轻烃垂直运移理论”，即油气藏深部的轻烃通过微渗漏垂直运移到地表，可通过微生物勘探法圈定微渗漏区。Schumacher (1996)给出了轻烃微渗漏模式(图 5-3)。在该模式中，下伏油气藏中心上方浅表形成对应的轻烃微渗漏中心区和围绕中心的晕环带区；轻烃气体在中心区浅表土壤或沉积物中含量高，侧向迅速降低。相应地，中心区浅表土壤或沉积物中微生物丰度高，显示强指标异常；在微渗漏晕环带区微生物指标降低；在没有微渗漏地区则探测不到微生物指标异常。

基于验证 MPOG 的目的，德国 1996 年在北海已知油气远景区使用了 MPOG，同时也在非远景区块(P11/P15 区块)用该技术进行了海底沉积物的勘探。其结果是，在已知油气区的油井上方出现很强的微生物指标异常，在干井上方则无异常；在 P11/P15 区块也发现了强微生物指标异常(Wagner et al.，2002)；据此结果，于 1996 年秋天和 1997 年在显示强微生物指标异常范围部井开发(1996，P11-3；1997，P11-4)并获得成功(图 5-4，表 5-2)(Wagner et al.，2002)。

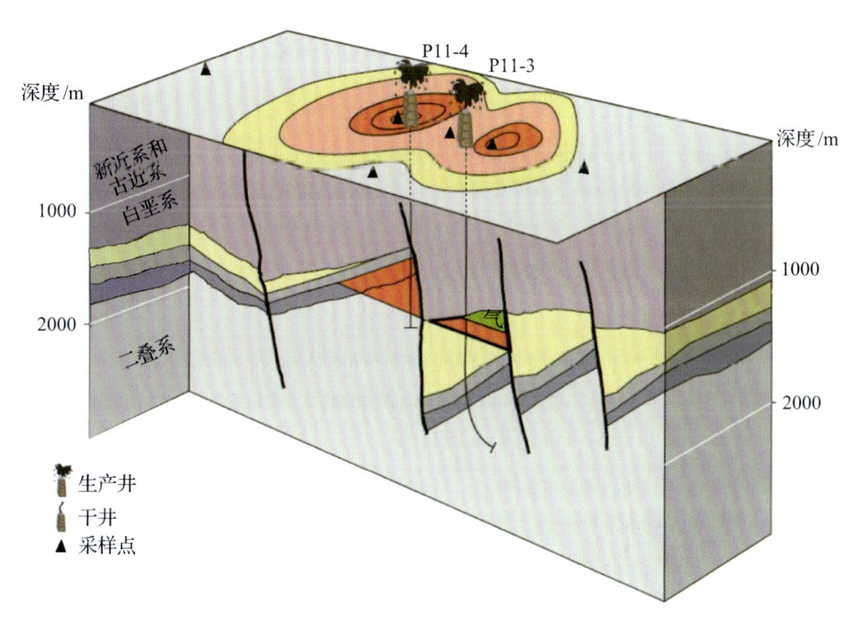

图 5-4　对北海油气非远景区块(P11/P15 区块)用 MPOG 识别的油气渗漏异常区和后来在该异常点布井钻探情况(据 Wagner et al.，2002)

海底表面的中部红色表示微生物石油标志强异常

表 5-2　北海沉积物"油气微生物"标志及范围前景的特征结果(Wagner et al.，2002)

位置	天然气标志/Mu*	石油标志/Mu
无碳氢化合物指示的地质构造	0～5	＜25
无游离气气顶的油藏	5	80～100
有游离气气顶的油藏	＞20	＞100
气田	＞35	60

*每克沉积物中的细胞数。

关于微生物油气探测技术的历史沿革、基本理论与应用机理、勘探方法流程(从野外到室内分析和综合评价)及应用实例，美国地质微生物科技公司的 Schumacher 和

Wagner（德国微生物勘查公司）在20世纪末和21世纪初多次给予综述和介绍（Schumacher，1996；Wagner et al.，2002），Schumacher还将此技术在21世纪的应用比喻为“老技术的新生”（new life for an old technology）。国内学者相继发表文章给予综述和介绍（林壬子等，1994；梅海等，2008；吴能友等，2008）。

我国早在20世纪50年代末就引入了这个方法，并在油田实践应用，后来由于缺乏理论和方法的支持而中断。21世纪初以来，随着我国油气勘查形势的要求及有关人才的培养和技术的发展，该技术在我国油田勘探中不断得到应用，并取得一系列的成果（梅博文等，2002）。目前国内有梅博文和梅海等学者利用油气微生物检测技术与传统的二维/三维地震勘探技术相结合，形成综合勘探模式（MOST+2D/3D 或者 2D/3D+MOST）并进行了天然气水合物的勘探。

5.2.4 天然气水合物复杂成藏系统对精细勘查技术的挑战

鉴于国内外大规模天然气水合物勘查仅有10来年的历史，国内外利用海洋地质微生物探测天然气水合物技术的系统研究还处于起步状态。利用地质微生物对天然气水合物的示踪技术与传统油气地质微生物技术相比，有相似的机理，即利用微生物与表层烃类渗漏的示踪。但也有不同的机理，即上面介绍的不同生物类别，有关技术要求则更精细，这是由天然气水合物的复杂成藏系统和不同分布类型决定的。

根据Tréhu（2006）对近年实施的国际大洋钻探天然气水合物航次结果的总结，把海洋天然气水合物的分布归纳为聚集型（focused high-flux gas hydrate，FHF）和分散型（distributed low-flux gas hydrate，DLF）。也有学者按天然气水合物和甲烷渗漏等情况，划分为渗漏型（冷泉发育）、扩散型（冷泉不发育）两大类（陈多福等，2005；苏正和陈多福，2006；吴能友等，2008）。就冷泉来说，不同构造背景发育不同类型的冷泉（图5-5）。

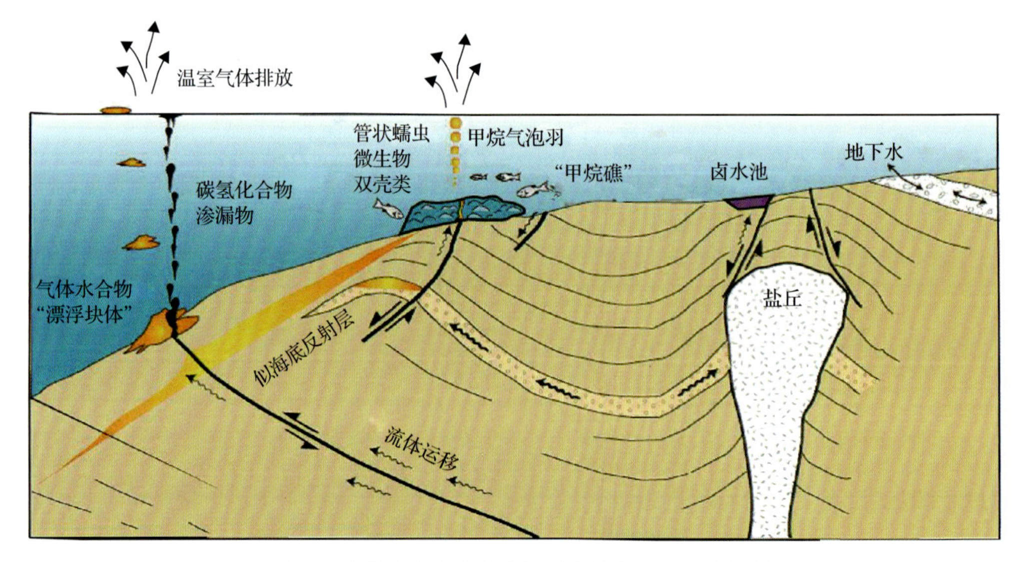

图5-5　被动大陆发育的海底冷泉（据Suess，2010）

不论哪种类型，在含天然气水合物区的沉积物上部都有一个复杂的硫酸根离子和甲烷转换界面，在这个界面上下涉及复杂的微生物类别和生物地球化学活动。关于天然气水合物成藏系统的复杂性，有不少文章都已经给予论述，本章不再赘述。这里举几个例子说明其复杂性，以及这种复杂性对天然气水合物探测技术(包括微生物技术)提出的需要和挑战。

首先，含天然气水合物地区构造和沉积的复杂性。例如，Suess(2010)评述了不同冷泉背景，把冷泉分为主动大陆边缘、被动大陆边缘和陆架等大构造环境下的冷泉系统。从图 5-5 可以看到冷泉复杂微渗漏背景和现象。据笔者参加几次海洋天然气水合物调查的经验，冷泉渗漏区“渗出或出露”露头面积往往不大，多数为数百米或几十米，这就要求勘查技术能具有较高分辨的空间采样和识别能力。

其次，众所周知，天然气水合物之所以作为未来具有很大潜力的替代能源，其中一个原因是其能量密度高，如每立方米的天然气水合物可释放 160～180m^3 天然气，因此寻找天然气水合物的关键问题是确定水合物矿体的分布、丰度等资源量参数。目前国内外的钻探实践证明，在天然气水合物稳定带内天然气水合物矿体分布具有不均匀性，其次在天然气水合物稳定带内有溶解甲烷和固态甲烷(水合物)的存在，如 ODP204 航次的 1244 站位(图 5-6)，甲烷在 BSR(约 130m 深度)以下以游离气存在，在 BSR 以上以溶解状(灰粗线左侧)和固相(天然气水合物)(灰粗线右上方)两种状态在不同深度

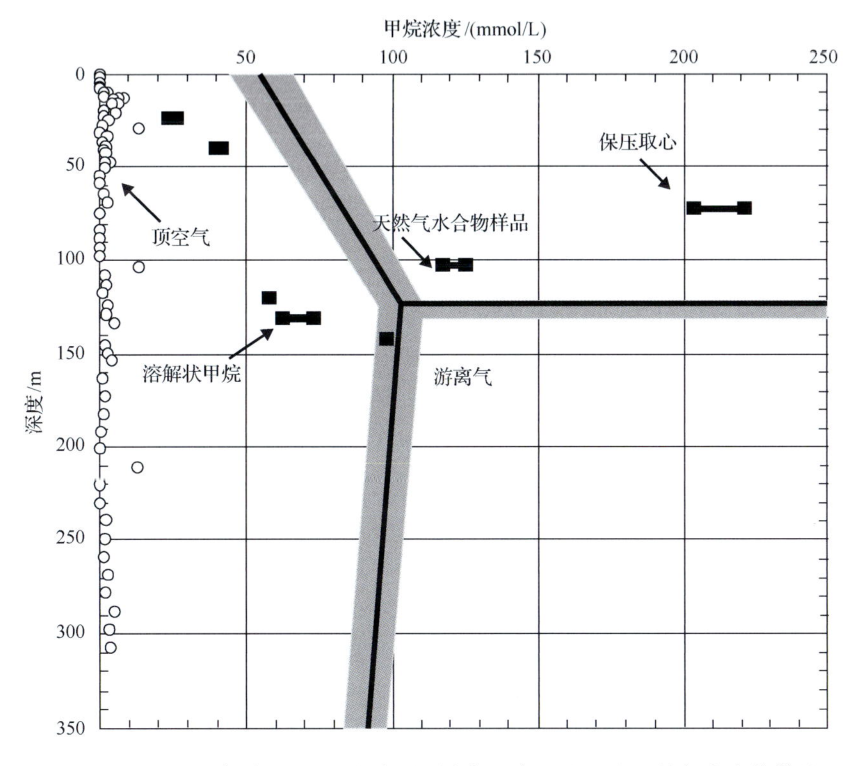

图 5-6　ODP204 航次 1244 站位中用顶空气、保压取心和天然气水合物样品确定的甲烷赋存状态(据 Tréhu et al.，2003)

赋存。在稳定带下界(或 BSR)还有游离气(甲烷或乙烷-丁烷等)。这就给水合物的探测技术提出了开发更精细手段的要求，以求准确地区分这些以不同相存在的“烃类”分布的复杂情况。

另外还有 1 个例子是我国南海神狐海域的钻探。该区域钻获的特殊的天然气水合物属于分散型，在 BSR 以上的沉积物中以十分细小的颗粒状分散存在，肉眼无法判断(吴能友等，2007；Zhang et al.，2007)。

目前已有的探测技术，如测井、红外扫描、顶空气甲烷和孔隙水测试等物探化探技术只能在沉积物中天然气水合物矿体达到一定体积或有较大富集程度时才能识别，而对薄层或不均匀小结核状分布的水合物矿体的识别程度低，影响了对钻区天然气水合物矿体分布及其资源量的估计。

概括起来，对于天然气水合物的不同成藏系统或不同的渗漏系统的勘探，需要辅以多种手段识别，这就要求有更多手段的辅助，微生物技术正好是一个来自生物方面的技术和佐证。而对沉积物中天然气水合物的不均匀分布(包括薄层分布或小结核状分布)情况，以及甲烷不同相态的识别等情况，除了提高现有技术的分辨率外，也到了增加微生物技术新手段的时代。当代生物学尤其是微生物学和分子生物学的迅速发展，为充分利用微生物与甲烷和流体之间的相应关系来开展更精细的探测提供了强大的技术支持。

国内外最近几年的微生物探测技术实践证明(见后面实例分析)，微生物对甲烷天然气水合物示踪技术的研发和应用为未来更精确的水合物勘查提供了一个新的、更灵敏的技术手段，有助于提高对天然气水合物矿体的识别精度。

5.2.5 海洋天然气水合物微生物勘查技术

研究天然气水合物的形成过程中微生物的作用，最直接的方法是选择培养与之相关的微生物。但是由于分离培养技术的限制，加上海洋沉积物中的微生物对营养、培养条件等要求比较苛刻，而且常规的培养方法分离培养环境中的微生物仅占 0.01%～10%，因此分离培养目前只能作为辅助手段来研究天然气水合物的形成。

下面以国际大洋钻探研究结果介绍天然气水合物区地质微生物分析方法及其记录在勘查应用中的意义。

1. 沉积物中微生物丰度变化及示踪意义

统计沉积物中的微生物数量可以直接显示微生物丰度的变化。常用的计数方法是荧光显微镜计数法，使用吖啶橙(acridine orange)或者 DAPI(4，6-diamidino-2-phenylindole)等荧光染料染色计数。AODC(acridine orange direct count)的基本原理是吖啶橙透过细胞膜进入细胞，镶嵌于 DNA 双螺旋的大沟，在一定波长的光激发下产生荧光，通过荧光显微镜统计细胞数量。该方法快速、简便且样品易于保存。另一种方法是荧光原位杂交法，其基本原理是用已知的标记单链核酸为探针，按照碱基互补的原则，与待检材料中未知的单链核酸进行特异性结合，形成可被检测的杂交双链核酸。由于 DNA 分子在染色体上是沿着染色体纵轴呈线性排列，因而可以将探针直接与染色体进行杂交从而将特定的基因在染色体上定位。与传统的放射性标记原位杂交相比，荧光原位杂交具有快速、检测信号强、杂交特性高和可以多重染色等特点，但难点是寻找特异性探针相对困难。

AODC 统计的太平洋表层沉积物中微生物(包括细菌和古菌)丰度为 10^8～10^9 个/cm^3 (Parkes et al.，1994)，有活性的微生物丰度约为 10^8 个/cm^3 (Schippers et al.，2005)。南海琼东南海域表层沉积物中的微生物丰度约为 10^7 个/g (Jiang et al.，2007)。使用 FISH 方法统计的南海南部陆坡表层沉积物微生物丰度约为 10^{10} 个/cm^3 (李涛等，2008)。由于不同海域影响微生物丰度参数的差异，微生物细胞丰度变化较大，有研究表明海洋沉积物中微生物丰度可能与沉积物中有机碳含量有关(Parkes et al.，2000)。

在含有天然气水合物的沉积物中，丰富的碳源为微生物提供了充足的营养。微生物丰度与甲烷浓度的变化关系密切。据 Wellsbury 等(2000)统计的 ODP164 航次含有天然气水合物的 994、995 和 997 站位中微生物细胞丰度随甲烷生成速率及其浓度变化的关系(图 5-7)可知，表层甲烷浓度高的地方，微生物丰度大，随着深度的增加，甲烷浓度基本保持不变，微生物丰度也比较平衡。

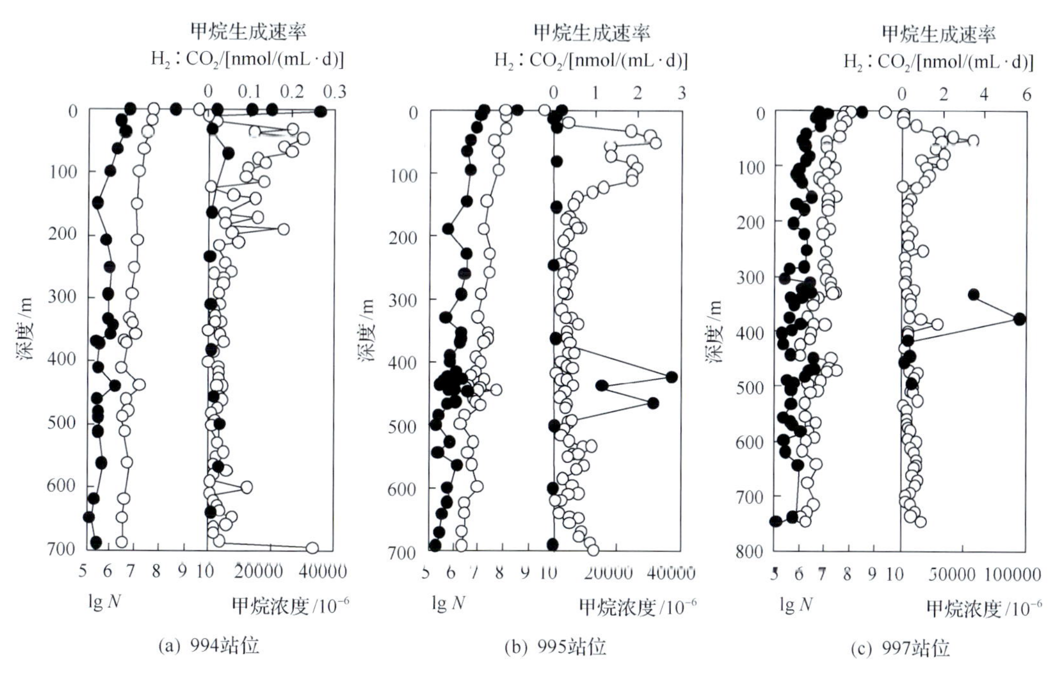

图 5-7 ODP164 航次 994 站位、995 站位和 997 站位微生物细胞丰度与甲烷生成速率及其浓度对比图(据 Wellsbury et al.，2000)

N 为细胞丰度，个/mL，其中空心圆表示总细胞数或甲烷浓度，实心圆表示分裂细胞数或甲烷生成速率

太平洋东海岸秘鲁大陆边缘和卡斯凯迪亚大陆边缘含有天然气水合物的 1227、1230、1244、1245 和 1251 站位的微生物丰度随深度变化如图 5-8 所示。这些站位中微生物以细菌为主，在表层古菌的含量可以达到 30%，Inagaki 等(2006)推测这可能是天然

气水合物稳定带下伏的甲烷或碳氢化合物流体上升，为表层的古菌提供了充足的氧化剂和营养物质，使得古菌的丰度增加。

根据以上实例可以看出不同海域含有天然气水合物的沉积物中的微生物丰度与水合物气源之间存在一定的相关性。

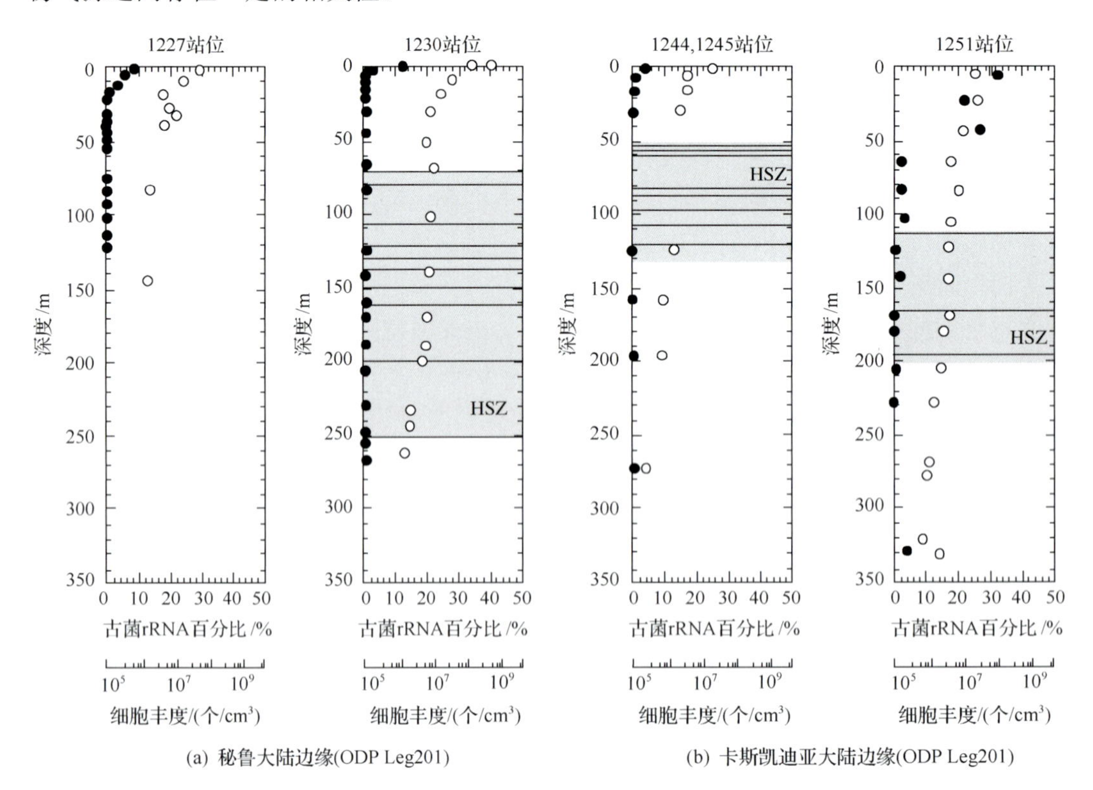

图 5-8 太平洋东海岸秘鲁大陆边缘和卡斯凯迪亚大陆边缘微生物的丰度和古菌所占的比例（据 Inagaki et al.，2006）

2. 微生物群落组成及特殊群落的方法及意义

原核生物的 16S rRNA 的分子量较大，携带信息量多，在生物进化中分子序列变化缓慢，又有一些足以反映物种特异性的特异基因序列，因此经常被用来作为原核生物系统发育及多样性研究的标志性基因(Woese et al.，1990)。通过提取沉积物中微生物总 DNA，扩增 16S rRNA 基因序列，构建克隆文库，可以分析沉积物中微生物多样性，寻找与天然气水合物相关的微生物类群。

含有天然气水合物的太平洋东海岸秘鲁大陆边缘 1230 站位和卡斯凯迪亚大陆边缘 1244、1245 和 1251 站位沉积物岩心中，古菌以 DSAG(deep-Sea archaeal group)为主要类群[图 5-9(a)]，细菌以 JS1 为主要类群[图 5-9(b)]，且两种类群所占比例在一定范围内有随深度而增加的趋势。而在其他不含水合物的沉积物岩心中，微生物的优势类群没有明显的规律可循(Inagaki et al.，2006)。

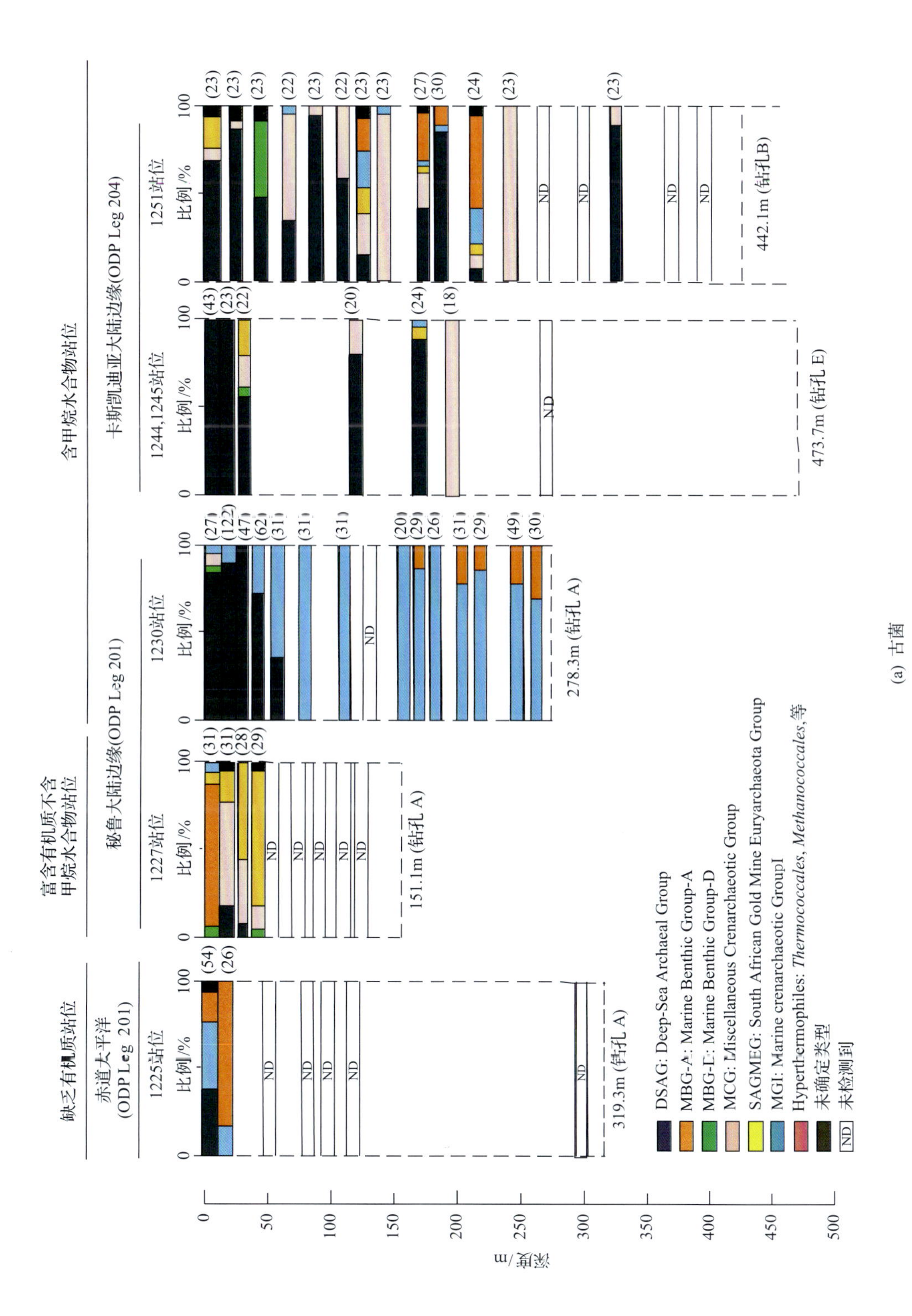
缺乏有机质站位
富含有机质不含甲烷水合物站位
含甲烷水合物站位
赤道太平洋(ODP Leg 201)
秘鲁大陆边缘(ODP Leg 201)
卡斯凯迪亚大陆边缘(ODP Leg 204)
1225站位
1227站位
1230站位
1244,1245站位
1251站位
比例/%
深度/m
319.3m (钻孔 A)
151.1m (钻孔 A)
278.3m (钻孔 A)
473.7m (钻孔 E)
442.1m (钻孔B)
ND
DSAG: Deep-Sea Archaeal Group
MBG-A: Marine Benthic Group-A
MBG-D: Marine Benthic Group-D
MCG: Miscellaneous Crenarchaeotic Group
SAGMEG: South African Gold Mine Euryarchaeota Group
MGI: Marine crenarchaeotic GroupI
Hyperthermophiles: Thermococcales, Methanococcales,等
未确定类型
未检测到

(a) 古菌

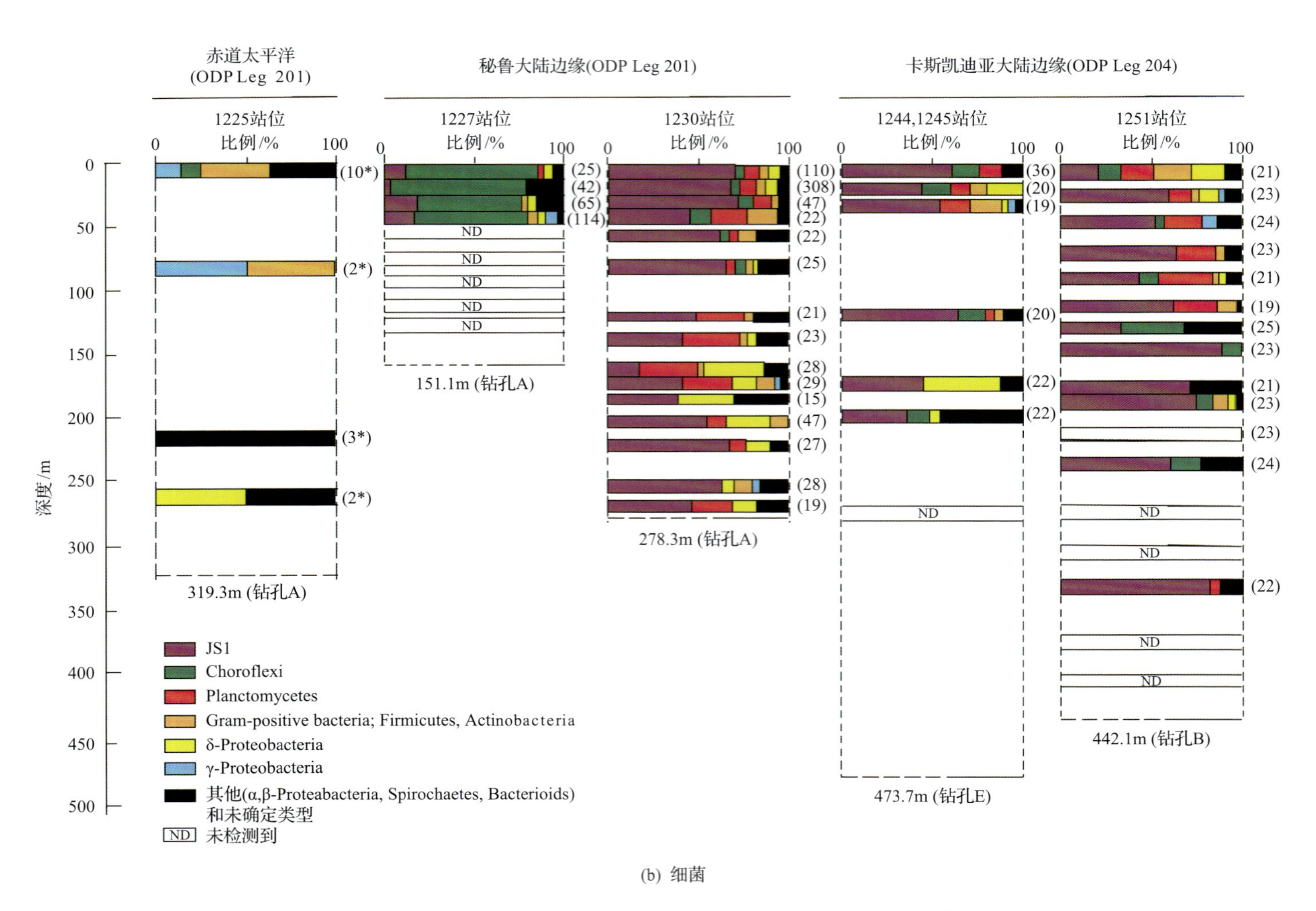

(b) 细菌

图5-9 ODP201和204航次岩心沉积物中微生物基于16S rRNA基因的古菌和细菌系统发育群落结构(据Inagaki et al., 2006)

*数据是1225站位细菌多样性，应用方法是DGGE

5.3　南海地质微生物勘查技术应用实例

5.3.1　南海东沙冷泉区

利用南海东沙海域天然气水合物调查区的冷泉沉积物也展开了研究(Zhang et al., 2012)，获得了 DSH-1 站位柱状样中微生物细胞丰度与甲烷浓度变化关系(图 5-10)。

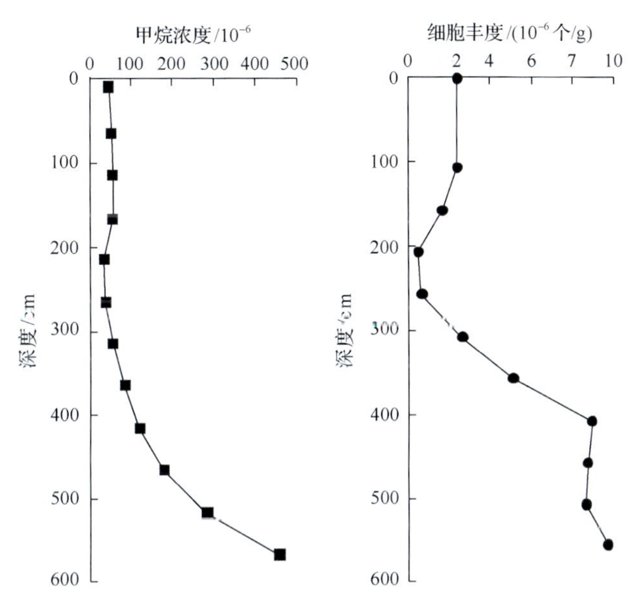

图 5-10　南海 DSH-1 站位甲烷浓度变化与微生物丰度变化的比较(据 Zhang et al., 2012)

特别是南海天然气水合物调查区微生物丰度变化与甲烷浓度变化相似，甲烷浓度高，微生物丰度大，反之甲烷浓度低，微生物丰度小。在本章前面有关微生物多样性和群落结构的介绍中，可看到在甲烷浓度高层段中的优势或主要类群。

对 DSH-1 站位柱状样中的微生物多样性进行的分析结果，发现细菌优势类群以 JS1 为主，随深度的增加在文库中所占的比例增加到 70%(图 5-11)，古菌以 MBG-B(Marine

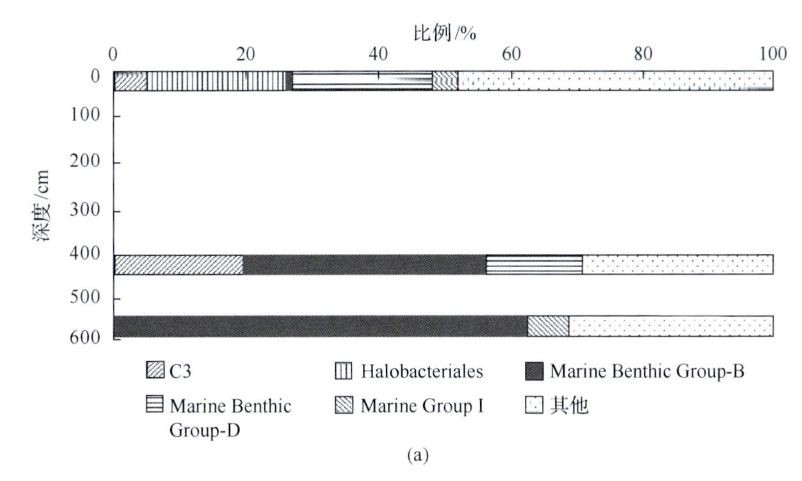

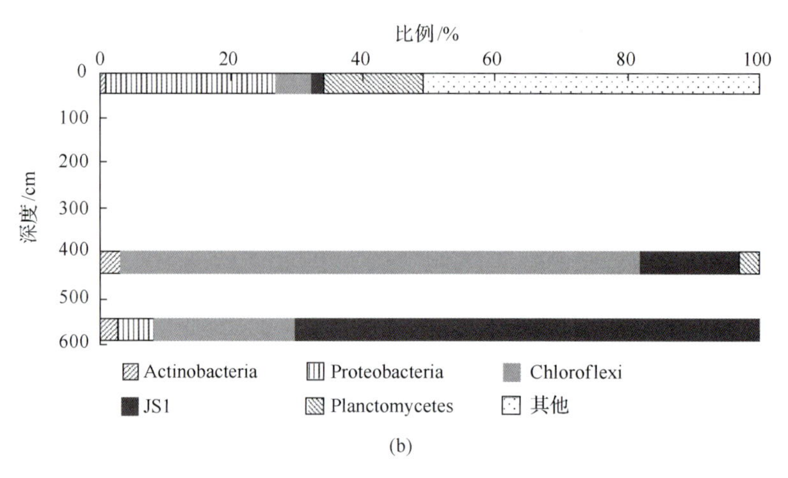

(b)

图 5-11　南海东沙海域冷泉沉积物中古菌(a)和细菌(b)16S rRNA 克隆文库中各类群的相对比例(据 Zhang et al.，2012)

Benthic Group-B，也叫作 DSAG)为主要类群，随深度增加所占的比例达到 63%[图 5-11(b)]。MBG-B 古菌类群占优势的现象，多见于大洋钻探天然气水合物钻探岩心(图 5-11)中含天然气水合物的井位，尤其出现在含天然气水合物的层段中。这两类群在 DSH-1 站位下部以优势类群出现，表明 DSH-1 站位岩心下部很有可能含天然气水合物，同时支持了 2005 年太阳号 GC10 岩心可能含天然气水合物的发现。

5.3.2　南海神狐钻区

对 2007 年夏我国南海天然气水合物 GMGS1 的 5 个钻孔中，有 3 个钻孔(SH2、SH3 和 SH7)获得天然气水合物样品，而 SH1 和 SH5 孔未获得微生物实物样品(图 5-12)(Jiao et al.，2015)。其中发现天然气水合物的钻孔集中分布于神狐钻区的西岭，而东岭的 SH1 孔和东岭坡下的 SH5 孔均未获得天然气水合物实物样品。其中 SH5 站位有 SH5B 孔和 SH5C 孔取得沉积物，其中 SH5B 只有一次进尺的沉积岩心(表 5-3)。

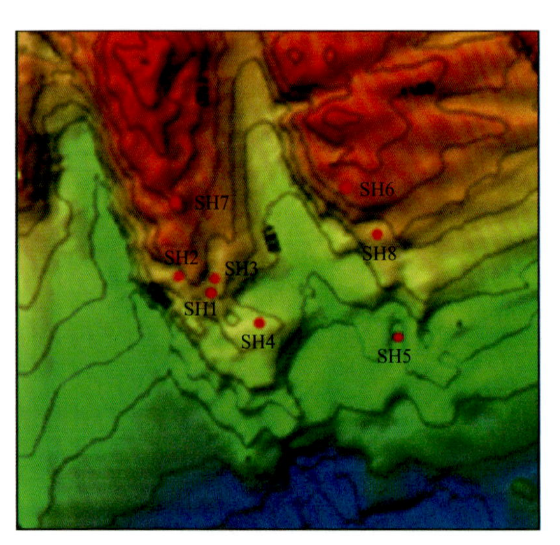

图 5-12　GMGS1 钻孔站位分布图

本章对神狐样品的研究集中在对 SH1 孔和 SH2 孔的微生物方面，获得了微生物对神狐天然气水合物 SH2 孔中甲烷存在的不同相态具有明显的响应和指示。

GMGS1 的钻孔中有 5 个钻孔(SH1、SH3、SH5B、SH5C 和 SH7)获得浅表层样品(1.5m 左右深度)，而 SH2 孔最浅样品深度为 20m。为了了解浅表沉积物中微生物的组成特征及对甲烷释放和下部是否含天然气水合物的指示意义，本章对这 5 个钻孔浅表沉积的微生物(细菌和古菌)多样性及地球化学参数(氯离子浓度、硫酸盐含量，以及有机碳含量)的关系展开了进一步研究。

表 5-3　神狐钻区几个钻孔表层沉积物中的微生物丰度(Jiao et al., 2015)

参数	神狐钻区西岭(钻获天然气水合物)			神狐钻区东岭(未见天然气水合物)		
	SH2-1h3b	SH3-1h3b	SH7-1h3b	SH1-1h3b	SH5B-1h3b	SH5C-1h3b
深度/m	22.15	2.15	2.15	2.15	2.15	2.15
细胞数/[10^6 个/g(湿重)]	0.963	1.468	1.227	6.992	未统计	2.825

该区钻孔浅表沉积物(2.15m 左右)微生物细胞丰度为 1.2×10^6～6.9×10^6 个/g。从这几个钻孔来说，不含天然气水合物的钻孔浅表沉积物中微生物丰度比含天然气水合物的钻孔浅表沉积物中微生物丰度显著要高。

所有浅表层细菌共有 11 个门类。含有天然气水合物的 SH2B、SH3B 和 SH7B 岩心浅表层沉积物细菌发现有绿弯菌(Chloroflexi)、脱铁杆菌(Deferribacteres)、JS1、OP8、浮霉菌(Planctomycetes)和变形杆菌(Proteobacteria)、螺旋菌(Spirochaetes)等几个门类及少量未分类细菌。不含水合物的 SH1B、SH5C 和 SH5B 岩心中有放线菌(Actinobacteria)、拟杆菌(Bacteroidetes)、绿弯菌、厚壁菌(Firmicutes)、JS1、OP8、浮霉菌、变形杆菌、螺旋菌、疣微菌(Verrucomicrobia)以及少量未分类细菌。不含水合物的 SH1B、SH5C 和 SH5B 岩心浅表层沉积物中的细菌多样性相对略高(图 5-13)。

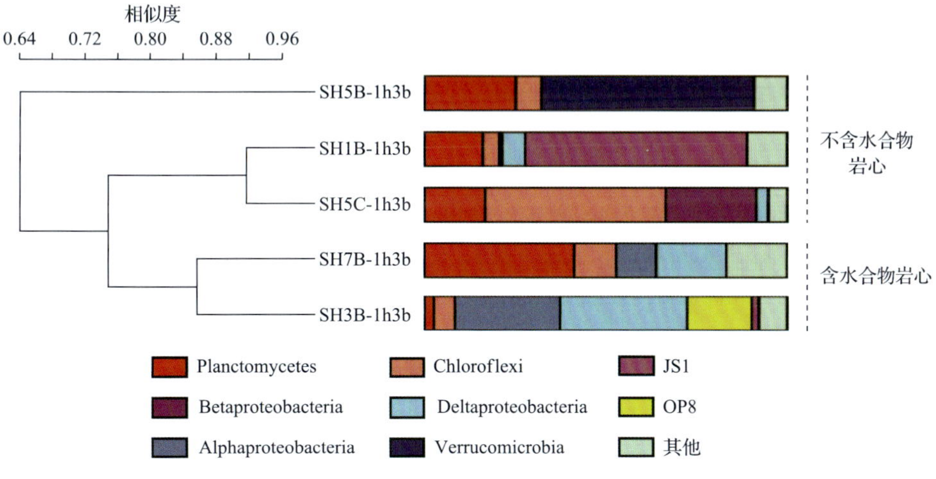

图 5-13　神狐海域钻孔岩心表层细菌多样性及聚类分析图(据 Jiao et al., 2015)

含有水合物的浅表层古菌有 C3、MBG-B 和 SAGMEG 三个类群(图 5-14)，以 SAGMEG 类群克隆最多，占 55.6%。SH3B 岩心有 C3、MBG-B/D、MCG、SAGMEG 共 5 个类群及 Thaumarchaeota 古菌，其中以 MCG 类群克隆最多，占 27.2%。SH7B 岩心只有 6 个克隆序列，分属于 C3、MCG 和 SAGMEG 类群，以 MCG 最多。

不含水合物岩心有 C3、MGB-D/E、MCG、Halobacteria 和 SAGMEG 共 6 个类群及 Thaumarchaeota 古菌，其中以 MBG-D 为主，占 34.2%; SH5B 岩心分为 C3、MBG-B/D/E、MCG、SAGMEG 共 6 个类群及 Thaumarchaeota 古菌，其中以 C3 为主，占 36%; SH5C 仅有的 5 个克隆序列属于 C3、MBG-D 和 Halobacteria 类群。其中 SH5B 和 SH5C 各有 1

个和 2 个序列没有分类。

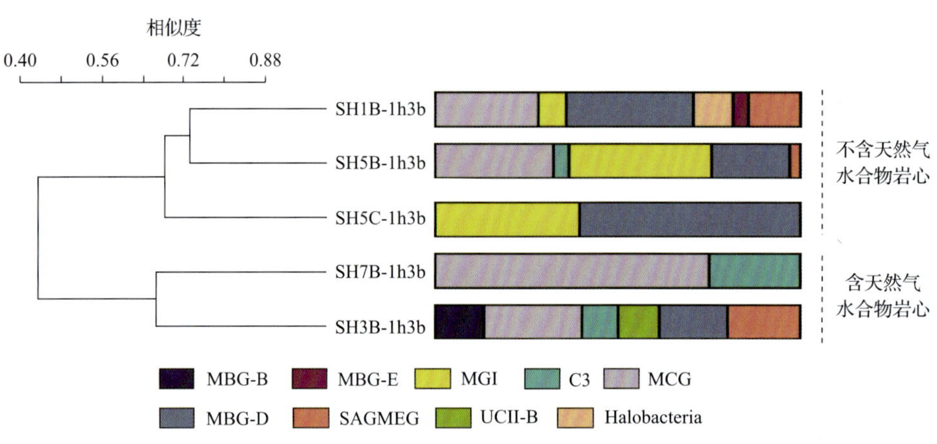

图 5-14　神狐海域钻孔岩心表层古菌多样性及聚类分析图(据 Jiao et al.，2015)

神狐海域这几个钻孔岩心中的变形杆菌在 5 个样品中都有发现，唯独 SH2B-1h3b 样品中没有检测到(应该与采样深度有关)。所有变形杆菌总共有 96 个序列，占全部的 22.6%。其中发现的 δ-变形杆菌全部为脱硫杆菌科细菌，出现在 SH1B、SH3B、SH5C 和 SH7B 克隆文库中，这些菌和参与甲烷厌氧氧化反应过程的脱硫八叠球菌属 SRB 相似度很高，推测这些 δ-变形杆菌都是硫酸盐还原菌，参与了海底硫酸盐的还原作用。

神狐海域含天然气水合物岩心和不含天然气水合物岩心沉积物中微生物组成有显著性不同(图 5-13，图 5-14)。MCG 和 Deltaproteobacteria 是含天然气水合物岩心中的最主要类群，而 MBG-D 和 Planctomycetes 是不含天然气水合物岩心中的最主要类群，本书推测岩心中应该是含有天然气水合物导致了微生物分布的差异性。前人对天然气水合物区微生物多样性的研究也发现了同样的特殊性分布，但是神狐海域沉积物中的标志性类群不同于其余海域沉积物中的类群。

就细菌而言，Deltaproteobacteria 为本书中含天然气水合物岩心中的最主要类群，然而 Actinobacteria 是南开海槽含水合物沉积物中细菌的最主要类群；JS1 和 Planctomycetes 是卡斯凯迪亚大陆边缘含天然气水合物岩心沉积物中的最主要类群；Chloroflexi 和 Alphaprotepbacteria 是日本海含天然气水合物沉积物中的最主要类群。Planctomycetes、Chloroflexi、JS1 和 Verrucomicrobia 是本书中不含天然气水合物岩心沉积物中的最主要类群，其中的一些类群也是其余海域的主要类群，如 Chloroflexi 是秘鲁大陆边缘富含有机质但是不含天然气水合物岩心中的主要类群，并且其含量远高于含天然气水合物岩心(图 5-15)。

MCG、MBG-D、MGI、C3 和 SAGMEG 是本书中含天然气水合物岩心沉积物中主要的古菌类群，该结果与前人的研究不同，如 MBG-B 是秘鲁大陆边缘和卡斯凯迪亚大陆边缘含天然气水合物岩心的最主要类群。而在本书的不含天然气水合物岩心中，MCG、MBG-D 和 MGI 为最主要类群，该结果同样与前人对其余海域的研究有细微差别，如 MCG 和 MGI 是东赤道太平洋不含天然气水合物并且贫有机质岩心中的最主要类群，C3 和 SAGMEG 是神狐海域不含天然气水合物岩心中的最主要类群，MBG-B 是南海南部陆坡及琼东南海盆不含天然气水合物岩心中的最主要类群(图 5-16)。

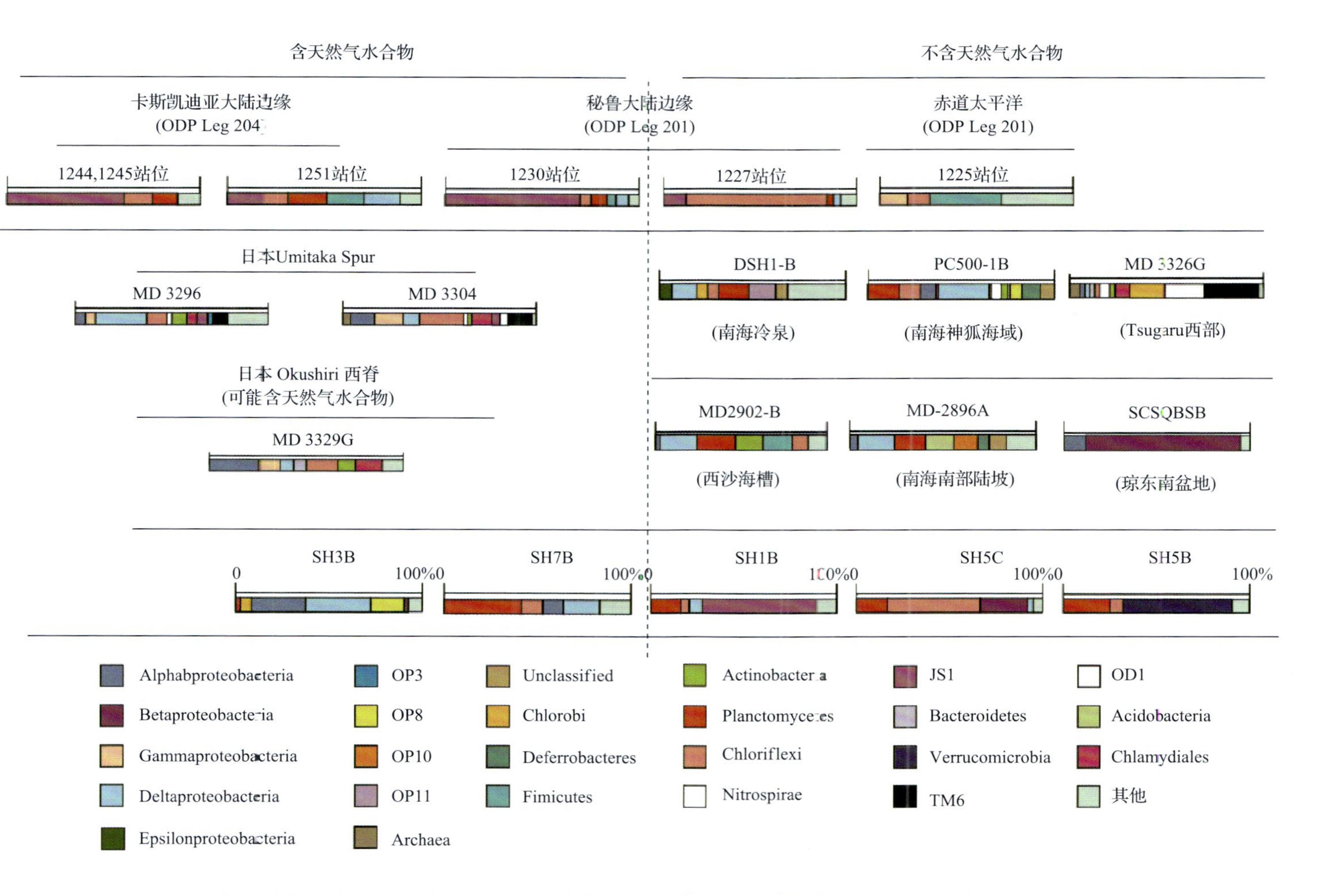

图5-15　ODP沉积岩心，神狐海域岩心及南海重力岩心沉积物中细菌多样性分布图(据Jiao et al., 2015)

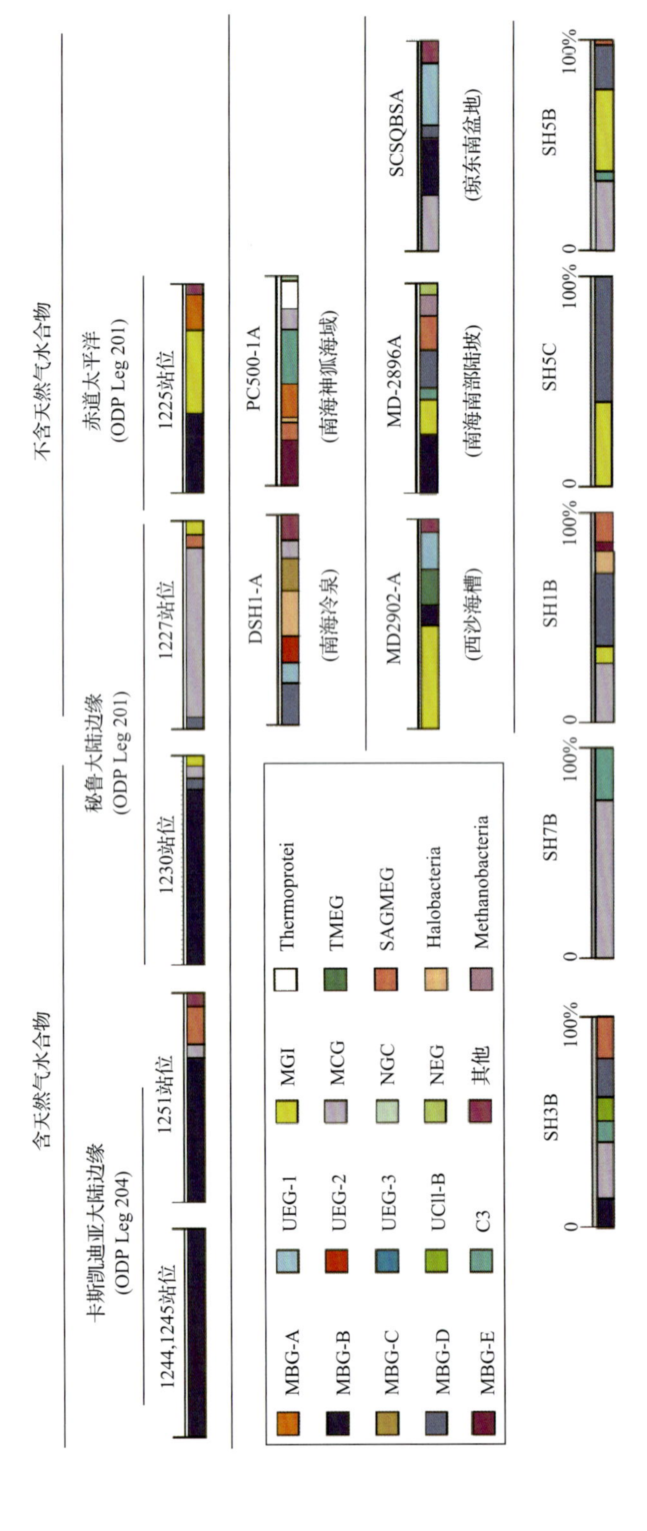

图5-16 ODP沉积岩心，神狐海域岩心及南海重力岩心沉积物中古菌多样性分布图(据Jiao et al., 2015)

由以上分析结果可以看出，岩心中是否含有水合物并不是决定本书中微生物分布的唯一因素，沉积物的地球化学特征可能也起到了关键性作用。为证明这一推论，本书将微生物类群与沉积物的地球化学参数运用 SPSS 16.0 进行相关性分析(表 5-4，图 5-17)，可以看出硫酸盐浓度与 Alphaproteobacteria、Deltaproteobacteria、OP8 和 MBG-B 呈明显负相关($p<0.05$)；氯度与 Deltaproteobacteria 呈明显正相关；TOC 与 JS1、MBG-D、Halobacteria 和 MBG-E 呈明显负相关($p<0.05$)。

表 5-4　微生物组成与沉积物地球化学参数的相关性分析(Jiao et al.，2015)

类群	硫酸盐浓度		盐度		氯度		TOC	
	相关系数	p 值	相关系数	p 值	相关系数	p 值	相关系数	p 值
Planctomycetes	0.184	0.767	−0.114	0.855	−0.160	0.797	−0.766	0.131
Chloroflexi	0.283	0.645	0.370	0.540	−0.038	0.951	−0.289	0.637
Alphaproteobacteria	−0.916	<0.05	0.110	0.860	0.790	0.112	0.491	0.401
Betaproteobacteria	0.465	0.430	0.284	0.643	−0.244	0.692	−0.119	0.849
Deltaproteobacteria	−0.993	<0.01	0.142	0.820	0.887	<0.05	0.237	0.701
OP8	−0.900	<0.05	0.250	0.685	0.851	0.068	0.403	0.501
JS1	−0.090	0.886	0.253	0.682	0.257	0.676	−0.897	<0.05
Verr	0.464	0.431	0.250	0.685	−0.266	0.665	−0.017	0.979
其他	−0.362	0.549	0.158	0.800	0.429	0.471	−0.738	0.154
MBG-B	−0.900	<0.05	0.250	0.685	0.851	0.068	0.403	0.501
MCG	−0.406	0.497	0.434	0.465	0.602	0.283	−0.750	0.144
C3	−0.831	0.081	0.200	0.747	0.763	0.134	0.497	0.394
MGI	0.439	0.459	0.442	0.457	−0.112	0.858	−0.643	0.242
UCII-B	−0.900	0.037	0.250	0.685	0.851	0.068	0.403	0.501
MBG-D	−0.238	0.700	0.414	0.488	0.458	0.437	−0.877	<0.05
Halobacteria	−0.082	0.896	0.250	0.685	0.249	0.686	−0.898	<0.05
MBG-E	−0.082	0.896	0.250	0.685	0.249	0.686	−0.898	<0.05
SAGMEG	−0.674	0.213	0.417	0.485	0.806	0.100	−0.571	0.315

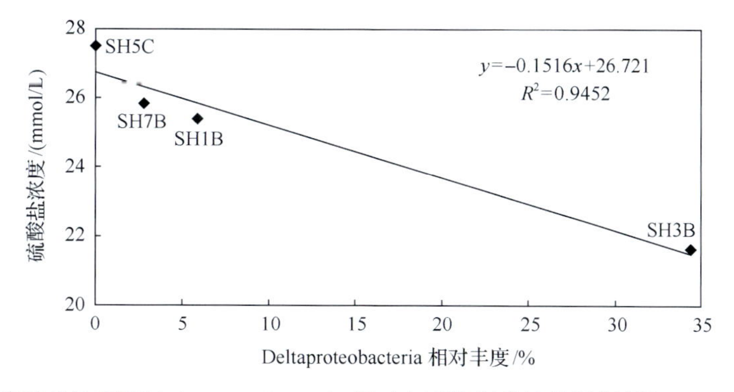

图 5-17　硫酸盐浓度和 Deltaproteobacteria 相对丰度的相关性分析图(据 Jiao et al.，2015)

Desulfococcus/Desulfosarcina 被认为是参与甲烷厌氧氧化作用的 Deltaproteobacteria 中的一种重要类群。本书中Deltaproteobacteria丰度与硫酸盐浓度呈明显负相关(图5-17)，指示硫酸盐浓度在一定程度上影响了 Deltaproteobacteria 的分布。

概括起来，神狐海域中，含水合物岩心与不含水合物岩心沉积物中微生物分布具有显著性不同。微生物还同时受到沉积物中地球化学参数一定程度的影响。并且该区域的微生物组成与世界上其余含水合物海域沉积物中不同，具有其独特性。

5.4 微生物技术发展趋势

国内外海洋天然气水合物的勘查和识别主要包括三大类方法，即地球物理勘探、地球化学和地质(包括冷泉生物)等方法(Hyndman and Spence，1992；苏新，2000；张光学等，2003；金春爽等，2004；蒋少涌等，2005；牛滨华等，2005；梁劲等，2006；王虑远等，2006；Riedel et al.，2006)。对钻孔取样，则还可以用测井方法识别和钻获岩心后使用多学科和多手段的测试分析并给予钻后识别评价(苏新，2004)。国内外十多年来的各种海洋天然气水合物勘查和识别方法的技术进程，属于发展迅速领域。

当前我国天然气水合物的勘查到了一个新的阶段，其勘查本身就涉及高科技技术和手段，未来要求有更精细和更综合的精细勘探。除了对海区较大面积的勘探，还涉及对冷泉空间的高分辨勘探，以及对冷泉柱状样和钻孔岩心中复杂分布的水合物或甲烷的精确识别。这就给已有的地球物理、地球化学及地质等技术和方法提出了更高的要求和挑战。微生物技术的加入，无疑将有助于适应这个要求。近 30 年来，微生物学在基础理论和科技手段上的快速发展，为微生物技术探测水合物提供了良好的生物技术基础。

传统的地质微生物油气探测技术(如 MPOG、MOST)，建立在烃类微渗漏理论基础上，利用检测土壤或沉积物中氧化烃类气体细菌方法识别微渗漏区。通过 60 多年的发展，有了成熟的理论和方法，如 MPOG 有区分油渗漏或天然气渗漏的不同定量替代指标。有报道指出，这个方法即将用在我国天然气水合物的勘探中；如 Schumacher(1996)评论的那样，期待这个“古老技术”在天然气水合物领域得到新生。

我们目前还远不了解天然气水合物复杂的成藏系统，包括给这个系统提供气源或消耗气源的微生物和它们参与的复杂生物地球化学过程。这些微生物是一个庞大的类别，在目前已知的三大生物域都有代表，以细菌和古生菌原核生物为主要类别。绝大多数的微生物都有对其生态环境(流体的物理化学条件等)的独特要求，对环境变化具有十分灵敏的响应和记录，这为开展精细的生物技术研究提供了相当有利的生物学和生态学基础。

从所介绍的研究实例可以看到，沉积物中微生物细胞丰度与甲烷浓度变化关系密切。微生物计数法简单快速，在稍有条件的船只上就可进行，可以作为区域勘探的一个有效手段。但是，也需要通过较丰富的实践，摸索出类似“微生物油气”探测 MPOG 那样的定量替代指标。

以上结果表明，微生物计数方法和微生物多样性分析结合应用具有明显优势。首先可以用于类似“地球化学勘探”或“油气微生物探测”技术开展海洋水合物的“区探”；更具优势的一个方面是，可以用群落结构特征等更精细分析技术识别含水合物层，为未来水合物的调查和勘查提供一个有利的微生物技术。在未来工作中，要进一步探索有关规律，通过有关规律的研究，提升和优化可以指示天然气水合物的替代指标。

国内外利用微生物群落结构和标志类群识别沉积物中天然气水合物的研究，虽然短短几年，已经显示良好的前景。但还有很多需要在实践中提高和加强的方面，包括研究和探讨依赖甲烷和依赖天然气水合物的不同微生物类别的生态条件等，也包括尝试微生物检测指标的量化；要达到这一步，则需要未来有海底实时测试或实验室培养的突破，并要求结合其生物标志物的分析以及功能基因等新手段的加入和提高。概括起来，这方面的探测技术前景很好，但要积极推进和加强研究。

第6章　天然气水合物测井及钻探取心技术

6.1　天然气水合物测井技术

由于海洋钻探的成本非常高，且钻孔具有不可重复性，因此，最大限度地、全面准确地采集每一个钻孔的完整地层剖面信息，是保证科学研究和生产开发的先决条件。自然伽马测井、密度测井、中子测井、声波速度测井和电阻率测井均可用于分析含天然气水合物沉积层，特别是电阻率和声波速度可直接指示含天然气水合物沉积层的存在。

地球物理测井方法，尤其是随钻测井方法，具有直接测量原位状态下的天然气水合物储层的物理性质的优势，可以为天然气水合物地层识别和参数评价提供高分辨率、连续的数据资料，还有助于提高勘探效率，降低钻井风险。相对于钻探取心技术具有经济性和连续性等特点，充分显示了地球物理测井方法在天然气水合物勘探、评价和生产工作中的特殊优势。

6.1.1　天然气水合物测井装备

目前国际上应用于天然气水合物的钻探测井主要有两种，一是随钻测井，二是电缆测井。随钻测井仪器能够完成几乎全部的测井项目，97%以上的随钻测井不需要重复电缆测井。斯伦贝谢的随钻测井仪器有 Vision 和 Scope 两种系列。

电缆测井仪器主要为高精度成像测井系统，其优势是具备阵列感应、偶极子声波、电阻率成像、声波成像、核磁共振五种成像技术，代表为斯伦贝谢的 MAX500 系统、贝克休斯的 ECLIPS(5700)系统、哈里伯顿的 LOG-IQ 系统三种成像测井系统，数控测井系统 CLS3700 因其杂、乱、低而逐步退出市场。

海上地质录井、地球物理测井等井筒探测和研究工作面临比陆上更为复杂多变的环境，包括气候、水环境、运输、施工技术等多个方面。单就测井而言，海洋测井系列仪器的配套更全面，对仪器的稳定性、可靠性及其他技术指标的要求更高。由于测井施工的环境多变，工作空间小、施工难度大，安全措施更为严格，因此海洋测井地面装备、地下仪器、配套附属设备和安全防护手段(含放射性防护)等都需要进行专门的工程设计和特殊布置，对我国天然气水合物海上钻探测井装备和技术发展提出了更高的要求。

6.1.2　天然气水合物测井响应特征

天然气水合物的地球物理性质与地层中的岩石骨架、油层、气层和水层在很多物理性质上存在较大差异，这些差异必然在测井曲线上有其特殊的反映。储层中的天然气水合物对地球物理测井响应的影响有两种方式：一种只依赖于孔隙中天然气水合物含量，如核磁共振孔隙度和密度测井；另一种不但与天然气水合物含量有关，还取决于孔隙尺度下的孔隙介质与天然气水合物的接触关系，如声波速度和电阻率测井。

根据天然气水合物物理特征与对测井结果的影响方式，可总结出天然气水合物储层的常规测井响应特征。一般情况下，在含天然气水合物层段中，井径、电阻率(包含深侧向、浅侧向等)、声波速度及中子孔隙度明显增大，而自然伽马和密度值会减小(图 6-1)。

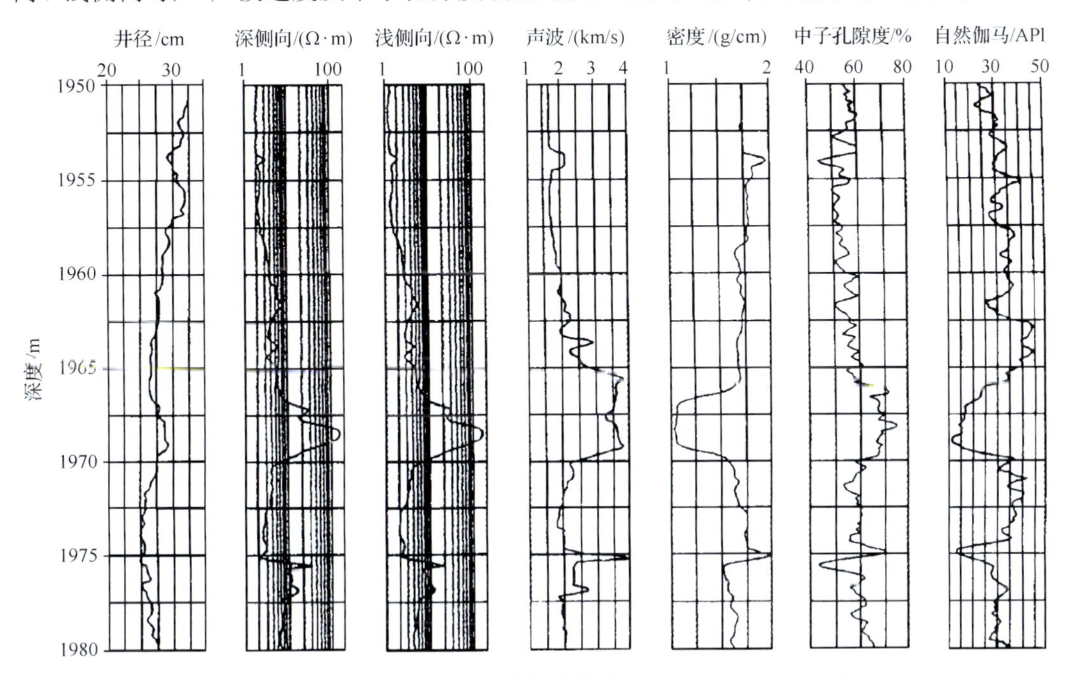

图 6-1　DSDP 84 航次 570 号钻孔测井曲线(Mathews，1986)

图中 1958.5～1973.5m 为含天然气水合物层段

1) 井径测量

钻井过程中，当钻头钻至含天然气水合物储层时，地层的温度和压力条件被改变。如果没有适当的保护措施，固态天然气水合物会大量分解，岩石稳定性随之被破坏，井眼直径较其他层位明显扩大，井径曲线上显示较大的井眼尺寸(扩径)。这种现象严重时甚至会引起局部地层的垮塌，引发钻井事故。天然气水合物储层的测井评价中，井径曲线对评价井眼规则程度和测井(尤其是浅探测仪器)资料的质量控制显得异常重要。例如，补偿中子测井仪的探测深度为 50cm 左右(短源距 35～40cm，长源距 50～60cm)，属于浅探测仪器，天然气水合物的分解可能会使此范围内的组分变得复杂，造成仪器测量结果的偏差。

2) 电阻率测量

由于天然气水合物与冰类似，它们都是绝缘体。因此，当地层中含有天然气水合物时，电阻率值会明显增加。通过实验室测得含天然气水合物砂岩岩样的电阻率高达 103～105Ω·m，但由于受天然气水合物含量、岩性及天然气水合物与岩石的胶结程度或者地层水矿化度等因素的影响，天然气水合物储层电阻率测井值往往较实验室测量值低。

由于固态天然气水合物具有很高的电阻率，天然气水合物的存在必然导致储层电阻率测井曲线读数增大，呈现急剧增高的箱状。

3) 自然电位测量

钻探引起的水合物分解使该井段泥浆离子浓度降低，从而导致活度降低，水合物上下岩层的高活度地层水向该井段扩散(氯离子扩散速度比钠离子大)，最终使水合物井段泥浆中负电荷数增多而呈现负的电位异常。与含游离气的层位相比，水合物层的自然电位负偏移幅度较低。

4) 声波速度测量

声波在海水、天然气水合物和岩石中的传播速度不同，在天然气水合物存在时，其声波传递速度会显著增加。纯天然气水合物的纵波速度为 3.3～3.6km/s，该声波速度非常接近纯甲烷水合物的声波速度值 3.73km/s，而水的纵波速度约为 1.6km/s。可见，天然气水合物的纵波速度比水的纵波速度大得多。在危地马拉海域的 570 钻孔中，用声波测井测得的 P 波速度达到 3.0km/s，这与 Pandit 和 King(1982)的实验得到的结果 3.25km/s 相近，也表明天然气水合物的声波速度与海水(V_p=1.68km/s)、固结的致密砂岩(V_p=5.8km/s)存在明显的差异。与饱和水或游离气的层位相比，含天然气水合物层位的声波时差降低。

5) 自然伽马测量

自然伽马测量的是岩石中具有放射性元素释放的自然伽马射线。由天然气水合物的化学组分可知，其主要成分为水和甲烷，两者放射性元素非常低(^{14}C，^{3}H)，所以，理论上，天然气水合物的伽马射线强度应为零，即天然气水合物的自然伽马测井响应值为零。另外，天然气水合物储层主要形成于因大地构造运动而引起体积增加的断层、裂缝带中的孔隙空间中，因此，在天然气水合物形成过程中，不存在放射性元素的沉淀，且天然气水合物储层一般为砂岩地层，在自然伽马测井曲线上，天然气水合物储集层的测井响应一般为低值。

6) 中子孔隙度测量

由于中子测井直接测量的是氢原子密度，故天然气水合物中子测井响应取决于单位体积的氢原子数(7.11×10^{22}个/cm^3)，如果把水(6.69×10^{22}个/cm^3)作为 1，则天然气水合物变为 1.063。所以，天然气水合物充填孔隙度为 100%的地层时的中子孔隙度为 1.063%。在天然气水合物层中，如正确推测地层孔隙度需要对这部分进行修正。含天然气水合物层位中子孔隙度略微增加，这与含游离气层位中子孔隙度明显降低恰好相反。孔隙度的增加是由于来自甲烷的碳和氢的增加、同时伴随着密度的减小。

6.1.3　天然气水合物测井储层评价

在测井曲线上识别出可能含有天然气水合物的层位后，就可依据测井曲线进行水合物储层评价。在水合物测井评价方面，所使用的模型借鉴了普通油气测井评价的基本方法或原理，结合水合物特殊的物理化学特性(王祝文等，2003a)，发展了可快速评价水合物的算法(王祝文等，2003b)。孔隙度和含水合物饱和度是水合物储层的基本参数，也是最难确定的两个参数(陆敬安，2006)。求准这些参数对水合物储层评价和开发具有重要意义。

1. 孔隙度评价

天然气水合物储层的孔隙度评价所利用的测井数据主要包括电阻率测井、密度测井、声波速度测井、中子测井、核磁共振测井等与地层孔隙密切相关的地层物理响应，同时还辅以自然电位、自然伽马、岩心分析等数据来进行(陆敬安，2006)。水合物测井评价孔隙度模型主要基于体积模型(陆敬安和闫桂京，2007)，这里将介绍几种常用的测井评价模型。

1)密度测井评价模型

密度测井的质量受井眼扩径的影响很大，要对密度测井曲线作井眼校正。用校正后的密度曲线(ρ_b)计算孔隙度(ϕ)，其计算公式为

$$\phi=(\rho_m-\rho_b)/(\rho_m-\rho_w) \tag{6-1}$$

式中，ρ_w为水的密度，一般取1.05g/cm^3；ρ_m为骨架密度，其值随深度的变化而变化，一般取2.72～2.69g/cm^3。通常密度测井求得的孔隙度比岩心孔隙度偏高，其原因可能与黏土含量高、沉积物未固结及仪器与井壁无法良好接触有关。因此，密度测井曲线可用来评价孔隙度的总体趋势，但不能用来定量计算。

2)电阻率测井评价模型

用电阻率可以确定沉积孔隙度，阿尔奇公式给出了电阻率和孔隙度之间的关系：

$$R_t/R_w=\alpha\phi^{-m} \tag{6-2}$$

式中，α，m为待定常数；R_w为地层水电阻率；R_t为地层电阻率。

R_w是地层水的温度和矿化度的函数。R_w可以通过岩心水分析矿化度资料和测量的地温用Arp公式计算，需要注意的是在天然气水合物层位岩心水分析矿化度资料可能会受天然气水合物分解释放的淡水影响。

为了计算α、m，采用Serra(1984)提出的方法。为避免天然气水合物的影响，在计算α、m的过程中一般不用含天然气水合物层段的电阻率。从ODP164航次994、995、997三个站位的实际测井及评价效果来看，应用该方法计算的孔隙度比其他方法效果好，并与岩心分析孔隙度吻合较好。

3)声波速度测井评价模型

根据实验室研究得知，天然气水合物具有较高的声波速度，因此，可以利用声波速度测井来评价天然气水合物储集层。最早的根据声波速度测井资料估算储集层孔隙度的公式是Wyllie等于1956年提出来的(Wyllie et al.，1956)，这就是所谓的时间平均公式：

$$\frac{1}{V_b}=\frac{\phi}{V_w}+\frac{1-\phi}{V_m} \tag{6-3}$$

式中，ϕ 为孔隙度；V_b 为声波测井速度值；V_w 为地层水的压缩波速度值；V_m 为岩石骨架的压缩波速度值。

2. 饱和度评价

含水合物饱和度是指水合物相在岩石中占据的孔隙体积与岩石总孔隙体积的比值。计算天然气水合物饱和度的方法较多，如基于电阻率测井的阿尔奇公式及快速查看阿尔奇公式、双水模型、印度尼西亚公式及声波速度测井评价等(Paull et al.，2000；Yoshihiro et al.，2004)。

1) 电阻率测井评价模型

电阻率测井是估算水合物饱和度最直接的方法(赵洪伟等，2004)。早期的天然气水合物测井评价饱和度模型建立在阿尔奇公式的基础上，如 ODP164 航次使用的“快速查看”(Quick Look)法(Paull et al.，2000)。

岩石和孔隙流体之间电阻率的关系可由阿尔奇公式来表述：

$$R_t = \alpha R_w \phi^{-m} S_w^{-n} \tag{6-4}$$

式中，ϕ 为地层岩石孔隙度(%)；S_w 为含水饱和度(%)；α、m、n 为经验参数。

水的含量及孔隙水的矿化度是影响地层电阻率最重要的因素。阿尔奇公式仅仅是水饱和地层电阻率和含水饱和度之间的一个经验公式。Person 等(1983)对含天然气水合物(四氢呋喃)沉积物进行了实验室研究，其指出，随着天然气水合物在实验室的形成或孔隙流体的冻结，水的数量减少，S_w 和 R_w 随之减小；S_w 减小的原因可能是有些孔隙空间被固态的非导电体填充，R_w 的减小是由于原孔隙流体中的盐类在剩余的未冻结流体中集中。如果盐水还未达到饱和，那么天然气水合物地层对于 R_w 的影响比较容易确定，这时，含盐量的增加导致 R_w 的线性减小。α 和 m 的值可以通过 R_0/R_w 与 ϕ 的交会图得到(R_0 为地层仅含水时的电阻率)。

另一种利用电阻率测井数据来评价天然气水合物饱和度的方法是“快速查看”测井分析技术。该方法认为应用下列修正的阿尔奇公式，可以计算含水饱和度(S_w)：

$$S_w = \left(\frac{R_0}{R_d}\right)^{\frac{1}{n}} \tag{6-5}$$

式中，R_d 为深探测电阻率(Ω·m)；n 为饱和度指数，经验参数。

该方法假定：一个沉积层的孔隙空间完全被水饱和，则深侧向电阻率测井测量到的电阻率是完全被水饱和地层的电阻率(R_0)。以该值在电阻率曲线上作一条基线，利用这条基线可以确定附近含天然气水合物储层的天然气水合物饱和度 $S_h = 1 - S_w$(陆敬安等，2008)。

2) 印度尼西亚公式

由于水合物储层岩性多为砂泥岩，为考虑泥质成分对地层评价的影响，天然气水合物评价采用了印度尼西亚公式及双水模型。

印度尼西亚公式是经验模型(Yoshihiro et al.，2004)，在日本南海海槽的天然气水合物评价中使用其计算地层水饱和度，其计算公式如下：

$$\frac{1}{\sqrt{R_t}}=\left(\frac{V_{sh}^{1-V_{sh}/2}}{\sqrt{R_{sh}}}-\frac{\phi^{m/2}}{\sqrt{aR_w}}\right)S_w^{n/2} \tag{6-6}$$

式中，V_{sh} 为泥质含量；R_{sh} 为泥质电阻率。求出 S_w 后，即可计算出地层中天然气水合物的饱和度 $S_h=1-S_w$。

3) 双水(D-W)模型

双水模型最早由 Clavier 提出，该模型将地层结构划分为固体颗粒和孔隙两部分，其中固体颗粒可分为砂、粉砂和黏土颗粒 3 种组分，而孔隙空间包括束缚水、自由水和油气 3 部分，双水模型的名称也是由此而来的。对于天然气水合物而言，上面提到的油气应换为水合物，由此而得到天然气水合物的相应模型。如果水合物储层为泥质砂岩，可以选用双水模型。

日本国家石油公司在双水模型的基础上建立了相应的评价模型，该模型将地层骨架划分为砂和胶结物两部分，粉砂和干黏土均为泥质，总孔隙包括束缚水、自由水及甲烷水合物所占据的空间，该模型还考虑了靠近井壁位置处水合物的分解所产生的水及游离气，但在实际评价过程中，如使用深探测电阻率数值，此部分可不予考虑。

4) 声波速度测井评价模型

Timur 通过修正 Wyllie 平均时间公式[式(6-3)]，首先提出了 1 个三组分时间平均公式，可以用于直接计算储层中天然气水合物的体积(Lee，2000)。在不同的地质条件下，Timur 公式经过了大量的修改和修正以适应不同的地质条件。Person 等(1983)第一次将 Timur 公式用于含水合物储层的评价，他们认为，该公式可以适当地预测胶结岩层中天然气水合物的声波性质。他们应用了以下三组分 Timur 时间平均公式：

$$\frac{1}{V_b}=\frac{\phi(1-S_h)}{V_w}+\frac{\phi S_h}{V_h}+\frac{1-\phi}{V_m} \tag{6-7}$$

式中，S_h 为天然气水合物饱和度，V_h 为天然气水合物的压缩波速度值。

一些研究者发现，有些沉积岩的声波速度与 Timur 公式计算的结果不符，因此，他们提出了 Wood 方程的修正公式(Lee et al.，1993；Lee，2000)，该公式对悬浮状颗粒基本上是有效的，可以克服时间平均方程中遇到的问题。与三组分时间平均方程类似，对于含天然气水合物的储层，修正的 Wood 方程可以写作：

$$\frac{1}{\rho_b V_b^2}=\frac{\phi(1-S_h)}{\rho_w V_w^2}+\frac{\phi S_h}{\rho_h V_h^2}+\frac{1-\phi}{\rho_m V_m^2} \tag{6-8}$$

式中，ρ_b 为体积密度；ρ_w 为水的密度；ρ_h 为天然气水合物的密度；ρ_m 为储层骨架密度。

5）核磁共振全孔隙度法

核磁测井测量的是孔隙中的自由流体，因此在采用测量地层总孔隙的测井方法时，利用总孔隙度测量结果减去核磁测井孔隙度即可求出天然气水合物孔隙度，进一步求出天然气水合物的饱和度 S_h（陆敬安和闫桂京，2007）：

$$S_h=(\phi_t-\phi_{TCMR})/\phi_t \tag{6-9}$$

式中，ϕ_t 为全孔隙度；ϕ_{TCMR} 为核磁共振全孔隙度。

如果地层中存在页岩，需要对计算结果进行修正，修正公式为

$$S_h=1-\phi_{TCMR}/[\phi_t-V_{sh}\phi_{tsh}(1-BWR_{CMR})] \tag{6-10}$$

式中，BWR_{CMR} 为核磁共振测井探测的吸附水比率；ϕ_{tsh} 为页岩孔隙度；V_{sh} 为页岩含量。

含天然气水合物储层常是与页岩互层的砂岩或砾岩。在区别岩层时，可应用石油测井解析法，如中子-密度交汇法等；在区别页岩和砂岩时，应用自然伽马测井曲线最为有效。自然伽马射线强度与页岩含量呈直线关系，页岩含量计算公式如下（手塚和彦和张守本，2003）：

$$V_{sh}=(GR-GR_{cl})/(GR_{sh}-GR_{cl}) \tag{6-11}$$

式中，GR 为自然伽马射线测量值；GR_{sh} 为页岩的自然伽马射线测量值；GR_{cl} 为全地层的自然伽马射线测量值。

6）碳氧比能谱测井评价模型

碳氧比能谱测井也叫中子伽马能谱测井，它能提供岩石矿物中大多数的元素信息，是由斯伦贝谢公司开发的地球化学测井仪器的一部分。测井过程中，中子与地层中的每一种元素发生作用放出具有一定能量的伽马射线，因此，通过伽马能谱分析，可以判断其元素的丰度。通过组合测井测量出的各元素丰度，可以计算天然气水合物饱和度（赵洪伟等，2004）。

在国外，该测井方法在 ODP164 航次布莱克海台的 994、995 和 997 站位得到了应用，并建立了水合物 C/O 储层评价模型（Lee，2000）。在国内，高兴军等（2003）总结了国外相关评价方法，详细介绍了利用碳氧比能谱测井定量或半定量评价地层中天然气水合物饱和度的方法。

7）电磁波传播测井评价模型

电磁波传播测井可用来测量天然气水合物的原位介电特性，据此计算水合物的饱和度。电磁波传播测井仪同时输出信号衰减和传播时间两个参数。地层的介电常数及电导率由下面两式计算：

$$\varepsilon_r=c^2\left(t_{pl}^3-\frac{a^2}{3604}\right) \tag{6-12}$$

$$\sigma = \frac{\alpha t_{\mathrm{pl}}}{5458} \tag{6-13}$$

式中，t_{pl} 为慢度或传播时间(ns/m)；α 为衰减量(dB/m)；ε_{r} 为相对介电常数(无量纲)；σ 为电导率(S/m)；c 为真空中光的速度(0.3m/ns)。

Sun 和 Goldberg(2002)采用等效介质方法并假定含天然气水合物地层的多相系统可近似为连续、均质及各向同性介质，认为含天然气水合物介质的等效磁导率为 1，其介电常数及体积密度遵从下面的体积平均混合规则：

$$\rho = \sum_a \phi_a \rho_a \tag{6-14}$$

$$\sqrt{\varepsilon_a} = \sum_a \phi_a \sqrt{\varepsilon_a} \tag{6-15}$$

$$\sum_a \phi_a = 1 \tag{6-16}$$

式中，ϕ_a 为第 a 种成分的体积百分比；ρ_a，ε_a 分别为第 a 种成分的密度和介电常数；ρ 为体密度。

这里假定孔隙性介质仅包含三种组分：固体颗粒、天然气水合物及水。从而式(6-14)和式(6-15)可以简化为

$$\rho = (1-\phi)\rho_{\mathrm{s}} + \phi S_{\mathrm{h}} \rho_{\mathrm{h}} + \phi(1-S_{\mathrm{h}})\rho_{\mathrm{w}} \tag{6-17}$$

$$\sqrt{\varepsilon_{\mathrm{r}}} = (1-\phi)\sqrt{\varepsilon_{\mathrm{rs}}} + \phi S_{\mathrm{h}} \sqrt{\varepsilon_{\mathrm{rh}}} + \phi(1-S_{\mathrm{h}})\sqrt{\varepsilon_{\mathrm{rw}}} \tag{6-18}$$

式中，ϕ 为总孔隙度；S_{h} 为天然气水合物饱和度；ρ_{s}、ρ_{h}、ρ_{w} 分别为固体颗粒、天然气水合物及水的密度；$\varepsilon_{\mathrm{rs}}$、$\varepsilon_{\mathrm{rh}}$、$\varepsilon_{\mathrm{rw}}$ 分别为固体颗粒、天然气水合物及水的介电常数。

在已知每种组分密度和介电常数的情况下，就可依据介电常数和密度测井由上面的方程计算出含天然气水合物地层的孔隙度和水合物饱和度(陆敬安，2006)。

6.2　南海天然气水合物测井响应特征与储层评价

建立区域水合物储层岩性、物性、饱和度等参数定量评价方法，以及建立区域水合物、游离气测井响应特征图版是天然气水合物储层定量评价的基础与依据。利用岩心刻度测井技术，与各种测井资料相结合，建立了矿物含量、孔隙度、水合物饱和度、束缚水饱和度、渗透率等定量解释模型。综合应用新建立的解释模型，在常规测井资料分析评价的基础上，结合成像测井、核磁共振测井技术实现水合物储层有效评价。

6.2.1　水合物、游离气、碳酸盐岩定性识别

基于测井技术的天然气水合物储层研究分为定性识别和定量评价两方面。在测井原

始数据精细处理的基础上，不同的岩性、水合物、游离气储层以其不同的物理化学性质会在各种测井曲线及图像中呈现出不同的形态。储层定性识别是储层定量评价的基础。没有准确的储层定性识别，储层的定量评价就是盲目的，甚至是错误的。因此，储层测井定性识别在储层评价工作中具有极其重要的作用。

1. 天然气水合物识别

天然气水合物在原位地层以固态形式存在，在众多的地球物理测井属性中，电阻率和波速受天然气水合物的影响最为明显，相对高的电阻率和声波速度是天然气水合物储层典型的测井响应特征。天然气水合物沉积层的导电性主要取决于孔隙水的盐度、气体、水和天然气水合物的饱和度及天然气水合物的分布模式。南海神狐 SH7A 孔中，天然气水合物层饱和度较高(最高约44%)，电阻率从含水合物层顶部的1.3Ω·m增加到3.2Ω·m，升高约 1.5 倍。天然气水合物具有较高的纵波和横波速度，南海神狐海域测井显示，含天然气水合物层顶部纵波速度值由 1.87km/s 开始明显增大，最大达 2.30km/s，在天然气水合物层底部回落至正常趋势值 1.79km/s。形成天然气水合物时，单位体积储层内氢含量升高使中子孔隙度在天然气水合物层段响应值略高。其他测井响应如井径、密度也可用于水合物储层的辅助识别。

典型天然气水合物地层常规测井响应识别特征有：①与饱和水地层相比，含天然气水合物层位中电阻率增高；②与饱和水地层相比，含天然气水合物层位中声波时差降低；③由于含氢，含天然气水合物层位中中子孔隙度略微增加；④含天然气水合物层位与饱和水层位相比，密度略有降低；⑤含天然气水合物层位泊松比低。图 6-2 中蓝色框选中的区域为水合物层位，与上述天然气水合物常规测井响应特征对应良好。

此外，天然气水合物层在岩性上常被认为有低自然伽马特征。然而根据岩心分析化验资料，认为自然伽马曲线在天然气水合物段响应特征一方面与储层岩性有关，另一方面与储层中的有孔虫含量有关。SH-W11-2015、SH-W17-2015 井自然伽马曲线与上下围岩相比表现为平直特征；SH-W18-2015、SH-W19-2015 井有孔虫含量明显高于 SH-W11-2015 井，储层中较高的灰质成分能引起低自然伽马异常。

在特殊测井中，成像测井和核磁测井能较好地反映水合物储层。常用的成像测井包括电缆测井的微电阻率扫描测井仪(FMS)、随钻测井的地层微成像仪(FMI)及随钻电阻率成像(GVR)，它们均具有较高的分辨率。在电阻率成像测井图中不同地层明暗程度不同，其中高亮部位有可能是水合物储层。由于核磁测井只能通过流体测量孔隙度，天然气水合物储层在核磁测井资料上有明显的孔隙度减小响应。

综合常规测井和特殊测井资料可以更好地识别天然气水合物储层。以 SH-W19-2015 井为例，分析天然气水合物层的测井响应特征。图 6-3 中，第一道为井径和自然伽马曲线；第二道为相位电阻率曲线；第三道为补偿中子、声波时差、密度曲线；第四道为水合物饱和度和泊松比实验数据；第五道为核磁 T_2 分布谱；第六道为电阻率成像。在天然气水合物层段，井径规则，电阻率升高，声波时差变小，中子孔隙度和密度变化不明显，泊松比明显变小，核磁孔隙度变小，T_2 谱更短、幅度更小，电阻率成像有高亮显示。

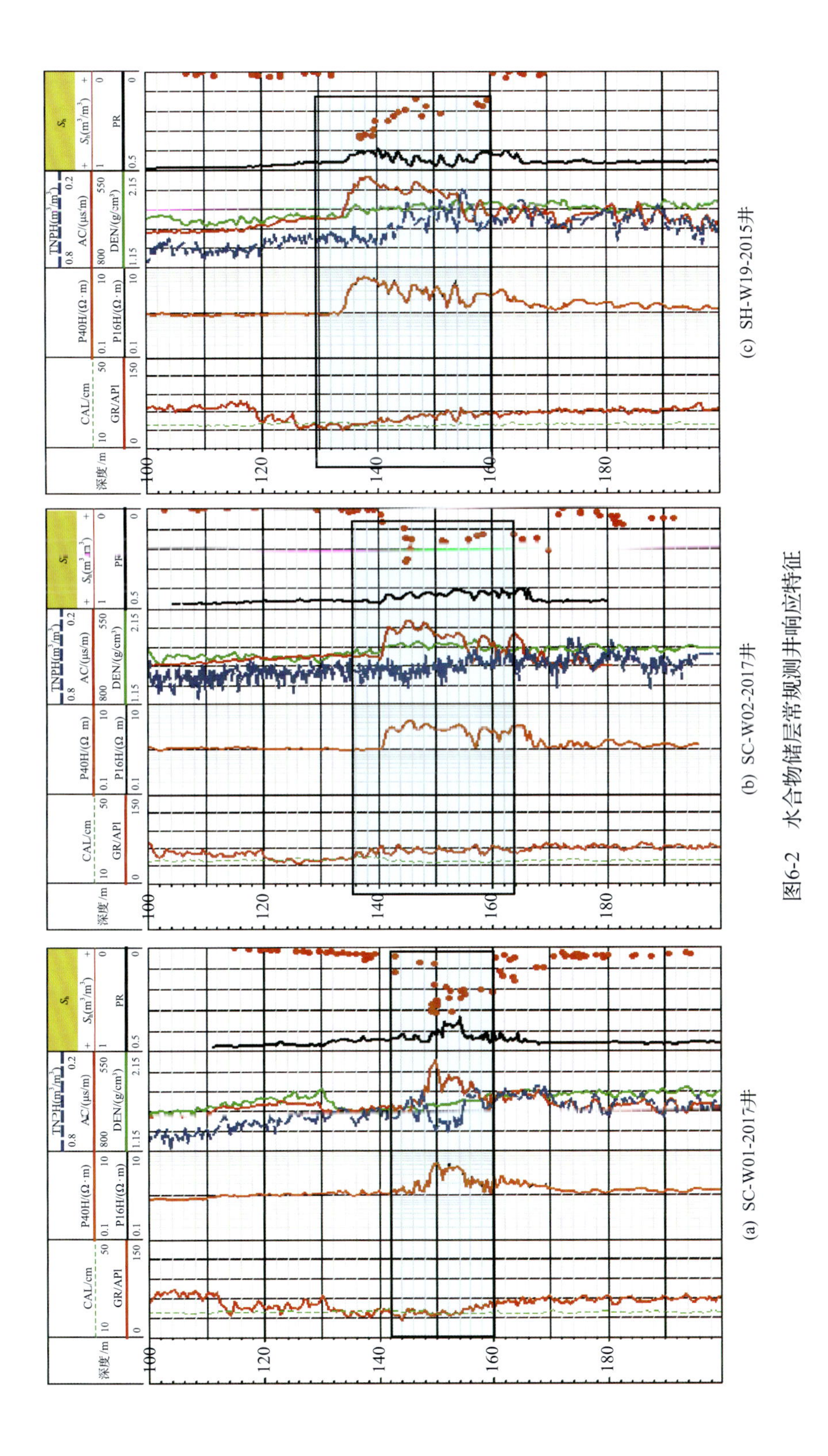

(a) SC-W01-2017井

(b) SC-W02-2017井

(c) SH-W19-2015井

图6-2　水合物储层常规测井响应特征

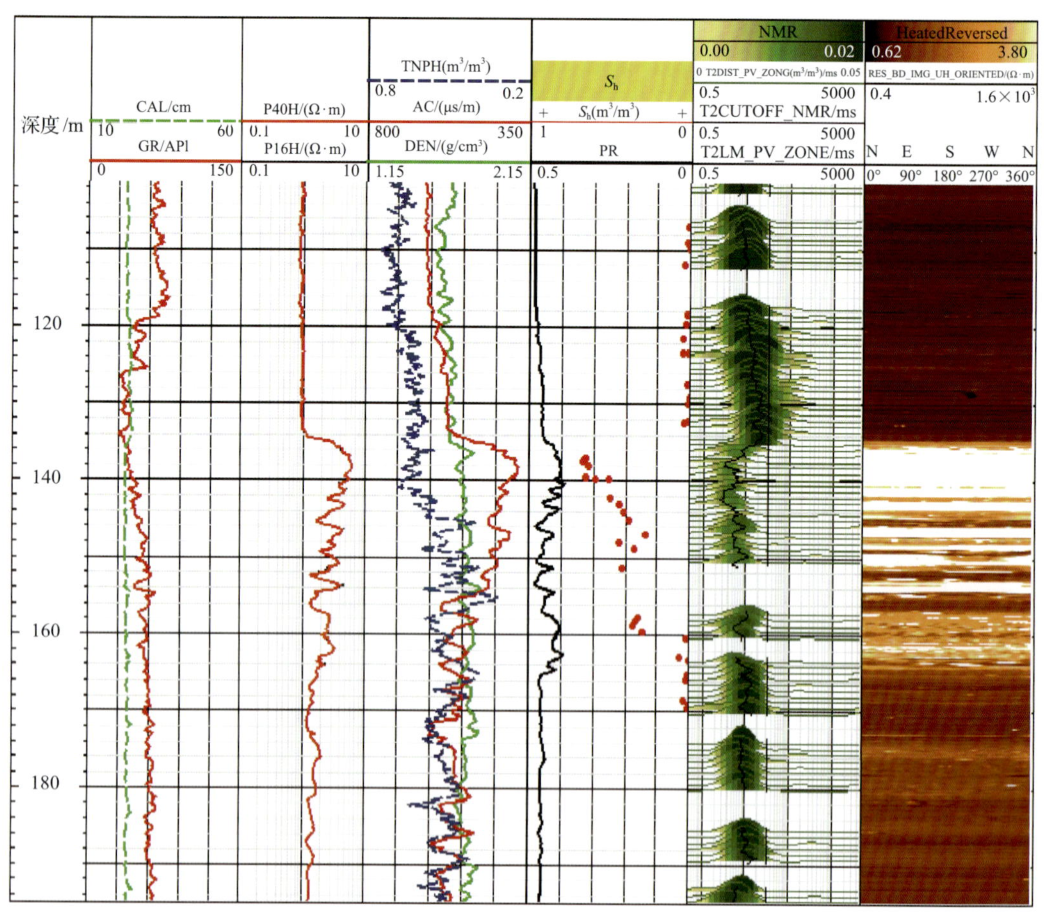

图 6-3　SH-W19-2015 井测井曲线图

2. 游离气识别

天然气水合物储层下部有游离气存在，而区分气层和天然气水合物层的方法主要根据三孔隙度测井，即声波时差测井、密度测井和中子测井。气层采用中子孔隙度-声波孔隙度法识别气层效果较好。当地层孔隙中含有天然气时，由于天然气氢含量低于水和油，气层的中子孔隙度会降低。而由于声波在气层中的传播速度比在水中的低，气层的声波时差会增大，甚至会出现“周波跳跃”。在测井曲线图上含气层的中子和声波时差曲线就会出现重叠区域。地层含气饱和度越大，重叠区域的差异面积越大。在电性上，游离气层的测井响应为相对高的电阻率特征。根据含气量及围岩影响，不同井中的气层电性显示略有不同。

以 SH-W04-2015、SH-W07-2015 井为例（图 6-4），在 150m 以下井段出现气层，其测井响应特征为中子孔隙度明显减小，密度测井数值略微减小，声波时差相对变大，三孔隙度曲线重叠出现明显差异（与邻近水层或天然气水合物层相比）。与上下泥岩相比，电阻率曲线值略有增大。

交会图法也是一种直观识别气层的方法。它主要是利用气层与非气层在测井曲线上值的大小不同进行交会，找出气层的测井响应范围，进而达到识别气层的目的。实践表

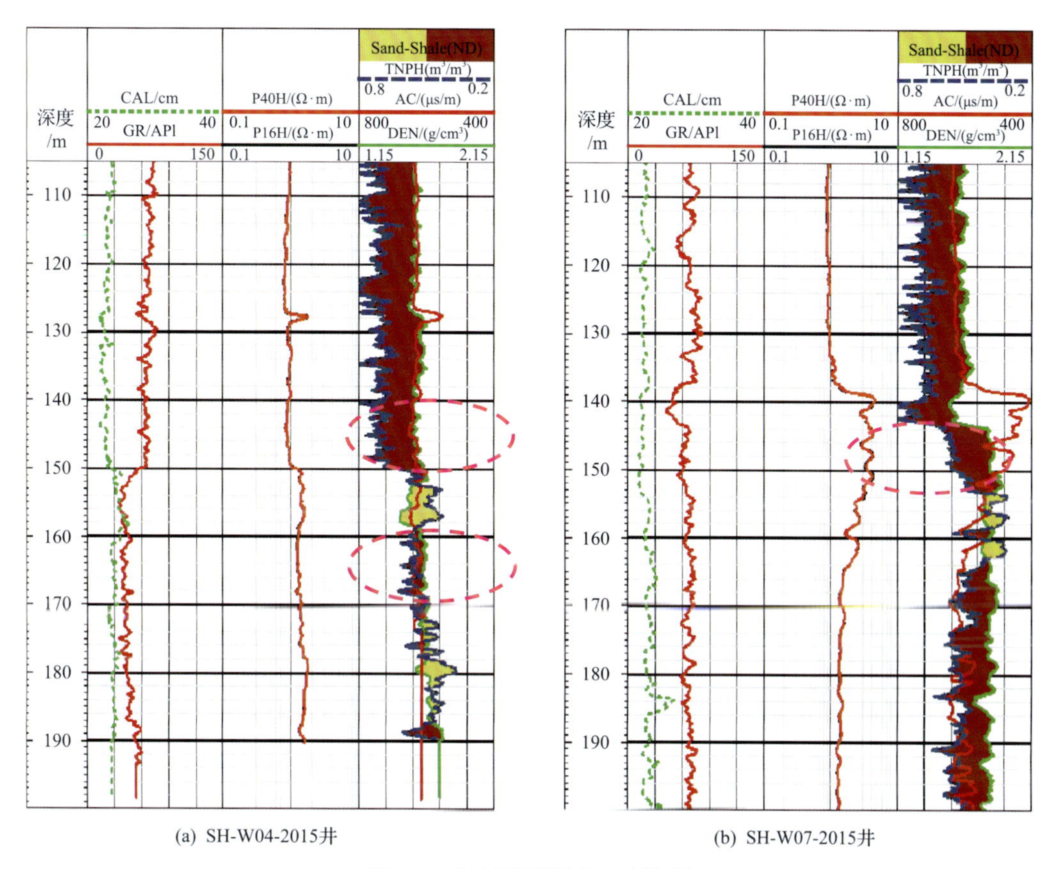

(a) SH-W04-2015井　　(b) SH-W07-2015井

图 6-4　气层常规测井响应特征

明，中子和密度测井是对天然气响应最明显的两种测井方法。将储层处的中子和密度测井值进行交会，会发现气层交会点和非气层交会点有一较明显的界线，所以可以直接利用中子和密度测井值识别气层。

图 6-5 为神狐地区气层定性识别图版。在声波时差-电阻率交会图版中，气层电阻率为 1～4Ω·m，声波时差为 524～656μs/m，红线右侧为气层。在中子孔隙度-密度交会图版中，红线左侧为气层区域，显然气层具有更低的中子孔隙度，与天然气水合物层区别明显。

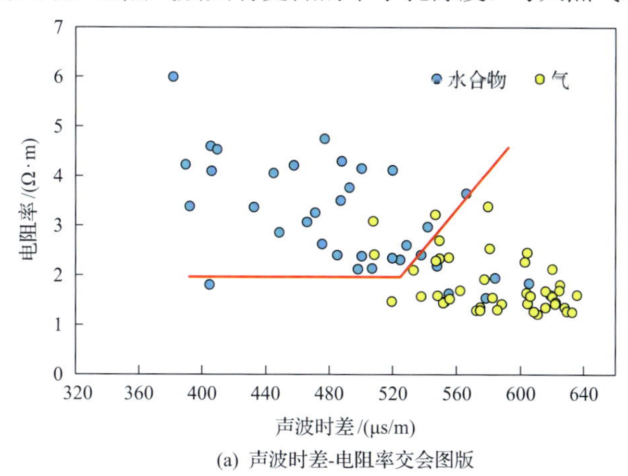

(a) 声波时差-电阻率交会图版

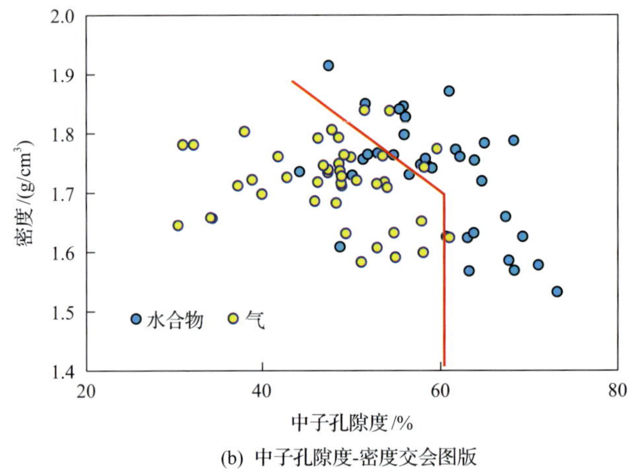

(b) 中子孔隙度-密度交会图版

图 6-5　神狐地区气层定性识别图版

3. 碳酸盐岩识别

碳酸盐岩的主要组成为石灰岩和白云岩，石灰岩以方解石为主，白云岩以白云石为主。碳酸盐岩中石灰岩和白云岩的含量不同，测井响应也不同。常见的湖相、海相碳酸盐岩一般都属于化学沉积，在常规测井响应特征通常表现为“三低、两高”(图 6-6)，即低自然伽马、低声波时差、低中子孔隙度、高电阻率、高密度数值。生物灰岩在测井曲

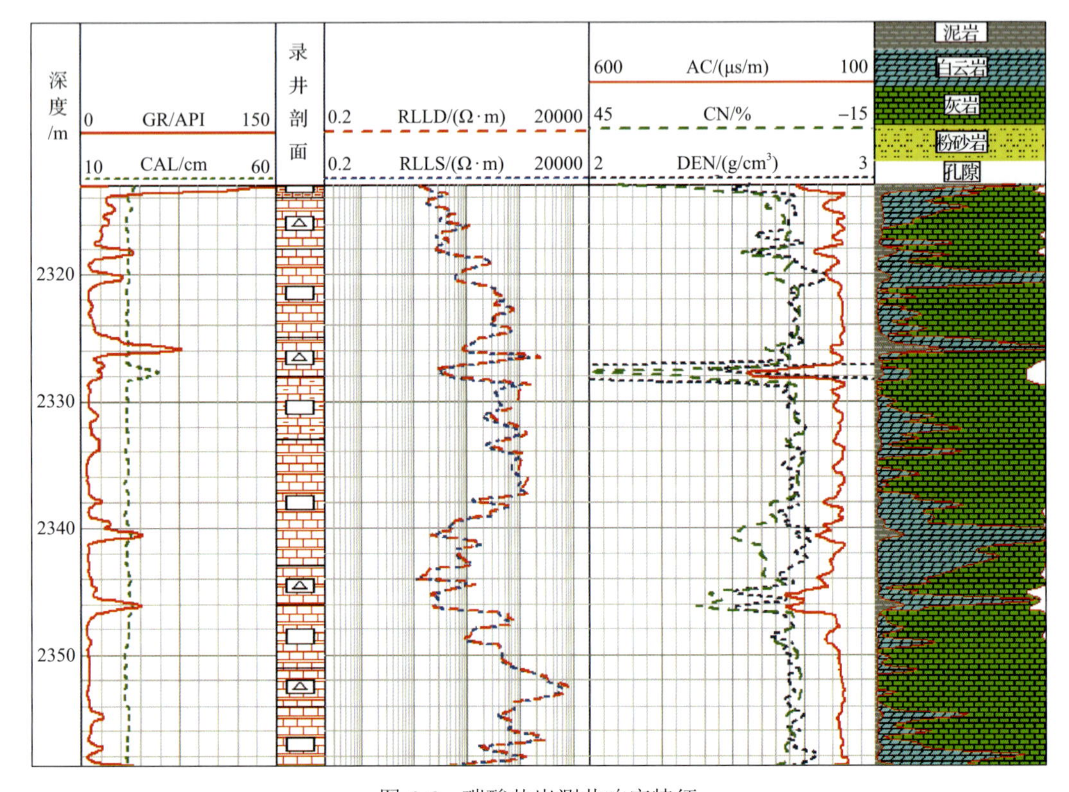

图 6-6　碳酸盐岩测井响应特征

线上有以下特征(图 6-7)：非均质性比较强，声波时差曲线起伏变化比较大，一般呈现低于围岩的声波时差特征；相对砂岩呈明显的低自然伽马值特征；电性特征受流体性质影响，中子、密度受缝洞发育情况影响。

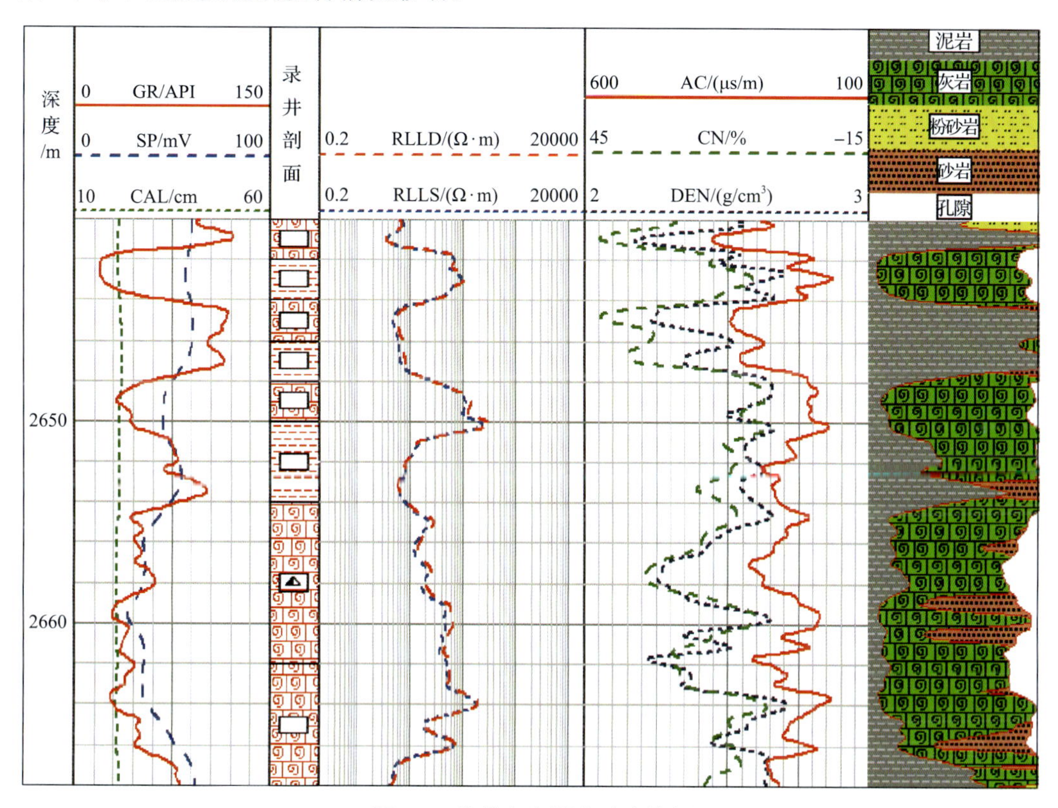

图 6-7　生物灰岩测井响应特征

西沙钻探区碳酸盐岩储层“浅”，取心发现储层有孔虫丰富，属于生物碳酸盐岩，与化学沉积的湖相、海相碳酸盐岩完全不同，与生物灰岩也有差别。在常规测井中的响应特征表现为低自然伽马、低声波时差、低电阻率。核磁测井中碳酸盐岩的响应特征表现为 T_2 谱较长，与水合物特征明显相反(图 6-8)。根据碳酸盐岩的测井响应特征建立声波时差-电阻率、自然伽马-声波时差交会图版进行定性识别。

从图 6-9 中可以看出，碳酸盐岩与水合物在声波时差上具有相似的响应特征，都是低声波时差，但是碳酸盐岩相比水合物具有更低的电阻率，基本为 0.8～1.8Ω·m，自然伽马值也明显变小，在 10～35API。综合考虑自然伽马、声波时差、电阻率曲线可以区分碳酸盐岩和水合物储层。

6.2.2　储层参数定量评价

1. 岩石物理模型建立

岩石物理模型的建立是后续天然气水合物储层参数定量评价的基础，以我国南海神狐海域为例，建立岩石物理模型，并开展该区域储层参数定量评价研究。

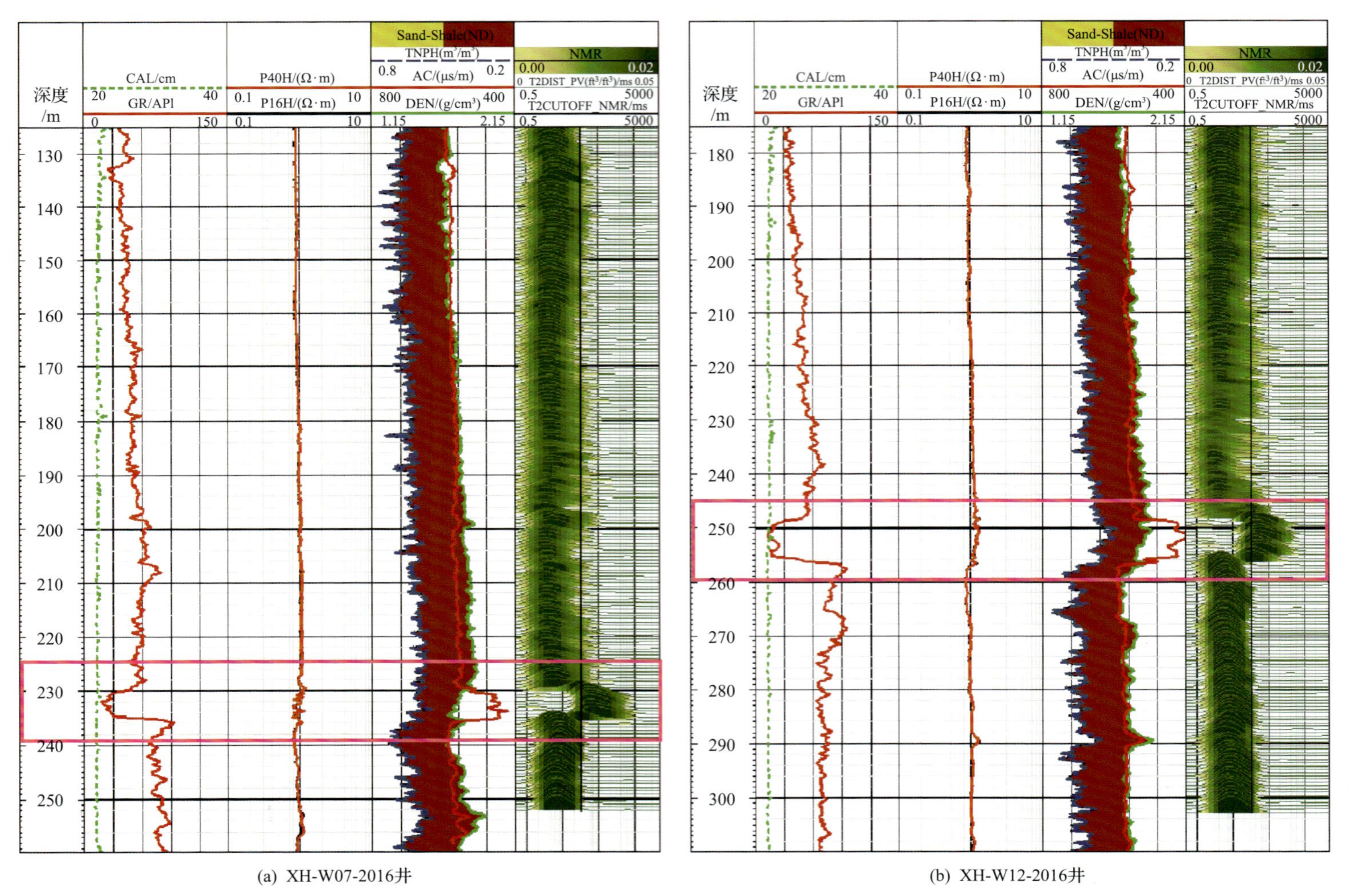

(a) XH-W07-2016井

(b) XH-W12-2016井

图6-8 碳酸盐岩测井响应特征

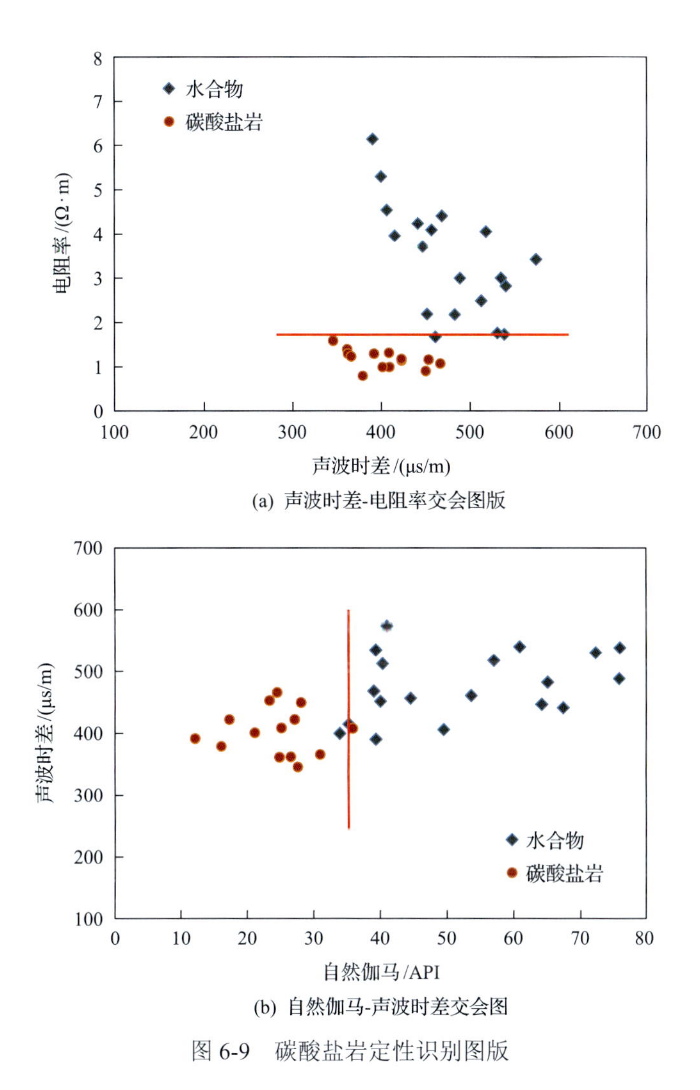

图6-9 碳酸盐岩定性识别图版

岩心实验中的粒度分析报告显示神狐地区岩性主要为黏土质粉砂岩、粉砂岩，全岩X射线衍射定量分析报告中矿物含量包括砂岩、碳酸盐岩、泥岩等(图6-10)。中子-密度交会图版中同样显示该区矿物含量以砂岩、碳酸盐岩为主(图6-11)。由于其他矿物(黄铁矿、赤铁矿、石膏等)含量较小，神狐地区岩性组成可简化为砂岩、碳酸盐岩、黏土。

在常规曲线中，能够反映岩性的是自然伽马曲线、中子-密度交会。在水合物层段，由于中子受到天然气水合物氢原子影响，不能正确反映岩性的真实特征，选择利用自然伽马、密度与矿物的相关性分析来建立全井段岩石物理模型。一般来说，砂岩、碳酸盐岩含量越高，自然伽马值越低，密度值越高；黏土含量高则对应高自然伽马、低密度值。实际上受细粒沉积影响，即使砂岩、碳酸盐岩含量高，自然伽马数值也会偏高；地层的疏松或者致密也会对密度造成影响，所以必须综合考量。

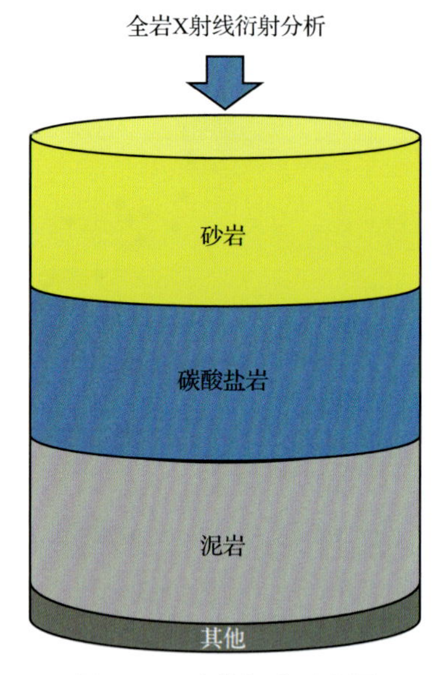

图 6-10　矿物组成示意图

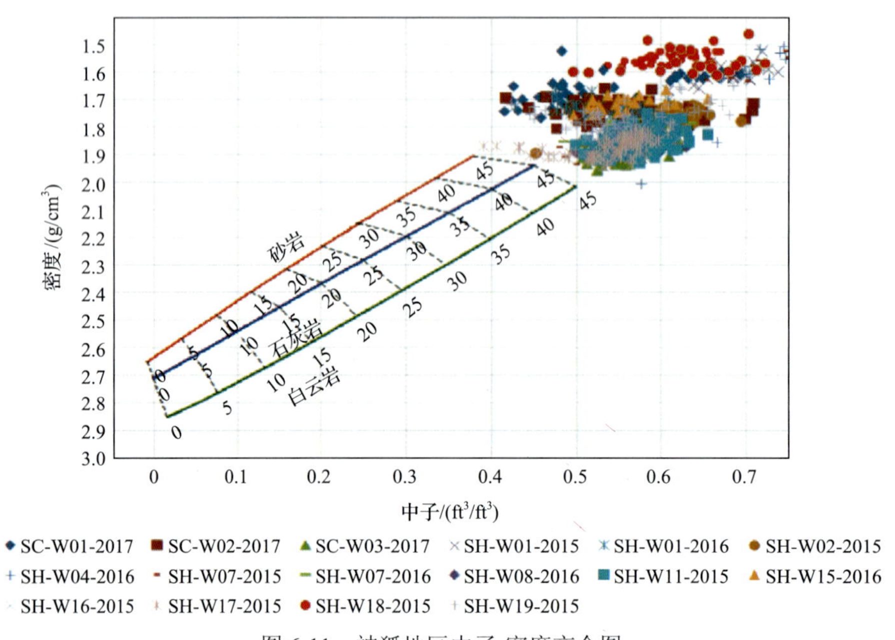

图 6-11　神狐地区中子-密度交会图

以 SH-W11-2015、SH-W18-2015、SH-W19-2015 三口井进行分析。图 6-12～图 6-14 分别为三口井砂岩矿物、黏土矿物、碳酸盐岩矿物含量与自然伽马曲线、密度曲线的相关性分析。受沉积影响，大部分对应关系比较微弱，结合前面元素测井分析，砂岩含量与岩心数据对应较好(图 6-12)。通过对矿物含量与测井曲线相关性分析，综合考量，利用组合优选建立岩石物理模型。

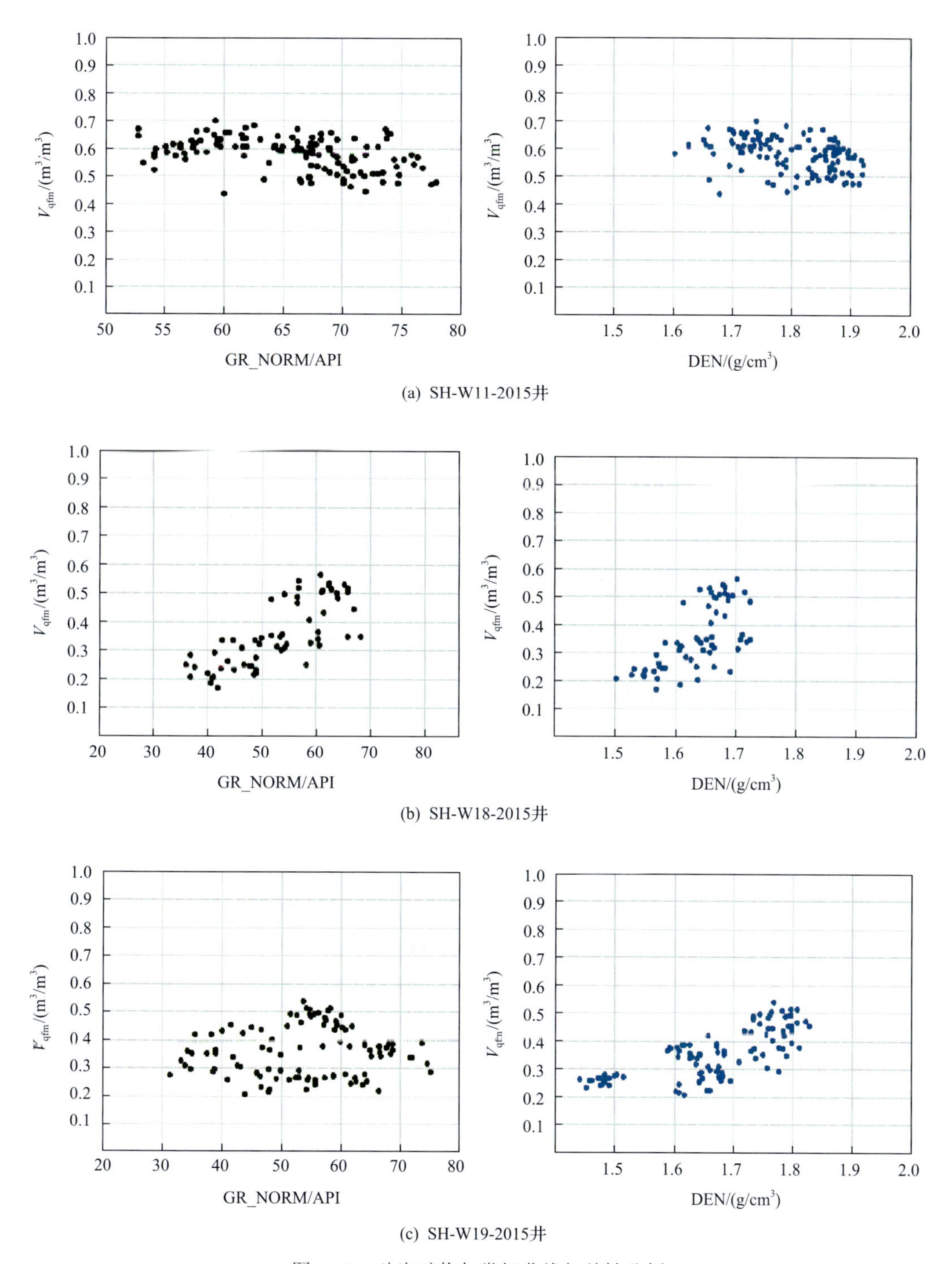

图 6-12 砂岩矿物与常规曲线相关性分析

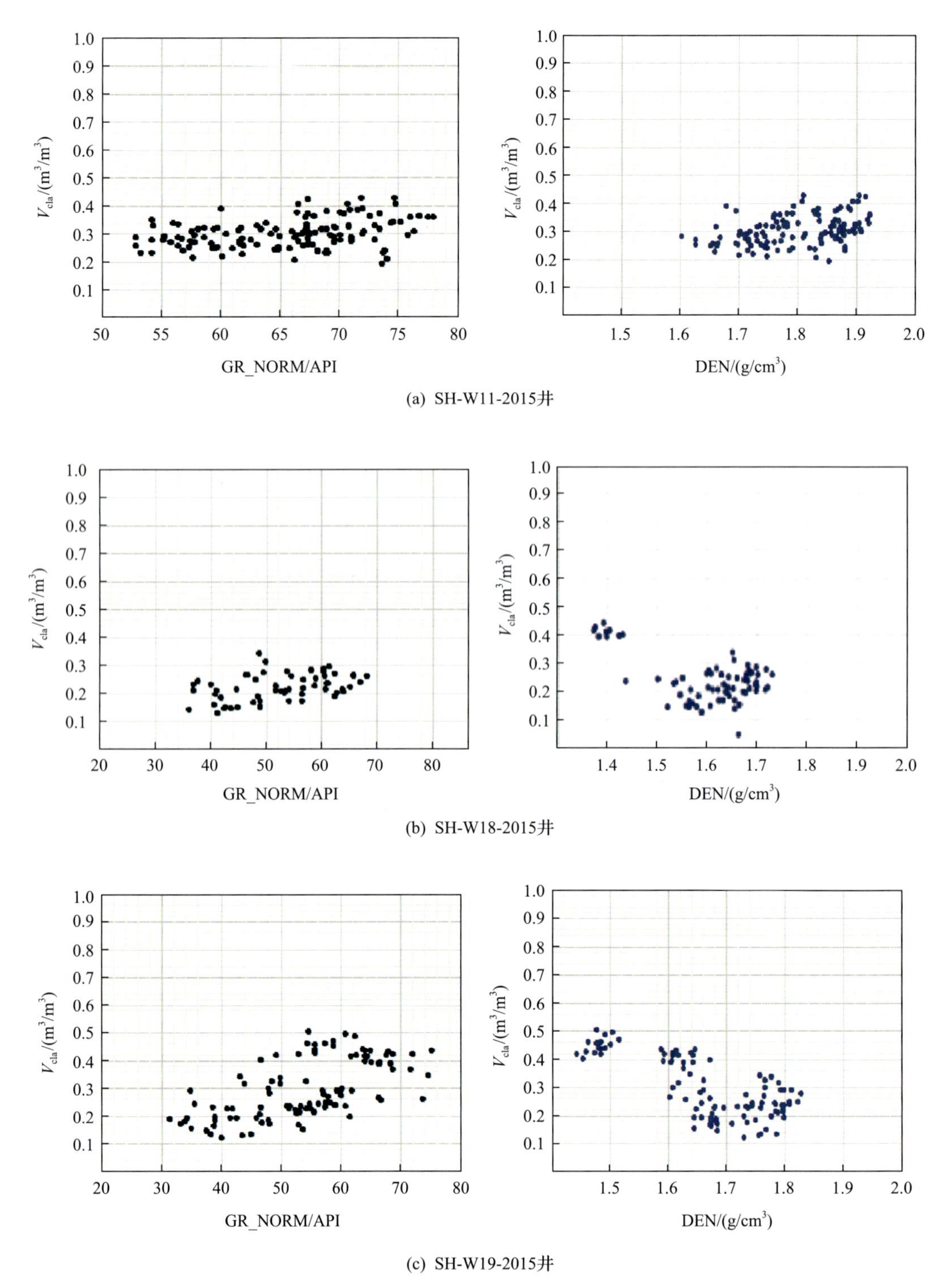

图 6-13　黏土矿物与常规曲线相关性分析

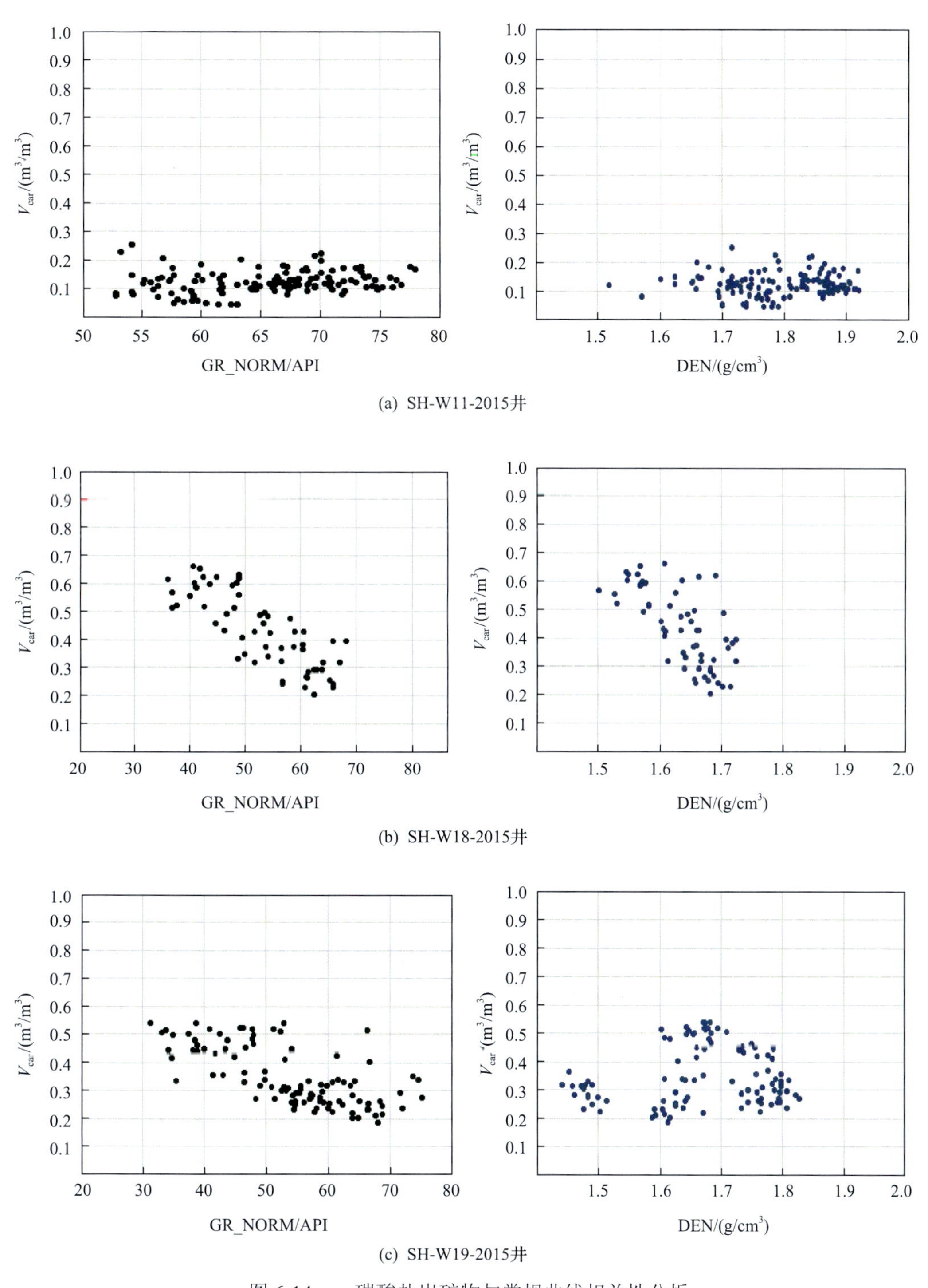

图6-14 碳酸盐岩矿物与常规曲线相关性分析

对于有元素测井资料的井：

$$\begin{cases} V_{\text{qfm}}: \text{NeoScope数据} \\ V_{\text{clay}} = \dfrac{2^{\text{GCUR}\times\Delta\text{GR}}-1}{2^{\text{GCUR}}-1} \\ V_{\text{clay}} = 0.0034\text{GR} - 0.527\times\text{DEN} + 0.961 \\ V_{\text{car}} = -0.0073\text{GR} - 0.393\times\text{DEN} + 1.4 \\ \Delta\text{GR} = \dfrac{\text{GR}-\text{GR}_{\min}}{\text{GR}_{\max}-\text{GR}_{\min}} \end{cases} \tag{6-19}$$

对于没有元素测井资料的井：

$$\begin{cases} V_{\text{qfm}} = -0.0075\text{GR} + 0.51\times\text{DEN} + 0.035 \\ V_{\text{clay}} = \dfrac{2^{\text{GCUR}\times\Delta\text{GR}}-1}{2^{\text{GCUR}}-1} \\ V_{\text{clay}} = 0.0034\text{GR} - 0.527\times\text{DEN} + 0.961 \\ V_{\text{car}} = -0.0073\text{GR} - 0.393\times\text{DEN} + 1.4 \\ \Delta\text{GR} = \dfrac{\text{GR}-\text{GR}_{\min}}{\text{GR}_{\max}-\text{GR}_{\min}} \end{cases} \tag{6-20}$$

式中，V_{qfm}、V_{clay}、V_{car} 分别为砂岩、黏土、碳酸盐岩矿物含量；DEN 为密度；$\text{GR}_{\min}$、$\text{GR}_{\max}$ 分别为纯砂岩处、纯泥岩处自然伽马测井值；GCUR 为经验系数，一般情况下新地层为 3.7，老地层为 2，该模型中取值为 3.7。

图 6-15 为利用本解释模型建立的 SH-W11-2015、SH-W18-2015、SH-W19-2015 三口井矿物含量计算结果与岩屑全岩 X 射线衍射分析得到的矿物含量对比图，可见在利用测井曲线计算的矿物含量与全岩分析的矿物含量基本一致，岩石物理模型可靠。

2. 孔隙度评价

孔隙度是储层评价及储量计算的重要参数，通过测井资料求取孔隙度的方法是多样的。不同的求取方法之间或多或少地存在差异，这会给多井对比分析和储层砂体横向评价带来一定影响，所以在孔隙度的求取方法上必须达到统一。以神狐地区岩心实验孔隙度为依据，对比多种方法计算结果。

1) 常规测井计算孔隙度

常规测井曲线中利用声波时差、密度、中子均可计算地层孔隙度。在岩性较纯的水层段，储层为只含水和骨架基质的二组分系统，分别利用声波时差、密度、中子计算孔隙度与岩心孔隙度做对比。

声波时差计算孔隙度：

$$\phi_{\text{t}} = \frac{\Delta t - \Delta t_{\text{ma}}}{(\Delta t - \Delta t_{\text{ma}})\times \text{CP}} \tag{6-21}$$

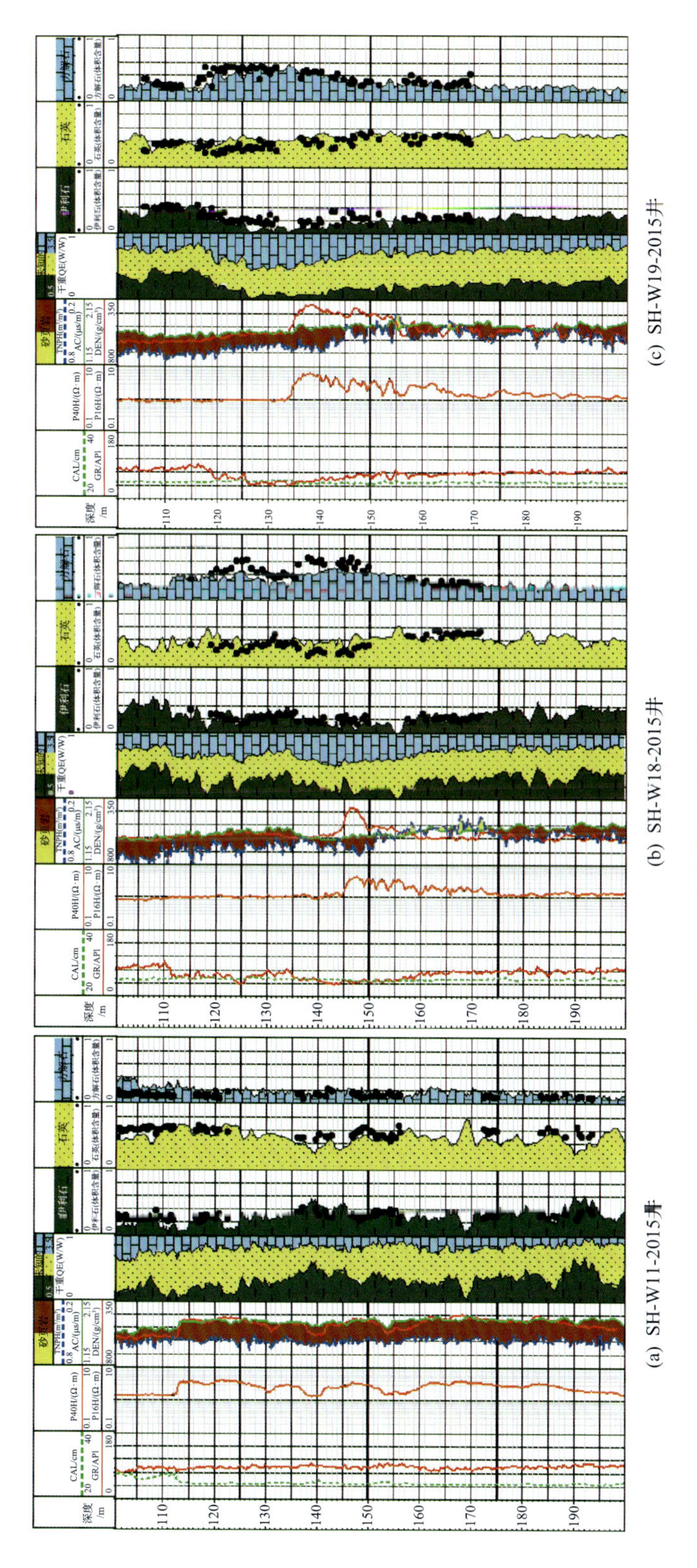

(a) SH-W11-2015井

(b) SH-W18-2015井

(c) SH-W19-2015井

图6-15　矿物含量处理结果与岩心数据对比图

密度计算孔隙度：

$$\phi_{\mathrm{D}}=\frac{\rho_{\mathrm{ma}}-\rho_{\mathrm{b}}}{\rho_{\mathrm{ma}}-\rho_{\mathrm{w}}} \tag{6-22}$$

中子计算孔隙度：

$$\phi_{\mathrm{N}}=\mathrm{CN}\times 0.01 \tag{6-23}$$

中子-密度计算孔隙度：

$$\phi_{\mathrm{ND}}=\sqrt{\frac{\phi_{\mathrm{D}}^{2}+\phi_{\mathrm{N}}^{2}}{2}} \tag{6-24}$$

式(6-21)～式(6-24)中，Δt_{ma}为骨架声波时差(μs/m)；CP为压实系数；ρ_{b}、ρ_{w}、ρ_{ma}分别为密度测井值、水的密度值、岩石骨架密度值(g/cm^3)；CN为中子测井值(%)。

图6-16为利用不同常规曲线计算孔隙度的结果对比，120～130m井段为纯水层，岩心孔隙度与常规测井曲线计算孔隙度一致性好。在下部天然气水合物层段，由于天然气水合物的声波时差值小，利用声波时差计算得到的孔隙度明显偏小。受天然气水合物中氢原子影响，利用中子计算的孔隙度会偏大。由于天然气水合物的密度接近于水的密度，利用密度曲线计算的孔隙度更能反映储层真实孔隙大小。

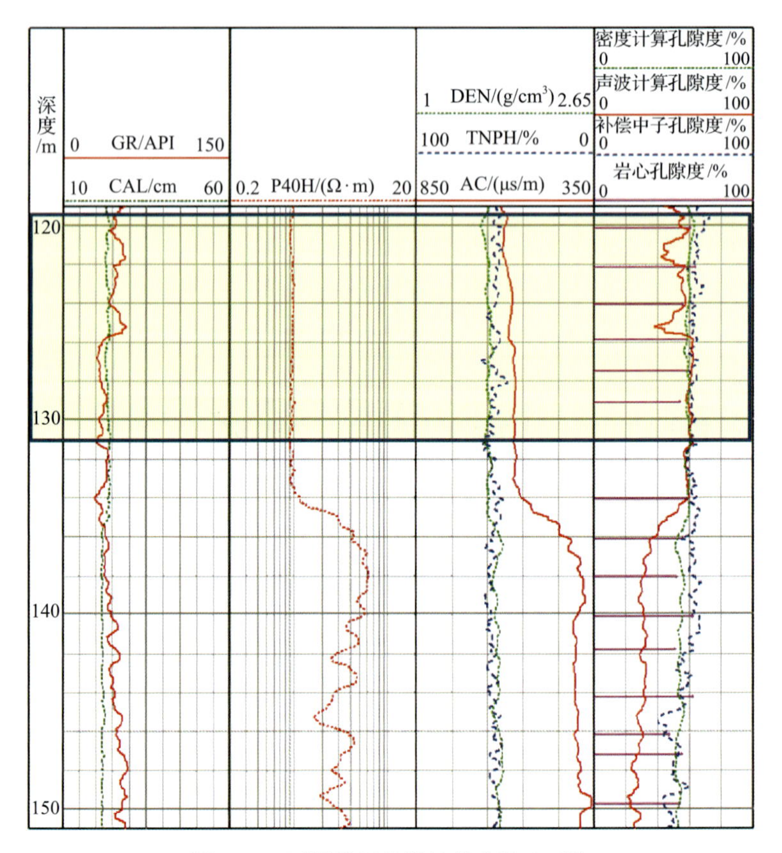

图6-16　不同常规曲线计算孔隙度对比

图6-17是利用密度计算孔隙度与岩心孔隙度对比结果。其中第二道为岩心天然密度

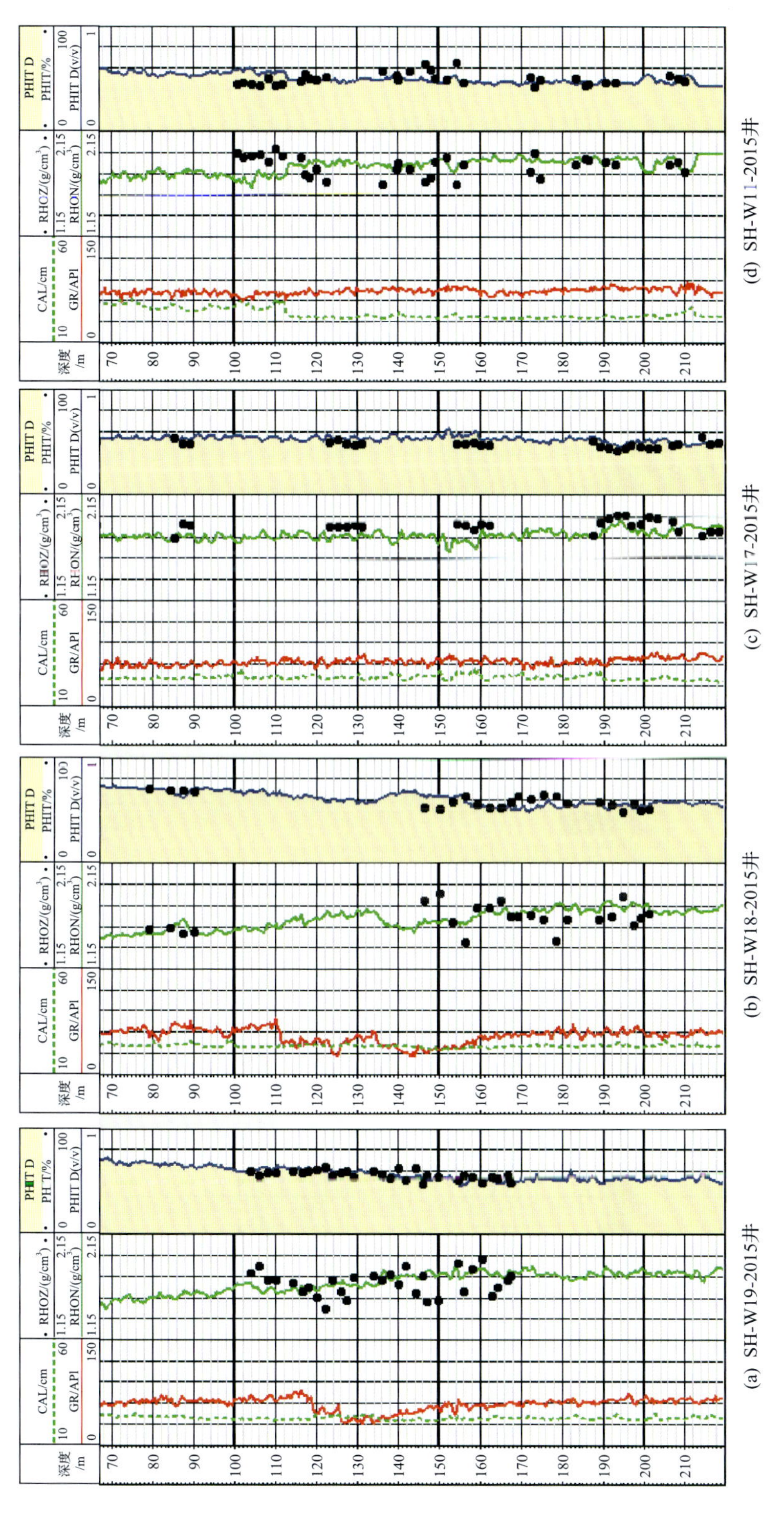

(a) SH-W19-2015井

(b) SH-W18-2015井

(c) SH-W17-2015井

(d) SH-W11-2015井

图6-17　岩心孔隙度与密度孔隙度对比

数据与测井密度曲线，二者有一定的相似性，但是数值存在差异。第三道为岩心孔隙度数据与密度孔隙度曲线，二者吻合情况非常好。综上，最终采用密度测井数据来计算储层孔隙度。

需要说明的是，神狐地区部分井有气层存在，在常规测井曲线上有“挖掘效应”，导致中子孔隙度偏小，密度孔隙度偏大，为了使评价结果更为准确，采用中子-密度交会法计算气层孔隙度。

2) 核磁测井计算孔隙度

核磁共振测量的对象是孔隙流体中氢核的信息，故其避开了岩性影响，可以有效反映储层总孔隙度。当岩样饱和单相流体时，核磁共振 T_2 谱与毛管压力微分曲线存在较好的对应性，T_2 谱所包含的面积为核磁共振测井所测得的地层孔隙度大小。通过一定的界限值在 T_2 谱上可以有效区分黏土束缚流体、毛管束缚流体和可动流体。

核磁孔隙度计算公式为

$$\phi=\int_{T_{\min}}^{T_{\max}} S(T_2)\mathrm{d}(T_2) \tag{6-25}$$

图 6-18 为 SH-W17-2015 和 SH-W19-2015 井核磁孔隙度与岩心孔隙度对比结果，最后一道紫色杆状数据为岩心孔隙度，蓝色曲线为核磁孔隙度。从图中可以看到，由于核磁测井资料质量问题，计算得到的孔隙度曲线不连续。核磁测井计算孔隙度整体偏小，比岩心孔隙度小 15%左右。核磁共振测井孔隙度是被观测区域孔隙流体含氢指数与孔隙度的综合反映，而且易受到回波串采集参数、刻度、回波串的信噪比、钻井液矿化度、

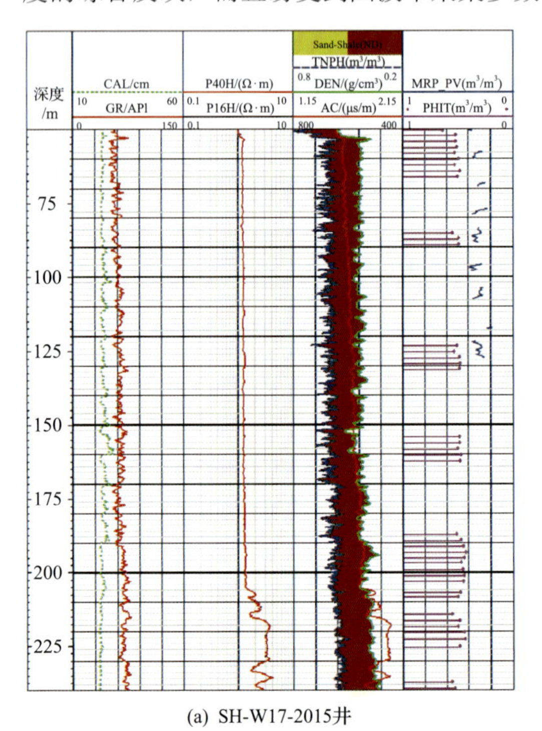

(a) SH-W17-2015井

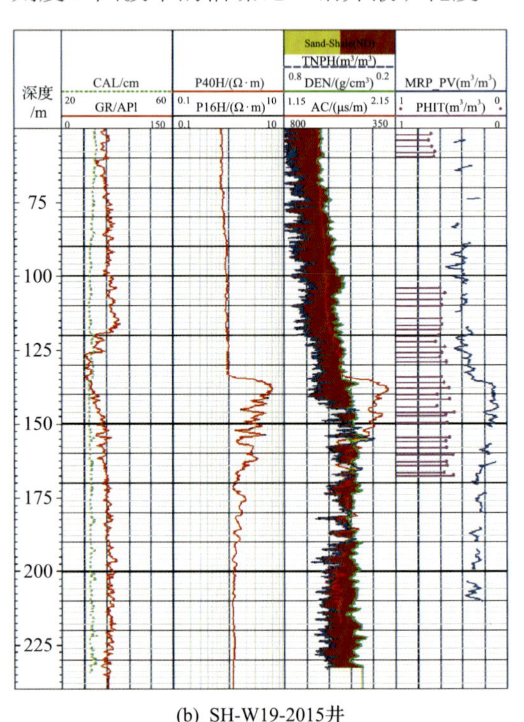

(b) SH-W19-2015井

图 6-18　核磁孔隙度与岩心孔隙度对比

采集模式等多种因素的影响。研究认为造成核磁孔隙度偏小的原因可能是 ProVision 仪器回波间隔为 0.8s，相对偏大，丢失了部分小孔隙的信息，不能反映部分黏土内的流体体积。因此，核磁计算孔隙度结果不可靠。

3. 饱和度评价

天然气水合物饱和度计算是研究水合物储层评价的重要内容。电阻率测井是应用最多的天然气水合物饱和度测井估算方法。除此之外，声波时差测井、核磁测井、元素测井中的俘获截面西格玛也能对天然气水合物饱和度进行评价。

1) 利用西格玛计算水合物饱和度

一个原子核俘获热中子的概率称为该原子核的微观俘获截面，$1cm^3$ 的介质中所有原子核微观俘获截面的总和称为宏观俘获截面，用西格玛表示。热中子被地层中的原子核吸收，能够释放出俘获伽马射线。通过分析俘获伽马射线计数率随时间衰减的曲线可以用来确定天然气水合物储层的西格玛，伽马射线计数率随时间衰减越快，西格玛值越高。西格玛计算公式为

$$\Sigma = V_{ma}\Sigma_{ma} + \phi(1-S_h)\Sigma_w + \phi S_h \Sigma_h \tag{6-26}$$

式中，Σ 为宏观俘获截面西格玛值；V_{ma} 为岩石骨架含量；Σ_{ma} 为岩石骨架俘获截面西格玛值；ϕ 为孔隙度；S_h 为天然气水合物饱和度；Σ_w 为地层水俘获截面西格玛值；Σ_h 为天然气水合物俘获截面西格玛值。

将式(6-26)进行变形，可以得到用西格玛计算水合物饱和度的公式：

$$S_h = \frac{(\Sigma_{ma} - \Sigma) + \phi(\Sigma_w - \Sigma_{ma})}{\phi(\Sigma_w - \Sigma_h)} \tag{6-27}$$

在式(6-27)中，Σ、ϕ 是已知量，若求取水合物饱和度还必须要知道 Σ_{ma}、Σ_w、Σ_h 值。

砂岩的西格玛值为 4～5c.u.($1c.u.=10^{-3}cm^{-1}$)，碳酸盐岩的西格玛值为 5～7c.u.，黏土的西格玛值为 15～25c.u.。岩石骨架俘获截面西格玛值并不是固定的，要依据矿物类型和含量获得。

地层水的俘获截面西格玛值与温度、矿化度有关，随矿化度增高而增大。通过对比多井西格玛曲线发现，西格玛曲线在海底 0～7m 范围内有一段稳定值。根据随钻测井仪器串顺序，靠近最底部钻头的测井仪器是 GeoVision，向上依次为 NeoScope、TeleScope、SonicScope、ProVision，因此可以认为俘获截面西格玛值初始测量值应该是海水的西格玛值。由于目的层较浅，可认为地层水与海水一致。从图 6-19 可以看出 Σ_w 为 43～45c.u.。

以取心井 SH-W19-2015 井的砂岩水层为例(图 6-20)，计算地层水西格玛值。在 126～133m 井段的孔隙度为 0.6，测量西格玛值为 28c.u.，岩石骨架主要是砂岩和碳酸盐岩，根据含量取 6c.u.。将各参数代入公式 $\Sigma = \Sigma_{ma}V_{ma} + \Sigma_w\phi$，计算得到地层水西格玛值为 44c.u.。

以取心井 SH-W18-2015 井和 SH-W19-2015 井的水合物地层为例，利用式(6-27)计算得到天然气水合物俘获截面西格玛值为 28c.u.。

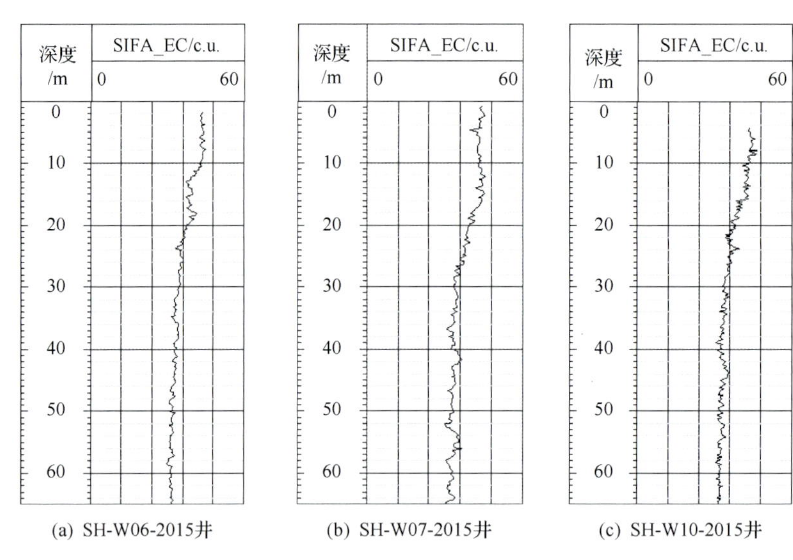

(a) SH-W06-2015井　(b) SH-W07-2015井　(c) SH-W10-2015井

图 6-19　多井西格玛曲线对比图

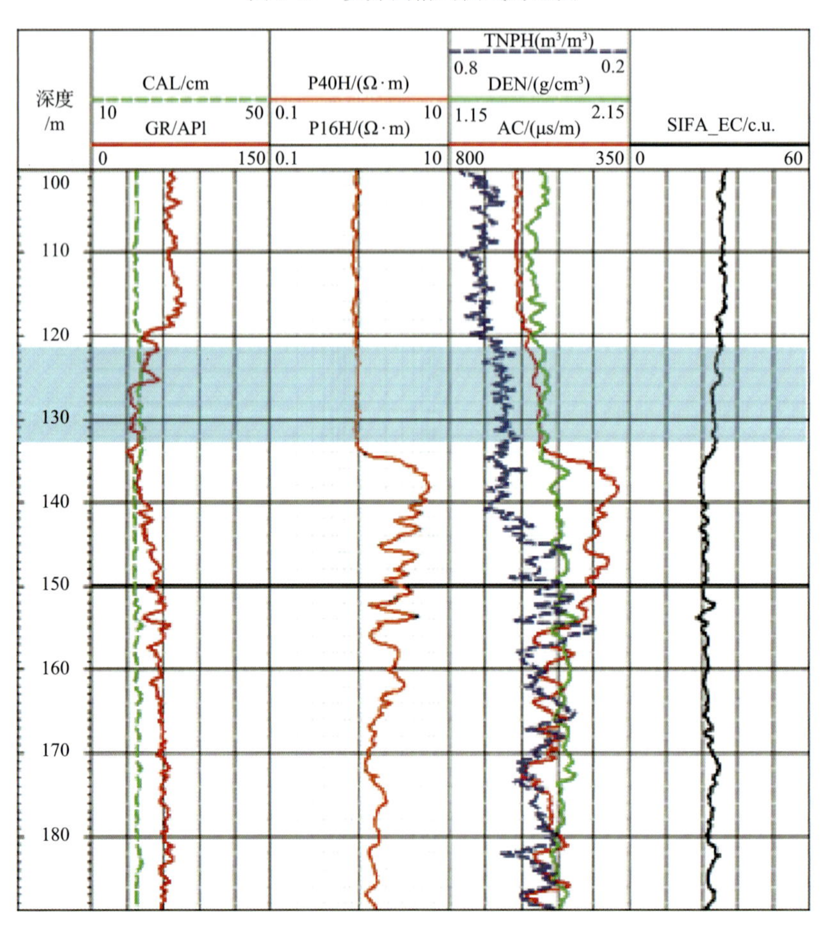

图 6-20　SH-W19-2015 井测井曲线图

图 6-21 显示了利用西格玛计算的三口井水合物饱和度结果。其中第四道为矿物剖面，

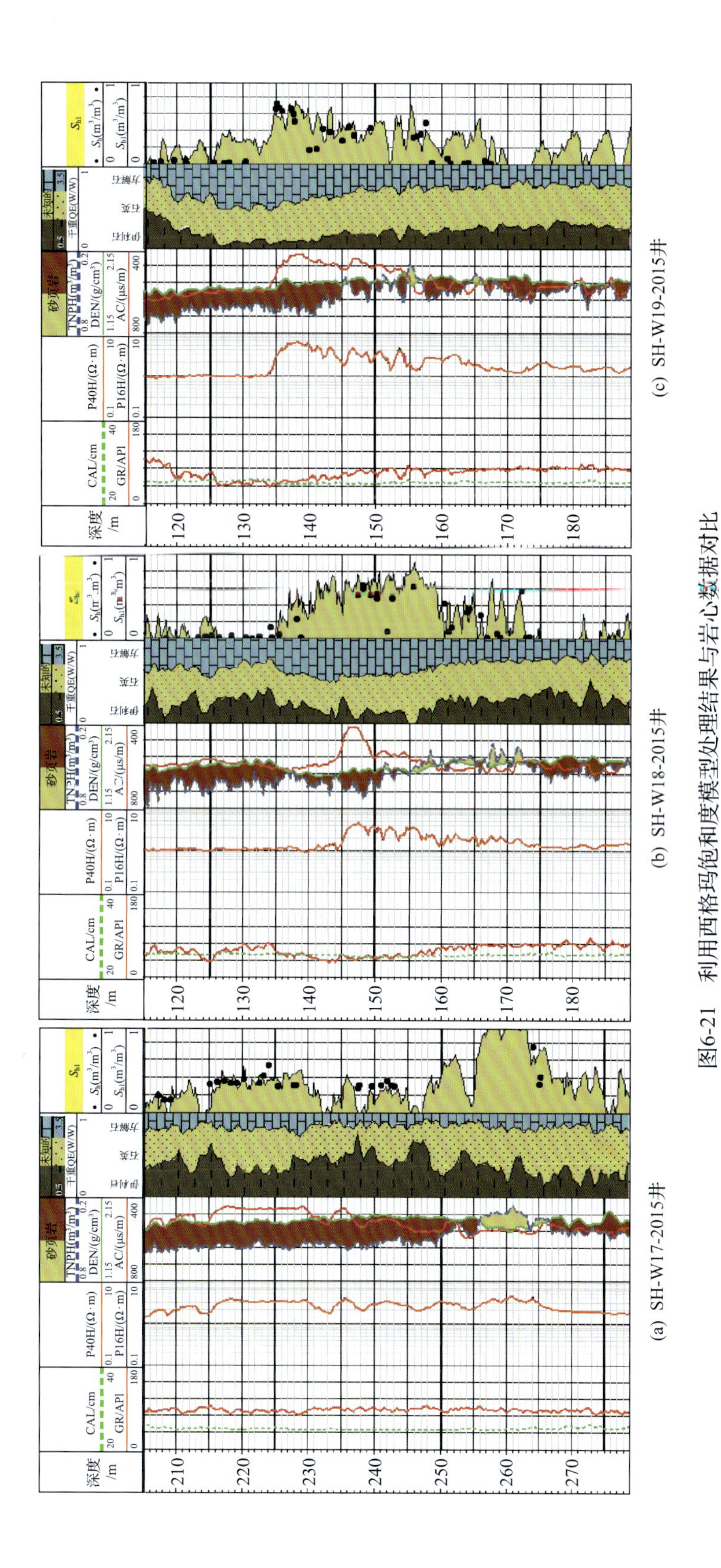

图6-21　利用西格玛饱和度模型处理结果与岩心数据对比

第五道为计算水合物饱和度与岩心饱和度。西格玛值计算水合物饱和度受岩性影响大，SH-W17-2015、SH-W18-2015、SH-W19-2015 井黏土含量逐渐减小，在计算中岩石骨架西格玛值分别取 16c.u.、5c.u.、7c.u.才能与岩心饱和度吻合。天然气西格玛值约为 12c.u.，随着含气的增加，测量西格玛值减小。SH-W17-2015 井下部有气层，根据公式计算得到的天然气水合物饱和度偏大。

综上所述，对俘获截面西格玛值饱和度模型适应性进行分析得到如下认识：①通过 NeoScope 的元素矿物测量结果可知，西格玛值的测量可能存在较大误差；②适用于较纯的砂岩或碳酸盐岩，对于黏土含量较高的地层，岩石骨架很难确定，计算不可靠；③适用于高矿化度地层；④对于含气地层，西格玛值减小，计算水合物饱和度偏大。总之，由于测量上的误差和骨架西格玛值的不确定性，利用西格玛计算水合物饱和度误差较大。

另外，本着对研究认真负责的态度，还有一个问题需要进行说明。图 6-22 为斯伦贝

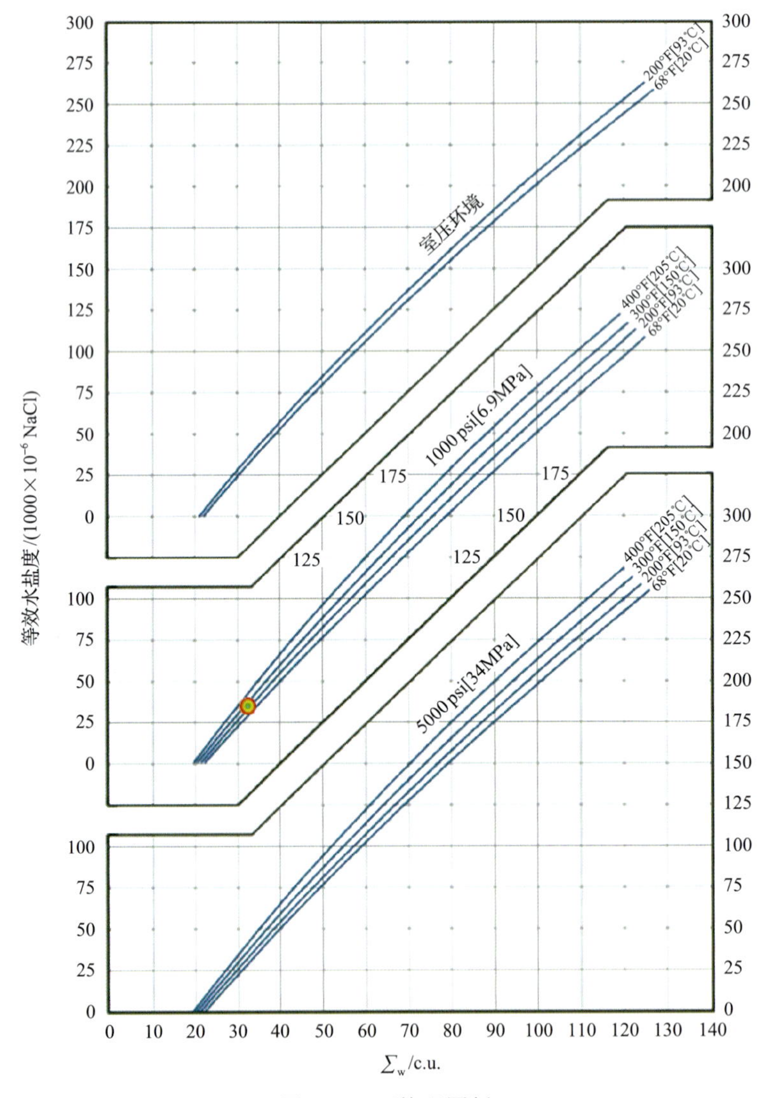

图 6-22　西格玛图版

谢公司制作的西格玛图版。通过图版可以得到不同温度、压力、矿化度下的地层水西格玛值。神狐地区地层水矿化度为 33g/L 左右，水合物层段温度为 12～14℃，压力为 13MPa 左右，利用图版得到的地层水西格玛值约为 33c.u.，与前面计算的数值有差异，造成这种差异的原因还不确定。

2) 电阻率-声波时差计算水合物饱和度

在常规含油饱和度计算中一般都采用阿尔奇公式，主要利用电阻率计算。但对于天然气水合物来说，与常规油气特征不同，在原位地层以固态形式存在，而且对于未成岩地层，难以准确确定岩电参数，计算精度也难以保证；再加上地层饱含天然气也会引起电性增高，无法与水合物进行区别。因此，本书没有选择阿尔奇公式进行计算。

结合取心认识，在众多的地球物理测井资料中，电阻率和波速受水合物的影响最为明显，相对高的电阻率和声波速度是水合物储层典型的测井响应特征。因此，建立电阻率-声波时差双参数模型计算水合物饱和度。

$$S_{\mathrm{h}}=a\lg\left(\frac{\mathrm{RLLD}}{\mathrm{RLLD}_{基}}\right)+b\lg\left(\frac{\mathrm{AC}_{基}}{\mathrm{AC}}\right) \tag{6-28}$$

式中，RLLD 为深侧向电阻率(Ω·m)；$\mathrm{RLLD}_{基}$ 为深侧向电阻率基线(Ω·m)；AC 为声波时差(μs/m)；$\mathrm{AC}_{基}$ 为声波时差基线(μs/m)；a、b 为系数。

令 $\lg R=\lg\left(\frac{\mathrm{RLLD}}{\mathrm{RLLD}_{基}}\right)$，$\lg\Delta t=\lg\left(\frac{\mathrm{AC}_{基}}{\mathrm{AC}}\right)$，式(6-28)两边同时除以 $\lg R$，整理可得

$$S_{\mathrm{h}}/\lg R=a+b(\lg\Delta t/\lg R) \tag{6-29}$$

显然，式(6-29)为 $y=a+bx$ 形式，由此可以通过线性回归拟合出系数 a 和 b 的值，进而确定饱和度计算公式。

选取 SH-W11-2015、SH-W17-2015、SH-W07-2016、SC-W01-2017、SC-W03-2017 共 5 口井饱和度实验数据进行拟合。其中，深侧向电阻使用随钻相位电阻率 P40H 曲线，声波时差使用随钻声波时差 AC 曲线，拟合结果详见表 6-1 和图 6-23。

表 6-1　电阻率-声波时差公式系数拟合表

井号	拟合系数		决定系数	相关系数
	a	b	R^2	R
SH-W11-2015	0.1989	3.0211	0.9110	0.9545
SH-W17-2015	0.3146	2.8776	0.9638	0.9817
SH-W07-2016	0.1778	2.3017	0.9061	0.9519
SC-W01-2017	0.2077	2.3230	0.9295	0.9641
SC-W03-2017	0.1356	2.5172	0.8978	0.9475
算术平均	0.2069	2.6081	0.9216	0.9599
标准差	0.0044	0.1067	—	
方差	0.0663	0.3266		

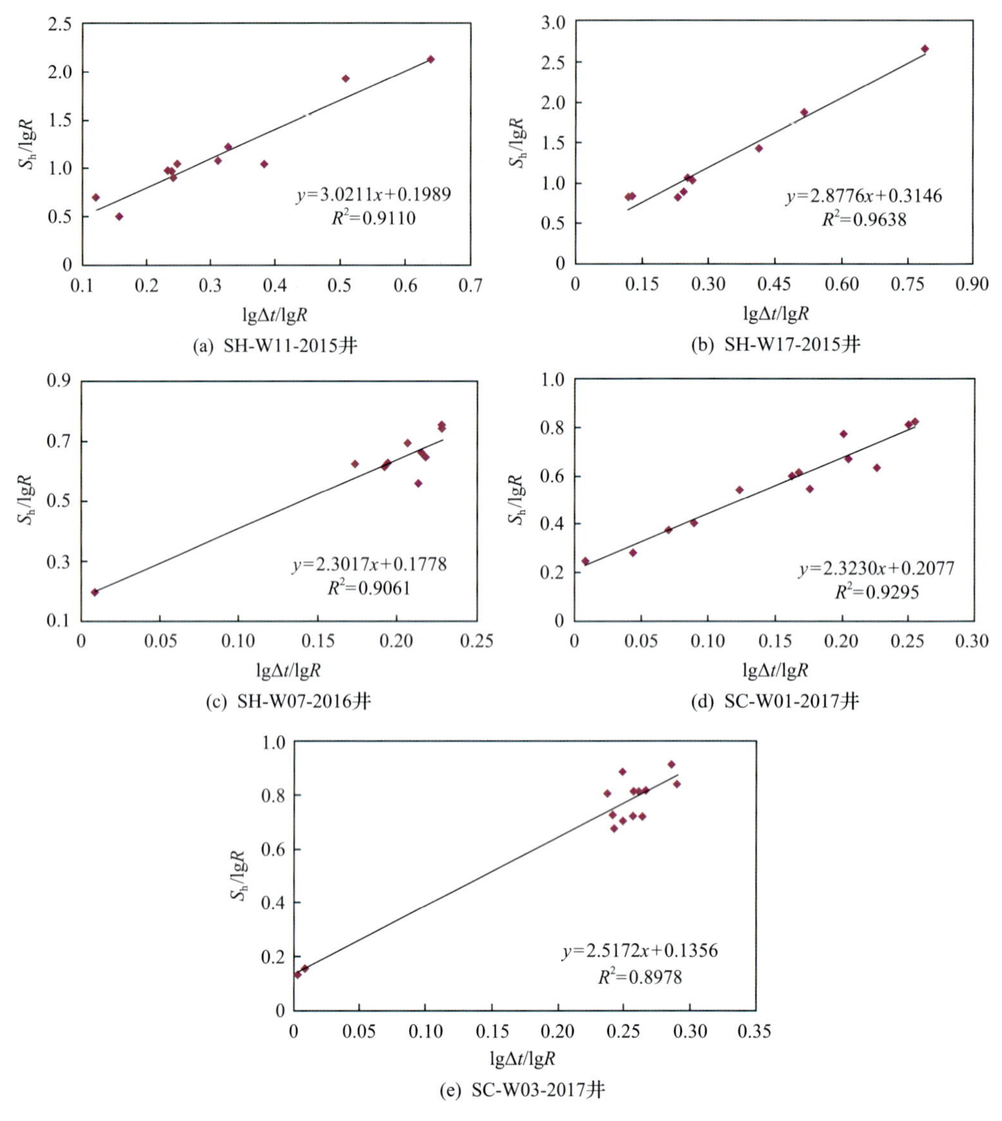

图 6-23　电阻率-声波时差公式系数拟合图

从表 6-1 可以得到五组拟合系数值，每组数据都有较强的相关性，求取算术平均得到的系数 a 和 b 的值分别为 0.2069 和 2.6081，式(6-29)即可表达为

$$S_h = 0.2069\lg\left(\frac{\text{P40H}}{\text{P40H}_{基}}\right) + 2.6081\lg\left(\frac{\text{AC}_{基}}{\text{AC}}\right) \tag{6-30}$$

式中，P40H 为深侧向相位电阻率(Ω·m)；$\text{P40H}_{基}$ 为深侧向相位电阻率基线(Ω·m)。

利用式(6-30)，对有饱和度实验数据的所有井进行重新计算，验证公式的适应性，计算结果如图 6-24 所示。

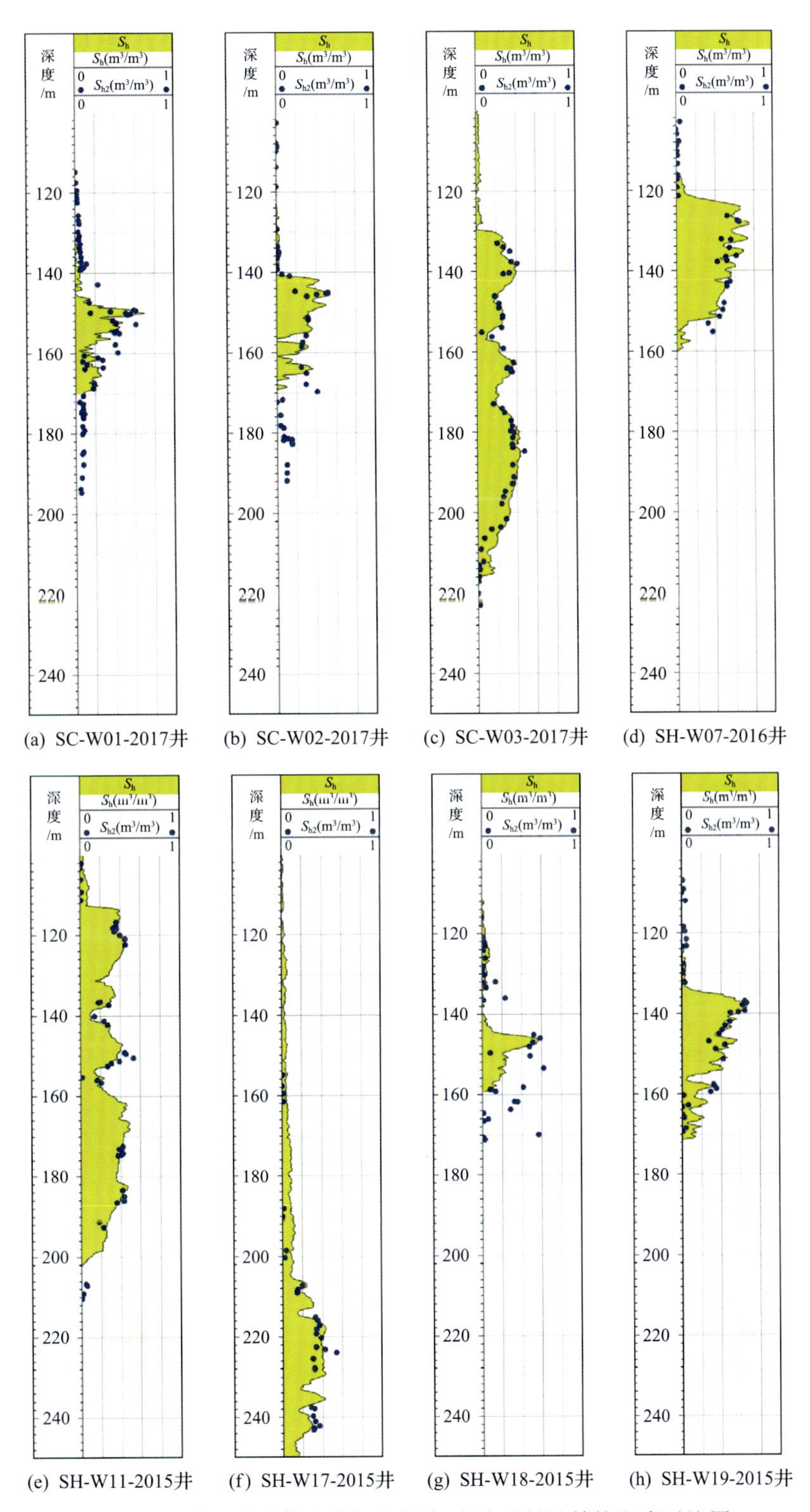

(a) SC-W01-2017井　(b) SC-W02-2017井　(c) SC-W03-2017井　(d) SH-W07-2016井

(e) SH-W11-2015井　(f) SH-W17-2015井　(g) SH-W18-2015井　(h) SH-W19-2015井

图 6-24　岩心实验饱和度与电阻率-声波时差计算饱和度对比图

图 6-24 中，岩心饱和度与电阻率-声波时差双参数法计算的饱和度一致性非常好。部分层段存在误差可能是高饱和气储层、测井曲线质量、分辨率及实验误差导致。但是总的来说，这种算法提高了水合物饱和度计算精度，降低了地层含天然气的影响。

在饱和度计算方法确定的基础上，通过对式(6-30)的分析，可得

$$\mathrm{P40H}=10^{4.83S_h}\,\mathrm{P40H}_{基}\left(\frac{\mathrm{AC}}{\mathrm{AC}_{基}}\right)^{12.6} \tag{6-31}$$

只要选取合适的电阻率、声波时差基值，利用式(6-31)可建立一套与天然气水合物饱和度相关的声波时差-电阻率交会图版(图 6-25)，由此可以实现测井施工现场天然气水合物饱和度的快速判别。

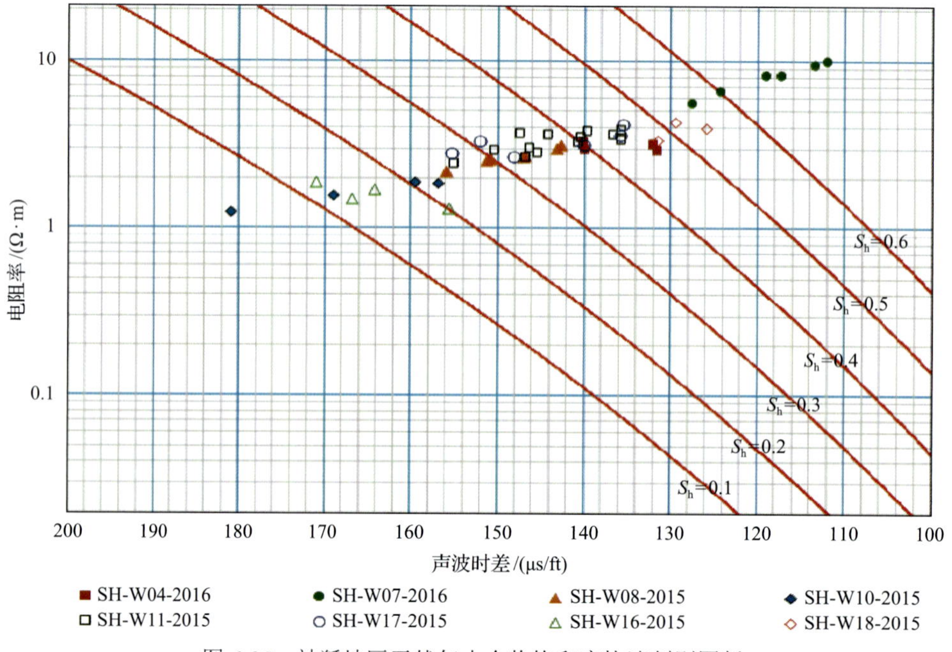

图 6-25　神狐地区天然气水合物饱和度快速判别图版

3)利用阿尔奇公式计算含气饱和度

针对游离气层的测井解释采用传统油气的方法，利用阿尔奇公式计算含气饱和度。

$$S_g=1-\sqrt[n]{\frac{abR_w}{\phi^m R_t}} \tag{6-32}$$

式中，R_w 为地层水电阻率(Ω·m)；m 为地层的胶结指数；a、b 为与岩石有关的系数；R_t 为地层电阻率(Ω·m)；n 为饱和度指数；S_g 为含气饱和度(小数)。

地层参数 a、b、m、n 取值与岩性有关且具有区域特征，需通过岩心实验获得。一般来说 a 取 0.6～1.5；m 值为 1.5～3；b 值接近于 1；n 一般为 1.5～2.2。神狐地区目的层未固结成岩，岩心不能按照常规实验获取地层参数，因此本书结合地层特征和测井响应特征对地层参数 a、b、m、n 进行估算。

阿尔奇公式中地层因素 F 作如下表达：

$$F = \frac{R_0}{R_w} = \frac{a}{\phi^m} \tag{6-33}$$

式中，R_0 为 100%饱含地层水时的地层电阻率(Ω·m)。

由于目的层位于海底且疏松未成岩，可认为非天然气水合物和气层段地层孔隙空间完全被水饱和，那么测量电阻率就是完全被水饱和地层的电阻率 R_0。根据资料，神狐地区地层水矿化度范围为 32～34g/L，计算得到的地层水电阻率为 0.338～0.356Ω·m，可取平均值 0.34Ω·m 作为 R_w。这样可以求取地层因素 F，而前面已经明确了研究区孔隙度 ϕ 的求取方法，通过绘制双对数坐标下的 F-ϕ 曲线，就可以取得 a、m 数值。

图 6-26 是利用 SH-W11-2015、SH-W17-2015、SH-W18-2015、SH-W19-2015 四口井数据绘制双对数坐标下的 F-ϕ 曲线，数据拟合结果显示 F-ϕ 关系是 $F=1.3563\phi^{-1.641}$，基本为一条直线，与理论关系一致，因此可得 a=1.356，m=1.641。

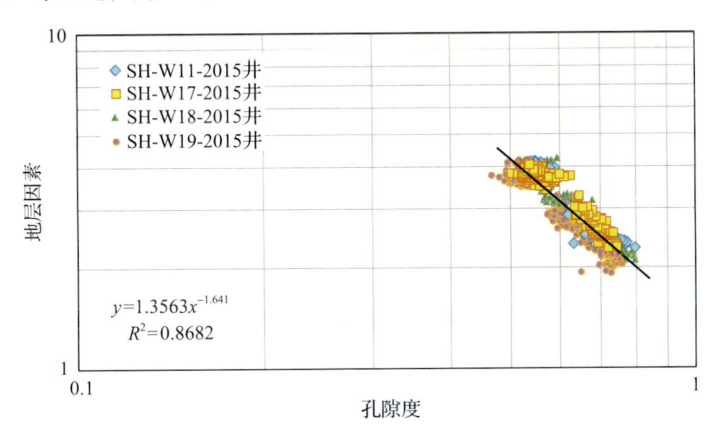

图 6-26　地层因素与孔隙度关系图

阿尔奇公式中电阻率增大系数 I 作如下表达：

$$I = \frac{R_t}{R_0} = \frac{b}{S_w^n} = \frac{b}{(1-S_o)^n} \tag{6-34}$$

式中，R_t 为含油地层电阻率(Ω·m)；S_w、S_o 为地层含水饱和度、含油饱和度(小数)。

由于研究区目前无法进行含气饱和度测量，因此借助不同天然气水合物饱和度地层电性变化进行研究，式(6-34)变化为

$$I = \frac{R_h}{R_0} = \frac{b}{S_w^n} = \frac{b}{(1-S_h)^n} \tag{6-35}$$

式中，R_h 为含水合物地层电阻率(Ω·m)；S_h 为地层含水合物饱和度(小数)。

图 6-27 是利用 SH-W11-2015、SH-W17-2015、SH-W18-2015、SH-W19-2015 四口井数据绘制双对数坐标下 I-S_w 的关系曲线，数据拟合结果显示 I-S_w 关系是 $I=0.997S_w^{-1.7}$，基本为一条直线，与理论关系一致，因此可得 b=0.997，n=1.7。

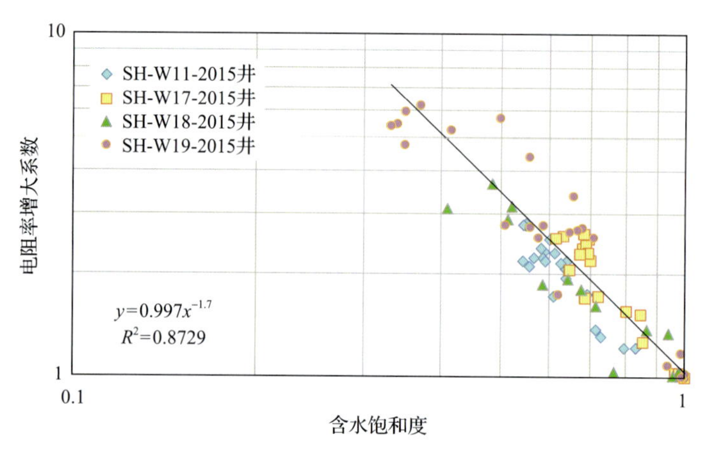

图 6-27　电阻率增大系数与含水饱和度关系图

获取了地层参数 a、b、m、n，就可以利用阿尔奇公式进行含气饱和度的计算。但是需要说明的是，只有岩电实验数据才是可靠的。本书从理论出发，利用地层特征和测井响应特征，借助水合物试验数据得到的估算结果，具有一定的参考价值，但是参数准确性有待验证。

4) 利用核磁测井计算水合物饱和度

天然气水合物中的氢原子弛豫时间很短，目前使用的核磁共振测井工具不能直接探测到天然气水合物，而是将天然气水合物视为骨架的一部分，因此核磁测井所得出的含天然气水合物层段孔隙度只是反映了被水(包括自由水、毛细水和黏土束缚水)所占据的孔隙空间，其值要比真实孔隙度小很多。而密度测井获取的是天然气水合物及流体的综合信息，密度孔隙度和核磁孔隙度之差就是天然气水合物含量(图 6-28)。

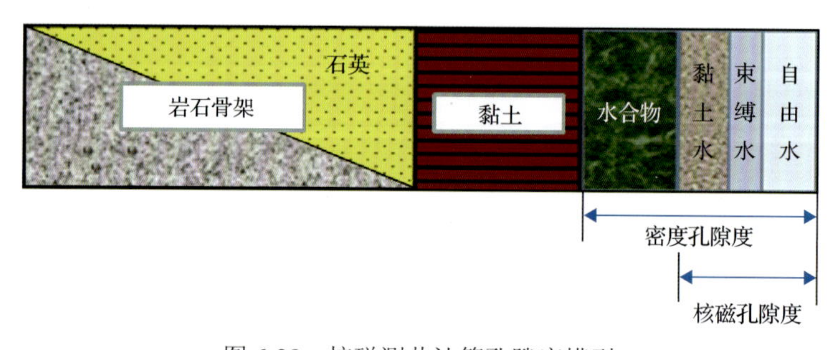

图 6-28　核磁测井计算孔隙度模型

利用此特性，将核磁测井与密度测井所得孔隙度相结合就可以确定水合物的饱和度，计算公式为

$$S_{\mathrm{h}}=\frac{(\phi-\phi_{\mathrm{NMR}})}{\phi} \tag{6-36}$$

式中，ϕ、ϕ_{NMR} 分别为密度孔隙度、核磁孔隙度。

由核磁-密度测井联合法得到的水合物饱和度与储层模型及参数无关，只与核磁和密度测井的准确性有关。图 6-29 是利用核磁测井的饱和度模型处理结果与岩心数据对比结

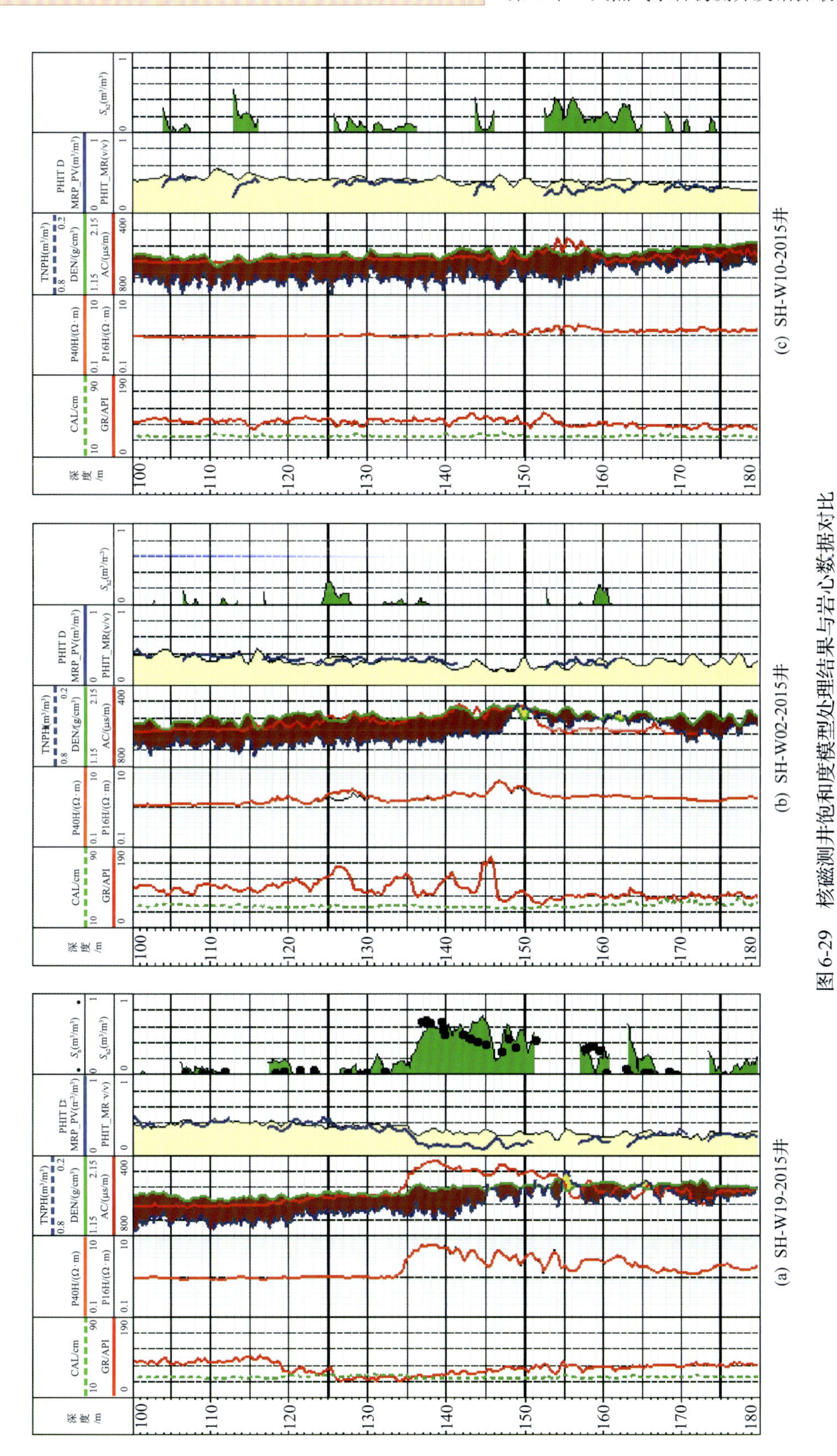

(a) SH-W19-2015井

(b) SH-W02-2015井

(c) SH-W10-2015井

图 6-29　核磁测井饱和度模型处理结果与岩心数据对比

果。图中第四道为核磁孔隙度(蓝色)与密度孔隙度(黄色填充)，第五道为核磁计算饱和度(绿色填充)与岩心饱和度数据。

需要说明的是，在前面已经论证过密度孔隙度与岩心孔隙度结果匹配较好，核磁孔隙度偏小。为使非天然气水合物层段两种方法计算的孔隙度数值相等，调整岩石骨架参数，重新计算密度孔隙度，图 6-29 第四道就是基于核磁孔隙度对密度孔隙度进行校正后的结果。由此计算得到的天然气水合物饱和度数值与岩心饱和度数据大体一致，说明这种核磁-密度计算饱和度的方法在理论上是可行的，但仍旧存在区域上核磁测井比较少、数据获取率较低、核磁孔隙度的可靠性有待验证等问题。

4. 束缚水评价

束缚水饱和度在储层评价中有重要作用，目前用测井资料确定束缚水饱和度的方法多数是建立在岩心与测井资料统计分析基础上的，另外就是利用核磁共振测井资料进行求取。

1) 利用核磁资料计算束缚水饱和度

目前测井方法中能反映束缚流体相对含量的只有核磁共振测井。核磁共振测井可以有效区分束缚流体和可动流体，从而得到束缚水饱和度信息。确定束缚水孔隙度的方法有两种。

T_2 截止值法：

$$\mathrm{BVI}=\sum_{T_2 \leqslant T_{2\mathrm{cutoff}}} P_i \tag{6-37}$$

T_2 谱系数法：

$$\mathrm{BVI}=\sum_{i=1}^{n} C_i P_i \tag{6-38}$$

式中，BVI 为束缚水孔隙度；P_i 为第 i 弛豫分量横向弛豫时间；$T_{2\mathrm{cutoff}}$ 为 T_2 截至值；C_i 为束缚水 T_2 分布系数。

束缚水饱和度 S_{wir} 可表示为

$$S_{\mathrm{wir}}=\frac{\mathrm{BVI}}{\phi} \tag{6-39}$$

神狐地区核磁资料少且单井资料不连续，因此核磁法计算束缚水饱和度在该区不适用。

2) 基于渗透率的束缚水饱和度反推计算

影响渗透率的主要地质因素为黏土含量、束缚水饱和度及孔隙度。基于渗透率点测数据值，就可以反推束缚水饱和度。

Timur 渗透率模型：

$$K = \frac{0.136 \cdot \phi^{4.4}}{S_{\mathrm{wir}}^2} \tag{6-40}$$

$$S_{\mathrm{wir}} = \sqrt{\frac{0.136\phi^{4.4}}{K}} \tag{6-41}$$

Coates 渗透率模型：

$$K = \left(\frac{\phi}{C}\right)^4 \left(\frac{\mathrm{FFI}}{\mathrm{BVI}}\right)^2 \tag{6-42}$$

$$S_{\mathrm{wir}} = \frac{\phi^2}{100\sqrt{K} + \phi^2} \tag{6-43}$$

式(6-42)～式(6-43)中，K 为点测渗透率；FFI 为自由流体孔隙度；C 为与岩性有关的系数，要通过岩心实验得到。

利用式(6-41)与式(6-43)的两种渗透率模型反推计算的束缚水饱和度结果见表 6-2。

表 6-2　利用渗透率反推束缚水饱和度反推计算结果对比

K/mD*	ϕ /%	BVI/%	S_{wir}/%	
			Coates 模型	Timur 模型
0.8	61	59.48	97.51	3291
2	66	63.92	96.85	2625
5	56	52.27	93.34	1156
20	67	60.93	90.94	858

*1D=0.986923×10^{-12}m^2，达西。

显然利用 Timur 模型计算的束缚水饱和度不合理。那么 Coates 模型的计算结果是否合理呢？

岩石颗粒吸附地层水的能力与其尺寸大小有关。岩石颗粒较细时，由于比表面积变大，吸附能力加强，能够吸附大量的地层水，造成高束缚水饱和度。同时，岩石颗粒细和黏土矿物丰富形成了复杂的孔隙结构，孔喉直径整体偏小，也是形成高束缚水的原因。

根据神狐岩心粒度分析报告，神狐地区岩性从粒度角度是黏土质粉砂、粉砂，粒度中值在 7μm 左右(黏土＜4μm＜粉砂＜63μm)。根据常规砂岩岩心粒度与束缚水关系，粉砂(粒度中值＜63μm)束缚水在 70%以上，粒度中值为 7μm 的岩心束缚水在 95%以上。因此利用 Coates 模型反推计算得到的束缚水饱和度在合理范围。

借助渗透率点测数据，建立束缚水与孔隙度、黏土含量的关系(图 6-30)。利用多元回归法得到束缚水饱和度计算公式[式(6-44)]，相关系数 R=0.79。

$$S_{\mathrm{wir}} = 0.843 + 0.1793\phi^{2.5} + 0.1V_{\mathrm{clay}}^{0.5} \tag{6-44}$$

式中，V_{clay} 为黏土含量。

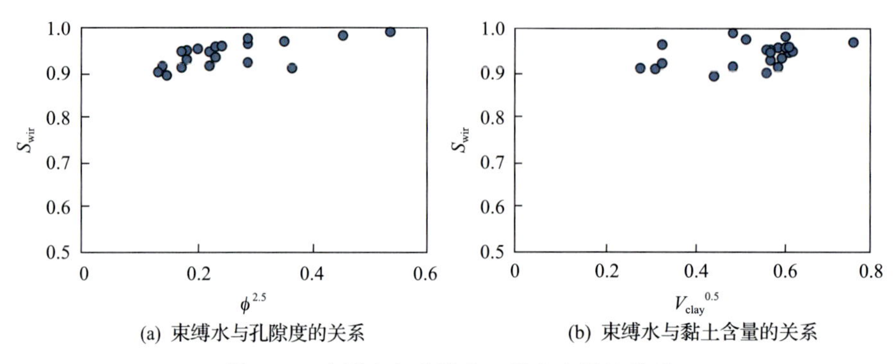

图 6-30　束缚水与孔隙度、黏土含量的关系

5. 渗透率评价

渗透率是指地层在一定压差下，允许流体通过的能力。这一参数在测井解释中较难求准，但又非常重要。传统渗透率确定方法有岩心实验、核磁共振、地层测试、阵列声波及地球化学核能谱岩性分析等。

对常规砂泥岩储层，利用常规测井曲线计算渗透率多采用 Timur 公式，即利用孔隙度、束缚水饱和度等参数计算渗透率。

对于常规砂岩储层来说，渗透率与孔隙度呈正相关关系，孔隙度越大，渗透率越高。为验证公式适应性，假设束缚水饱和度为 90%，利用式(6-40)对 SC-W01-2017 井渗透率进行试算，结果如图 6-31 所示。即使束缚水饱和度含量非常高，计算得到的渗透率依旧达到上千毫达西，远高于点测渗透率数据。考虑目标区岩性特别细，因此常规砂泥岩渗透率公式在此不适用。

核磁共振测井中计算渗透率的公式如下：

Coates 模型：

$$K = \left(\frac{\phi}{C}\right)^4 \left(\frac{\mathrm{FFI}}{\mathrm{BVI}}\right)^2 \tag{6-45}$$

SDR 模型：

$$K = C\phi^4 T_{2\mathrm{GM}}^2 \tag{6-46}$$

式中，T_{2GM} 为 T_2 几何平均谱；C 为与岩性有关的系数，要通过岩心实验得到。

不管哪种计算方法，常数 C 没有岩心实验数据作支撑，由于取值都是相对的，并不能保证准确，还需要寻求其他方法计算渗透率。

渗透率受储层岩性、物性的综合影响，因此渗透率与孔隙度、泥质含量有一定的关系。分析点测渗透率数据发现渗透率数据与孔隙度、泥质含量单因素关系杂乱(图 6-32，图 6-33)。

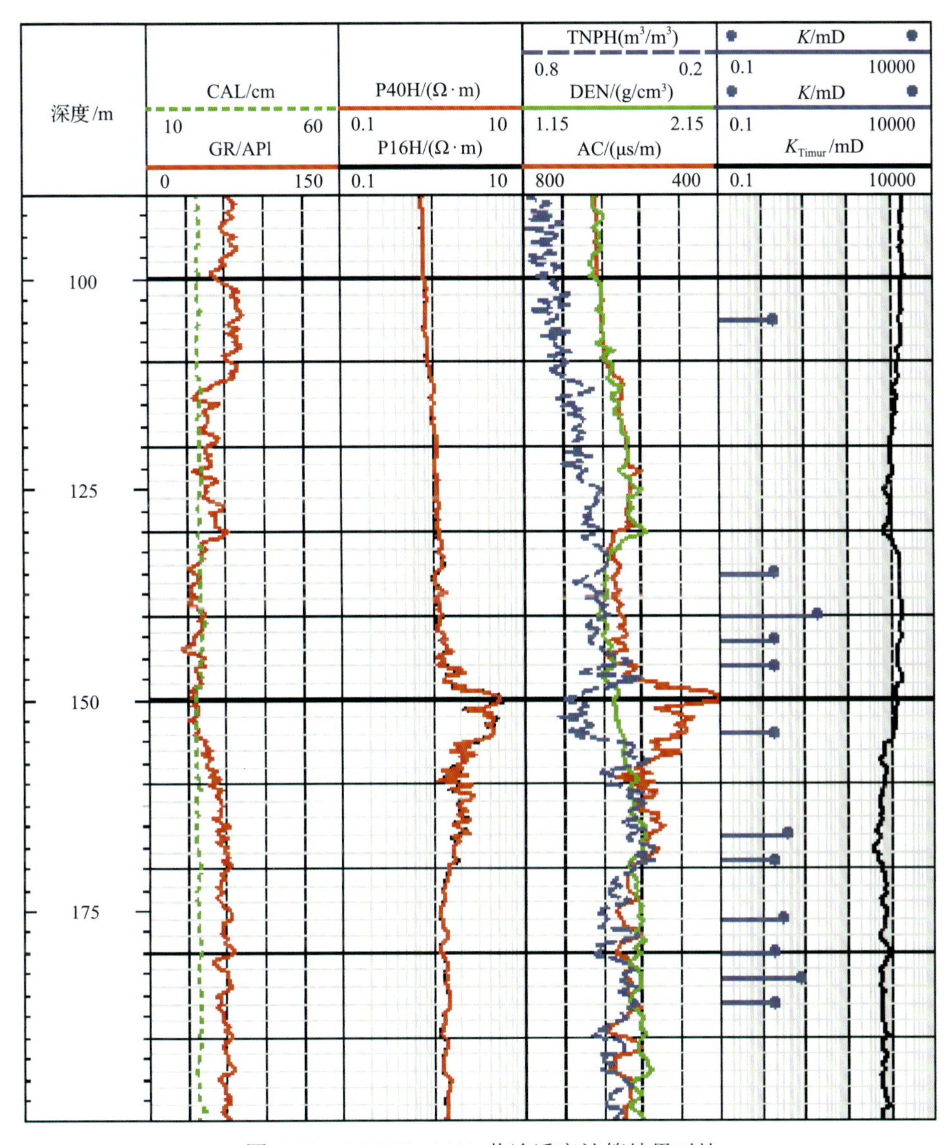

图 6-31　SC-W01-2017 井渗透率计算结果对比

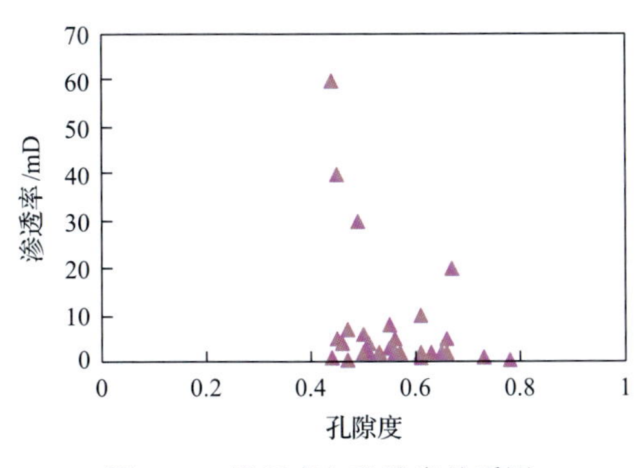

图 6-32　渗透率与孔隙度关系图

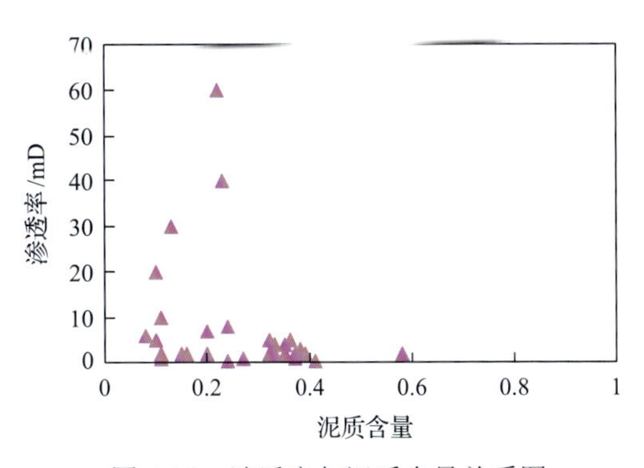

图 6-33　渗透率与泥质含量关系图

通过筛选数据点，并采用渗透率与孔隙度、泥质含量、水合物饱和度多参数分析（图 6-34），建立回归统计模型，得到如下公式：

$$K = 0.3804\exp[6.132\phi(1-S_{\mathrm{h}})(1-V_{\mathrm{clay}})] \tag{6-47}$$

通过图版分析得出，渗透率随孔隙度的增大而增大，随泥质含量的增大而减小，随天然气水合物饱和度的增大而减小。

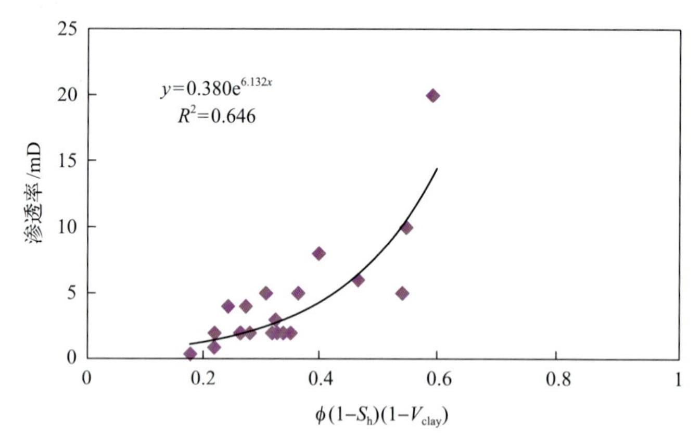

图 6-34　渗透率与孔隙度、泥质含量、天然气水合物饱和度关系图

6.3　天然气水合物钻探取心技术

6.3.1　天然气水合物钻探装备

目前，国际上钻探平台主要分为三类(图 6-35)。通常天然气水合物试采、油气钻探需要隔水管，天然气水合物钻探则无需隔水管，其钻探设备主要包括动力定位系统、钻机设备、泥浆处理设备三大方面。

动力定位系统是钻探船实施钻探时的基本要求，其模式包含 3 种：①DP-1 指安装有动力定位系统的船舶，可在规定的环境条件下，自动保持船舶的位置和艏向，同时还应设有独立的集中手动船位控制盒自动艏向控制。②DP-2 指安装有动力定位系统的船舶，满足以上条件并且在出现单个故障(不包括一个舱室或几个舱室的损失)后，可在规定的环境下，在规定的作业访问内自动保持船舶的位置和艏向。③DP-3 指安装有动力定位系统的船舶，满足以上条件并且在出现单个故障(包括一个舱室或几个舱室的损失)后，可在规定的环境下，在规定的作业访问内自动保持船舶的位置和艏向。即使船舶发生任何单个故障，包括由于失火或进水而完全失去一舱，DP-3 船舶装备能在最大环境条件下，使船舶的位置和航向保持在限定范围。目前日本地球号采用 DP-2 设计，DP-3 安全冗余级别更高，能够更好地保障钻探连续工作与安全性。

钻机设备包括钻井控制系统、提升系统。例如，地球号起吊能力为 1250t，操控钻杆长度为 10000m；井架，目前先进主流井架为 1.5 井架、双井架；转盘，排管系统，铁钻工，钻杆转移系统，隔水管转移系统，取心绞车(地球号万米绞车)，泥浆循环系统，升

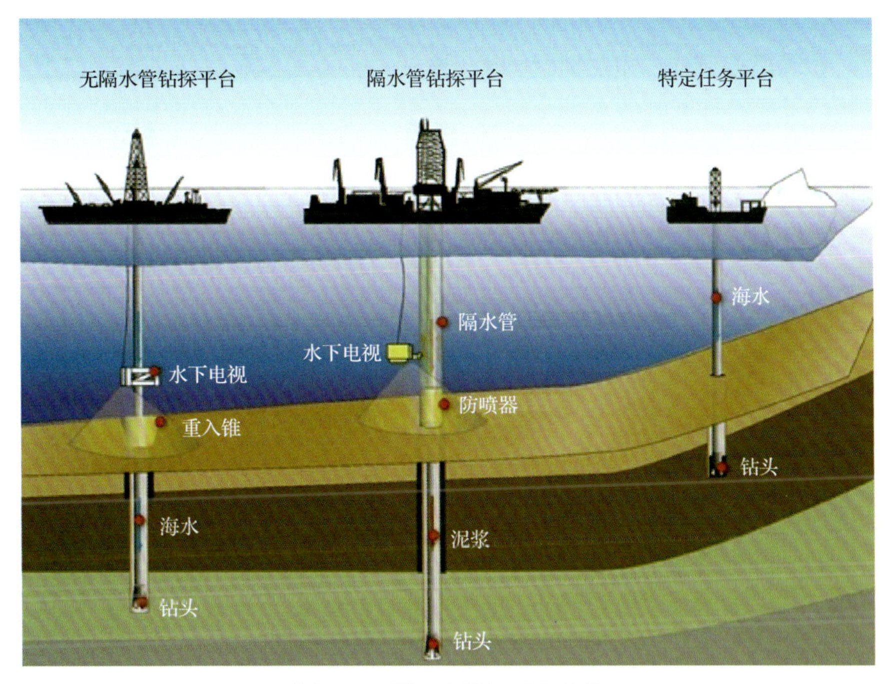

图 6-35　国际上钻探平台分类

沉补偿系统，隔水管张紧系统；防喷器设备及控制系统，耐压等级通常包括 5000psi、10000psi、15000psi，地球号为 15000psi 级别；隔水管常规尺寸为内径 47.63cm，外径 53.34cm；无隔水管钻探(重返锥)，月池等。

泥浆管理系统包含振动筛、除泥器、除砂器、离心机、除气器等设备。

6.3.2　天然气水合物保压取样技术

通过钻探取心，直接在天然气水合物赋存地层中获得实物样品，是水合物勘探开发最直接有效的方法。由于水合物的赋存特性和环境与油气储藏模式不同，所以水合物钻探取心取样技术方法和装备有着特殊的要求。为准确了解水合物的真实状态，取样技术需要能够取出接近原始状态的水合物样品，做到保压等技术难点。

目前，国内外钻井船使用的保压取心器主要由国际深海钻探计划(DSDP)使用的保压取样筒 PCB、国际大洋钻探计划(ODP)使用的保压取心器 PCS、活塞取样器 APC、日本研制的 PTCS 和欧盟研发的 HYACE 等。PCS 是一种自由下落式展开、液压驱动、钢缆回收的保压取心工具。它既采用了传统的油田压力取心技术，又采用了 DSDP 发展起来的取心技术。研制 PCS 很大程度上是希望提高取心率和维持天然气水合物的稳定性。PCS 靠自由落体展开，坐落锁紧在井下钻具组合(BHA)里并一起旋转。理论上在 70MPa 高压下 PCS 可取到长 86cm、直径 42mm 的岩心样品。PCS 在 Leg146 等航次取得了接近原位压力的岩心、气体和水样品。就技术上来看，国外相关产品和技术已经实现了样品的保温和保压转移存储及在线检测。

我国天然气水合物保压取样技术及钻具主要分成两大部分，分别是取样器和保压转移本体。取样器作为钻探系统的一部分，随钻获取地层样品，保压转移本体主要由声波检测装置，球阀连接部分，切割卡紧机构，抓手，伸缩机构，内压平衡系统、支撑装置及同步轮传动及丝杠计数装置几部分组成，其作用是实现对取样器中样品管进行保压前提下的抓取，拖动，声波检验，切割分段样品转移。声波检测装置是检测沉积物中的样品，球阀部分是在子样品转移时为取样器子样品转移装置对接提供前提，即先让取样器和声波检测装置与保压转移本体进行分离。切割卡紧机构作用是将采样器中取出的样品管进行分段切割，还可以使抓手手指开合抓取样品管。同步轮传动部分是为切割卡紧机构的卡紧作业和切割作业提供动力。抓手是实现样品管的抓取与拖动，伸缩机构为抓手移动提供动力并控制抓手位置(图 6-36)。

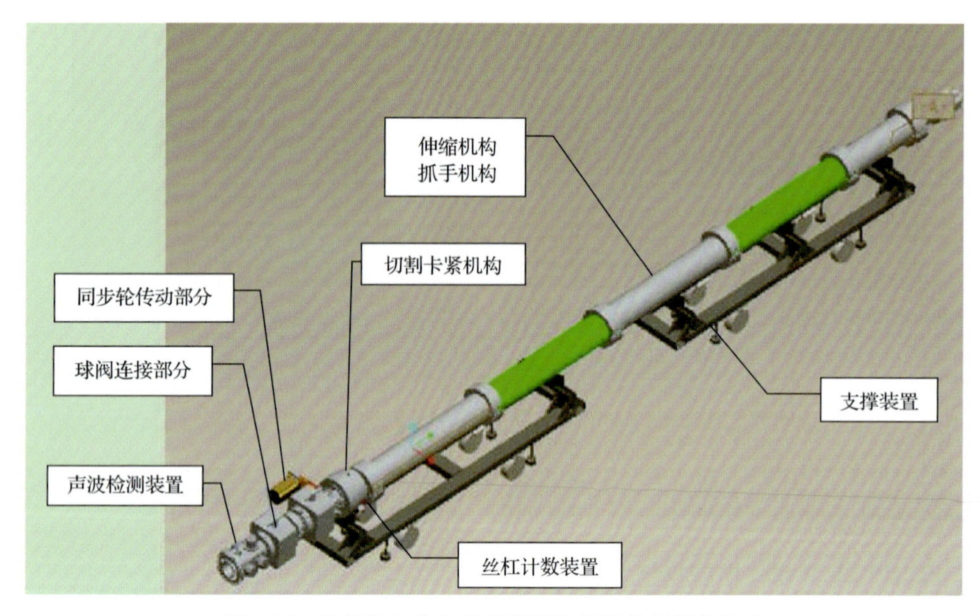

图 6-36　天然气水合物保温保压取样钻具及机构组成

二次取样装置要在最高 20MPa 的原位压力下进行平稳、无扰动地二次取样，就要求装置有耐受内高压的能力，同时各个关键连接部分要求较高的密封性能，同时对装置整体尺寸和重量都有一定要求，对装置工作状态的稳定性也有一定要求。压环、压帽配合使用，连接毛细管和手动截止阀，起到加压时排气的作用；以及压力连通压力释放，稳定压力变化的作用。

目前国内包括广州海洋地质调查局、大连理工大学、中国地质调查局北京探矿工程研究所、中国地质大学(武汉)、胜利油田管理局等多家科研生产单位都研制出了保压压力在 20MPa 的取样及转移装置，在我国水合物地质调查中进行了应用。据广州海洋地质调查局野外工作现场资料显示，在水深 2200m 的海域，已获取了长度 15m 的地质柱状样品，保压率达到 90%。在线进行了样品声波测试、切割和二次保压转移，实现了 20MPa 储存样品的设计目标，保存样品长度达到直径 67mm、长度 83cm 的保压样品柱，为我国自主钻探获取的原压地质样品保压转移、保存奠定了较好的研究基础。

第7章　天然气水合物勘查新技术与方法

7.1　海底冷泉声学快速探测技术

海底冷泉是指来自海底沉积地层的气体以喷涌或渗漏方式逸出海底的一种海底地质现象，是判断天然气水合物藏的重要特征，其发育和分布一般与天然气水合物分解和海底下天然气及石油分解运移密切相关，目前已成为指示现代海底发育且尚存天然气水合物最有效的标志之一。

近20年来的天然气水合物调查研究发现，海底冷泉的发育和分布一般与天然气水合物的分解或海床下天然气及石油沿地质薄弱带上升密切相关，海底冷泉已成为指示现代海底发育或存在天然气水合物最有效的标志之一。反映这种现象最直观的手段就是利用声学探测手段获取冷泉声学剖面图像，通过处理海底冷泉水体声学图像来识别海底冷泉，以实现天然气水合物立体勘探。因此，具有成像能力和识别能力的海底冷泉声学探测技术显得尤为重要。

由于海底"冷泉"的浅层气逸出气泡水体反射信号较弱，采用水下摄像机、深潜器探测等常规方法，应用范围小、作业复杂、效率低。为了快速、便捷、有效探测海底浅层气逸出气泡，广州海洋地质调查局自主研发了海底冷泉声学快速探测技术，利用自主研发的海底冷泉声学探测设备检测海底冷泉气体逸出，将接收到的水体气柱的回声声波按照声波强度的高低变成灰度像素，提取特征参数，使用自主研发的海底冷泉探测处理软件，并结合声呐图像处理技术，形成天然气水合物矿藏冷泉水体回声反射探测技术(图7-1)。

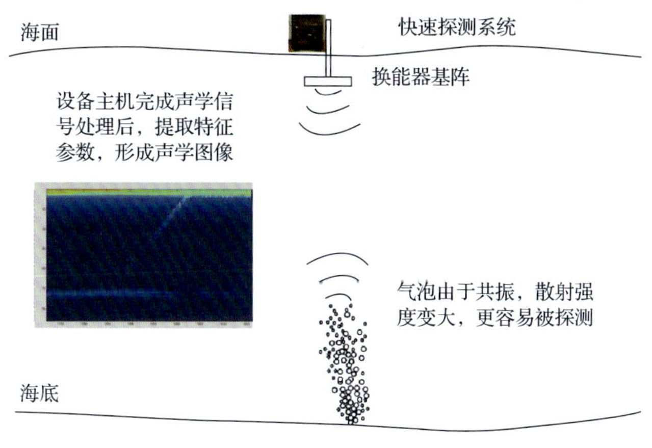

图7-1　快速探测系统工作示意图

7.1.1　海底冷泉声学快速探测技术设备及软件

海底冷泉声学快速探测技术主要包括自主研发的25K海底冷泉声学探测设备及海底冷泉探测处理软件，用于检测海底冷泉气体逸出，并结合声呐图像处理技术，形成天然气水合物藏的冷泉水体回声反射探测技术及设备，实现快速确定冷泉富集海域的目标，是一种新的探测方法。

1. 25K 海底冷泉声学探测设备

25K 海底冷泉声学探测设备是针对海底浅层气逸出气泡的特点建立的一套包含物理模型及一套海底冷泉水体回声反射探测的系统。

系统主要部件包括换能器基阵、收发合置开关、接收机、发射机、信号处理及状态控制器、图像处理及服务器、电源和机箱，硬件框图如图 7-2 所示。系统主机和发射机及整机测试平台如图 7-3 所示。

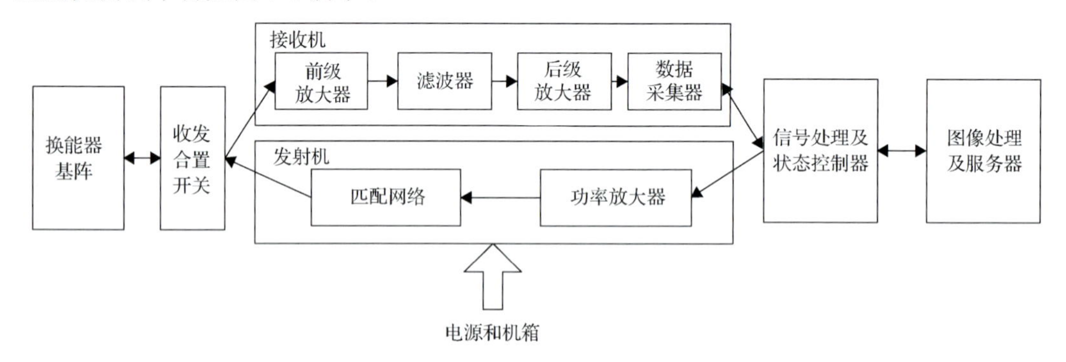

图 7-2　系统硬件框图

图 7-3　系统整机测试

2. 海底冷泉探测处理软件

水体声学图像是通过处理水体的反向散射回波进行成像的，在成像过程中，通过接收水体的反射回波信号形成原始的声图数据。本软件采用的方法是对原始图像进行图像分帧、图像预处理、图像降采样、图像处理、图像拼接、图像拟合和图像可视化显示处理，声学图像处理方法逻辑如图 7-4 所示。

声学原始图像数据处理方法：首先根据声图数据协议进行拆包解释、参数提取、图像分帧等处理；然后根据选择的滤波算法进行快速、有效滤波，将噪声及杂质信号进行滤除、包络提取等图像预处理以达到提高图像质量的目的，是图像处理的基础；由于采集的原始声学图像数据采样率较高，所以采用图像降采样的处理方式对数据进行处理，图像处理的目的是选用合适的图像处理方法将原本不易识别的声学图像变得清晰、轮廓分明，以降低水体混响的强度，提高冷泉气泡的回声反射强度，在本处理方法中由于存在冷泉探测设备姿态的变化及图像分帧而引起的图像误差，需要将滤波后的图像进行图像补偿，补偿后的图像数据再进行图像拼接，将串行读取的声学信号通过数据拼接技术拼接成完整的声图。

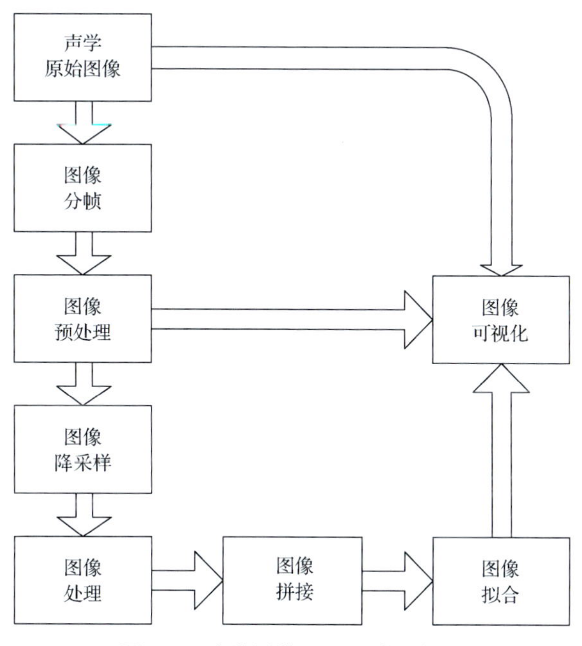

图 7-4 声学图像处理方法逻辑图

通过改进和优化系统软件，完善了系统软件设计、代码编写、调试，并对改进后的软件进行了测试，改进后的软件主界面如图 7-5 所示。

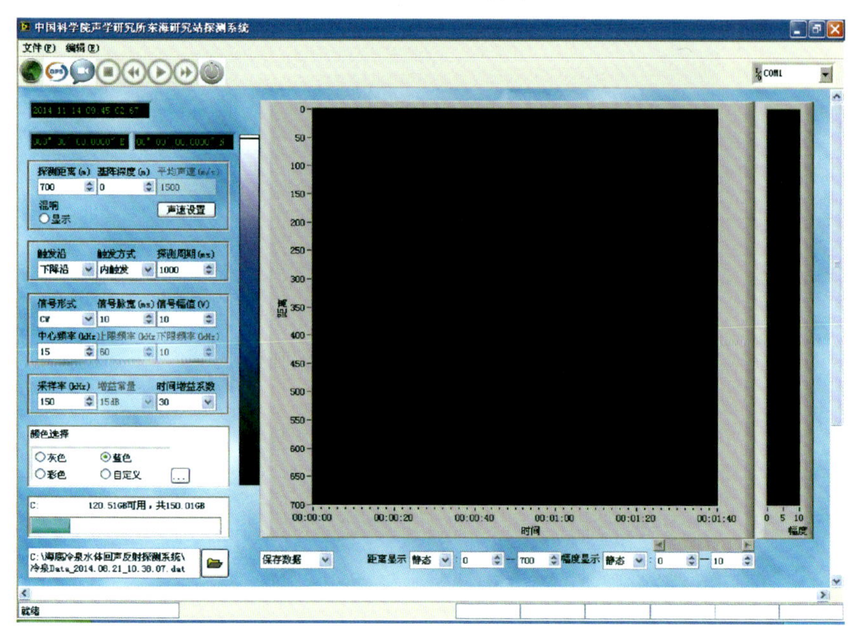

图 7-5 软件主界面

在南海东沙海域进行了实际应用检验，分别在浅水区和深水区进行了系统软件功能性指标的检测。该系统及软件设备工作稳定可靠。图 7-6 为试验时系统软件界面图。

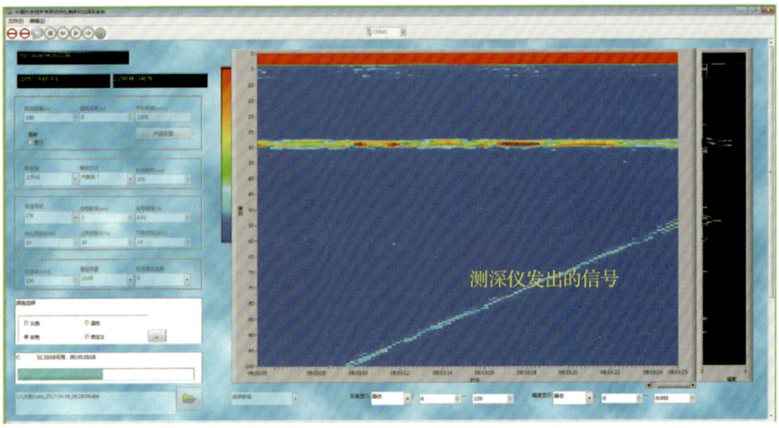

图 7-6　桂山岛处系统软件功能性测试

图 7-7 为船的航向从南向北，航速 3kn，从冷泉上方通过；图 7-8 为船的航向从北向南，航速 4kn，约偏离冷泉正上方 20m 通过。

图 7-9 为船的航向从东向西，航速 3.3kn，从冷泉上方通过；图 7-10 为船的航向从西向东，船速 3.9kn，约偏离冷泉正上方 20m 通过。

图 7-11 为船的航向从北向南，航速 2.8kn，从冷泉上方通过；图 7-12 为船的航向从南向北，航速 5.2kn，约偏离冷泉正上方 20m 通过。

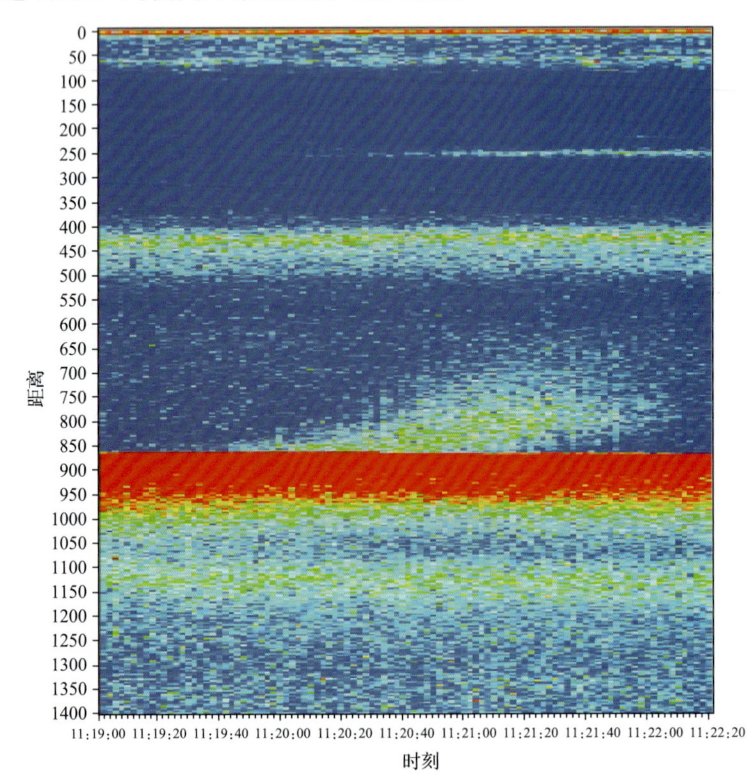

图 7-7　船的航向从南向北、航速 3kn

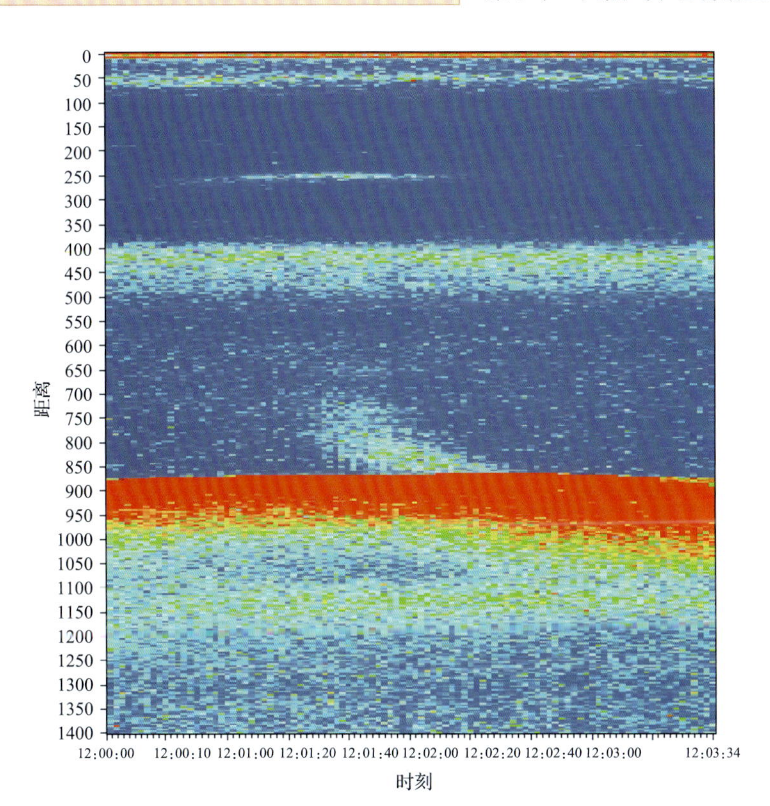

图 7-8 船的航向从北向南、航速 4kn

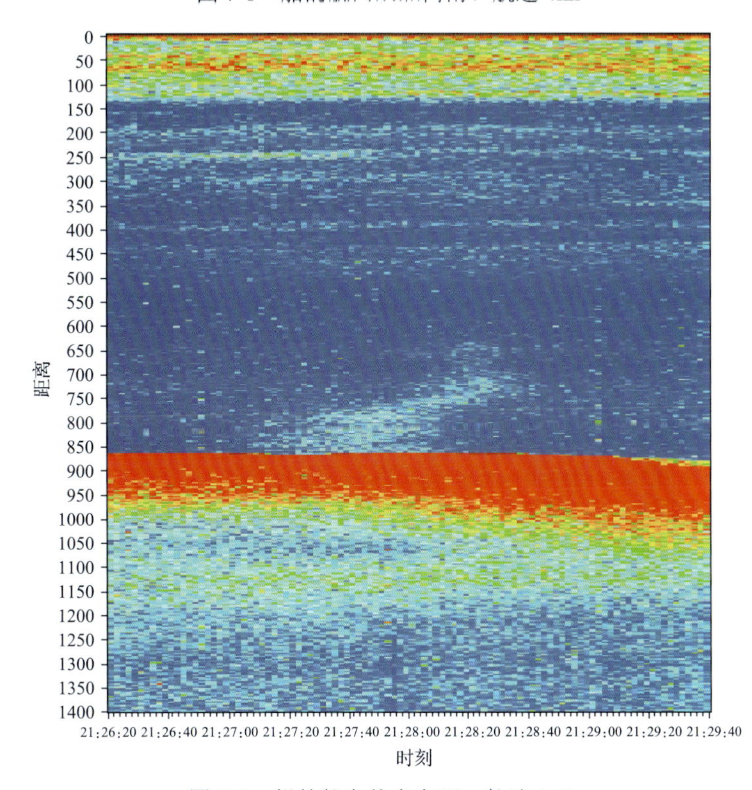

图 7-9 船的航向从东向西、航速 3.3kn

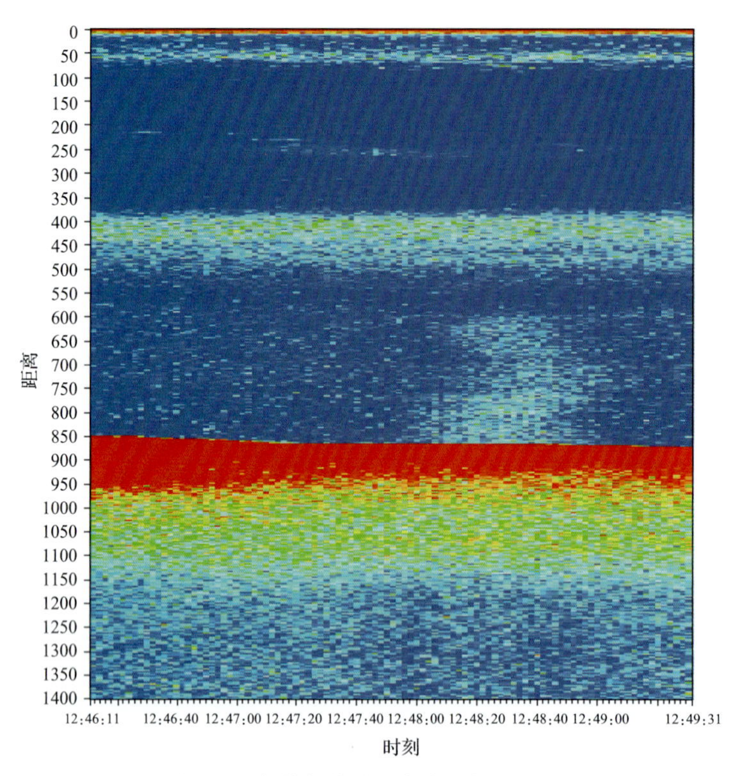

图 7-10　船的航向从西向东、船速 3.9kn

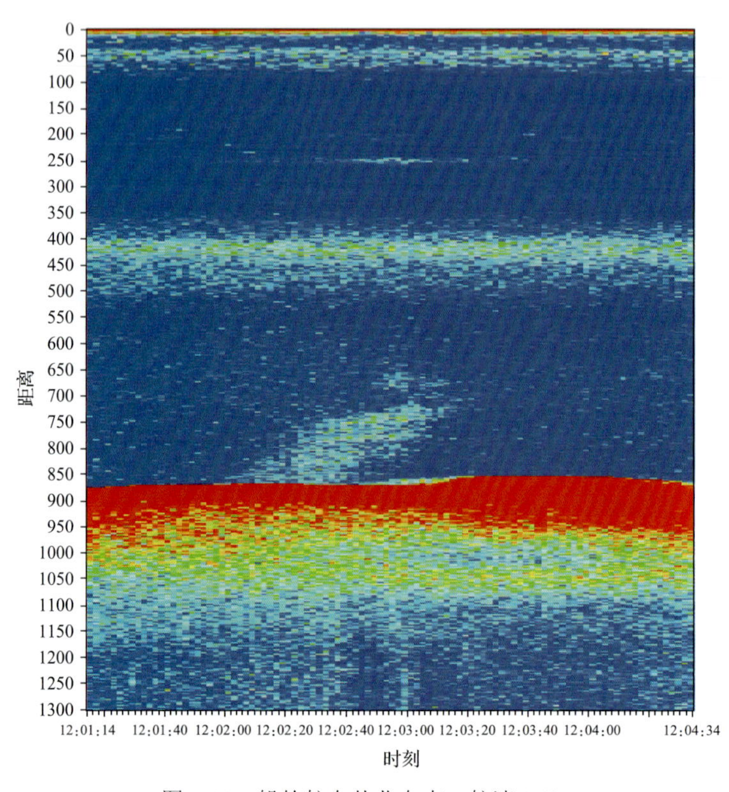

图 7-11　船的航向从北向南、航速 2.8kn

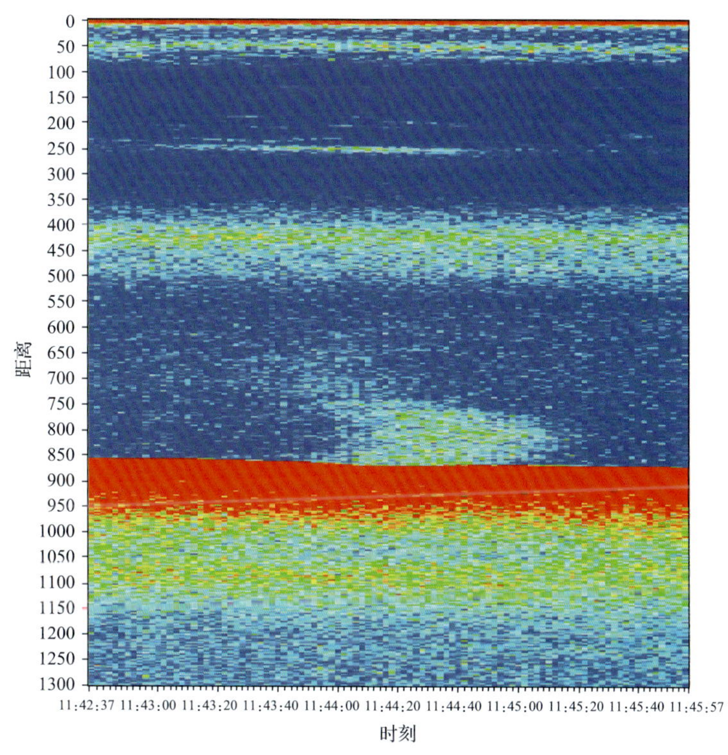

图 7-12　船的航向从南向北、航速 5.2kn

根据试验数据处理的结果，改进信号处理和数据处理方法，滤除了噪声的干扰，使得声学图像显示效果更优。

为了能拟合出冷泉的三维形态，根据 GPS 坐标信息将多个方向上的冷泉图像放在三维坐标系中，由于处理的数据量较大，需要通过设置门限值，删除不重要的数据，保留冷泉部分的数据，多个方向上的冷泉二维剖面图如图 7-13 所示。

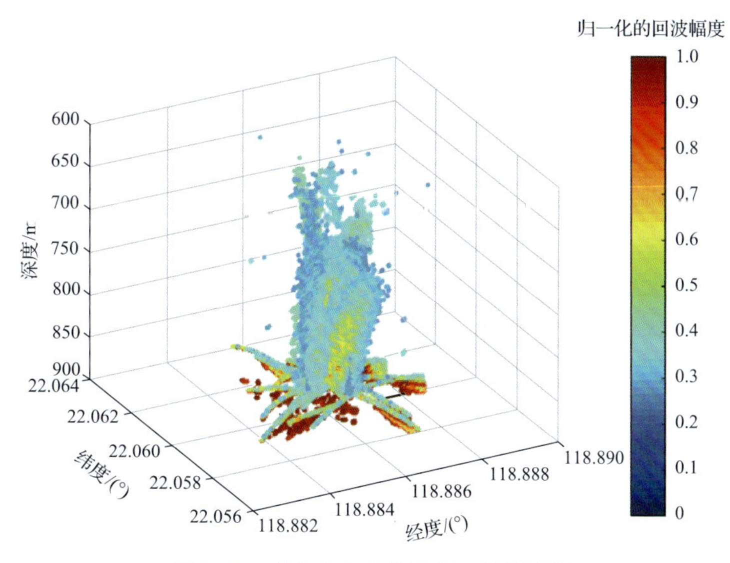

图 7-13　多个方向上的冷泉二维剖面图

对多个方向上的冷泉二维剖面图进行最近邻域插值法处理，就可以得到冷泉的三维形态，如图 7-14 所示。

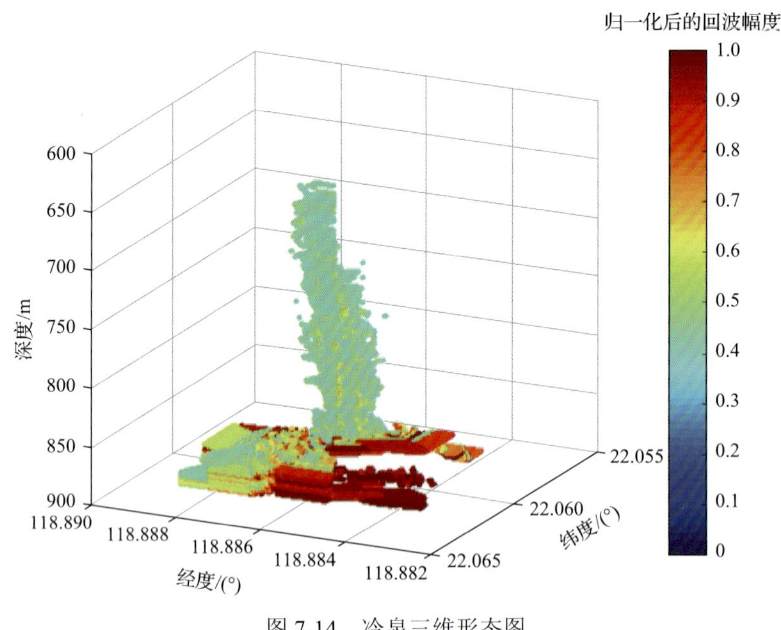

图 7-14　冷泉三维形态图

7.1.2　实际应用分析

天然气水合物分解形成的甲烷以气体的形式渗漏或者喷溢到上覆水体中，在气源充足的情况下将会形成气泡羽状流，是冷泉探测的主要特征。

2015 年 6 月广州海洋地质调查局搭载“奋斗五号”船在南海北部海域开展海上试验工作，在水深 900m 处成功发现了海底以上高约 200m，宽约 80m 的“羽状流”海底异常特征，具体试验情况如下。

调查位置的选取结合前期利用多波束和浅地层剖面手段发现的冷泉疑似点，以该点坐标为中心，沿着 147°方向布设 9 条主测线，垂直主测线方向布设 9 条联络测线。另外，根据作业需要以冷泉异常点为中心布设了一条正东西测线和两条正南北测线（图 7-15）。

试验区域水深为 800～1400m，测量作业时，换能器基阵采用船舷固定安装的形式，吃水深度为 4m，船速为 2～6kn，导航定位信息使用差分 GPS 信号。试验系统如图 7-16 所示，图 7-16(a) 是海试中安装在船上实验机柜上的设备水上部分，图 7-16(b) 是水下部分的换能器基阵。

本次海上试验在冷泉疑似点(水深 870m)附近成功探测到“羽状流”冷泉气柱，气柱高度约 200m，宽度约 80m。该冷泉气柱在冷泉点附近的测线均可以探测到，图 7-17 和图 7-18 分别是沿 L1 和 SN2 测线的观测结果。

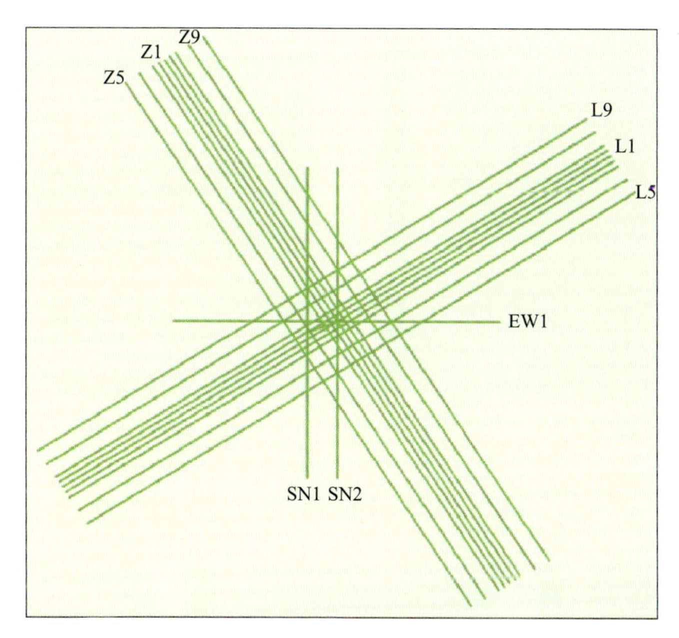

图 7-15　试验测线布设图

(a) 设备水上部分

(b) 换能器基阵

图 7-16　设备实物图

图 7-17 为沿 L1 测线两个不同方向获取的试验剖面，两次均在已知的冷泉疑似点附近发现了海底羽状流特征信号。从剖面对比可以看出，两个剖面中海底羽状流的高度相差不大，均为 200m 左右，两次作业速度相差一倍，造成了图 7-17(a) 中羽状流的宽度近似为图 7-17(b) 中的两倍。

在海试过程中，进行了不同中心频率对比试验，选取 SN2 测线，图 7-18 为沿 SN2 测线获取的试验剖面，发射信号的中心频率分别为 14kHz、15kHz、16kHz、17kHz、18kHz

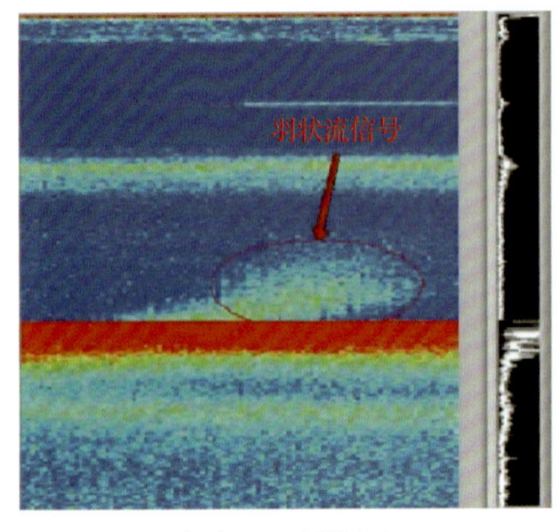

(a) 船速2kn，测线方向57°

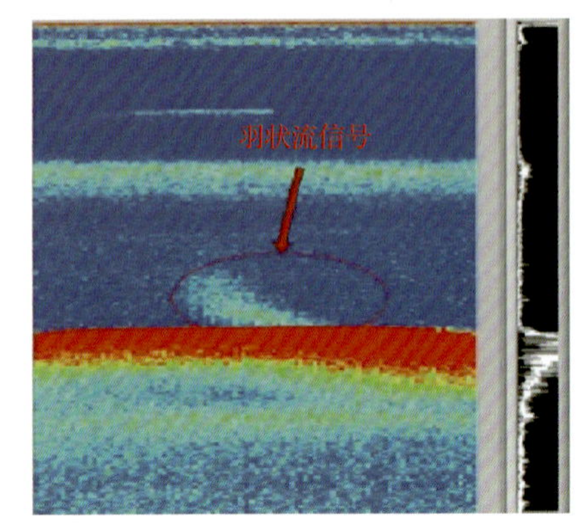

(b) 船速4kn，测线方向237°

图 7-17　L1 测线观测结果

中心频率 15kHz

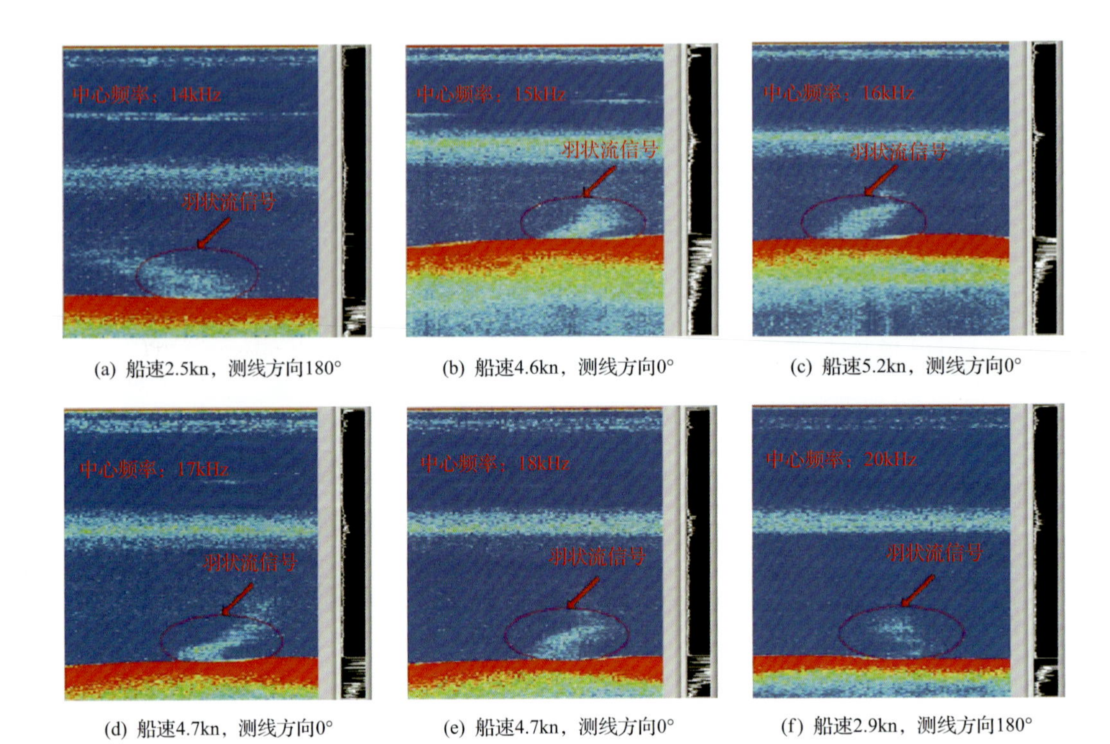

(a) 船速2.5kn，测线方向180°　(b) 船速4.6kn，测线方向0°　(c) 船速5.2kn，测线方向0°

(d) 船速4.7kn，测线方向0°　(e) 船速4.7kn，测线方向0°　(f) 船速2.9kn，测线方向180°

图 7-18　沿 SN2 测线进行频率对比试验

和 20kHz，从图 7-18 可以看出信号中心频率为 14～18kHz 时，均可以清晰探测到羽状流特征信号，而信号中心频率为 20kHz 时，探测的海底羽状流特征信号较模糊，表明该冷泉点气泡的共振频率在 14～17kHz。

海底冷泉水体回声反射探测系统把接收到的声信号按照声波强度的高低转换成灰度像素，提取特征参数，结合水体回声反射图像处理技术，最终形成逸出气泡的图像，根据声学成像和逸出气泡的特征，来判别是否为“冷泉”。系统经过探测方法理论研究、仿真验证，设备研制，三次湖上试验和系统性能指标测试后，在南海北部开展了试验性应用调查，在冷泉疑似点附近成功探测到“羽状流”气柱，不仅验证了先前调查手段的正确性，还进一步证实了研制设备探测结果的准确度及声学综合探测技术在冷泉探测方面的可靠性。

7.2 小道距高分辨率地震采集技术

7.2.1 小道距高分辨率多道地震采集技术

1. 小道距高分辨率多道地震勘探系统

1) 地震采集接收系统

地震采集接收系统分为地震数据记录和电缆采集接收两部分，如图7-19所示。目前地震数据记录系统应用较多的为法国SERCEL公司生产的SEAL428系列，该系统基于服务器与客户端架构，由Seal428客户端(Client)和服务器(Server)、质量控制eSQC-Pro客户端(Client)和服务器(Server)、GPS时间服务器(Meinberg)、甲板接口单元(DCXU-428)测线控制器接口面板(LCI-428)、绘图仪(PLOTTER)、辅助道箱体(ACXU)和3592磁带机系统组成，如图7-19所示。整个系统通过高速以太网连接，与导航系统和气枪控制系统之间通信和同步，从而使服务器实际能够管理不受数量限制的拖缆。

图7-19 地震采集接收系统

电缆接收部分功能是接收水下地震信号，地震波产生后，通过水层和岩石层的传输、反射，最终被物探船所拖带的地震采集电缆接收。目前行业使用的电缆基本为固体拖缆，国外产品主要有Sercel公司的Sentinel固体拖缆、ION公司的Digi Streamer固体拖缆、HTI公司的SSCT固体拖缆。国内产品，中海油田服务股份有限公司自主研发的固体拖缆，在物探作业中得到初步应用。目前应用较多的是“海豹”系列Sentinel固体电缆。

Sentinel 固体电缆每段的长度为 150m，根据我国南海天然气水合物勘探技术要求，为实现高分辨率调查，选用道间距为 6.25m，具有 24 道地震道，电缆道检波器组灵敏度为 19.7μV/μbar①的新型 SSRD 固体电缆。新型的固体电缆具有数据整体化系统结构优势，具备双数据传输模式，电缆故障时数据传输会自动重新选择路径，而且每个地震道拥有独立的 A/D 转换器。作业时根据施工设计要求配置电缆道数，常用的道数有 240 道、360 道和 480 道。正常作业时，电缆由前导段、短头部弹性段、头部数据包、头部弹性段、头部弹性段适配器、工作段、中继数据包、尾部数据包、尾部弹性段、尾标等组成，如图 7-20 所示。

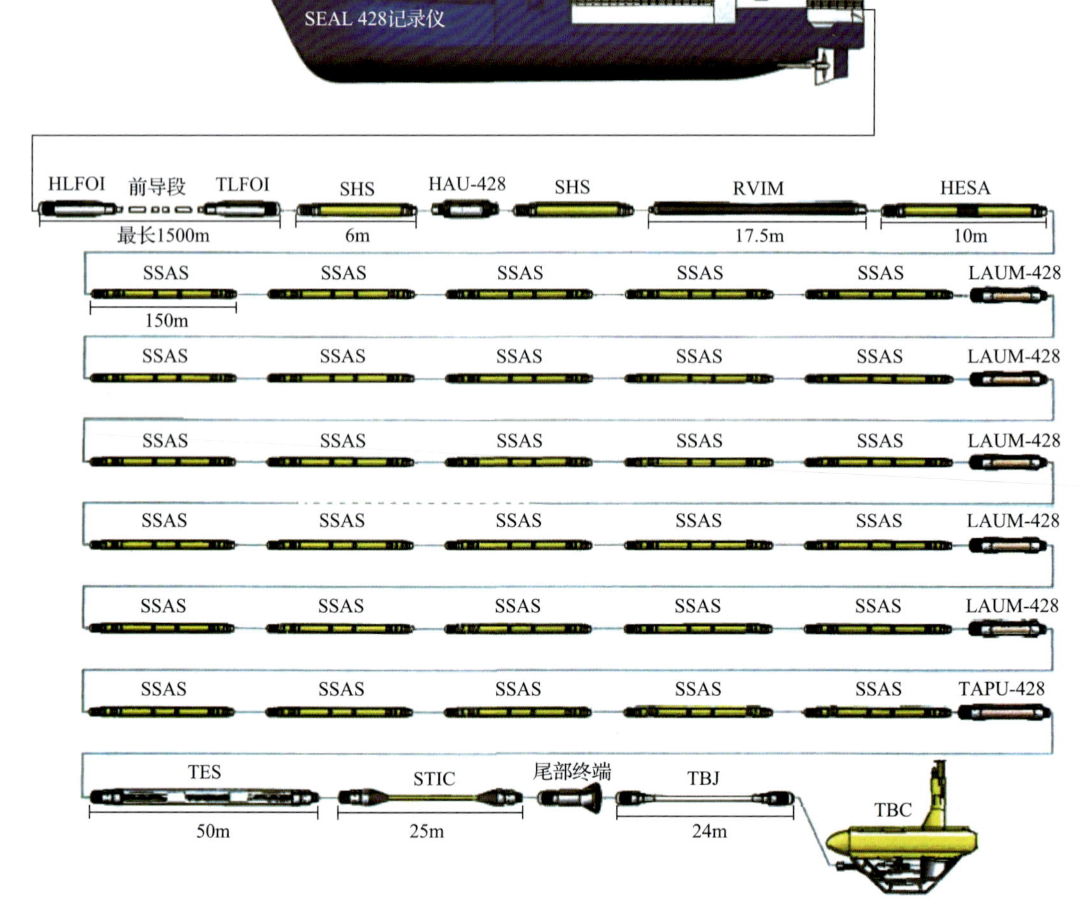

图 7-20　水下电缆结构示意图

2) 深度控制系统

深度控制系统用来控制水下电缆的深度、横向偏距、声学定位等，主要包括水鸟控制系统主机、电缆接口单元(LIU)、数据管理组件(DMU)、声学鸟、罗盘鸟、横向

① 1bar=10^5Pa。

控制鸟、电缆回收装置、声速计、流速计、枪标声学及换能器、尾标声学及换能器等组成。其中声学鸟、罗盘鸟、横向控制鸟也就是我们常说的“水鸟”，是海洋物探领域的重要仪器。电缆的垂直深度由罗盘鸟控制，电缆的水平方向由横向控制鸟控制。

2. 利用单源单缆实现三维地震技术勘探天然气水合物

我国海洋天然气水合物地震勘探探索和应用过程中，结合特殊海域的客观限制，出于成本控制等因素，三维地震是以单源单缆准三维地震探测技术实现。与二维地震探测技术不同，准三维地震探测技术引入了面元覆盖和三维数据体处理等概念，通过加密二维观测网，开发网络三节点定位技术实现对每个接收点的精确定位，划分较小的面元，采集过程中实现小面元，大覆盖次数，形成三维数据成像。

1) 面元大小的划分

根据相关资料(Cordsen et al.，1996)，一个小的目标体通常有 2～3 道的有效反射即可满足处理要求，如果目标体是一个小礁体或一条狭窄的河道砂，那么面元就要很小，能够保证至少在目标范围内有 2 道(最好 3 道)的有效反射，这样就能够对实际面元边长得到很好的初步估计。三维调查的目标地质体的尺寸与面元边长存在以下经验法则：

$$\text{面元边长} = \text{目标尺度}/3 \tag{7-1}$$

海洋天然气水合物矿体的分布具有一定的特殊性，即使在水合物稳定带之内，矿体的分布也具备多种形态，如分散状、瘤状、层状、块状、团状和其他不规则形状，分布间隔从十几米到几十米甚至上百米不等。假如分布间隔为 20～100m，根据面元尺寸的经验法则式(7-1)，如果按照 3 道的要求在三维数据体上识别水合物矿体，面元大小应该为 6.75m×6.75m～33m×33m，理论上讲，面元越小，精度越高。而实际选择面元时，一般使面元边长 b 与地震道间距 L 满足如下关系：

$$b = nL \tag{7-2}$$

式中，n 取值为 0.5, 1, 2, 3, 4, …；L 通常为 12.5m。综合上述各种因素，面元边长取值范围分别为 6.25m, 12.5m, 25m, 37.5m, 50m, …。

每个倾斜同相轴都有一个偏移前可能的最高无混叠频率 F_{max}(其周期为 T)，高于这个值的频率在偏移前会有混叠，只有低于这个值的频率才能保持同相轴的真实倾角。零炮检距射线间的时差大于半个周期时将发生空间混叠(基于每个波长 2 个样点；采用更严格要求时，用 3 个或 4 个样点，甚至非整数值，面元边长则相应减少)。最高无混叠频率与面元大小的关系的计算公式如下：

$$F_{\max} = \frac{V_{\text{int}}}{4b\sin\theta} \tag{7-3}$$

式中，V_{int} 为目标上面一层的层速度；θ 为地层倾角；b 为面元边长。由式(7-2)可以得出 b 的值，即面元边长[式(7-4)]；面元边长与最高无混叠频率关系计算如图 7-21 所示。

$$面元边长b = \frac{V_{int}}{4F_{max}\sin\theta} \tag{7-4}$$

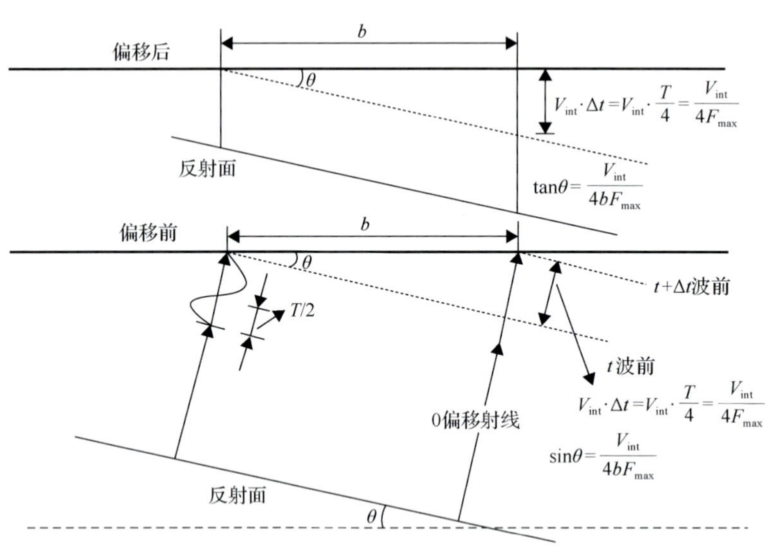

图 7-21　面元边长和最高无混叠频率

天然气水合物地震识别技术的研究结果表明，就我国南海北部天然气水合物调查而言，为提高 BSR 的识别程度，其地震调查的合适频带为 10～120Hz，主频为 40～70Hz 为好。

一般来说，地震勘探的最高频率约为优势频率的 2 倍，即存在下述关系：

$$F_{dom} \approx F_{max} / 2 \tag{7-5}$$

式中，F_{dom} 为优势频率；F_{max} 为最高频率。

综合考虑上述因素，天然气水合物调查地震勘探中的最大频率取值为 120～150Hz。地层倾角的取值范围为 0°～15°，面元大小的计算结果见表 7-1。表 7-1 表示在不同地层倾角、速度，最大主频为 120Hz 和 150Hz 时，计算得到所需要的面元边长。

表 7-1　天然气水合物准三维地震调查面元大小计算表

地层倾角/(°)	层速度/(m/s)	最高频率 F_{max}/Hz	面元边长/m
5	3000	150	57.4
5	2600	150	49.7
5	2200	150	42.1
10	3000	150	28.8
10	2600	150	25.0
10	2200	150	21.1
15	3000	150	19.3

续表

地层倾角/(°)	层速度/(m/s)	最高频率 F_{max}/Hz	面元边长/m
15	2600	150	16.7
15	2200	150	14.1
5	3000	120	71.7
5	2600	120	62.2
5	2200	120	52.6
10	3000	120	36.0
10	2600	120	31.2
10	2200	120	26.4
15	3000	120	24.2
15	2600	120	20.1
15	2200	120	17.7

计算结果表明：①天然气水合物调查时，最高频率为 120Hz，地层倾角为 0°～15°，面元边长最佳值为 17.7～71.7m。②为了获得更高的分辨率，将最高频率提高到 150Hz，地层倾角仍然保持 0°～15°，面元边长最佳值为 14.1～57.4m。

菲涅耳带直径决定偏移前的横向分辨率，从绕射的观点来说，横向分辨率依赖于分辨两个邻近的绕射的能力。偏移前，两个绕射的距离小于第一菲涅耳带直径时不能分辨开，这个距离一般较大，在 CMP 叠加上很容易漏掉小断层等。偏移后，横向分辨率依赖于目的层反射的最高频率，两个绕射的距离小于最高频率的一个空间波长时不能分辨开。

因最高频率在实际工作中很难测出，对每个优势频率的波长取两个样点，就能得到良好横向分辨率的面元边长。根据有关资料，考虑横向分辨率时，有关面元的计算公式如下：

$$b = \frac{V_{\text{int}}}{2F_{\text{dom}}} \tag{7-6}$$

根据天然气水合物调查特点，F_{max} 取 120Hz，F_{dom} 取 60Hz，V_{int} 取值范围为 2200～3000Hz，面元边长的计算结果如表 7-2 所示。由计算表得出面元边长以 10～30m 为宜。

表 7-2　面元大小计算表(横向分辨率)

最高频率 F_{max}/Hz	优势频率 F_{dom}/Hz	层速度/(m/s)	面元边长/m
120	60	3000	25.0
120	60	2800	23.3
120	60	2600	21.7
120	60	2400	20.0
120	60	2200	18.3
120	60	2000	16.7
120	60	1800	15.0

2）定位精度与面元大小

海上三维地震调查均存在定位误差精度问题，真正意义上的面元覆盖如图7-22所示，由于误差的影响，叠加时相邻面元之间会出现重叠现象，重叠面积越小则越有利于三维成像。据有关资料分析，为了保证三维成像质量，定位误差精度控制在CMP面元边长的1/3～1/2时较有利。

$$E_b = \frac{E_1 + E_2}{2} \tag{7-7}$$

式中，E_b为CMP面元的定位误差；E_1和E_2分别为震源中心和电缆道的定位误差范围。

根据$b/6 \sim b/4 = (E_1+E_2)/4$，则定位误差与CMP边长的经验公式如下：

$$b = (E_1 + E_2) \sim \frac{3}{2}(E_1 + E_2) \tag{7-8}$$

就CMP面元而言，动态定位误差主要考虑震源中心、电缆道定位误差两种，其中，电缆道的定位误差由电缆头标RGPS节点、电缆尾标RGPS节点和电缆罗盘精度共同决定。CMP与定位误差关系如图7-23所示。

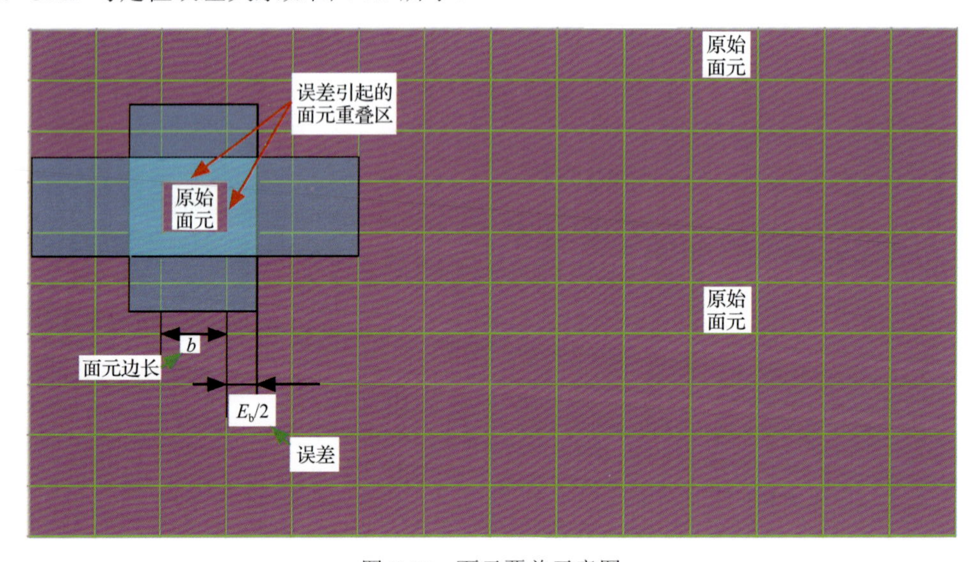

图7-22　面元覆盖示意图

根据导航定位技术的研究结果：没有震源中心和头标RGPS，仅采用尾标RGPS和罗盘设备进行定位，震源中心定位精度在5m以内，电缆道的定位精度为十几米至几十米；采用完整的“网络三节点法”进行定位，震源中心定位精度优于1m，电缆道的定位精度优于10m。最佳面元尺寸为：无震源中心和电缆头标RGPS定位时，E_1和E_2取值分别为5m和10～25m，面元边长应为30～45m；网络三节点定位时，E_1和E_2取值分别为1m和10m，面元边长为22～33m。

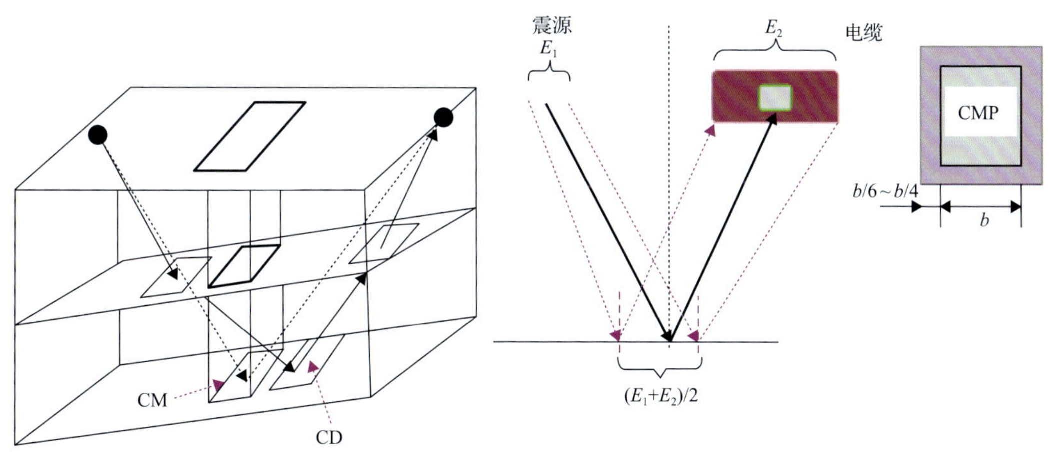

图 7-23　CMP 与定位误差关系示意图

CM-共中心点；CD-共深度；面元扩展-$b/6\sim b/4$

3）施工质量及效率对面元参数的影响

天然气水合物三维调查对野外采集具有较高的要求，其中，如何达到规定的面元覆盖率是施工方法所必须解决的难点之一。相对南海北部陆坡神狐海域天然气水合物调查而言，由于调查海域的水文、气象条件的特殊性，作业黄金季节为 4～5 月，9～10 月次之，其他月份海况恶劣，很难满足准三维调查的质量要求，因此，为了满足准三维施工的要求，需将施工质量与效率结合起来考虑。研究结果表明，CMP 线的间距对准三维的补线率造成一定影响，如何降低补线率将是提高作业效率的关键，由于原始面元横向边长即为准三维原始采集 CMP 线的间距，因此面元大小直接决定了野外施工效率。根据水合物单源单缆准三维调查野外采集规范，补线率要求不大于 30%。

通过电缆的横向偏移距离可以估算补线率从而达到“通过面元参数优化提高施工效率和质量”的目的。换算关系如下：

$$N=\mathrm{INT}\left[\left(\frac{L}{2}\sin\theta-D\right)/D\right]+1 \tag{7-9}$$

式中，L 为电缆横向偏移；θ 为羽角；D 为准三维调查 CMP 线间距（面元横向边长）；N 为偏离到第 N 条邻近本线的 CMP 测线，偏移起始点以 CMP 本线线边（电缆偏移相反方向）为参考点；INT 为取整函数。

对于排列长度为 3.0km 的电缆，如果按照羽角 10°左右情况进行施工，CMP 线原始采集线间距为 75m 时，补线率估算结果为 30%左右；如果 CMP 线原始采集线间距为 50m 时，补线率估算结果为 40%以上。为了提高定位精度及降低补线率，将排列长度改为 2.4km，在作业羽角 15°的情况下，如果 CMP 线原始采集线间距为 50m 时，补线率的估算结果将小于 30%，如果 CMP 线原始采集线间距为 25m 时，补线率估算结果将大大超过 30%。野外准三维调查实际补线率证明了估算结果的正确性。

4) 天然气水合物三维地震资料处理对面元参数的要求

在对天然气水合物准三维地震资料处理时发现，如果采用原始 CMP 线间距作为面元横向边长的尺寸，对于海底(或地层)起伏大的地方，地层界面的连续性明显很差。如果将面元横向尺寸减小到原来的一半，与原来的处理结果进行对比处理，发现地层界面连续性明显改善(图 7-24)。

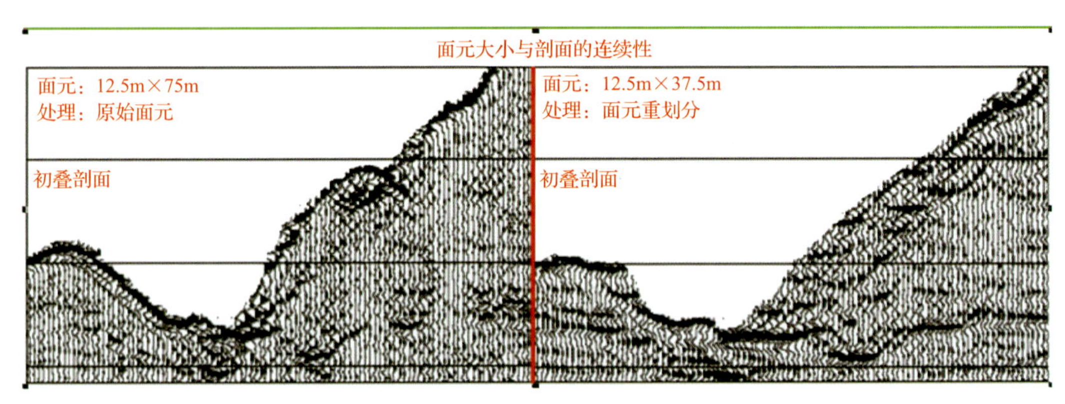

图 7-24　不同处理面元大小对天然气水合物剖面的影响

5) 天然气水合物三维地震观测系统设计及实施

由于受洋流的影响，天然气水合物三维地震实际接收排列相对于标准测线会存在羽状漂移的现象，这样得到的地震数据反映的地质构造不是测线正下方的构造，而是弯曲电缆下方的构造，显然将弯曲的测线当成直线来处理得到的二维数据体不能准确反映地下地质体的位置。

单源单缆采集测线电缆的漂移使每一炮的各个实际反射点偏离了设计位置(图 7-25)，形成了一个窄的反射条带(图 7-26)，而不再是一条直线。如果能够获取这个窄条带中每一炮的炮点、检波点的位置，计算出反射点位置，再进行面元划分，就相当于得到一个三维工区条带。但是这样形成的三维工区条带变化不均匀、覆盖次数也很低(图 7-27)，还无法进行三维处理。

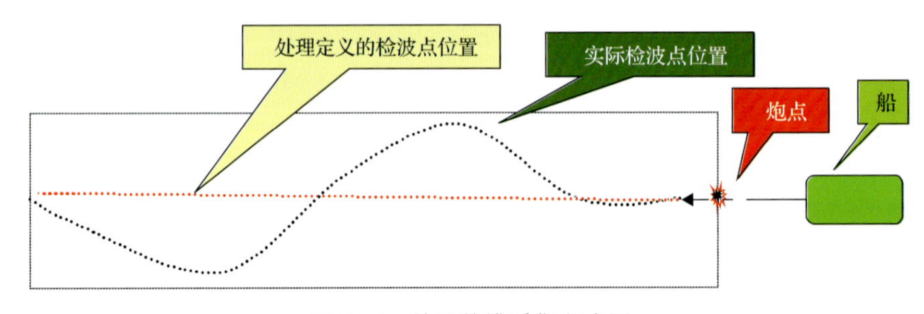

图 7-25　单源单缆采集方式图

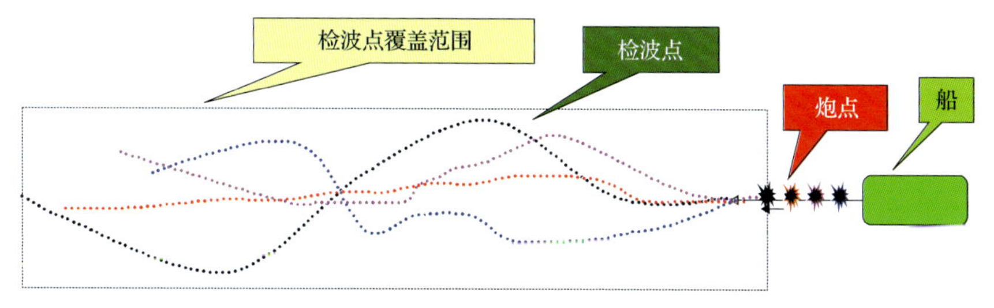

图 7-26　单源单缆的电缆漂移图

图 7-27　单源单缆采集后的反射点分布图

为了达到三维处理的要求，对地震数据要进行准三维采集，即准确记录每一炮的炮点、检波点的坐标(图 7-28)，适当加密线距，提高覆盖次数，使各条测线的反射点

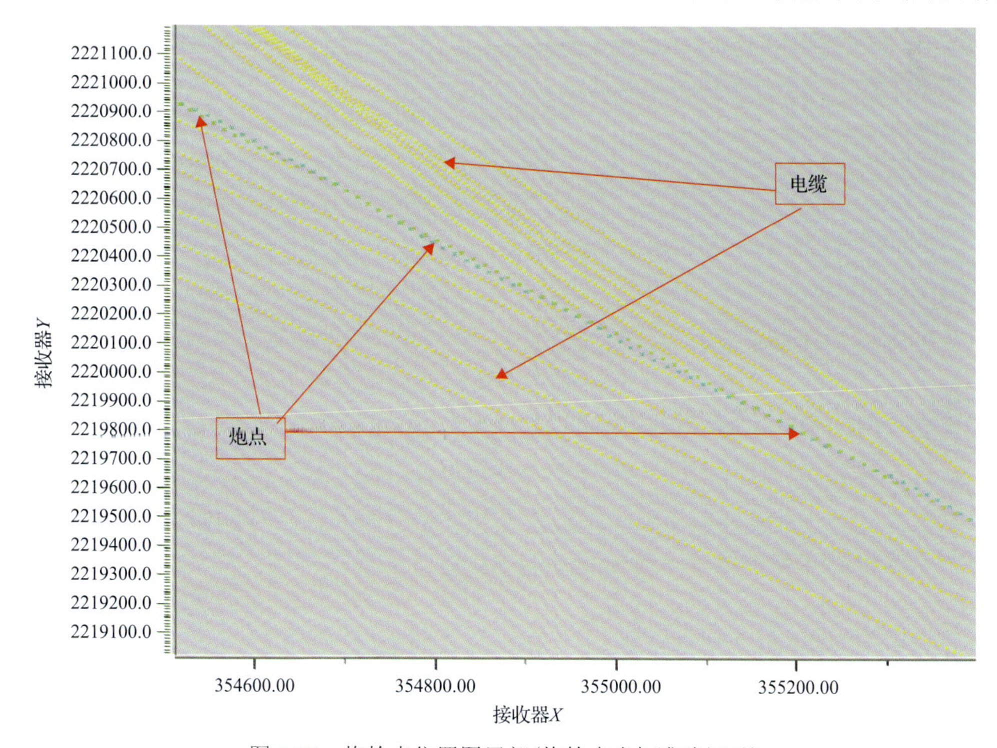

图 7-28　炮检点位置图局部(炮检点坐标准确记录)

彼此相连。

然后，通过细致的观测系统定义，将各条测线弯曲偏离直测线方向的反射点，根据其位置归于相应的测线，从而得到一个覆盖较为均匀，有一定覆盖次数的三维工区(图 7-29)。

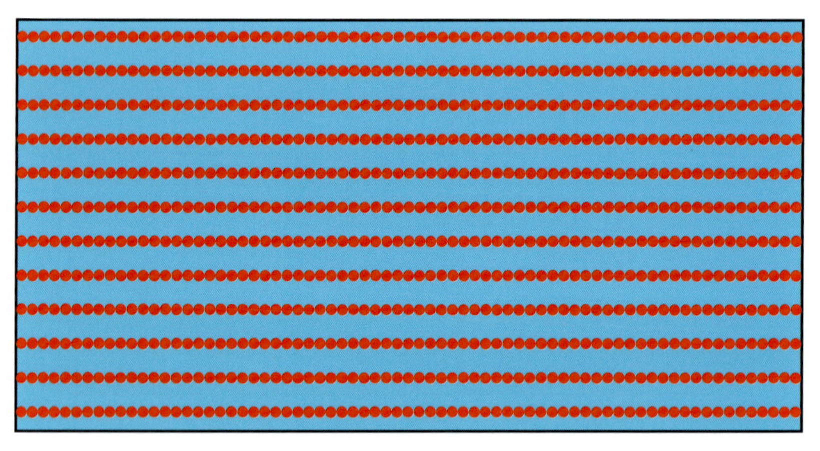

图 7-29　覆盖次数较均匀的反射点示意图

7.2.2　实际应用分析

2016 年以来，广州海洋地质调查局引进 6.25m 小道距地震固体电缆，实施准三维天然气水合物地震勘探调查，在神狐海域获取了近 400m^2 的三维地震数据资料，为 2017 年我国海洋天然气水合物成功试采提供了有效的数据保障。与常规 12.5m 油缆地震采集相比，地震道距的减小意味着在相同面积区域内有更多数据接收点参与采集，致使面元反射点数量增多，提高了数据体在二维地层面上的分辨率。同时在处理中，由于信息量的增大，增加了原始数据的真实可靠性，数据频带进一步被拓宽，提高了整个数据体的质量。从实际数据分析来看，原始数据低频成分丰富，主频大约 90Hz，有效频带范围为 8～160Hz(图 7-30)。

从偏移成像效果来看，原始资料经过噪声处理、子波整形、多次波衰减、导航数据合并、面元划分、三维一体化叠前时间偏移、叠后修饰等处理工作获得了高信噪比、高保真叠前时间偏移三维成像剖面和三维速度体，Inline(主测线)的信噪比和分辨率都较高，与 Crossline(联络测线)相交处一致性很好，过渡自然，沿 Crossline 方向抽取的偏移数据。与以往采集双源单缆采集的数据相比，本次处理 Crossline 方向的成像效果得到明显改善，同相轴连续、可追踪，海底不存在明显的跳跃，地层反射的波组特征很清晰，与 Inline 方向数据的成像质量相差不多，纵向时间切片异常特征明显，显示了良好的应用效果(图 7-31)。

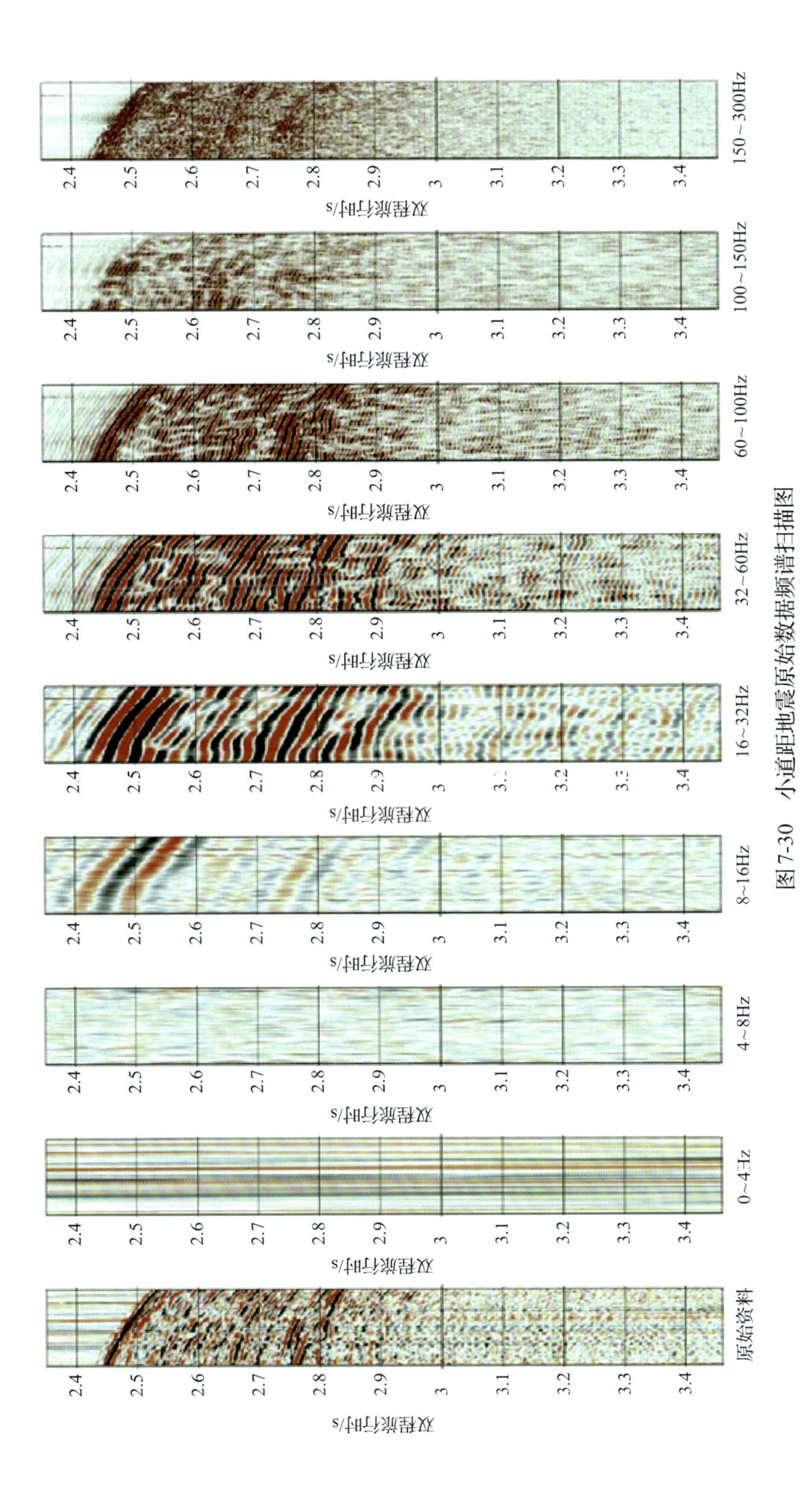

图7-30 小道距地震原始数据频谱扫描图

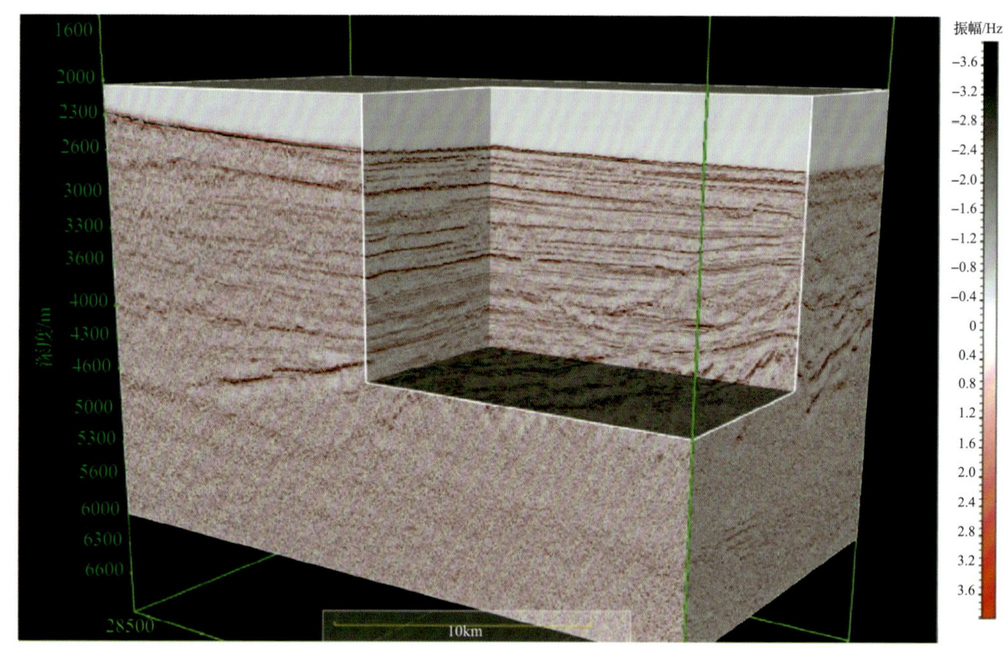

图 7-31　小道距三维地震数据体成像效果

7.3　垂直缆地震技术

7.3.1　垂直缆地震技术及设备研发

垂直缆的概念是由 20 世纪 80 年代 Texaco(德士古)公司专家组所开展的工作演化而来，这个专家组主要从事盐层以下地层的地震成像研究，特别是在深水区。利用全方位非零偏震源进行非零偏 VSP 观测系统的设计，催生了“无钻孔 VSP”概念的诞生。其技术包括适用于地震反射成像的水听器阵列电缆及一个可以对电缆机械去耦的记录浮标，以实现对地震工区记录和存储。应用垂直缆进行采集，需要将多条电缆固定于海底，并需要一艘小型震源船在一个大的范围内进行密集的震源激发。每一个电缆位都需要偏移处理，针对面多次波采用互易偏移和镜像偏移，使用单一炮点和宽面(和方位角)布设接收器的位置。垂直缆地震资料采集就是将一定长度的水听器排列纵向布设于海面以下，在海面由勘探船开展人工地震，垂直缆则接收和记录海水、海底及海底以下地层的传播和反射的地震波，形成地震记录。

垂直缆采集的地震资料，含有上行波、下行波、初至直达波、一次反射波等，有了这些波，就可以对波场进行分析。分析下行波场，可更好地确定所产生的多次波和层间多次波范围；同时用下行波来设计反褶积因子，对水平地震资料进行反褶积处理，其效果优于常规地震资料的反褶积处理；此外，用下行直达波能较准确地测量地震波振幅的衰减，以研究地震波在地下介质中传播的规律。

与常规地震相比，垂直缆地震方法有着较短的传播路径，所以垂直地震资料记录有着更宽的频带。资料的分辨率与资料的频带宽度有关，对地下的实际沉积剖面来说，需要一个较宽的频带，才能解决分辨率问题。

我国垂直缆地震技术研究在中国海洋大学、广州海洋地质调查局等单位的合作下，于 2013 年开始具体实施，到目前为止，形成了一系列地震观测网络模拟，观测系统布设和研制了多套垂直缆装备技术方案和样机。其中，广州海洋地质调查局成功研制了集中式多节点 OBS 垂直缆地震采集系统，并应用于天然气水合物重点目标区的精细地震调查，已经成为天然气水合物赋存区立体探测网络的重要组成部分。

多节点 OBS 垂直缆地震采集系统主要由多节点水听器阵列电缆(带承重缆)、采集站(包括主、从采集站)、声学释放器、定位浮筒、浮体、配重锚及可选组件(如海流计、USBL 定位设备、频闪灯、VHF 无线发射装置等)等部件组成；全缆总长 400 多米，其中多节点水听器阵列电缆长 300m，缆上共有耐压水听器 12 个，以间距 25m 布放，可拆卸更换；1 个三分量检波器位于主采集站内，1 个可扩展外接水听器位于主从采集站间电缆抽头。图 7-32 为多节点 OBS 垂直缆地震采集系统总体设计图。

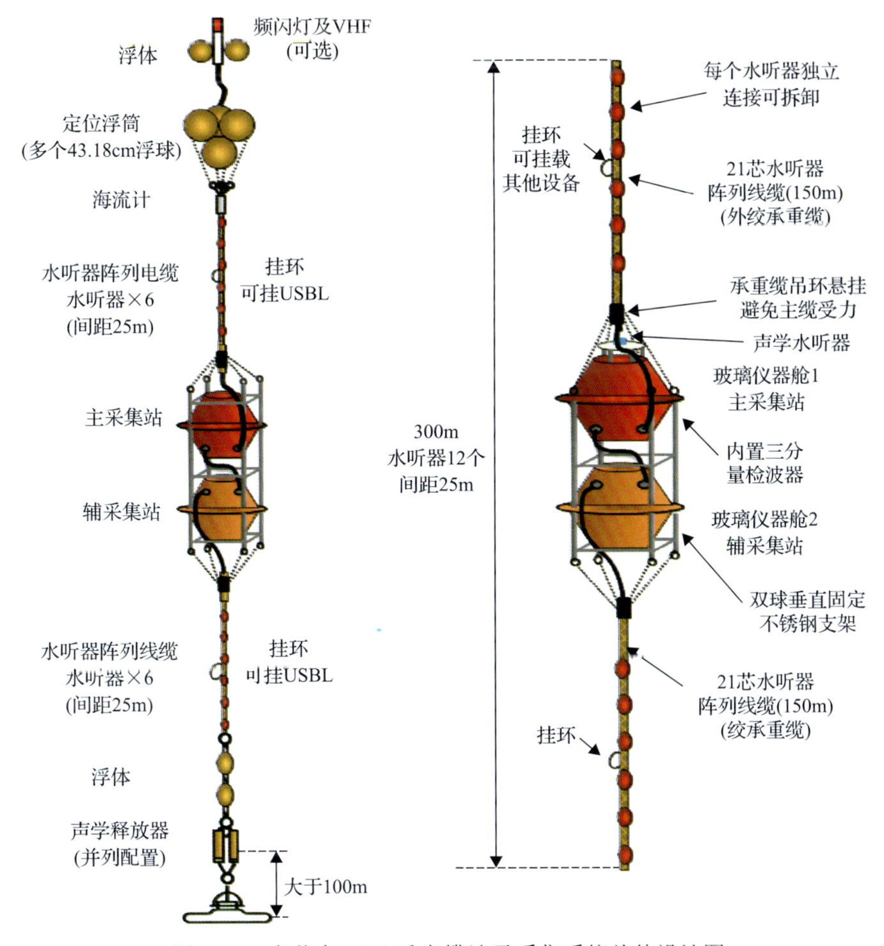

图 7-32 多节点 OBS 垂直缆地震采集系统总体设计图

每条阵列电缆中水听器数量6只，水听器间距25±0.2m。水听器沿电缆轴向布放，每个水听器与阵列电缆通过4芯Subconn水密接插件连接，方便拆卸更换，水听器外层用橡胶硫化成扁橄榄形(略微偏心)。阵列电缆末端为水密堵头密封，所有挂点和连接转环均加在辅助承重缆相应位置上。阵列电缆信号输出端与水密接线盒的连接方式为21芯Subconn水密接头(一公一母)(图7-33)。

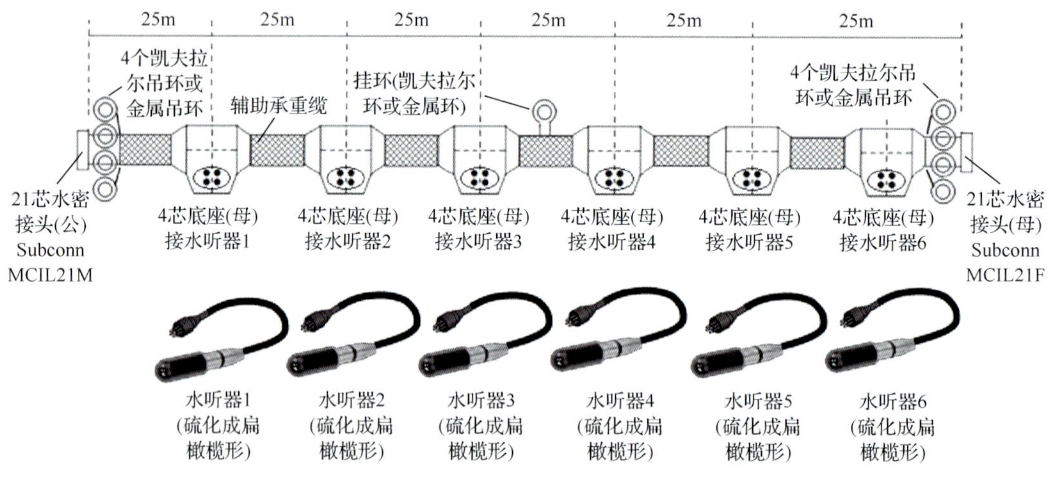

图7-33　多节点水听器阵列总体结构图

由于垂直缆地震采集方法有效地避免了常规地震采集中的很多干扰，其地震资料具有更高的信噪比和分辨率。垂直缆地震资料信噪比远比水平地震勘探反射波地震记录信噪比高，因而能较清楚地反映地质现象；也由于垂直地震资料反射波旅行路径较水平地震勘探反射波的旅行路径短，故其具有能量强的特点，便于清楚地观测地质体的细微变化；还因为垂直地震资料接收点接近目的层，所以地震资料上的一次反射波较地面地震反射波有更高的分辨率。

7.3.2　实际应用分析

2017年4月，广州海洋地质调查局在南海神狐海域进行了垂直缆天然气水合物重点目标区立体探测应用示范工作，采用了自主研发的集中式垂直缆地震设备2个站位，采集测线408km，三维区块面积为36km^2，使用540in^{3}高分辨点阵源系统，炮间距为25m。试验中，为垂直缆设备配置了海流计、OBS设备、USBL水下定位信标等辅助设备，对垂直缆在水下状态进行实时监控和数据对比。

试验成功获取了高质量的立体地震资料，对其进行了节点二次定位、噪声分析、远场子波提取、频谱分析及12节点成像处理。

1. 节点数据二次定位

通过自主研发的时间切片法对垂直缆上15个节点的检波器进行了二次定位，各节点定位后的数据经过 LMO 处理后，从地震波场可以看出直达波被拉平，表明二次定位的结果较为准确，图 7-34 为节点 1 定位后的数据经过 LMO 处理后的地震波场。图 7-35 为时间切片法定位处理得到的垂直缆海底形态，图 7-36 为海流计倾角罗盘数据，从图中可以看出海流计相对于 x 轴倾角范围为–2.5°～1°和相对于 y 轴的倾角范围为–0.5°～1.5°，

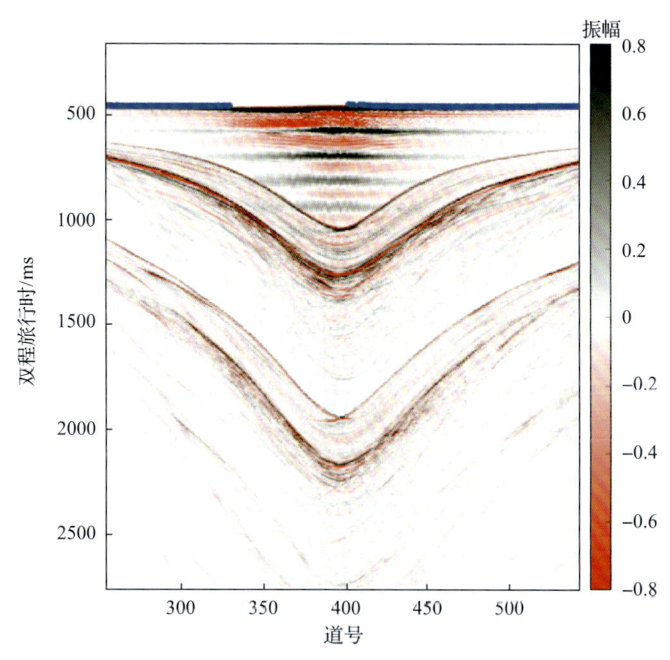

图 7-34　节点 1 定位后的数据经过 LMO 处理后的地震波场

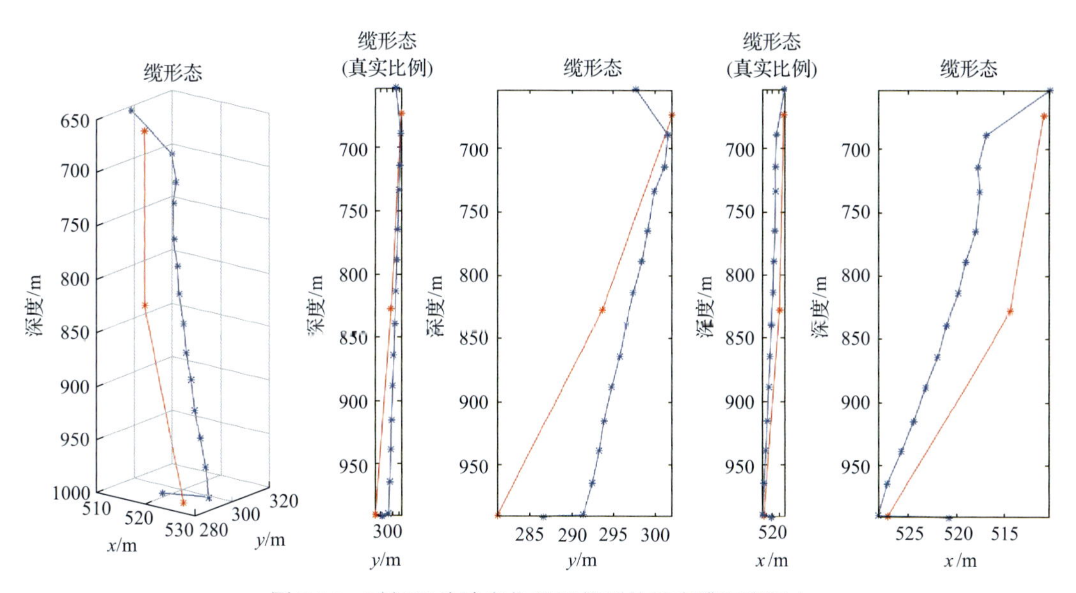

图 7-35　时间切片法定位处理得到的垂直缆海底形态

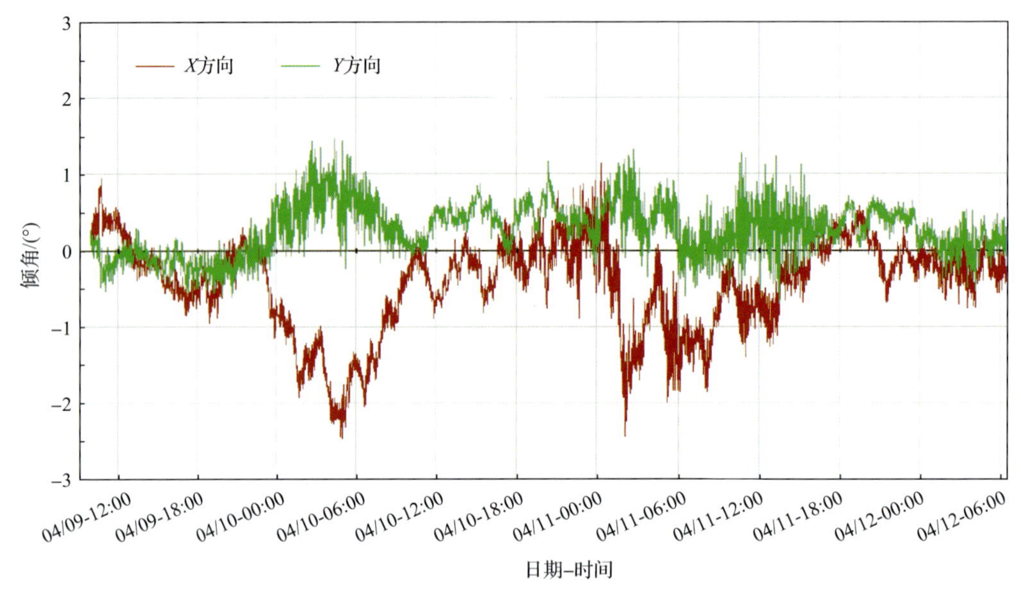

图 7-36　海流计倾角罗盘数据

与二次定位得到的垂直缆垂直倾角偏差值较为吻合。垂直缆二次定位结果与 USBL 记录结果对比见表 7-3，从表中可以看出垂直缆检波点定位结果与邻近的 USBL 记录结果之间的偏差较小。

表 7-3　二次定位结果与 USBL 记录结果

节点序号	二次定位坐标 X /m	USBL 记录坐标 X /m	二次定位坐标 Y /m	USBL 记录坐标 Y /m	二次定位水深 H /m	USBL 记录水深 /m
1	306516.88	306510.78	2202301.53	2202302.07	688.94	672.9
13	306528.18	306527.10	2202291.34	2202281.13	989.52	989.8

注：节点 13 与 USBL 距离较近，约为 1m，节点 1 与 USBL 距离较远，约为 15m。节点 1 的二次定位速度为 1488m/s，节点 13 的二次定位速度为 1488m/s

2. 数字噪声分析及去噪

通过分频技术对不同频段地震波的频谱特征进行了分析，发现涌浪噪声的频率分布范围是 0～5Hz，在每个节点上的剖面均出现了 8Hz 的低频噪声(图 7-37)，并且在节点 13 采集到的数据中发现了不明干扰信号(图 7-38)，经分析认为是由于节点 13 处的检波器与 USBL 信标相近(约 1m)，信标收发的脉冲信号对检波器接收信号产生干扰。图 7-39 为节点 1 的垂直缆数据去噪前后对比图，可以看到去噪后的剖面，反射波同相轴变得清晰，信噪比得到了提高。此外，将垂直缆数据同拖缆数据对比(图 7-40)，可以看出拖缆数据的信噪比要远高于拖缆数据。

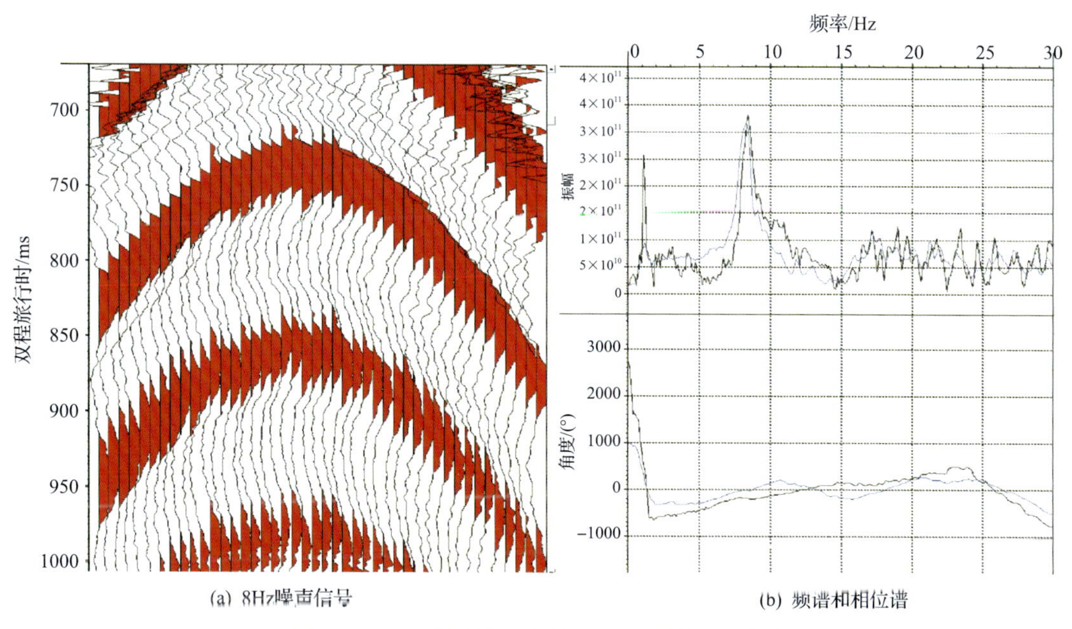

图 7-37 8Hz 噪声信号和该信号的频谱和相位谱

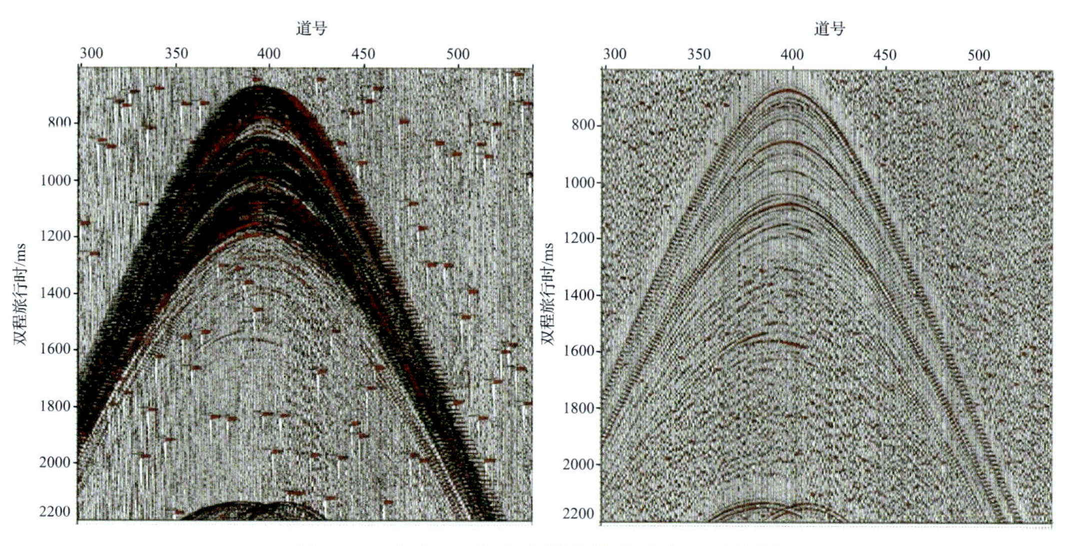

图 7-38 节点 13 的垂直缆数据去噪前后对比图

3. 垂直缆远场子波提取及应用

通过对垂直缆数据进行远场子波的提取，并根据提取的震源远场子波求出了三个滤波器(最小相位、预测反褶积、最小平方反褶积)，然后将三个滤波器运用到了垂直缆地震数据处理(图 7-41，图 7-42)，可以有效地消除气泡效应及虚反射，使垂直缆地震数据的纵向分辨率得到明显提高，与预期的效果一致。

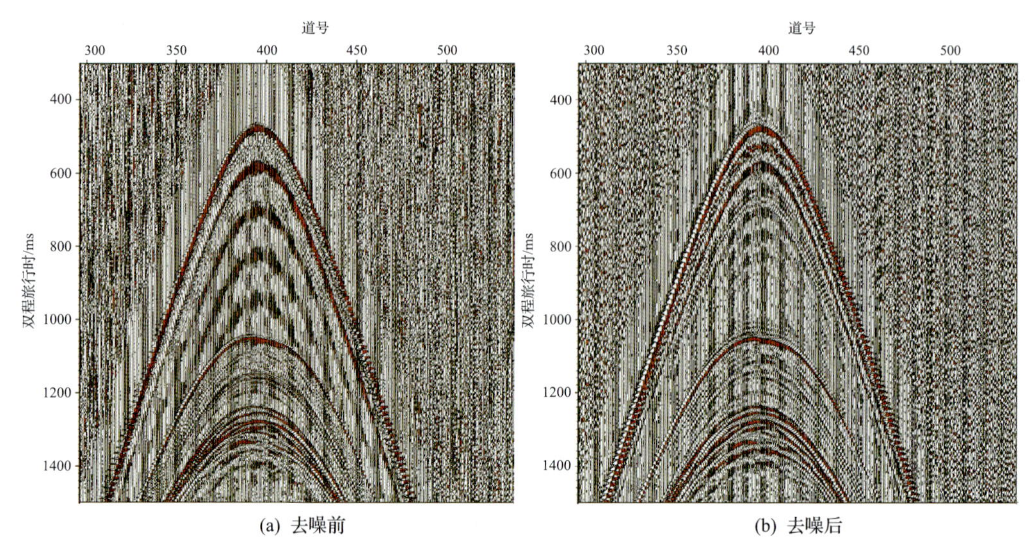

图 7-39　节点 1 的垂直缆数据去噪前后对比图

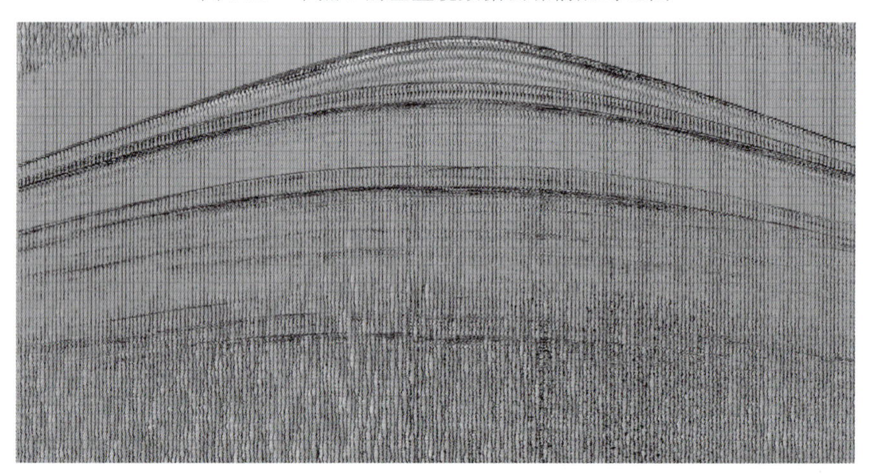

(a) 垂直缆数据

(b) 拖缆数据

图 7-40　垂直缆数据与拖缆数据对比图

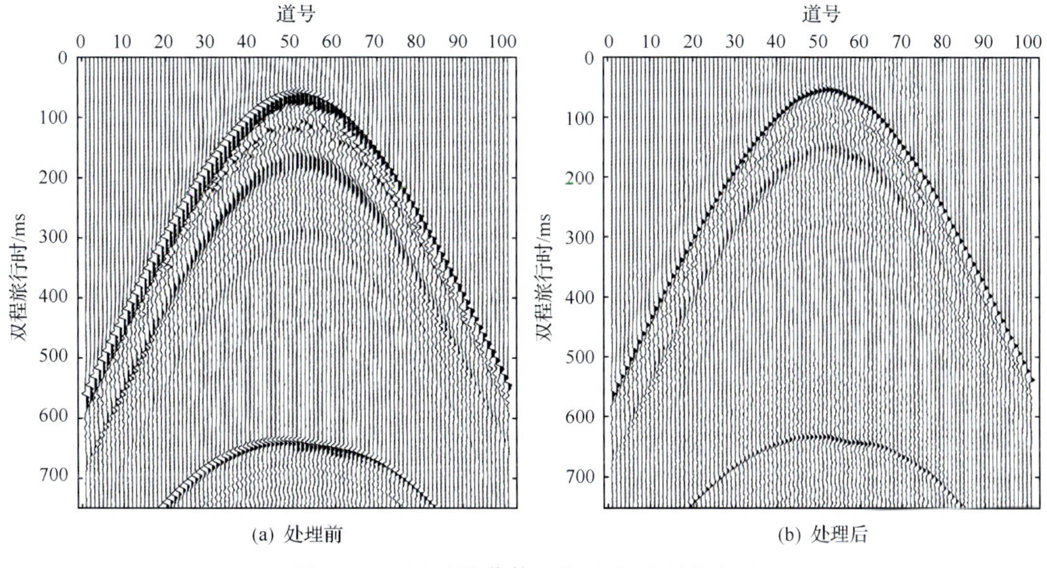

图 7-41　最小相位化处理前后对比图(节点 1)

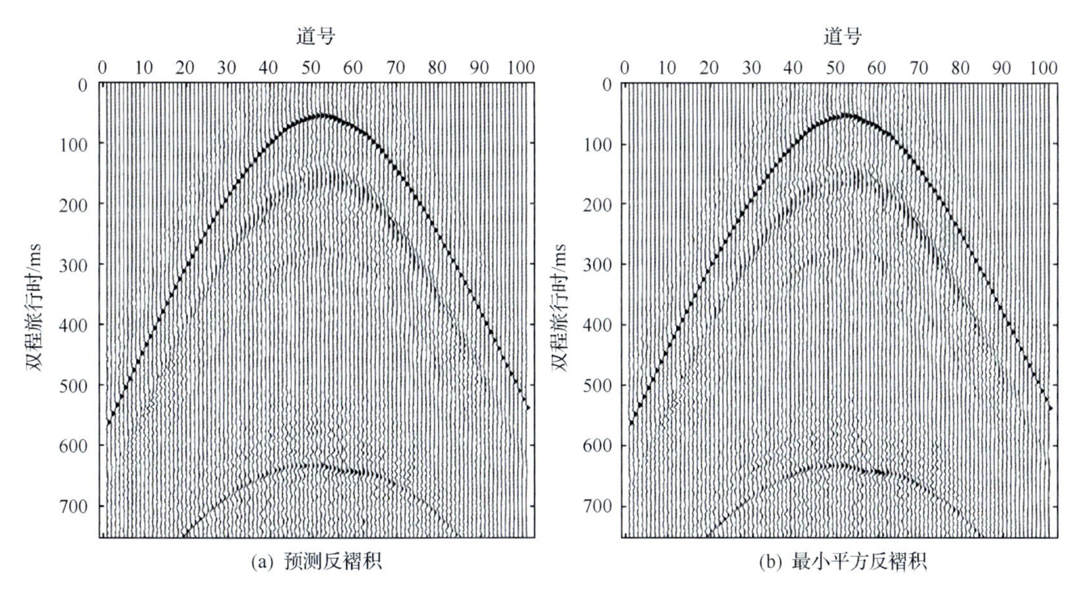

图 7-42　预测反褶积处理和最小平方反褶积处理对比图(节点 1)

4. 滤波网络特性分析

对垂直缆的 15 个节点进行了频谱分析，并与 MICROBS 及 IMF-OBS 做比较，通过对比分析发现 MICROBS 保留了丰富的低频信号，IMF-OBS 高频信号较丰富(图 7-43)。垂直缆节点 1～7 与节点 8～13 的频谱特征明显不同(图 7-44)，推测可能是水听器的信号响应差异或采集电路板滤波特性差异导致。

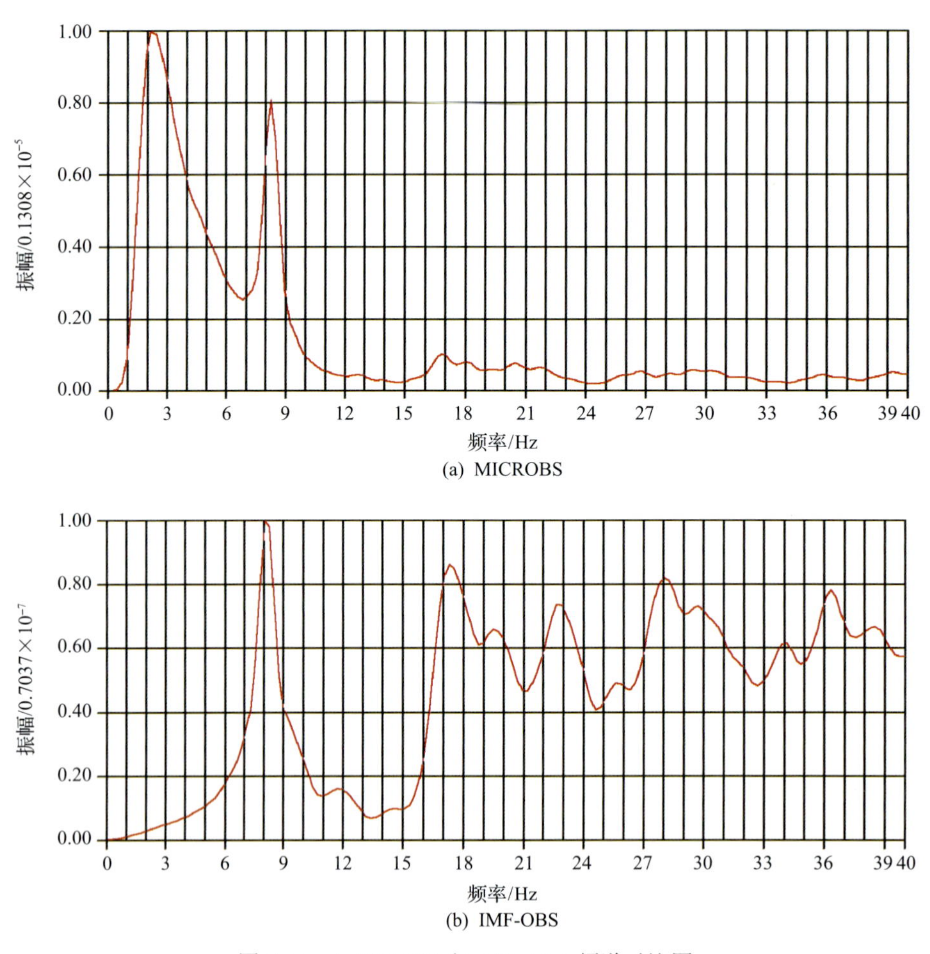

图 7-43　MICROBS 和 IMF-OBS 频谱对比图

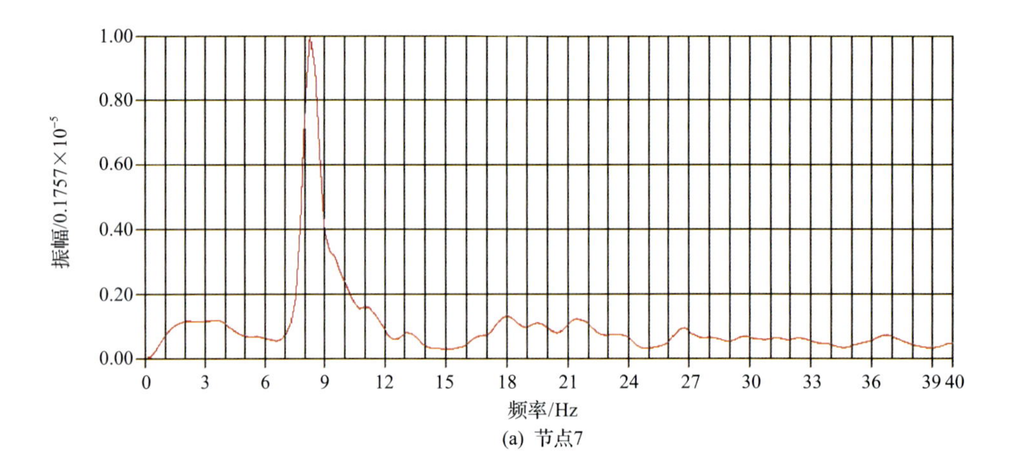

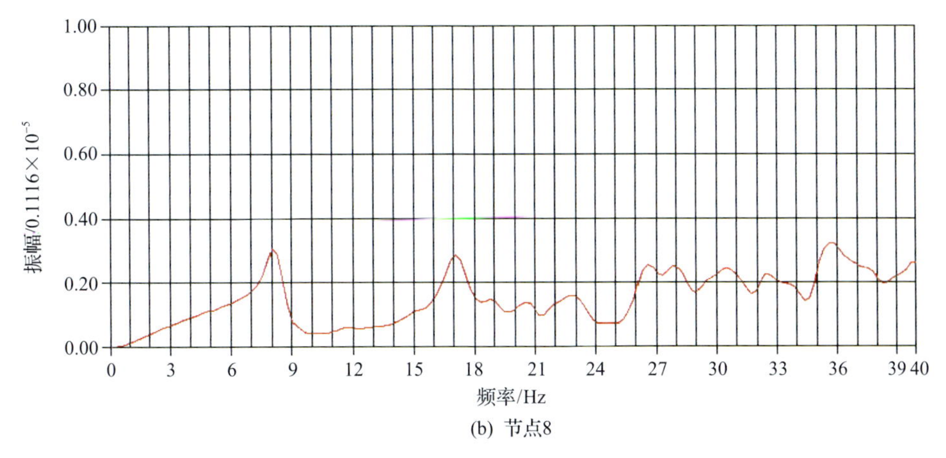

(b) 节点8

图 7-44　节点 7 和节点 8 频谱对比图

5. 单条垂直缆 12 节点多次波成像处理

由垂直缆 SH863A38001 测线观测系统计算得到海底反射波的反射角大于±60°，多次波单边成像照明范围约为 6km(图 7-45)。对浅水区 SH863A38001 测线垂直缆 13 个节点数据进行了多次波成像处理，实际处理后获取的多次波成像叠加剖面照明范围约为

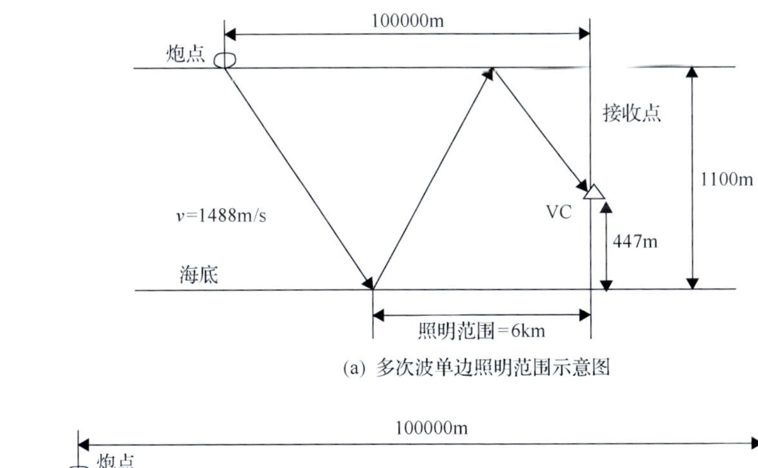

(a) 多次波单边照明范围示意图

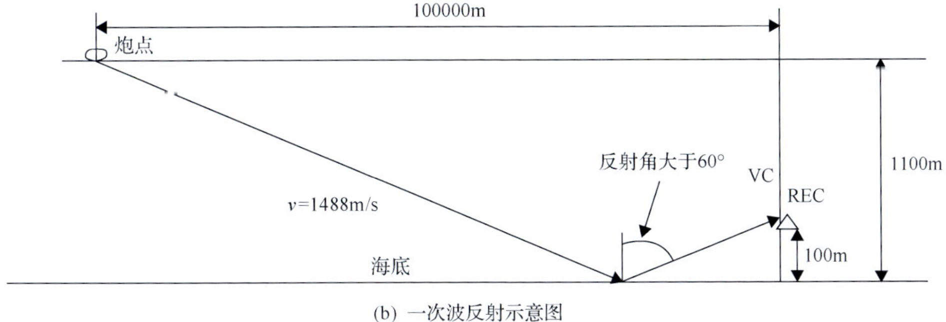

(b) 一次波反射示意图

图 7-45　垂直缆成像照明范围示意图

VC-垂直缆

5km(图 7-46)，由于在该范围内垂直缆数量少，在处理中获得的远偏移距处速度信息不够准确，远偏移距处成像效果不理想，因此选取其中成像效果较好的 3km 照明范围(图 7-47)。从图 7-47 的叠加和偏移剖面可以清晰地看到海底界面和 BSR 轴，在偏移剖面上海底界面与 BSR 之间的空白带更为明显，并且垂直缆数据可以进行大倾角成像，对地下复杂构造都有很好的刻画。图 7-48 是拖缆数据和垂直缆节点 13 数据经处理获得的偏移剖面对比图，可以看到这两种数据获取的偏移剖面图的地层特征基本一致，由于垂直缆数据进行了上下行波波场分离处理，去除了气泡和虚反射效应，所以垂直缆数据的偏移剖面信噪比、分辨率和保真度更高。

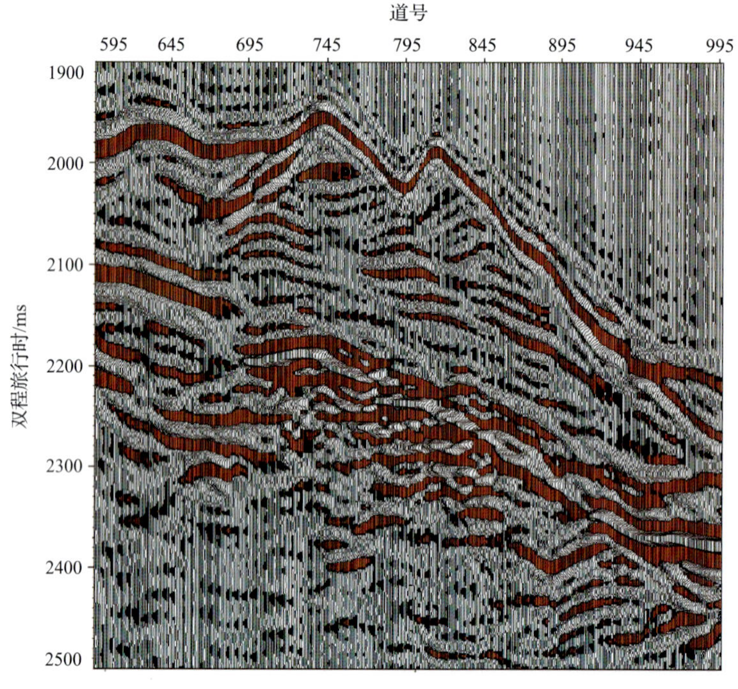

图 7-46　实际获取的 5km 照明范围的由多次波成像处理获得的偏移剖面

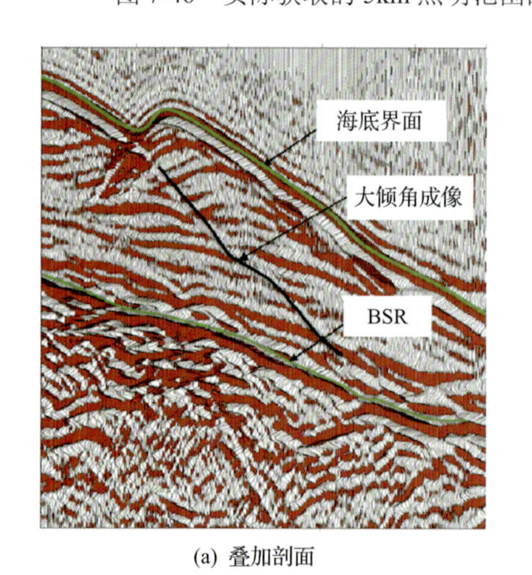

(a) 叠加剖面

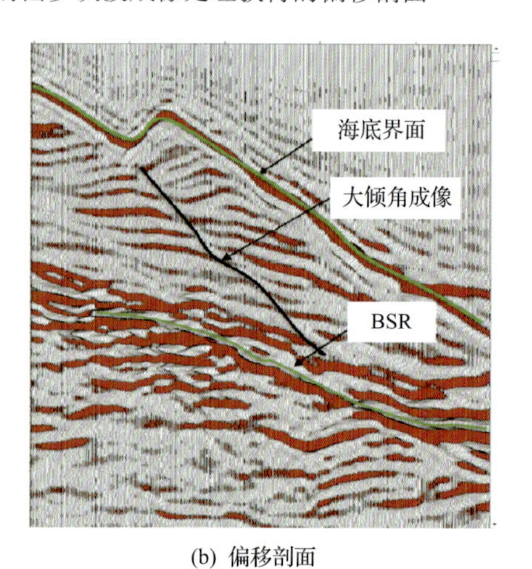

(b) 偏移剖面

图 7-47　浅水区多次波成像处理获得的叠加和偏移剖面

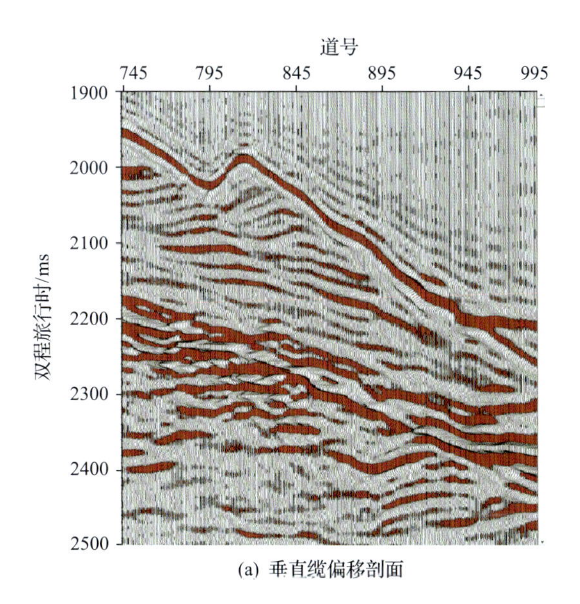

(a) 垂直缆偏移剖面

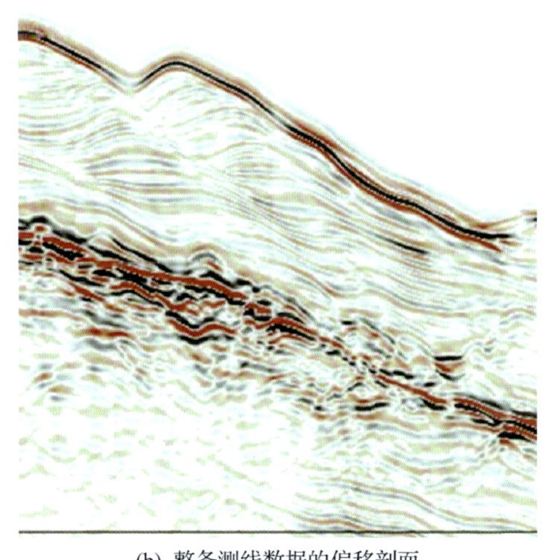

(b) 整条测线数据的偏移剖面

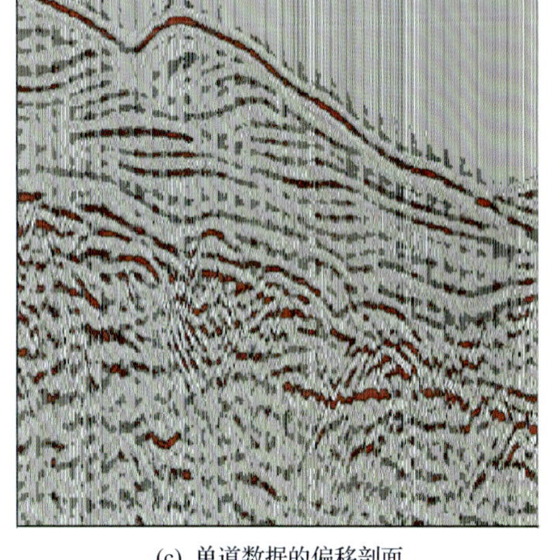

(c) 单道数据的偏移剖面

图7-48　垂直缆偏移剖面与拖缆数据偏移剖面对比图

7.4　海底地震探测技术

海底地震仪(Ocean Bottom Seismograph，OBS)是一种布设在海底用于观测地震及其他地壳构造事件引起的微振动的地震仪，它不仅能够观测天然地震，也可以用于记录人工激发的地震，海底地震仪数据为海底深部构造调查、海洋油气勘探等工作提供了重要的信息。OBS除了水听器以外，还可以承载 X、Y 和 Z 三个分量的速度检波器，能够全面地记录纵波和横波信息，海底地震仪探测成为海上多波地震勘探的重要探测手段。海底地震仪的海底接收与多道地震拖缆的水面接收相比，具有其自身的优势，不但可以利用四分量检波器接收并记录横波信息，而且便于采用广角地震获取深部地层的速度结构信息，此外，宽频带海底地震仪还适用于海底天然地震观测。

海底地震仪一般具有地震计、采集记录单元、释放单元和辅助设备四个主要组成部分。海底地震仪外层包括高强度玻璃球、无线电天线、无线发射器或光学指示器、深海水听器和镇重锚。核心部分在玻璃球内部，包括三分量检波器、数据记录器、电池和声波释放系统。

MicrOBS_plus 海底地震仪是法国 Sercel 公司的产品，用于海底横波地震勘探的海洋地震仪器，水下工作深度可达 5000m。地震仪包括主机(四分量检波器、数据记录器、释放系统)、声学释放单元、GPS 时钟同步系统和系统应用软件。主要性能指标为：具有三个速度计信道(陆检)，一个水听器信道，速度检波器频带可达到 4～250Hz，最高采样率为 1ms，速度检波器型号为 SG-10，响应频率较高，满足天然气水合物资源调查。

7.4.1 海底地震处理技术

1. OBS 资料预处理技术

1)OBS 的二次定位问题

采用 OBS 进行勘探时，由于 OBS 在下沉过程中受到海流等因素的影响，其在海底的实际位置与在海面投放点的位置相比会产生偏差，二者有时会相差几公里。OBS 位置的确定是 OBS 数据处理的基础，不正确的位置信息将导致错误的观测系统信息，从而影响后续的处理效果。因此，OBS 在海底位置的准确性是后续数据处理、解释的关键和前提。

中国南海实际 OBS 勘探时炮点在海面呈三维分布，这种野外观测方式完全适合时间切片法对实际数据的要求。具体实施过程如下。

(1)水平坐标位置的求取。

假设地震波在海水中的传播速度为常数，海面水平(无海浪)，则 OBS 数据中具有相同双程旅行时的直达波所对应的各个炮点位置，应位于以 OBS 在海平面上的投影为圆心的圆上。如图 7-49 所示，圆上各个炮点所对应的直达波双程旅行时都相同，为 1s，那么

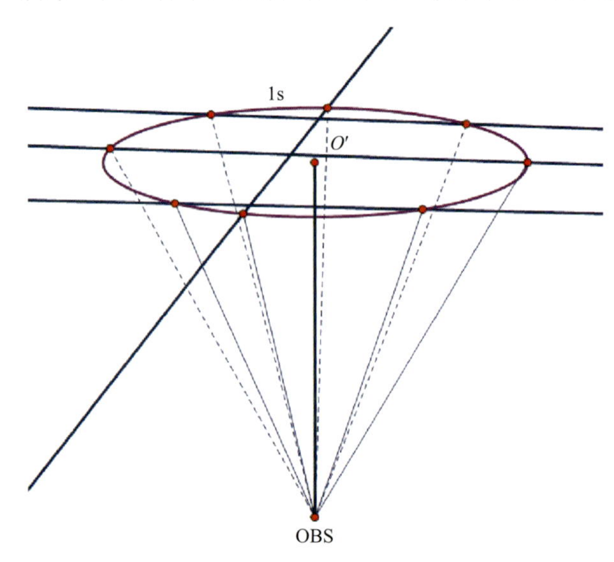

图 7-49　相同偏移距双程旅行时相同

这些点与 OBS 在海面上的投影 O'的距离均相等。按此思路，在 OBS 上方的测网中，把各条测线上直达波双程旅行时为 1s 的炮点的大地坐标绘制到一个平面上，这些点的分布近似为一个圆，对其进行最小二乘拟合得到一个圆心，此圆心坐标即为 OBS 的水平坐标。

一个时间切片得到一个拟合圆心，拾取多个时间切片就会得到多个圆心，对这些圆心进行统计分析最终得到 OBS 的最优水平坐标，如图 7-50 所示。

(2) 深度与海水速度的计算。

在确定了 OBS 水平坐标后，采用扫描的方法来同时反演地震波在海水中的传播速度及 OBS 所在位置处的海底深度。具体流程如下。

步骤一，根据炮点、OBS 与直达波的传播射线路径几何关系(如图 7-51 所示，其中 v 为海水速度，t 为时间，h 为 OBS 深度)，对一系列的时间切片，给定一个速度，计算出一系列的深度值，继而计算出该系列深度中最大和最小深度之间的差值。

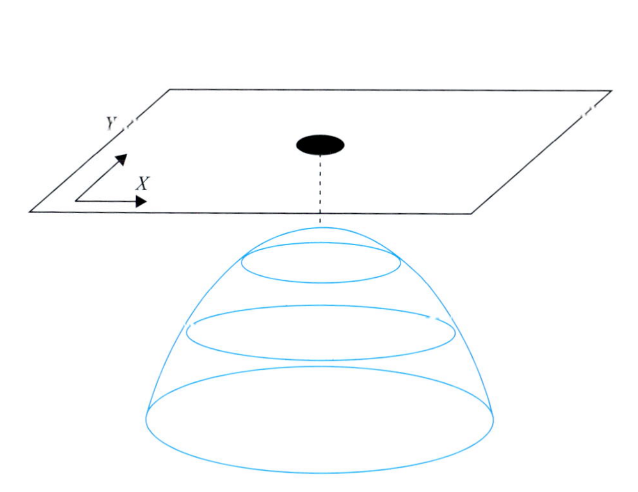

图 7-50　统计出多个圆的圆心即为 OBS 的水平位置

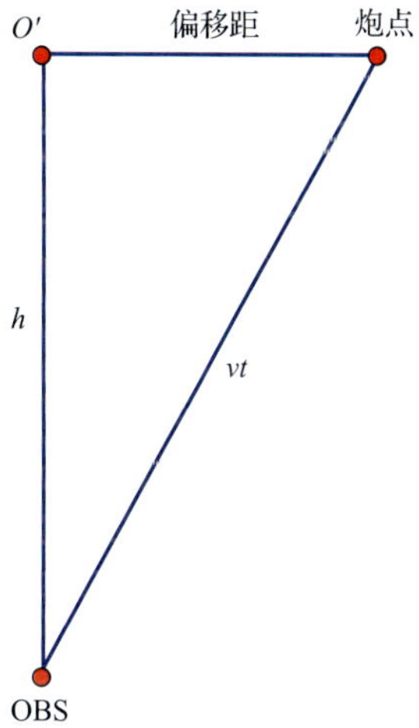

图 7-51　OBS 与射线几何关系

步骤二，给定一个速度增量，循环步骤一。

步骤三，对于给定进行计算的一系列速度值，步骤一中计算出的最大和最小深度之间的差值为最小时的速度即被作为地震波在海水中的传播速度。为了保证速度反演的精度，可以设置最大和最小深度之间差值的范围(如小于 1m)，如果最小的差值大于 1m，则减小步骤二中的速度增量，继续进行反演计算。

步骤四，根据步骤三中反演出的地震波在海水中的传播速度，按照图 7-51 所示的直达波双程旅行时、速度及深度之间的关系，即可计算出 OBS 所在位置处的海底深度。

2) OBS 的坐标旋转问题

OBS 数据为四分量数据：一个垂直分量，两个水平分量和一个水听器。OBS 采集数据为共接收点数据，即炮点沿测线移动而检波点不动，这就导致同一采集系统中道与道之间不具有一致的振幅和极化方向，从而道与道之间振幅能量属性就不一致，这一问题是通过水平分量极化方向旋转来解决的，极化旋转是将 X/Y 分量旋转到与震源在该检波器处的极化方向 r 一致的方向上(图 7-52)。

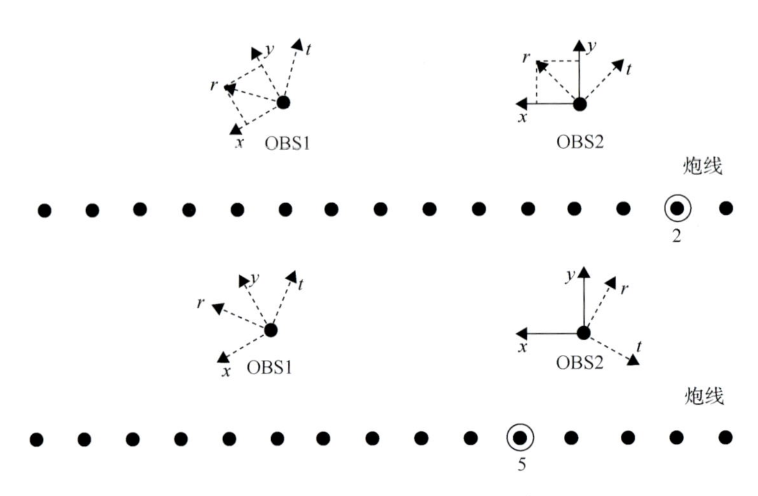

图 7-52　海底 OBS 极化旋转示意图

这里采用交叉能量矩阵计算水平分量 *X*/*Y* 的极化方向，确定每道地震记录的不同双程旅行时的旋转角度，从而完成水平分量旋转。常规水平分量旋转的方法利用直达波振幅能量进行旋转角度的试算，每道地震记录只能有一个旋转角度，这样不同层位由于各向异性的影响不能够确保都旋转到极化方向，本方法克服了这一弊端。同时，商业软件进行水平分量旋转，需要输入每道旋转角度，其角度是通过炮点和检波点观测系统关系计算出来的，交叉能量矩阵法只需知道水平分量 *X*/*Y* 的对应地震数据，无须其他信息即可进行旋转运算，节省了处理环节的时间。

3）地震波场延拓技术

现有的常规地震数据处理流程一般要求炮点、检波点位于同一水平面上，OBS 数据采集时炮点位于海面，检波点位于海底，因此在进行常规处理前需要对 OBS 数据进行基准面校正处理，使炮点、检波点位于同一水平面上。对于浅水（<100m）区域，目前主要利用垂直时间进行近似校正，即静校正技术，静校正方法的使用前提是炮点、检波点高程相差不大，且表层速度很小。而对于中等水深（>100m）和深水（>1000m），时间变化为非垂直变化的，不能利用静校正技术来解决。目前 OBS 技术主要在深水海域进行勘探，海水深度较深，一般在 1000m 以上，因此不能利用静校正技术进行海水层基准面校正，采用波动方程地震波场延拓法进行基准面校正是解决该问题的根本所在。

根据波在传播过程中的动力学和运动学特征，基于波动方程的地震波场延拓法可以将波场延拓到新的高度，从而实现基准面校正。Berryhill（1979）首先提出波动方程基准面校正技术的概念，并首次利用 Kirchhoff 积分渐近法实现了基准面的延拓工作。Wiggins（1984）对在不规则地表上采集的地震数据利用 Kirchhoff 方法做了准确的偏移延拓，此外还有利用相移算子法、有限差分外推算法进行基准面校正。杨锴等（1999）采用有限差分法对 OBC（Ocean Bottom Cable）记录海水层进行了基准面校正处理。有限差分法地震波场延拓要求数据规则，即各道的道间距和各线的线间距相同，而 OBS 勘探时各道的道间距和线间距不完全一致，如果想要对 OBS 数据采用有限差分法进行延拓，首先需要对数据进行规则化处理，另外有限差分法的计算量大、运算效率低。金丹等（2011）利用

Kirchhoff 积分法对莺歌海域的 OBC 资料进行了延拓处理，取得了较好的效果。Kirchhoff 积分法地震波场延拓不要求数据规则，且计算量与有限差分法相比较要小很多。基于此，研发了 Kirchhoff 积分法地震波场延拓程序，对 OBS 资料进行波场延拓处理。

为了将地震波场从一个基准面校正到另一个基准面，二维延拓公式如下：

$$P_i(\omega)=\sum\nolimits_j A_{ij}\sqrt{-i\omega}P_j(\omega)\mathrm{e}^{i\omega\tau_{ij}} \tag{7-10}$$

式中，A_{ij} 为一个包含球面扩散和倾角校正的振幅校正项；τ_{ij} 为输入点 i 和输出点 j 之间的单程旅行时；$\sqrt{-i\omega}$ 为相位校正项；$P_j(\omega)$ 为输入面的波场；$\mathrm{e}^{i\omega\tau_{ij}}$ 为频率域的延时项。

在式(7-10)中，振幅校正项 A_{ij} 可以写成：

$$A_{ij}=\frac{\Delta x}{\sqrt{2\pi r_{ij}v}}\cos\theta_{ij} \tag{7-11}$$

式中，Δx 为输入道的道间距；r_{ij} 为输入道与输出道之间的距离；θ_{ij} 为输入道与输出道的连线与输入道法线的夹角。

在三维情况下，振幅校正项 A_{ij} 将变成：

$$A_{ij}=\frac{\Delta x\Delta y}{\sqrt{2\pi r_{ij}v}}\cos\theta_{ij} \tag{7-12}$$

而 A_{ij} 中的 θ_{ij} 是输入面法线与连接输入点 i 和输出点 j 的双程旅行时路径的夹角。而 $\cos\theta_{ij}$ 项来自于恒等式：

$$\frac{\partial r}{\partial n}=\nabla r\cdot n \tag{7-13}$$

与延时项和振幅校正都有关系的 τ_{ij} 可从下式中计算得出：

$$\tau_{ij}=\sqrt{\frac{z_{\mathrm{datum}}^2+x^2}{v^2}} \tag{7-14}$$

式中，z_{datum} 是炮点和检波点之间的垂直坐标差。

除了振幅校正项之外，还需要一个相位校正项，在二维情况下，表现为 $\sqrt{-i\omega}$ ，这是为了更好恢复出较真实的地震波的相位，从而有利于后期的叠加等操作。除此之外，相位校正项在三维情况下也与二维类似，其形式是 $-i\omega$。

虽然振幅校正项和相位校正项在二维和三维处理情况下的公式都有所不同，但是最后的频率域延时项却不是这样，它们表现出相同的形式($\mathrm{e}^{i\omega\tau_{ij}}$)。综上所述，可得出在处理三维数据情况下的 Kirchhoff 积分公式：

$$P_i(\omega)=\sum\nolimits_j A_{ij}(-i\omega)P_j(\omega)\mathrm{e}^{i\omega\tau_{ij}} \tag{7-15}$$

4）纵横波波场分离

OBS 资料中的 Z 分量记录中含有横波成分，X、Y 分量记录中含有纵波成分，因此对 OBS 资料的多分量波场分离就成为后续 OBS 资料处理中的一个重要环节，这里采用极化滤波法进行波场分离。极化滤波(偏振滤波法)是基于波的偏振特性基础上进行的一种空间滤波的信号处理方法，主要是利用各种波的极化性质差异来达到分离纵、横波，滤掉干扰波的目的，利用协方差矩阵求取各个分量各个时间点波的偏振方向、偏振系数，从而设计滤波器使沿偏振方向的有效波能够通过，而干扰波由于其偏振方向与有效波不同，从而被滤除的方法。

由地震波理论可知，同一类型的波至引起空间质点的运动，其轨迹近似于椭球体。根据极化的概念，这个椭球的长轴就是质点空间运动的极化方向。从数学上可以把该轨迹上的样点看作是一批空间随机点的集合，这样就可以使用协方差矩阵，用统计的方法由这些空间点求出极化方向，并且可以用一个参量指示极化的质量，并把它们应用到滤波器的设计中。

当考虑三分量情况下 N 个样点的时窗(T_1，T_2)，每一点的三个分量 X_i、Y_i、Z_i 在(T_1，T_2)内的均值分别为

$$M_x = \frac{1}{N}\sum_{i=N_1}^{N_2} X_i, M_y = \frac{1}{N}\sum_{i=N_1}^{N_2} Y_i, M_z = \frac{1}{N}\sum_{i=N_1}^{N_2} Z_i \tag{7-16}$$

式中，$(N_2 - N_1)\Delta t = T_2 - T_1$, Δt 为采样率；$N=N_2-N_1+1$，由此可以写出协方差矩阵：

$$\boldsymbol{M}_{\mathrm{c}} = \frac{1}{N}\begin{vmatrix} \sum\limits_{i=N_1}^{N_2} A^2 & \sum\limits_{i=N_1}^{N_2} AB & \sum\limits_{i=N_1}^{N_2} AC \\ \sum\limits_{i=N_1}^{N_2} BA & \sum\limits_{i=N_1}^{N_2} B^2 & \sum\limits_{i=N_1}^{N_2} BC \\ \sum\limits_{i=N_1}^{N_2} CA & \sum\limits_{i=N_1}^{N_2} CB & \sum\limits_{i=N_1}^{N_2} C^2 \end{vmatrix} \tag{7-17}$$

式中，$A = X_i - M_x$，$B = Y_i - M_y$，$C = Z_i - M_z$。

通过求解协方差矩阵的特征值与特征向量，可以对信号的极化度与极化方向进行定量的分析与确定。如果信号的极化度是线性的，则协方差矩阵只有一个非零的特征值，相应的特征向量代表了信号的极化方向；如果信号的极化度是平面的，则有两个非零的特征值，则相应的特征向量确定这个平面。在绝大多数情况下，可以得到三个特征值 λ_1，λ_2，λ_3($\lambda_1 \geqslant \lambda_2 \geqslant \lambda_3$)，由特征值可确定质点运动轨迹的椭球体的长、中、短轴，由相应的特征向量可以确定各轴的方向，最大的特征值 λ_1 对应的特征向量为主特征向量 $\boldsymbol{V}(V_x, V_y, V_z)$。在三个特征值中，信号能量集中在最大特征值 λ_2 上，而噪声能量分布在另外两个特征值上。

从协方差矩阵中可以解出三个特征值 λ_1，λ_2，λ_3(假定 $\lambda_1 \geqslant \lambda_2 \geqslant \lambda_3$)。用特征值可定义

椭球的长、短及次短半轴分别为

$$a=m\sqrt{\lambda_1},b=m\sqrt{\lambda_2},c=m\sqrt{\lambda_3} \tag{7-18}$$

式中，m 为一个近似 $\sqrt{3}$ 的因子。

定义总偏振系数为

$$T_2=\frac{(1-e_{21}^2)^2+(1-e_{31}^2)^2+(e_{21}^2-e_{31}^2)^2}{2(1+e_{21}^2+e_{31}^2)^2} \tag{7-19}$$

式中，$e_{21}=\sqrt{\frac{\lambda_2}{\lambda_1}}$ 为主椭球率；$e_{31}=\sqrt{\frac{\lambda_3}{\lambda_1}}$ 为次椭球率。

上述计算得到的极化参数是时窗内中心位置对应的参数，通过将时窗沿时间轴逐个采样点向前平移，即可得到整个时间轴(除开始和结束处各 1/2 时窗)上波场的极化参数。由式(7-19)得到的偏振系数定量地反映了极化的程度，它的数值为 0～1。当偏振系数为 1 时，说明高度极化，偏振为一个线性运动；当偏振系数为 0 时，说明极化程度为零(即没有偏振)，偏振在空间上呈现为一个球形。

主特征向量 $\boldsymbol{V}$ 在笛卡儿坐标系(X，Y，Z)中由三个标量坐标(V_x, V_y, V_z)唯一确定。而主特征向量 $\boldsymbol{V}$ 在空间的方向是由它的三个方向余弦 $\cos\alpha(t)$、$\cos\beta(t)$ 及 $\cos\gamma(t)$ 所确定的，即 $\alpha(t)$、$\beta(t)$、$\gamma(t)$ 分别为主极化方向与坐标轴 X、Y、Z 的夹角。根据 $V_x^2+V_y^2+V_z^2-1$ 的关系及相应的空间几何关系，可以证明主特征向量 $\boldsymbol{V}$ 的三个方向余弦恰好就等于它的三个标量坐标，即

$$\begin{cases}\cos\alpha(t)=V_x\\ \cos\beta(t)=V_y\\ \cos\gamma(t)=V_z\end{cases} \tag{7-20}$$

这也就证明了主特征向量能够表征质点偏振的主方向。

本书主要采用极化滤波法中的空间滤波法，它是引用一个调制函数，也叫空间方位滤波器 $f(t)$，它是由 Benhama 等(1988)所设计的：

$$f(t)=R^p(t)\cdot\cos^q\theta(t) \tag{7-21}$$

式中，$R(t)$ 为偏振系数或者偏振的品质因数；$\cos\theta(t)=|I(t)\cdot F|$，$F$ 为滤波方向，$I(t)$ 为极化方向，$\cos\theta(t)$ 即为极化方向与滤波方向之间的空间夹角的余弦，指数 p，q 是两个参数，其值为

$$\cos\theta(t)=\cos\alpha(t)\cos\alpha_{\mathrm{F}}(t)+\cos\beta(t)\cos\beta_{\mathrm{F}}(t)+\cos\gamma(t)\cos\gamma_{\mathrm{F}}(t) \tag{7-22}$$

式中，$\alpha_{\mathrm{F}}(t)$、$\beta_{\mathrm{F}}(t)$、$\gamma_{\mathrm{F}}(t)$ 分别为定义的滤波方向与坐标轴 X，Y，Z 的夹角，其数值是给定的，分别是对极化程度和极化方向的加权值。显然令 p=0 就压制了 $R(t)$ 的影响，同样，取 q=0 可以消除 $\theta(t)$ 的影响，增加 $R(t)$ 的影响，这样就可以从更复杂的偏振振动中

发现和分离出线性的偏振振动的位移方向。通过适当选取 p、q 值，可在具有不同偏振参数的干扰或规则波的背景上识别给定方向的线性偏振振动，从而分解出不同偏振特点的波，确定椭圆偏振参数(如极化方向、偏振参数 R 等)。如果 $s(t)$ 为 x、y、z 分量中的任意一个分量，则经过空间方向滤波以后的输出为

$$s'(t)=s(t)f(t) \tag{7-23}$$

分析式(7-23)可见，若在选择方向上三分量记录表现为完全无极化($\theta=90°$或 $R(t)=0$)，则滤波因子 $f(t)\to 0$，$s'(t)\to 0$，说明彻底消除 $s(t)$；若在选择方向上极化相当好，则$|f(t)|\to 0$，$s'(t)\to s(t)$，完全保留 $s(t)$；一般情况都是介于上述情况之间。

空间滤波法的主要优点是由时间域内采集数据加权而构成，经滤波处理的场值是可以恢复的，而且可以作为再次滤波的输入场值。其中体积的空间方向滤波器 $f(t)$ 中的 $\cos\theta(t)$ 是特征向量的方向余旋，即滤波方向和极化方向之间的空间夹角的余弦。

从协方差矩阵中可以解出三个特征值 λ_1、λ_2、λ_3($\lambda_1\geqslant\lambda_2\geqslant\lambda_3$)。其中与 λ_1 对应的特征向量为主特征向量 $\boldsymbol{V}$，主特征向量在空间的方向是由它的三个方向余弦 $\cos\alpha(t)$、$\cos\beta(t)$ 及 $\cos\gamma(t)$ 所确定的。由于主特征向量 $\boldsymbol{V}$ 在笛卡儿坐标系中的位置由三个标量坐标唯一确定，由此关于球坐标系中方位角的求法可根据直角坐标系与球坐标系的关系图 7-53 来确定。

对于图 7-53 中所示的方向入射，强度为 r 的波，其在各个方向上的分量为 x、y、z，由于 φ、λ 的角度值不同，因而相同的 r 在 x、y、z 上的分量也不相同。根据直角坐标与球坐标之间的关系有

$$\begin{cases} x = r\sin\varphi\cos\lambda \\ y = r\sin\varphi\sin\lambda \\ z = r\cos\varphi \end{cases} \tag{7-24}$$

从式(7-24)中解出 γ、φ、λ 为

$$\begin{cases} r = (x^2+y^2+z^2)^{1/2} \\ \varphi = \cos^{-1}(z/r) \\ \lambda = \tan^{-1}(y/x) \end{cases} \tag{7-25}$$

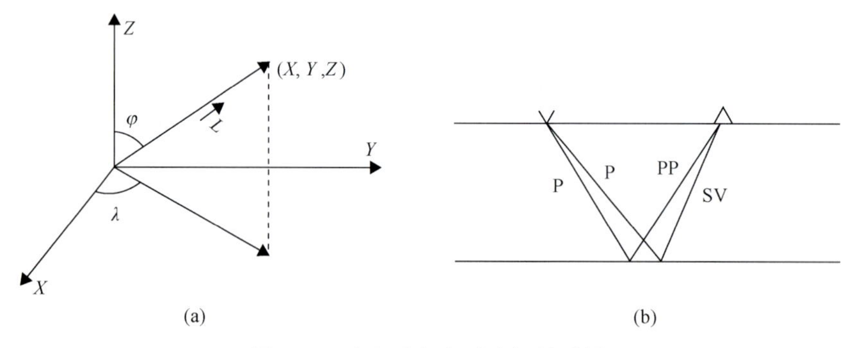

图 7-53　直角坐标与球坐标关系图

可以利用这种坐标旋转公式和地震波在直角坐标系中的各个振幅分量的关系，求出各种波的真正入射方向(即 φ、λ 的值)，然后从地震记录中利用公式 $f(t)=R^p(t)\cdot\cos^q\theta(t)$ 把各种有用的信息提取出来。

OBS 是三分量数据，我们对两个水平分量进行了旋转，得到极化方向分量和切向方向分量，所以三分量问题转变成了二分量问题，对于要处理的水平分量和垂直分量进行波场分离的二分量问题而言，采用一种以协方差矩阵计算偏振系数，以之为依据进行二维空间滤波处理(朱衍镛，1995)。根据 Benhama 等(1988)极化滤波的原理，考虑 N 个样点的时窗。在 x-z 平面内，每个样点是由两个坐标确定的，在(T_1，T_2)时窗内，每个坐标的均值定义为

$$\begin{cases} m_x = \dfrac{1}{N}\sum\limits_{i=N_1}^{N_2} x_i \\ m_z = \dfrac{1}{N}\sum\limits_{i-N_1}^{N_2} z_i \end{cases} \tag{7-26}$$

式中，$(N_2-N_1)\Delta t=T_2-T_1$，$\Delta t$ 为采样率；$N=N_2-N_1+1$。

协方差矩阵就可以写作：

$$\boldsymbol{M}_{\mathrm{c}} = \frac{1}{N}\begin{bmatrix} \sum\limits_{i=N_1}^{N_2}(x-m_x)^2 & \sum\limits_{i=N_1}^{N_2}(x-m_x)(z-m_z) \\ \sum\limits_{i=N_1}^{N_2}(z-m_z)(x-m_x) & \sum\limits_{i=N_1}^{N_2}(z-m_z)^2 \end{bmatrix} \tag{7-27}$$

通过对某一个时窗内的协方差矩阵的计算可以得到本征特征值 λ_1、λ_2 及本征特征向量 $\boldsymbol{V}_1$、$\boldsymbol{V}_2$，这些本征特征向量中的每一个都可以用它们的方向余弦来确定。从而得到设计滤波器的一个参数，即在某个时窗内中间点的椭圆系数 τ:

$$\tau^2 = \frac{\left(1-\dfrac{\lambda_2}{\lambda_1}\right)^2}{2\left(1+\dfrac{\lambda_2}{\lambda_1}\right)^2} \tag{7-28}$$

式中，λ_1、λ_2 为协方差矩阵的本征特征值，且 $\lambda_1>\lambda_2$，这个系数总是位于 0～1。如果系数为 0，则没有偏振；如果系数等于 1，则这个偏振接近一个线性运动。

如果信号的极化度是线性的，则协方差矩阵只有一个非零的特征值，相应的特征向量代表了信号的极化方向；如果信号的极化度是平面的，则有两个非零的特征值，则相应的特征向量确定这个平面。在绝大多数情况下，可以得到两个特征值 λ_1、λ_2($\lambda_1>\lambda_2$)，由特征值可以确定质点运动轨迹椭圆的长、短轴，由响应的特征向量可以确定其方向，最大的特征值 λ_1 对应的特征向量为主特征向量 $\boldsymbol{V}_1(V_x, V_z)$。在两个特征值中，信号能量

集中在最大特征值 λ_1 上，而噪声能量分布在另一个特征值上。

5)OBS 时钟漂移校正技术

OBS 资料处理的第一步是进行数据截断，即按照放炮时间将 OBS 的连续记录分成一个个炮记录，放炮时间由 GPS 时间来控制，而截断时的依据是 OBS 内部时钟，如果两者完全相同则直接按 GPS 时钟截取即可，但是实际上由于晶振片振动周期差异每个 OBS 时钟都不同，因此需要在 OBS 投放前和回收后都要与 GPS 时间进行对钟，根据时间差获得 OBS 时钟漂移量，将漂移量按线性均分在两次对钟之间，然后进行数据截断。

OBS 时钟周期受固有频率的控制，也受到环境因素如温度等影响，在相同环境下振动周期是稳定的，在环境变化大时振动周期也发生变化，海洋环境比较稳定，因此在海底工作期间 OBS 的时钟漂移是均匀的，可以按照上述方式进行线性漂移量校正。但是在投放前和回收后 OBS 放置在甲板上，温度比海底高出许多，其时钟周期也会与海底放置时不同，时钟漂移曲线就不是线性的，此时如果线性进行校正，截断的炮记录就出现各种异常。

本书针对以上情况研发形成了一套计算 OBS 时钟漂移量的技术方法，能够解决 OBS 投放前和回收后环境不稳定造成的时钟非线性漂移的影响，获得准确的时钟漂移量，校正后才可以进行后续的处理。具体过程如下。

(1) 对 OBS 连续记录按照零钟漂进行数据截断。

(2) 对数据进行水速校正。

(3) 初步计算最后施工测线的时间与第一条测线的时间差，记录为漂移量 $\mathrm{d}t_0$。

(4) 用 $\mathrm{d}t_0$ 对 OBS 原始记录进行数据截断。

(5) 对 OBS 进行初步二次定位，然后水速度校正，看直达波是否完全拉平在一个时间，如果所有测线都拉平，则此时钟偏移量为所求量，否则进行下面的迭代过程。

(6) 计算最后施工测线的时间与第一条测线的时间差，记录为漂移量 $\mathrm{d}t_1$。

(7) 把 $\mathrm{d}t_0+\mathrm{d}t_1$ 时钟漂移量对作为 OBS 原始记录进行数据截断。

(8) 对 OBS 进行再次定位，然后水速度校正，看直达波是否完全拉平在一个时间，如果所有测线都拉平，则此时钟偏移量为所求量，否则重复(6)～(8)。

此漂移量即为此 OBS 第一次对钟到施工结束的时钟漂移量，然后将此值线性分配到施工期间的原函数数据中即可。

6)OBS 资料噪声压制技术

(1) 局部奇异值分解去噪技术

奇异值分解(SVD)是一种有效的代数特征抽取方法，在描述矩阵数据分布特征上具有多项优良特性。它能够捕获矩阵数据重要的基本结构，可以放映矩阵的代数本质。利用矩阵的奇异值分解来提取研究对象的特征信息，已经被用于人脸识别、中文语义处理、切片挖掘等计算机领域。

SVD 去噪原理，二维情况下，地震记录可用矩阵 $\boldsymbol{A}$ 表示，矩阵 $\boldsymbol{A}$ 是由信号和噪声共同组成的，那么矩阵 $\boldsymbol{A}$ 的奇异值可以反映信号和噪声能量集中的情况。因此，只用表征有效信号的奇异值重构矩阵，就可去除随机干扰。

(2) 小波分频阈值去噪技术

小波变换是将信号在多个尺度上进行小波分解，各尺度上分解所得到的小波变换系数代表原信号在不同尺度(分辨率)上的信息。小波变换在时域和频域同时具有良好的局部化性质，使其成为信号去噪的一种有力工具。小波变换用于信号处理的过程就是根据实际问题的需要，对系数作适当的修正。对于地震资料，小尺度上的数据对应高频信息，含有大量的噪声；而大尺度上的数据对应低频信息，含有大量有用信息和少量噪声。选取合适的噪声阈值对小波系数进行量化处理，然后用量化后的小波系数进行小波反变换，重构数据。这就是小波变换滤除低频、高频随机噪声的原理。

2. OBS 资料纵横波速度反演技术

OBS 资料纵波速度反演按照如下流程进行。

(1) 对 OBS 数据进行预处理，包括 OBS 位置二次定位、OBS 数据的几何扩散校正、去噪、滤波等常规处理。

(2) 对 OBS 数据进行特殊处理，如纵横波波场分离、极化坐标旋转等。

(3) 对共检波点道集 OBS 地震波场进行延拓，将炮点延拓到海底面上，对延拓后的共检波点道集 OBS 数据进行双曲速度分析，得到初始的速度模型。

(4) 利用得到的初始速度，进行偏移处理，得到偏移剖面。

(5) 由偏移剖面的形态确定地下地层各个反射界面的深度，由速度分析得到的速度作为初始速度，建立初始速度-深度模型。

(6) 建立起初始速度-深度模型后，拾取 PP 波的双程旅行时，进行纵波速度准确反演。

反演时采取由上到下的顺序，第一层确定后，再反演第二层，依次类推，建立出研究区域的纵波速度-深度模型。纵波速度-深度模型建立后，就可以对各层的横波速度进行反演。对于每个反射界面纵横波同相轴如何对应的问题，这里提出扫描的思想，采用卡方误差参数控制的方式将二者相对应，具体解决方案如下。

(1) 对 OBS 数据的水平分量进行坐标旋转，将两个水平分量 x、y 旋转至 R 与 T 方向，此时 R 方向的转换波能量将明显增强。

(2) 对旋转后的 R 分量的地震波场进行纵横波波场分离，衰减 R 分量中的纵波波场。

(3) 对于第一个反射界面的纵波反射同相轴与转换波同相轴相对应的问题，拾取往步骤(1)、(2)处理的 R 分量上各个转换波反射同相轴的双程旅行时。

(4) 对每个转换波反射同相轴，对于第一个地层，给定一系列的横波速度，进行射线追踪法转换波双程旅行时正演计算，同时计算出正演的双程旅行时与实际转换波双程旅行时的卡方误差值。

(5) 画出卡方误差图像，如图 7-54 所示，横轴为转换波同相轴的序号，纵轴为泊松比，色棒代表反演时卡方误差的大小。该方法可以确定卡方误差最小的转换波反射轴即为第一个纵波反射同相轴所对应的转换波同相轴，该同相轴所对应的泊松比就是第一层地层的泊松比值。

(6) 由第一层地层的纵波速度和泊松比计算出第一层地层的横波速度。

针对后续的纵波同相轴，按照上述(4)、(5)、(6)三个步骤进行处理，即能够解决各个反射界面纵横波同相轴的对应问题，同时可以反演出各个地层的泊松比和横波速度。

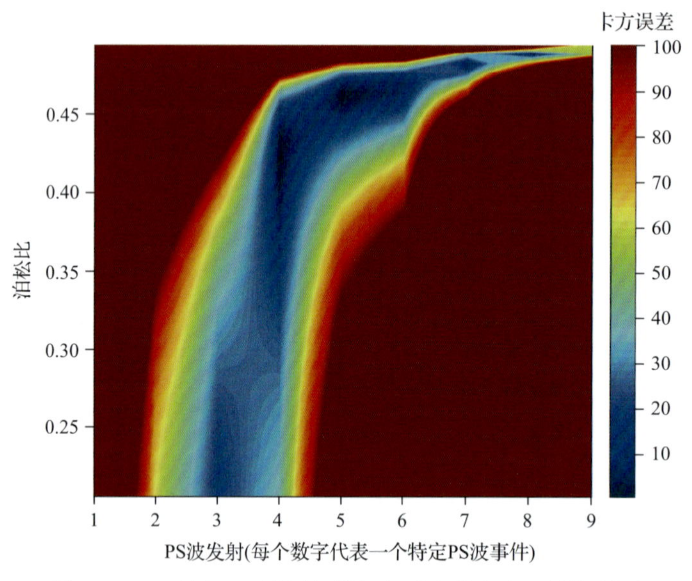

图 7-54　PP 波与 PS 波同相轴如何对应的卡方误差控制图

3. OBS 资料多次波成像技术

OBS 数据中的初次波的照明范围很窄，对其偏移成像，获取的成像剖面较短且会有很大间隙，尤其是当其中某个 OBS 出现故障时，问题会更加严重。另外 OBS 数据中的初次波照明范围窄的问题对于海底附近地层的影响比对更深地层的影响更大。由于 OBS 位于海底面上，从炮点激发产生的地震波经过海水层以直达波的形式到达 OBS 处，OBS 不能够接收到来自海底面的初次波，因此初次波对海底面的照明范围为零，不能够对海底进行成像；对于浅部地层，反射点与 OBS 点的距离较短，具有一定的照明范围，但是照明范围较窄，随着地层加深，反射点与 OBS 点的距离增大，照明范围变宽。

OBS 数据这种照明范围窄的问题对于深水海域的影响较浅水海域的影响更严重，海水深度越大，对海底附近地层的照明范围越窄。天然气水合物资源位于深水海域海底附近的较浅地层中(我国南海区为海底面下 200～300m 深度处，该区域海水深度在 1500m 左右)，由上述论述可知，使用现有的对 OBS 数据中的初次波进行成像，不会取得较好的效果。

OBS 数据中的多次波是由与初次波同样的震源激发产生的，只是它们在介质中的传播路径不同而已，这里将由海面激发传播到海底面以下地层处反射回来的反射波再经由海平面反射到 OBS 处的波称为一阶多次波。图 7-55 为 OBS 数据中的初次波与一阶多次波传播路径及地下地层反射点位置示意图，从图中可以看出 OBS 数据中的水层一阶多次波具有距离接收点更远的反射点，因此如果能对一阶多次波进行成像处理，它们就能够反映海底及海底面下初次波不能够传播到的位置处的信息，从而解决利用一次反射波进行成像时照明范围窄且有间隙的问题。

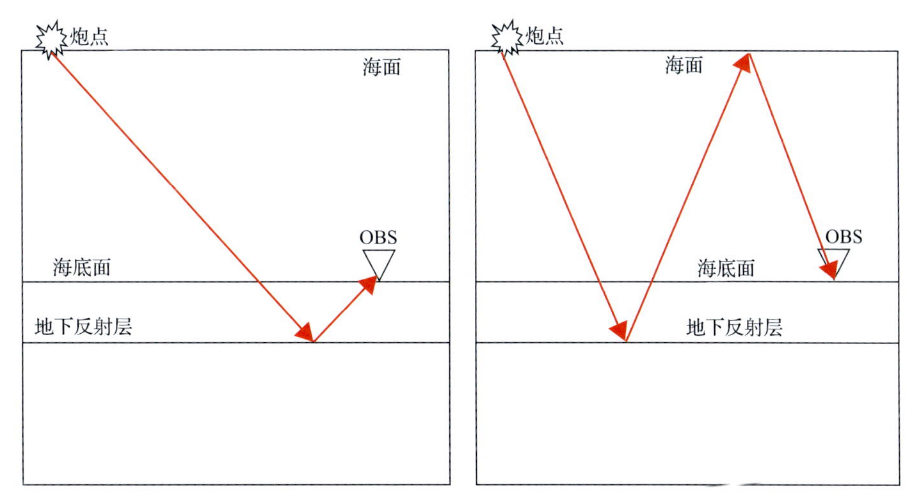

图 7-55　OBS 数据中的初次波与一阶多次波传播路径及地下地层反射点位置示意图

4. OBS 与拖缆资料联合处理技术

对于常规海洋拖缆数据的处理采取如下流程：Segy 数据导入、观测系统加载、球面扩散补偿、随机噪声衰减、预测反褶积、速度分析、多次波衰减、偏移 CRP 道集体速度分析、叠前时间偏移和叠前深度偏移。

由于 OBS 反演出的速度精度较高，因此采用 OBS 反演出的速度对拖缆数据进行叠前时间和深度偏移处理，可以改善拖缆资料的成像质量。

5. OBS 资料与拖缆资料联合反演技术

采用 OBS 反演出的纵横波速度对海洋拖缆资料的 AVO 反演加以约束，从而提高 AVO 反演的精度，反演出的 AVO 属性有利于提高天然气水合物勘探的精度。

1) 纵横波速度反演公式

纵横波速度的反演公式如下：

$$\begin{bmatrix} \sin\alpha_1 & -\cos\beta_1 & -\sin\alpha_2 & -\cos\beta_2 \\ \cos\alpha_1 & \sin\beta_1 & \cos\alpha_1 & -\sin\beta_2 \\ \sin 2\alpha_1 & -\dfrac{V_{p1}}{V_{s1}}\cos 2\beta_1 & \dfrac{\rho_2}{\rho_1}\dfrac{V_{s2}^2}{V_{s1}^2}\dfrac{V_{p1}}{V_{p2}}\sin 2\alpha_2 & \dfrac{\rho_2}{\rho_1}\dfrac{V_{p1}V_{s2}}{V_{s1}^2}\sin 2\beta_2 \\ \cos 2\beta_1 & -\dfrac{V_{s1}}{V_{p1}}\sin 2\beta_1 & -\dfrac{\rho_2}{\rho_1}\dfrac{V_{p2}}{V_{p1}}\cos 2\beta_2 & \dfrac{\rho_2}{\rho_1}\dfrac{V_{s2}}{V_{p1}}\sin 2\beta_2 \end{bmatrix} \begin{bmatrix} R \\ B \\ T \\ D \end{bmatrix} = \begin{bmatrix} -\sin\alpha_1 \\ \cos\alpha_1 \\ \sin 2\alpha_1 \\ -\cos 2\beta_1 \end{bmatrix} \tag{7-29}$$

式中，R 和 B 为纵横波反射系数；T 和 D 为纵波透射系数；V_{p1}、V_{s1}、ρ_1 分别为上覆地层纵波速度、横波速度和密度；V_{p2}、V_{s2}、ρ_2 分别为下伏地层纵波速度、横波速度和密度；α_1 和 β_1 分别为纵横波反射角；α_2 和 β_2 分别为纵横波透射角。

利用高斯消元法对 Zoeppritz 方程进行求解就可以得到反射系数随入射角变化的方程，方程中每个入射角所对应的反射系数是上下地层物性参数(V_{p1}、V_{s1}、ρ_1、V_{p2}、V_{s2}、ρ_2)的非线性函数。因此如果反射系数为$r(\theta_n)$，则反射系数随入射角的变化就可以写成一个超定方程组：

$$\begin{cases} r(\theta_1)=f_{\theta 1}(V_{p1},V_{s1},\rho_1,V_{p2},V_{s2},\rho_2) \\ r(\theta_2)=f_{\theta 2}(V_{p1},V_{s1},\rho_1,V_{p2},V_{s2},\rho_2) \\ \quad\vdots \\ r(\theta_n)=f_{\theta n}(V_{p1},V_{s1},\rho_1,V_{p2},V_{s2},\rho_2) \end{cases} \tag{7-30}$$

利用最小二乘意义建立目标函数：

$$S=\sum_{i=1}^{n}\left|R(\theta_i)\right|+\lambda^2\sum_{i=1}^{n}\left|R(\theta_i)-r(\theta_i)\right|^2 \tag{7-31}$$

式中，$R(\theta_i)$为计算的理论反射系数；$r(\theta_i)$为实际提取的反射系数；λ为权重因子。利用模拟退火的非线性算法来实现目标函数的最小化，就可以求得纵横波速度。

2)纵横波波阻抗反演公式

根据反射系数的弹性波阻抗表达式，随入射角变化的反射系数可以表示为

$$R(\theta)=\frac{\mathrm{EI}_2(\theta)-\mathrm{EI}_1(\theta)}{\mathrm{EI}_2(\theta)+\mathrm{EI}_2(\theta)} \tag{7-32}$$

$$\begin{aligned} \ln \mathrm{EI}(\theta)=&(1+\sin^2\theta)\ln(\rho V_p)-8k\sin^2\theta\ln(\rho V_s) \\ &-6k(0.25-K)\left(\frac{1}{ak}-\frac{k}{b}\right)\sin^2\theta \end{aligned} \tag{7-33}$$

式中，$\mathrm{EI}_1(\theta)$为上介质波阻抗；$\mathrm{EI}_2(\theta)$为下介质波阻抗；ρV_p和ρV_s分别为纵波波阻抗和横波波阻抗；k为上下介质V_{s2}/V_{p2}的平均值；a和b为常数。

对于每个入射角所对应的反射系数来说，它是纵横波波阻抗(ρ_1V_{p1}、ρ_1V_{s1}、ρ_2V_{p2}、ρ_2V_{s2})的非线性函数。因此如果角度道数为n，那么反射系数随入射角的变化曲线就可以写成一个超定方程组：

$$\begin{cases} r(\theta_1)=f_{\theta 1}^{\mathrm{EI}}(\rho_1V_{p1},\ \rho_2V_{p2},\ \rho_1V_{s1},\ \rho_2V_{s2}) \\ r(\theta_2)=f_{\theta 2}^{\mathrm{EI}}(\rho_1V_{p1},\ \rho_2V_{p2},\ \rho_1V_{s1},\ \rho_2V_{s2}) \\ \quad\vdots \\ r(\theta_n)=f_{\theta n}^{\mathrm{EI}}(\rho_1V_{p1},\ \rho_2V_{p2},\ \rho_1V_{s1},\ \rho_2V_{s2}) \end{cases} \tag{7-34}$$

利用最小二乘意义建立目标函数：

$$S=\sum_{i=1}^{n}\left|R(\theta_i)\right|+\lambda^2\sum_{i=1}^{n}\left|R(\theta_i)-r(\theta_i)\right|^2$$

利用模拟退火的非线性算法来实现目标函数的最小化，就可以求得纵横波波阻抗。

6. 垂直缆资料子波提取应用技术

目前，得到远场子波的方法有三类：一是通过数值模拟方法或用实测气枪震源近场子波外推，得到震源远场子波；二是通过地球物理反演方法，从海上地震数据资料中提取震源子波，或是确定震源子波的主要参数，对于此方法获取的震源子波真实性，一些地球物理学家持怀疑态度；三是通过现场实际测量的方式获取地震远场子波。

如图 7-56 所示，垂直缆设备由三个 OBS 连接而成，OBS 之间相互间隔为 25m。1 号 OBS 距离设备底部 150m，以保证海底反射和直达波分离。垂直缆接收得到远场子波示意图如图 7-56 所示，为直达波、气泡、虚反射的叠加。

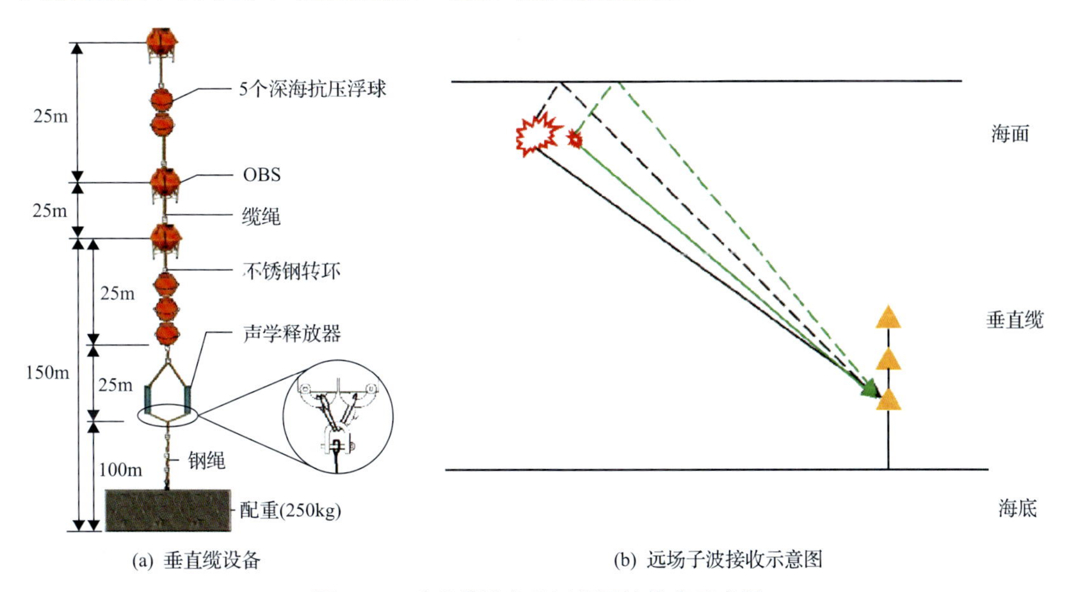

图 7-56　垂直缆设备及远场子波接收示意图

运用垂直缆进行远场子波测量时，一般选择较为平静的深水区，垂直缆底部距离最近检波器 150m，以保证海底反射和震源远场子波有效分离。垂直缆采集示意图如图 7-57 所示，其接收远场子波为直达波、虚反射及气泡效应的叠加。

对远场子波按照图 7-58 所示的流程进行提取，具体流程如下。

(1) 对垂直缆数据进行预处理，包括振幅补偿、去噪等。

(2) 对垂直缆数据进行初至拾取，并通过初至时间对原始数据进行静校拉平。

(3) 对拉平后的数据开时窗，提子波。

如果是对 OBS 数据进行处理，则需要对垂直缆数据进行提取共偏移距道集，每个偏移距进行子波提取以便对 OBS 数据进行高精度处理。

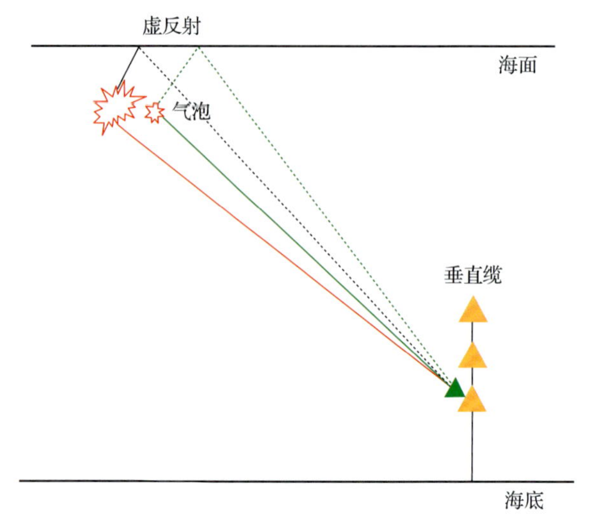

图 7-57　垂直缆接收远场子波示意图

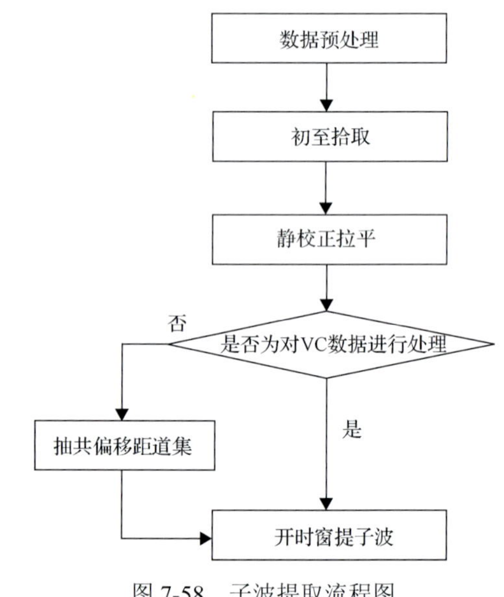

图 7-58　子波提取流程图

7. 垂直缆资料 Q 值估计应用技术

地震勘探技术是天然气水合物勘探的主要手段，随着天然气水合物勘探技术的发展，地震波在天然气水合物地层的衰减现象越来越引起研究者的注意。Guerin 和 Goldberg(2002)利用质心频移法分别计算了横波和纵波衰减，发现在水合物地层二者都表现为衰减高值，说明波形振幅在水合物地层的衰减的确由地层的吸收特性所造成。Pratt 等(2005)借助井间地震资料，利用基于射线的层析成像技术对两口井之间井间地震资料进行了衰减剖面的成像，结果同样显示，在水合物地层，地震波衰减也表现出明显的高值异常。为在地震勘探的频率范围内研究天然气水合物地层的地震波吸收特性，

Matsushima(2006)在日本南海海槽利用VSP数据进行了吸收衰减参数的提取，结果显示在游离气藏区域，地震波衰减参数发生明显的高值异常，而在天然气水合物地层位置，VSP提取的衰减参数并没有明显的异常，因此他认为天然气水合物地层的吸收具有选择性，在30～110Hz的地震勘探频率范围内，天然气水合物地层并没有对地震波产生强烈的吸收作用。Sain和Singh(2011)在阿拉伯海域Makran增生楔利用谱比法分别求取了天然气水合物上覆地层、天然气水合物地层及天然气水合物下伏地层的品质因子，发现天然气水合物地层的品质因子较高，即弱衰减，而下伏游离气地层品质因子较低，即强衰减，结论指出，之所以和Makran增生楔及日本南海海槽地区的特征不一致，可能是因为这两个地区的天然气水合物层不存在流体，天然气水合物和骨架的胶结增加了岩石的硬度从而造成地层吸收效应减弱。李传辉(2015)在我国南海地区从微观和中观尺度分别研究了地震波在天然气水合物地层的衰减特征，发现微观尺度下随着天然气水合物饱和度的增加，地震波衰减值减小，而在中观尺度下，随着天然气水合物饱和度的增加，地震波衰减值没有明显变化，但在地震勘探的频段下，地震波衰减会随天然气水合物饱和度的增加而减小，说明不同频率范围条件下，地震波在天然气水合物地层的衰减特性不同，但都表明了地震波在天然气水合物地层会表现出异常的衰减特性。因此可以根据水合物层与其上覆和下伏地层地震波衰减的分布差异来识别天然气水合物。

在海洋地震数据的采集方式上，除了常规的拖缆与海底地震仪采集系统以外，近年来又发展了一种新型的海洋地震资料采集系统——垂直缆(VC)地震采集系统。它是一种将多节点水听器阵列垂直于海底表面布放并记录海面气枪震源激发的反射地震波场的采集系统，设计思路来源于VSP技术。将三台OBS悬挂在垂直缆上作为检波器，这三台OBS均可依次接收到由海面气枪阵列震源激发所产生的直达纵波、海底反射纵波及来自海底以下反射界面的反射纵波。对比拖缆采集方法，垂直缆法具备一些突出的优点，如垂直缆在工作中相对静止，只有震源移动，这种采集方式减少了背景噪声的干扰和海况变化对垂直缆作业的影响，降低了工作环境的限制，可以使垂直缆更靠近钻井平台等障碍物，减少了勘探盲区，并且垂直缆的上行波和下行波地震记录可以通过分开处理并叠加以提高信噪比。对于OBS采集方法而言，海底条件的复杂性及海底和OBS耦合等因素会严重影响子波形态，尤其是OBS的直达波中，含有多种波形信息，会影响Q值估算的精度与稳定性，而在垂直缆地震数据中，悬挂于垂直缆上的OBS可以直接接收到由震源气枪激发的远场子波，可将其用于改善地震资料的品质，去除海洋地震资料中的虚反射和气泡效应(Wang et al.，2017)。而且垂直缆上的各OBS都与海底有一定距离，可以很好地将海底反射波和直达波分离开，避免了地震波形的耦合，可直接参与Q值的计算；最后，由于垂直缆上的三台OBS均悬挂于海水中，还可以利用垂直缆上悬挂的各OBS接收到的直达波估算出海水层的等效Q值。因此，垂直缆地震数据是最适合用于估算海底地层Q值的数据。

通常地震波在地层中的衰减属性用品质因子Q来表示，Q值越大，衰减越弱；Q值越小，衰减越强。Q值估算方法发展至今，出现了许多适应于不同地震资料的方法，其中，常用的时间域方法包括上升时间法(Gladwin and Stacey，1974)、振幅衰减法(Brzostowski and McMechan，1992)和解析信号法(Engelhard，1996)。上升时间法定义地震子波第一周期的最大振幅与最大斜率之比为“上升时间”，它与传播时间近似呈线性关系，斜率与品质因子的乘积为一定值。振幅衰减法直接利用地震信号时间记录的局部振幅信息计算衰减量。解析信号法基于衰减前后地震子波的瞬时振幅比值对数与平均瞬时频率之间的近似线性关系来求取 Q 值。而频率域方法主要有对数谱比法（LSR）(Hauge，1981)、质心频移法（CFS）(Quan and Harris，1997) 和峰值频率法（PFS）(Zhang and Ulrych，2002)。这也是地层 Q 值估算方法发展至今最受欢迎也最有效的三种方法，其他的所有新方法一般都是基于这三种算法的改进与延伸。其中，对数谱比法利用了衰减前后子波振幅谱比值对数与频率之间的线性关系来估算地层品质因子；质心频移法是根据地震波传播过程中质心频率往低频端移动的现象提出，在假设震源谱为高斯谱的条件下，推导出品质因子与质心频率的关系；峰值频率法利用地震波峰值频率的偏移量估算品质因子，公式是基于震源谱为 Riker 子波的假设条件推导而得。每一种方法都有其各自的局限性和不稳定性，没有任何一种方法可以适应所有的地震数据，它们的 Q 值反演精度依赖于地震记录的质量。由海洋数据的高信噪比特性，再结合垂直缆地震数据优势，本书选择精度最高的对数谱比法（LSR）来进行海洋地层 Q 值的估算，并利用估算的 Q 值对海洋地震数据进行反 Q 滤波处理（Wang，2002），补偿地震信号在传播过程中损失的高频信息，提高信号主频，拓宽频带范围，提高地震剖面的纵向分辨率。

谱比法根据两个波形振幅谱间比率的对数是关于频率的线性函数，利用其斜率与 Q 值的倒数相关的关系来估算 Q 值。

当考虑地层吸收衰减时，地震波振幅谱用以下公式近似表示：

$$B(f,t)=A(t)B(f,t_0)\exp\left(-\frac{\pi ft}{Q}\right) \tag{7-35}$$

式中，f 为频率；$B(f,t)$ 为双程旅行时 t 时刻地震波的振幅谱；Q 为品质因子；$B(f,t_0)$ 为初始 t_0 时刻的地震波振幅谱；$A(t)$ 为与频率无关的其他方面的影响。对式（7-35）取 t_1 和 t_2 两时刻，得到

$$B(f,t_1)=A(t_1)B(f,t_0)\exp\left(-\frac{\pi ft_1}{Q}\right) \tag{7-36}$$

$$B(f,t_2)=A(t_2)B(f,t_0)\exp\left(-\frac{\pi ft_2}{Q}\right) \tag{7-37}$$

式（7-37）除以式（7-36）并取对数可得

$$\ln\frac{B(f,t_2)}{B(f,t_1)}=\ln\frac{A(t_2)}{A(t_1)}-\frac{\pi(t_2-t_1)}{Q}f \tag{7-38}$$

式中，$\ln\frac{A(t_2)}{A(t_1)}$ 为常数。假定 Q 与频率无关，则式（7-38）中的对数值是关于频率 f 的线性函数，$\ln\frac{A(t_2)}{A(t_1)}$ 和 $-\frac{\pi(t_2-t_1)}{Q}f$ 分别为线性函数的截距和斜率。利用线性规划对斜率进行拟合，计算出斜率后即可获得 Q 值。

8. 垂直缆资料成像技术

垂直缆这种特殊的观测系统采集到的初次波与OBS数据类似，具有以下特点：初次波的照明范围很窄，对其进行偏移成像，成像剖面较短且会有很大间隙，尤其是当垂直缆数量较少时，问题会更加严重。初次波照明范围窄的问题对于海底附近地层的影响比对更深地层的影响更大。由于垂直缆上的检波器位于海底面附近，从炮点激发产生的地震波经过海水层以直达波的形式到达垂直缆检波器处，对于海底及浅部地层，反射点与垂直缆间的距离较短，具有一定的照明范围，但是照明范围较窄，随着地层加深，反射点与垂直缆间的距离增大，照明范围变宽。垂直缆数据这种照明范围窄的问题对于深水海域的影响较浅水海域的影响更严重，海水深度越大，对海底附近地层的照明范围越窄。

图7-59为垂直缆数据中的初次波与一阶多次波传播路径及地下地层反射点位置示意图。从图中可以看出，垂直缆数据中的水层一阶多次波具有距离接收点更远的反射点，因此如果能对一阶多次波进行速度反演及成像处理，它们就能够反映海底及海底面下一次反射波不能够传播到的位置处的信息，从而解决利用初次波进行速度反演及成像时照明范围窄且有间隙的问题。

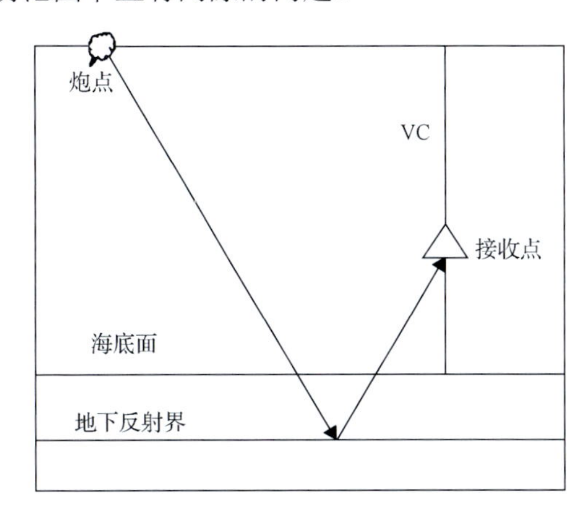

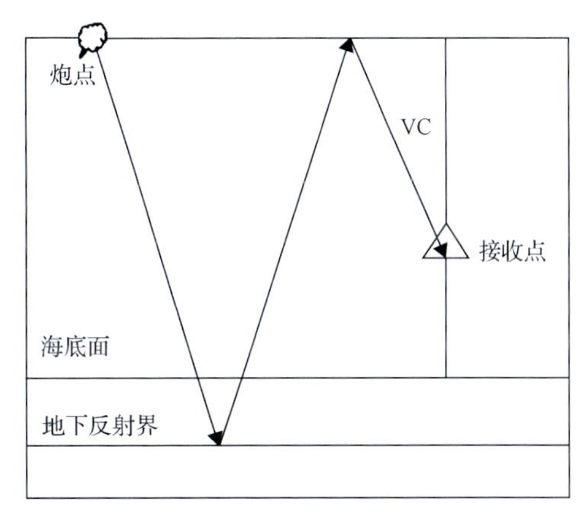

图7-59 初次波与多次波照明范围对比图

7.4.2 实际应用分析

1. OBS资料预处理技术

1)OBS的二次定位问题

本书开发了时间切片法OBS二次定位技术，能够较好地解决OBS的二次定位问题。检波点位置二次重定位质量监控是在限定偏移距范围内，经过线性动校正后观测初至时间是否对齐，以此为依据来判断检波点位置坐标是否存在偏差。图7-60为OBS数据的原始坐标，五点定位坐标和时间切片法定位后坐标经过LMO处理后的地震波场，可以看出，时间定位法定出的位置经过LMO处理后直达波被拉平，误差最大为一个采样间隔点，说明时间切片定位法较准确。

2）OBS 的坐标旋转问题

图 7-61(a)为一台 OBS 一条炮线上的 X 分量数据，图 7-61(b)为该炮线上的 Y 分量数据，图 7-61(c)为旋转后 R 方向地震波场，图 7-61(d)为旋转后 T 方向地震波场。可以看出旋转后 R 分量的能量明显强于 X 和 Y 分量，而 T 分量的能量明显弱于 X 和 Y 分量，旋转处理达到了预期的目的。

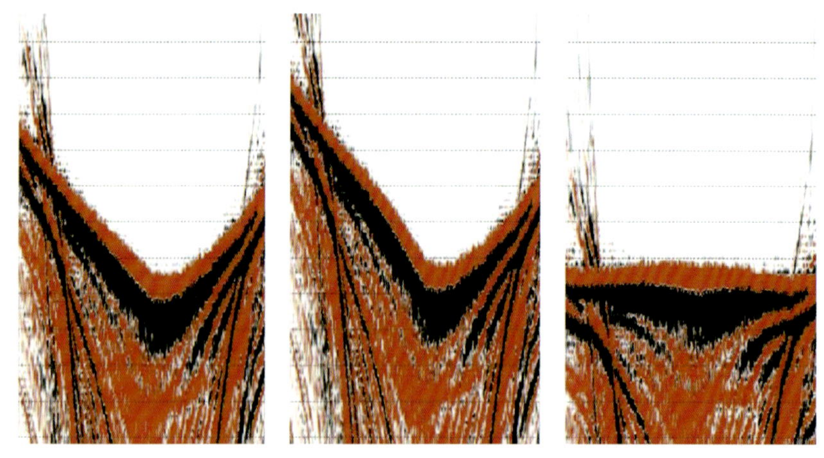

图 7-60　OBS 定位效果(LMO)对比图

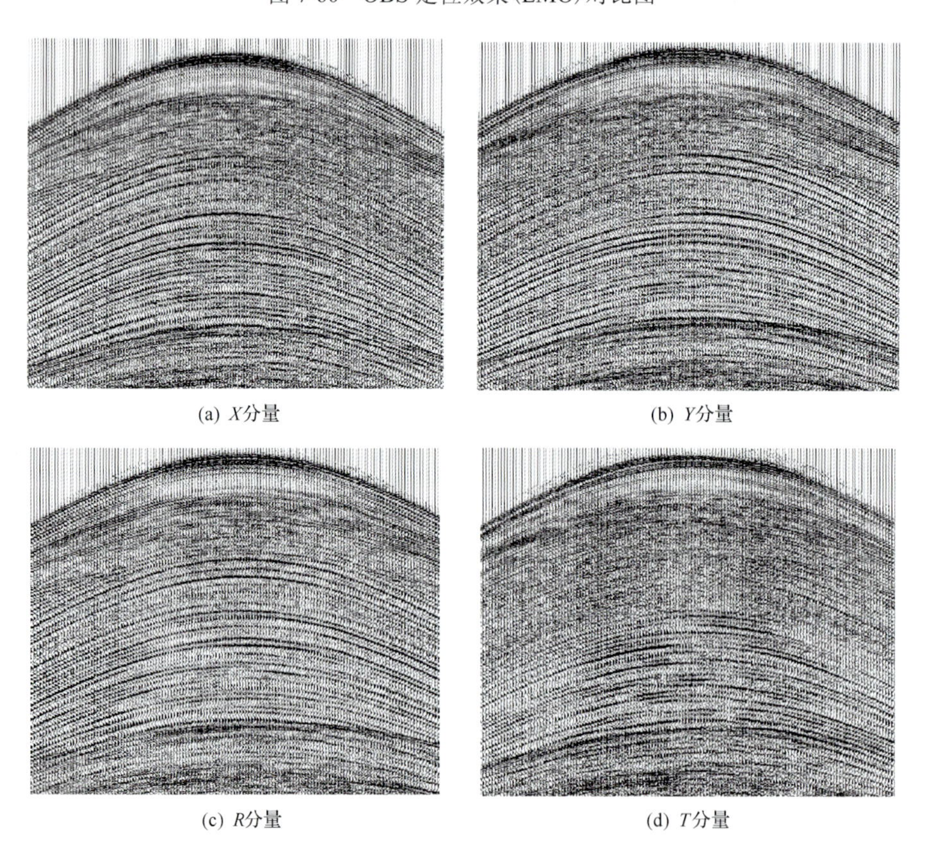

(a) X分量

(b) Y分量

(c) R分量

(d) T分量

图 7-61　OBS 的坐标旋转对比图

3）波场延拓技术

图 7-62 为 OBS 的垂直分量延拓前后的对比图，可以看出延拓后直达波的双程旅行时曲线由双曲线变成直线，直达波的顶点位于 0 时间处，从而进一步验证了 OBS 二次定位的准确性。延拓后的 OBS 数据炮点检波点位于同一水平面上，如果 OBS 数量足够多，可以通过常规地震数据处理技术对其进行处理，获得速度场及偏移剖面。

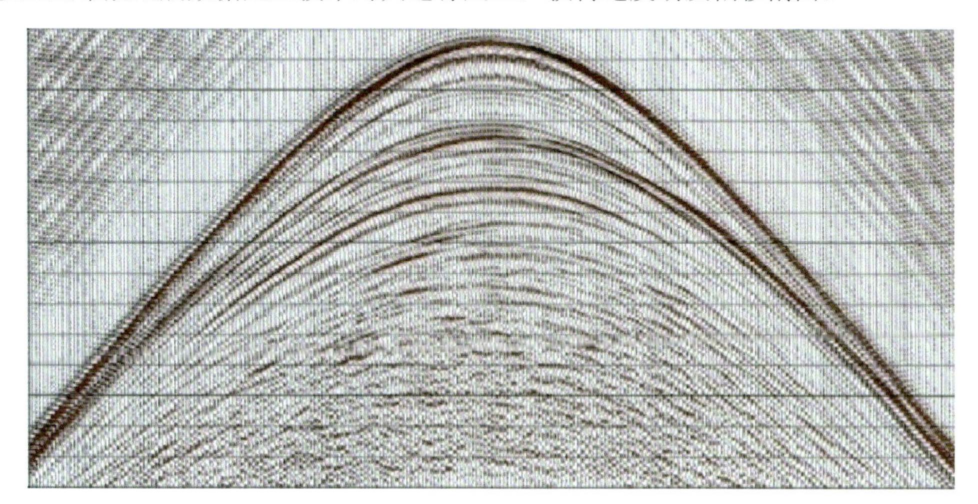

(a) 延拓前

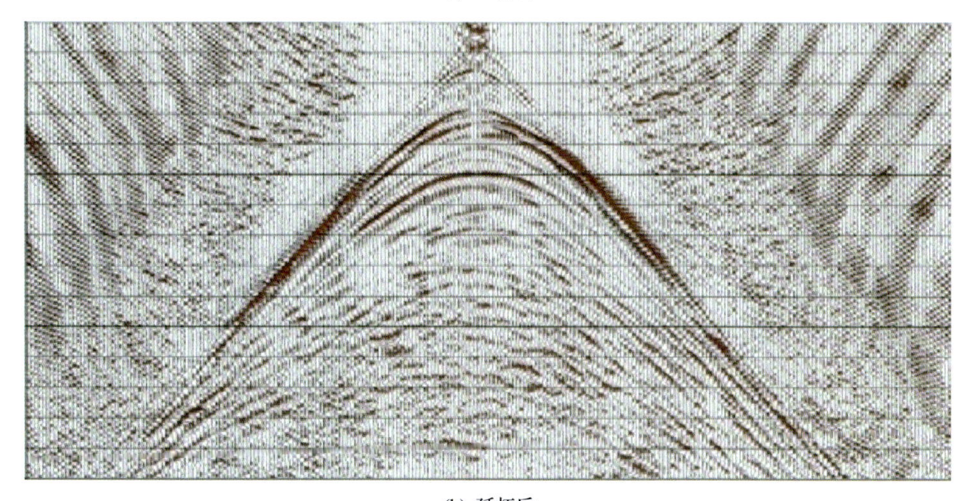

(b) 延拓后

图 7-62　地震波场延拓前后的测线上的 OBS 资料

4）OBS 资料纵横波波场分离

图 7-63 为经过坐标旋转的 R 分量和原始 Z 分量的一条测线上的 OBS 资料，可以看出 R 分量中不但含有转换横波还含有纵波成分，而 Z 分量中不但含有纵波还含有转换横波成分。

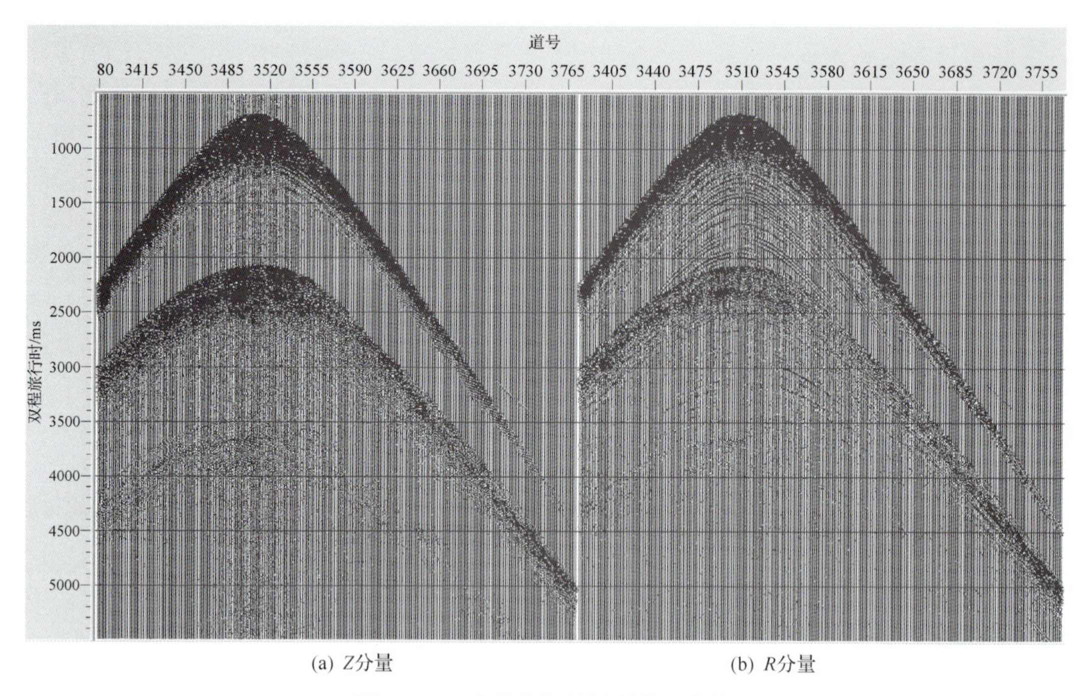

(a) Z分量　　(b) R分量

图 7-63　Z 分量和旋转得到的 R 分量

图 7-64 为图 7-63 波场经过纵横波波场分离后的 R 分量和 Z 分量的一条测线上的 OBS 资料，可以看出 Z 分量中的转换横波基本被衰减，剩余主要成分为纵波，R 分量中的纵波基本被衰减，剩余主要为转换横波，分离效果良好。

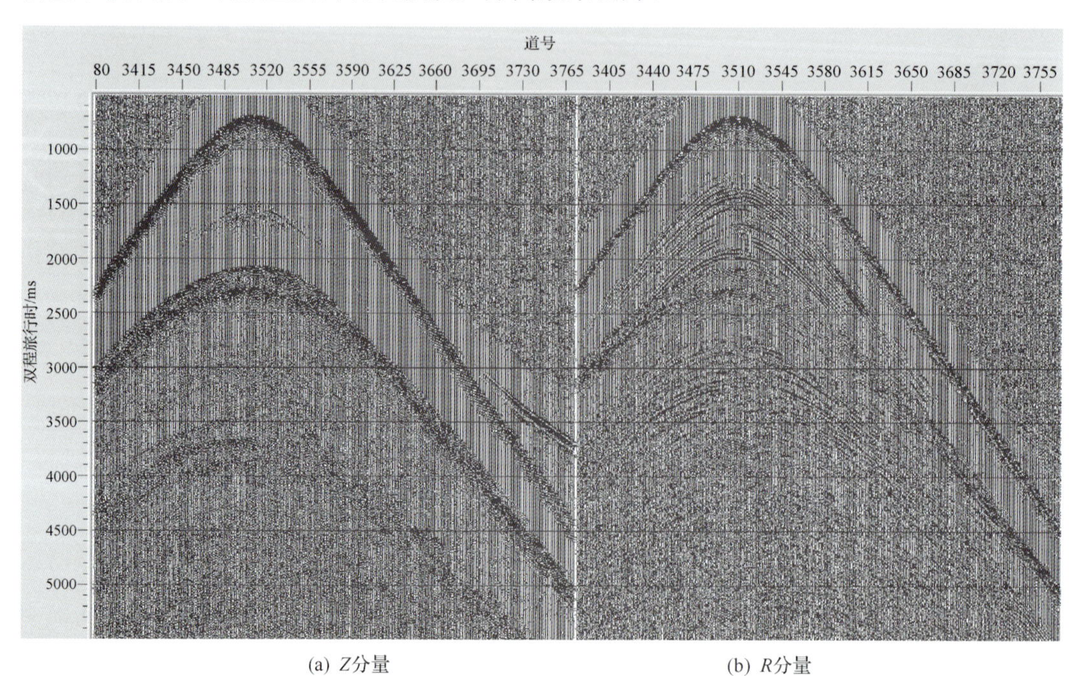

(a) Z分量　　(b) R分量

图 7-64　波场分离后得到的 Z 分量和 R 分量

5) OBS 时钟漂移校正技术

本节研发形成了一套计算 OBS 时钟漂移量的技术方法，能够解决 OBS 投放前和回收后环境不稳定造成的时钟非线性漂移的影响，获得准确的时钟漂移量，校正后才可以进行后续的处理。

6) OBS 资料噪声压制技术

图 7-65 为 OBS 测线实测共检波点原始记录，共 290 道，运用局部 SVD 去噪算法对其进行去噪，可以看出，记录中的随机干扰得以有效压制，局部 SVD 在保真有效信号的前提下，能有效压制背景随机干扰，去噪后有效信号同相轴更加清晰连续，分辨率显著提高。

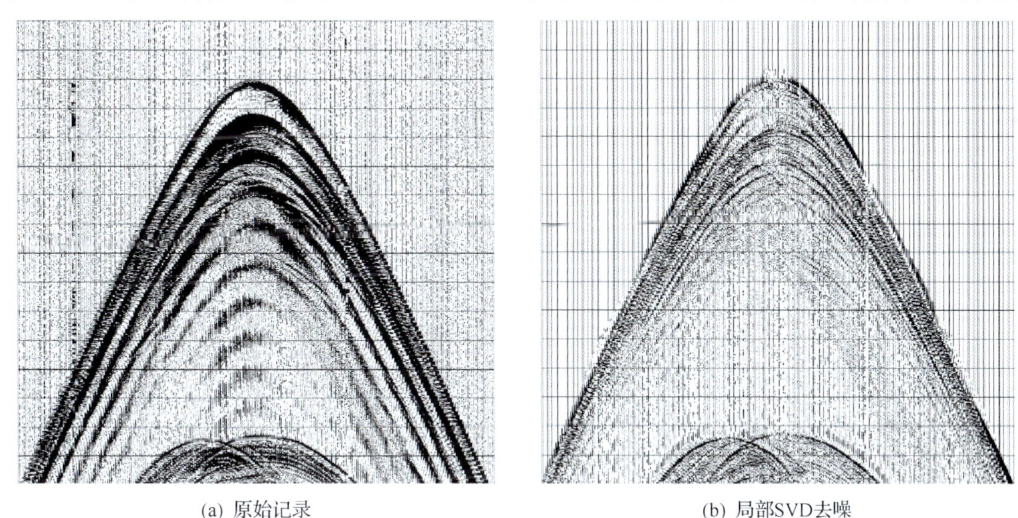

(a) 原始记录　　(b) 局部SVD去噪

图 7-65　局部 SVD 去噪剖面与原始记录对比图

图 7-66 为小波分频阈值去噪前后与原始记录对比图，可以看出，记录中的随机干扰得以有效压制，有效信号同相轴更加清晰连续，分辨率显著提高。

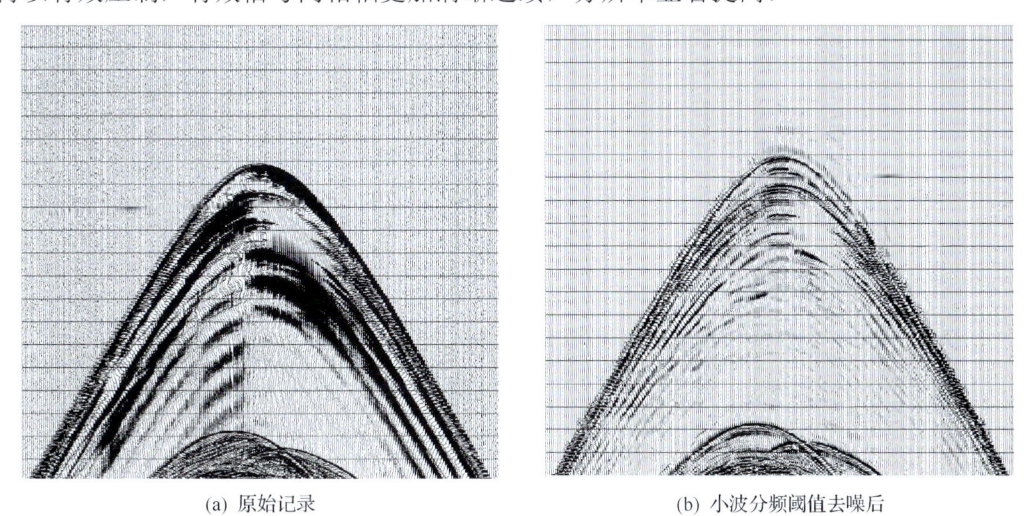

(a) 原始记录　　(b) 小波分频阈值去噪后

图 7-66　小波分频阈值去噪后与原始记录对比图

2. OBS 资料纵横波速度反演技术

由海洋拖缆资料的叠前深度偏移剖面的形态确定地下地层各个反射界面的深度，由速度分析得到的速度作为初始的速度，建立初始的速度-深度模型；然后将 OBS 数据与海洋拖缆数据的叠前时间偏移剖面相结合，拾取 PP 波的双程旅行时，进行纵波速度准确反演。

反演时采取由上到下的顺序，第一层确定后，再反演第二层，依次类推，当各层的纵波速度-深度模型都确定后，拾取各个界面处转换波的双程旅行时，给定各层的横波速度，正演计算各层的转换波双程旅行时，对比计算分析正演的转换波双程旅行时与实际转换波双程旅行时之间的误差，调整横波速度，直到误差满足要求为止(图 7-67)。

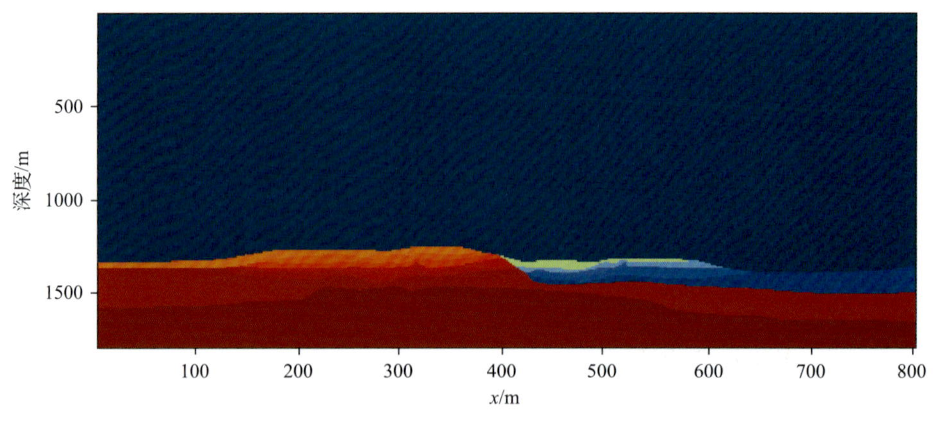

图 7-67　反演出的最终纵波速度-深度模型

纵波速度反演结束后，纵波速度及地层的深度不再改变，拾取转换波双程旅行时，进行横波速度反演。针对纵波同相轴与横波同相轴如何对应的问题，提出扫描的思想来解决该问题，具体步骤如下：①对于第一层的 PP 波反射同相轴，拾取一系列的转换波记录上的反射同相轴；②对于每一个转换波同相轴，给定一系列泊松比，计算出反演误差卡方误差值；③画出泊松比，PS 波反射同相轴号和卡方误差图；④卡方误差值最小时对应的泊松比和 PS 波反射同相轴号即为地层第一层的泊松比和对应的 PS 波；⑤按照如上方法，第一层反演完毕后依次反演下部地层(图 7-68)。

图 7-69 为反演出的五个 OBS 位置处的速度深度曲线与拖缆数据叠前深度偏移剖面叠合到一起显示，可以看出天然气水合物层纵波速度明显增加，BSR 下方的游离气层纵波速度明显降低。

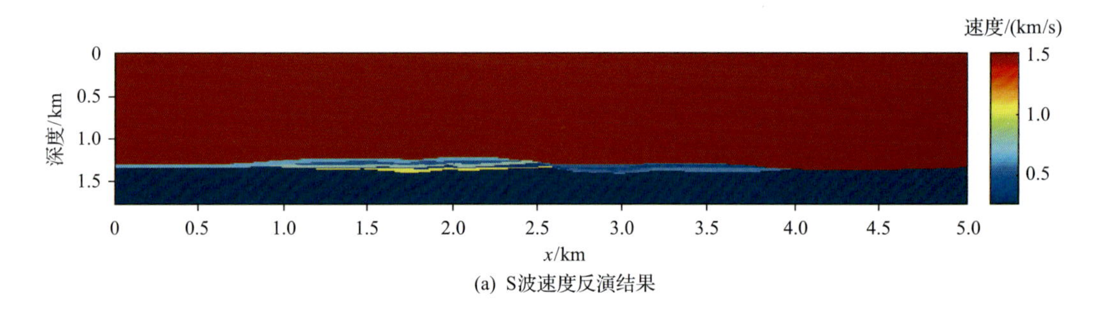

(a) S波速度反演结果

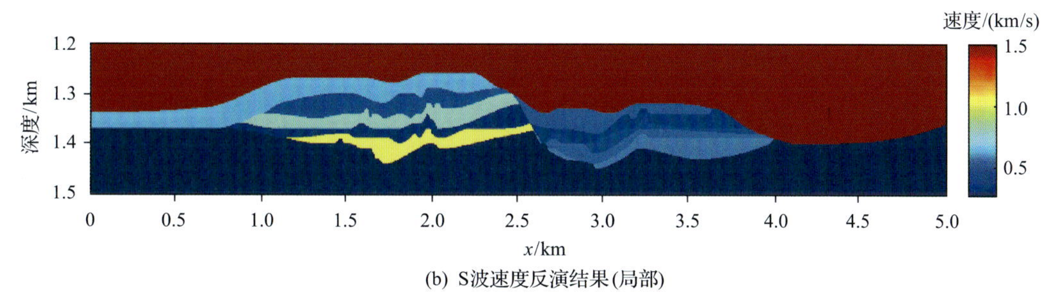

(b) S波速度反演结果(局部)

图 7-68　反演出的横波速度-深度模型

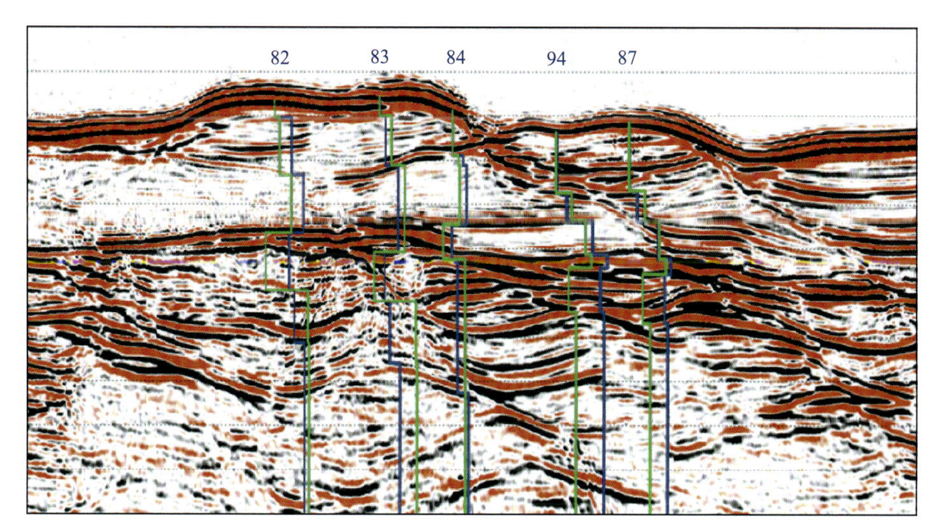

图 7-69　将速度曲线投影到深度偏移剖面(水合物层速度增大，游离气层速度降低)

3. OBS 资料多次波成像技术

图 7-70 为 OBS 数据中的初次波与一阶多次波成像剖面，可以看出 OBS 资料中的初次波对海底及海底附近的地层不能够成像，对较深处地层成像范围窄。而多次波成像剖面能够对海底及海底附近地层进行成像，成像剖面清晰连续。

图 7-71 为 OBS 数据中的一阶多次波与常规海洋拖缆资料成像剖面，可以看出二者反映的构造形态完全一致，剖面的信噪比、分辨率等也趋于一致，说明利用 OBS 资料的多次波进行成像至少可以达到常规拖缆资料的成像质量。

4. OBS 与拖缆资料联合处理技术

利用 OBS 数据反演出来的速度场对拖缆数据获得的速度场加以约束，重新对海洋拖缆资料进行偏移处理，改善了拖缆资料的成像质量(图 7-72～图 7-74)。

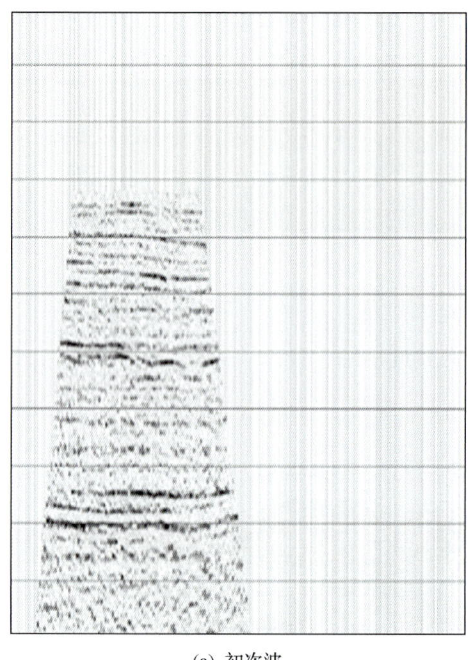

(a) 初次波

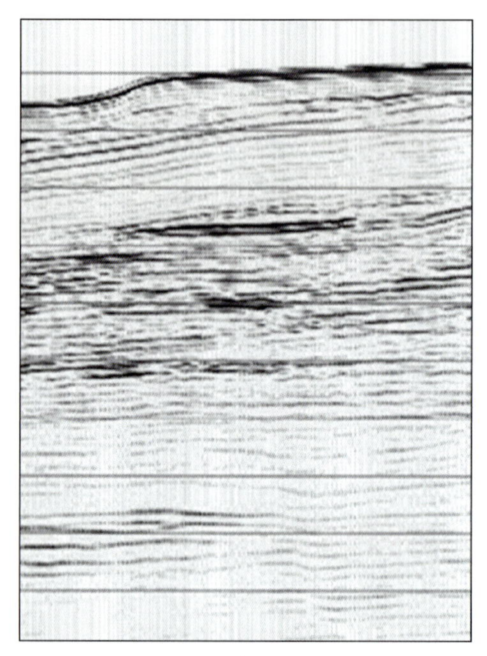

(b) 多次波

图 7-70　OBS 初次波与多次波成像效果对比图

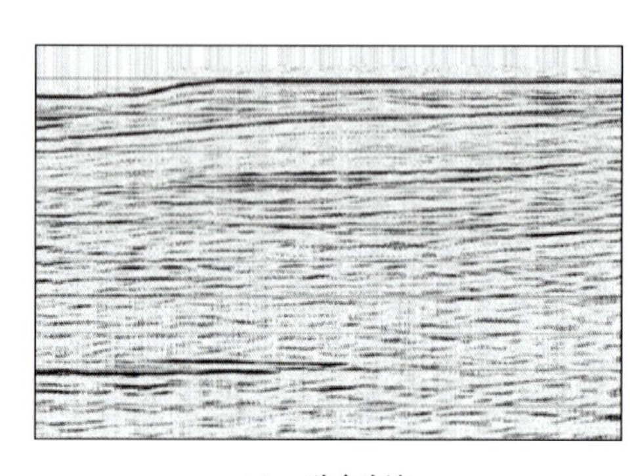

(a) 一阶多次波

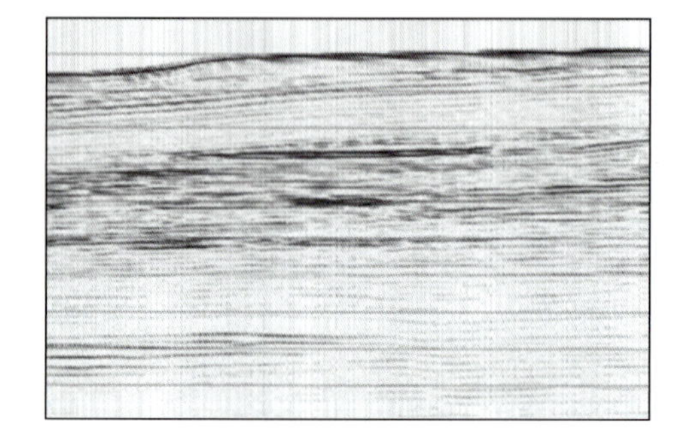

(b) 常规海洋拖缆资料

图 7-71　OBS 数据中的一阶多次波与常规海洋拖缆资料成像剖面对比

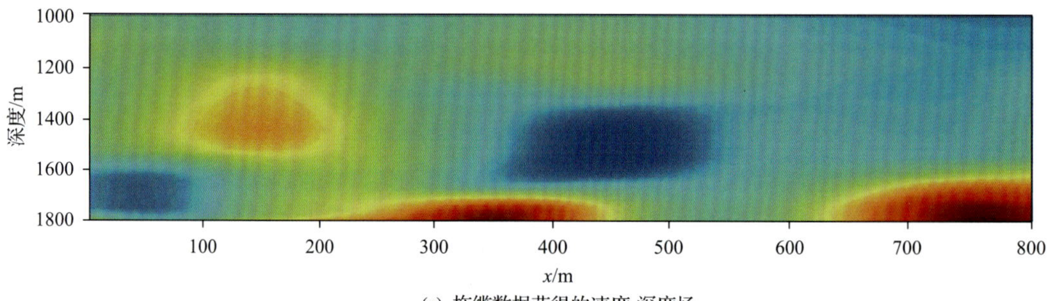

(a) 拖缆数据获得的速度-深度场

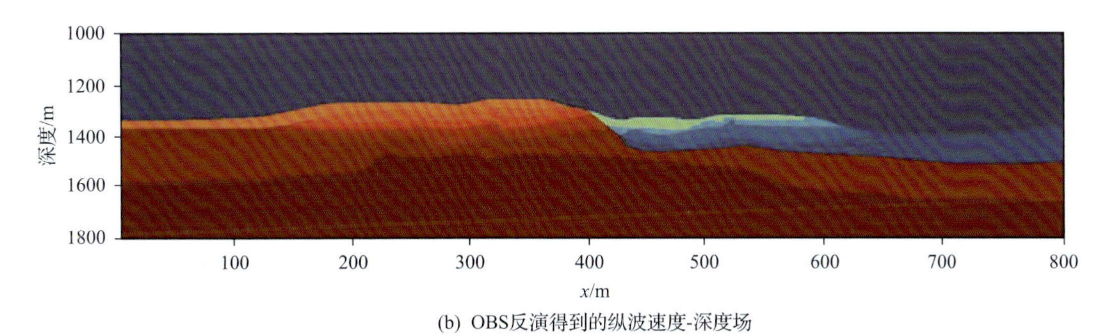

(b) OBS反演得到的纵波速度-深度场

图 7-72　拖缆数据获得的速度-深度场及 OBS 反演得到的纵波速度-深度场

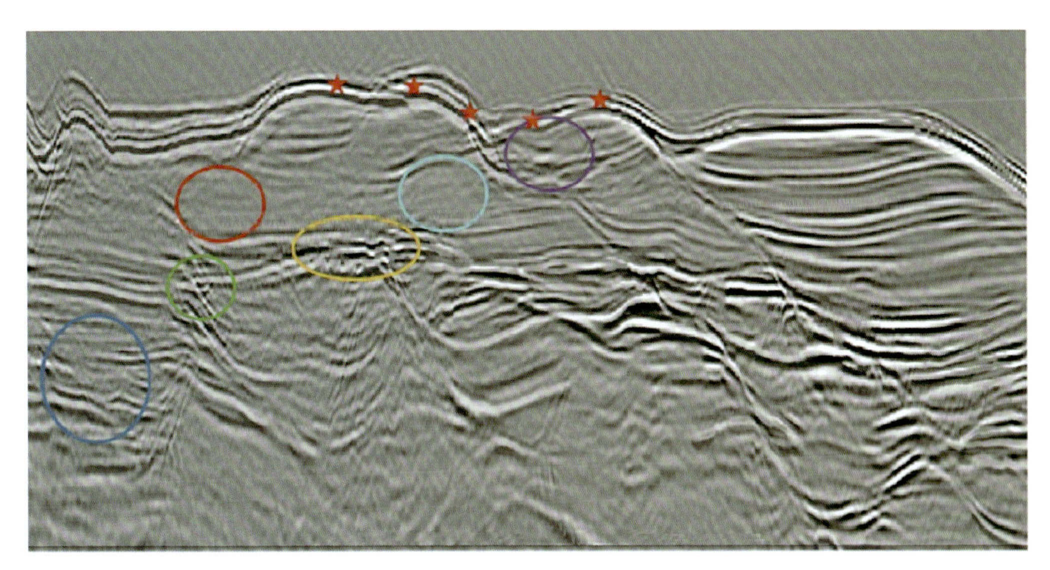

图 7-73　海洋拖缆数据叠前深度偏移剖面

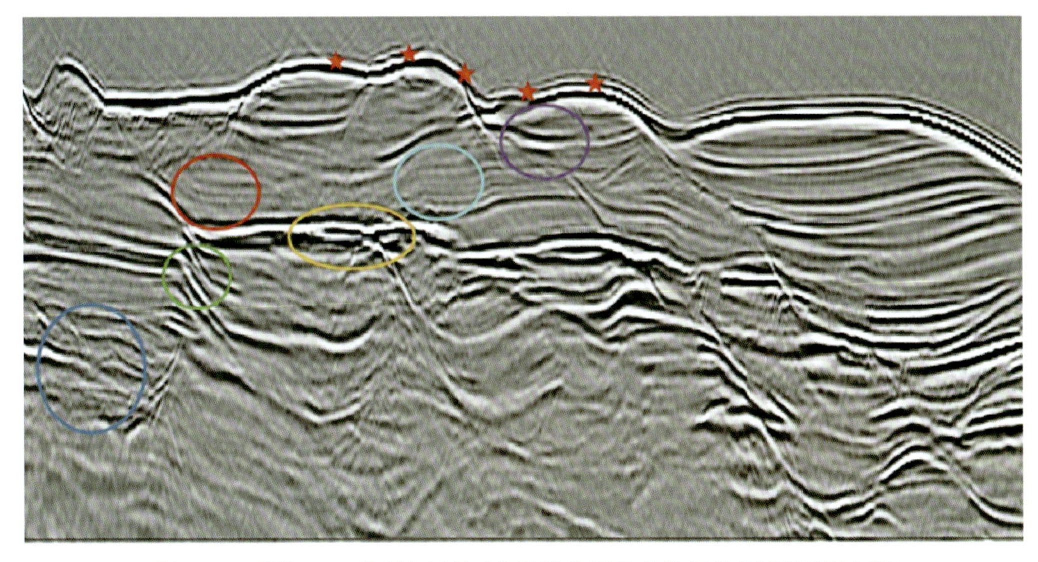

图 7-74　采用 OBS 数据加以约束得到的海洋拖缆数据叠前深度偏移剖面

5. OBS 资料与拖缆资料联合反演技术

利用 OBS 数据反演出来的速度场对拖缆数据获得的速度场加以约束，对海洋拖缆资料进行 AVO 反演，提高了拖缆资料 AVO 反演的精度(图 7-75，图 7-76)。

图 7-75　OBS 资料约束前拖缆资料 AVO 反演的纵波波阻抗剖面

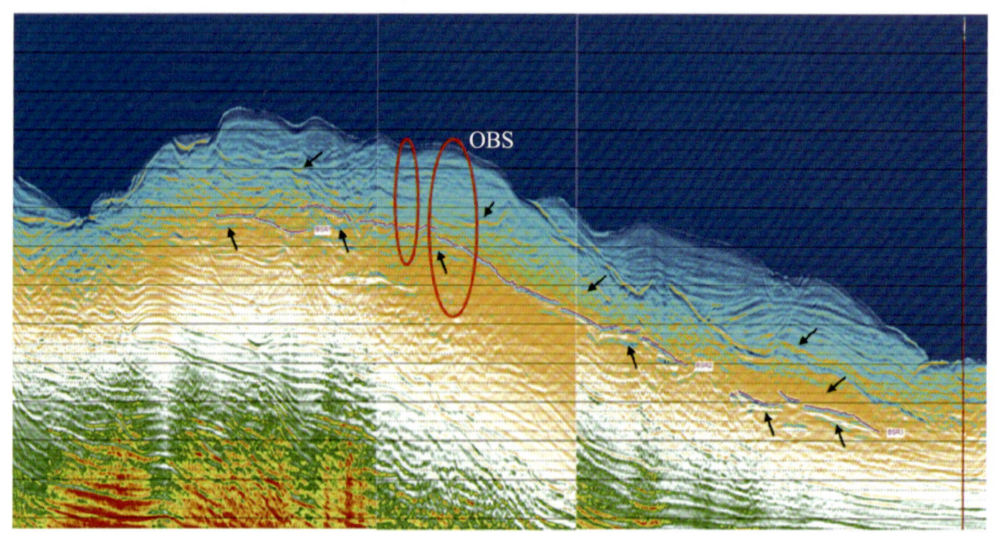

图 7-76　OBS 资料约束后拖缆资料 AVO 反演的纵波波阻抗剖面

6. 垂直缆资料子波提取应用技术

本节对垂直缆资料的远场子波进行了提取，并应用提取出的远场子波对 OBS 资料及垂直缆资料进行了反褶积处理，衰减了炮点端的气泡及鬼波效应，提高了纵向分辨率(图 7-77)。

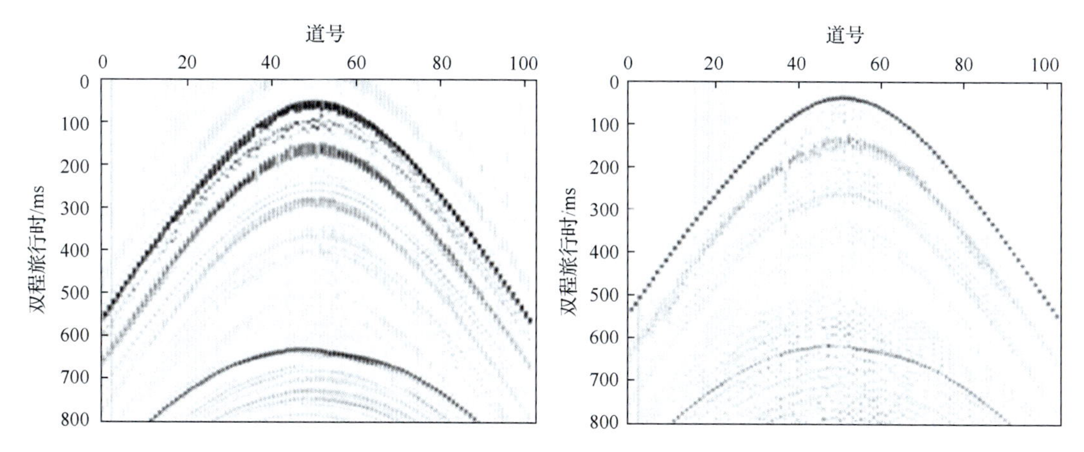

图 7-77　原始垂直缆资料及应用提取出的远场子波进行反褶积处理后的垂直缆资料

7. 垂直缆资料 Q 值估计应用技术

为了便于计算与观察，首先用时窗截取零偏移距附近的 VCS 地震记录如图 7-78 所示，根据设计的观测系统，放置在垂直缆最上方的检波器首先接收到由震源激发后直接传导过来的远场地震子波，即直达波；随后地震子波经海底这一强波阻抗界面反射后，成为检波器接收到的海底反射波；接着检波器会依次接收到由地下地层界面以此反射回来的反射子波，其中，有一层子波与其他地层的子波极性相反，这便是由 BSR 界面反射回来的地震波。

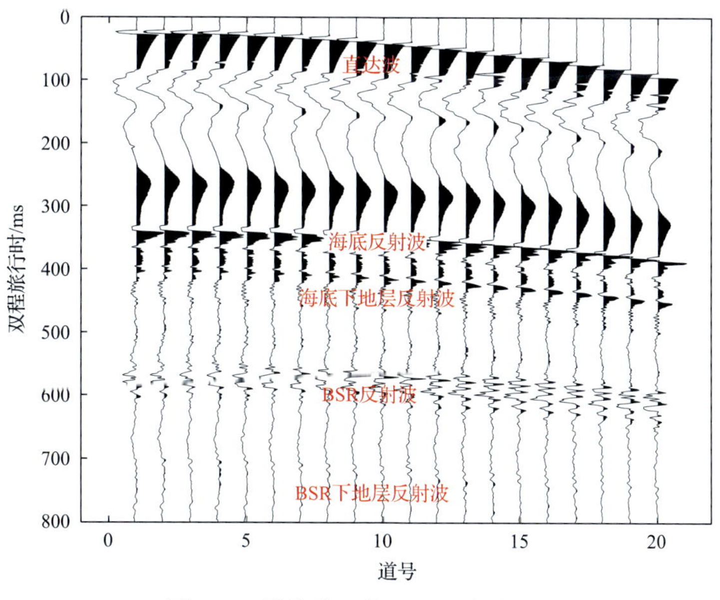

图 7-78　零偏移距附近 VCS 地震记录

选取海洋常用地震勘探频段 10～80Hz 对地震记录进行滤波后，如图 7-79 所示，记录的高频随机噪声和低频涌浪噪声得到明显压制，波形一致性较好。

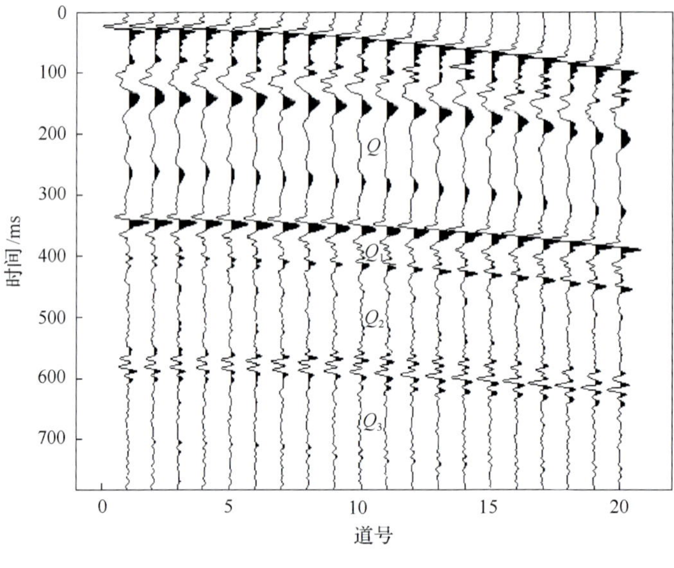

图 7-79　滤波后地震记录

经观察分析后，在滤波后的地震记录中标记拾取出层位，利用海底以下第一层反射波与海底反射波之间的衰减计算天然气水合物上覆地层的品质因子 Q_1；利用 BSR 界面的反射波与海底以下第一层反射波之间的衰减计算天然气水合物地层的品质因子 Q_2；利用 BSR 界面以下的反射波与 BSR 界面反射波之间的衰减计算天然气水合物下伏地层的品质因子 Q_3。

经过各道均值后，在 VCS 数据中，海水层等效 Q 值为 748.6，水合物上覆地层的 Q_1 值为 33.1，水合物地层的 Q_2 值为 74.8，水合物下伏地层的 Q_3 值为 23.3。Q 值估算结果表明，海水层对地震波的吸收很小，可以忽略不计；地层含有水合物，地层对地震波的衰减变小；地层含有游离气，地层对地震波的衰减增大。

7.5　海洋可控源电磁探测技术

海洋可控源电磁探测技术(marine controlled source electromagnetic，MCSEM)作为海洋电磁法的一个分支方法，采用一套可控源电磁发射机在近海底利用水平电偶极源建立大功率人工电磁场，借助海底的电磁接收机采集携带了海底以下介质电性信息的电磁场信号，经后期资料处理和反演解释，揭示海底以下介质的电性结构特征，从而有助于查明资源分布和评估资源储量。相比传统的基于海底大地电磁法、直流电阻率法和激发极化法等探测技术，海洋可控源电磁探测技术具有作业效率高、高阻异常识别能力强和浅部分辨率高等特点，因此被业内广泛应用于海底油气、天然气水合物和金属矿床等资源探测，另外，也在海底深部地质构造调查中取得了显著成果。

目前，我国在海洋可控源电磁探测方面已经拥有了比较成熟的成套装备，根据天然气水合物调查的需求，将研制的接收机投入到东沙、神狐和琼东南等天然气水合物目标区进行海上数据采集，并对数据进行了处理与反演解释，获取了海底地层电阻率信息，为推断天然气水合物分布提供电性依据。

7.5.1　海洋可控源电磁探测系统

MCSEM 海上作业与人工源信号传播示意图如图 7-80 所示。近海底的发射机利用水平电偶极源发送的人工源电磁场信号通过海水、海底介质和海水-空气界面传播。因此，海底电磁接收机可以接收到 3 种路径的信号：一是通过海水直接传至接收机的直达波，二是来自海水-空气界面的反射和折射的空气波，三是来自海底地层的反射和折射信号。其中，来自海底地层的信号为有用信号，其他两路信号是干扰信号。在水平电偶极子确定的铅垂平面上，电场以较大的垂直分量入射到高阻层，产生沿高阻层面传播的折射波，而且能量持续不断地从高阻层反射到海底的接收机处。当收发距较小时，通过海水传播的直达波能量占据主导地位；进一步增加收发距，来自高阻层的折射波能量将超过直达波的能量而占据主导地位。因此，在海洋可控源电磁探测中，发射机需要提供足够大的电流，以保证在较大收发距条件下，能够记录到来自海底高阻层的电磁折射波信号。

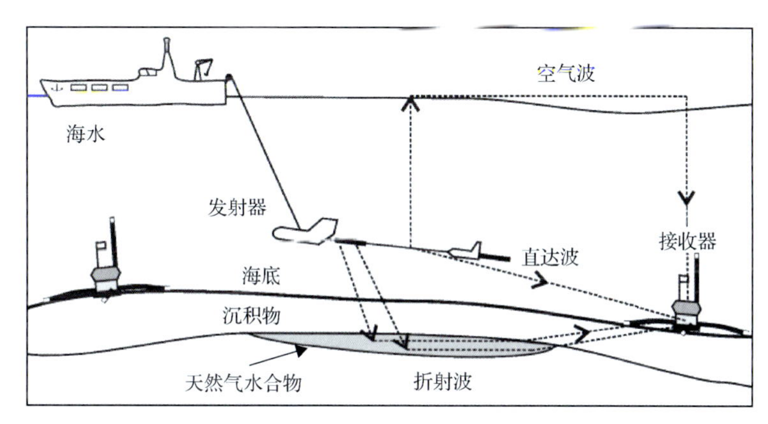

图 7-80　MCSEM 海上作业与人工源信号传播示意图

MCSEM 探测系统主要包括大功率甲板电源、深拖缆及绞车、导航定位设备、大功率拖曳发射机和若干台海底电磁接收机。作业流程主要分为以下步骤：①接收机投放，根据目标工区预设的点位，将海底电磁接收机依次投放至海底；②接收机定位，借助超短基线水下定位系统(USBL)对海底接收机位置进行精确定位，并为后期数据处理提供坐标信息；③发射作业与人工源数据采集，拖曳发射机按照设计的路线及频率进行大功率电流激发，接收机采集人工源信号；④天然场源电磁(MT)信号采集，在接收机着底后至回收之前一直采集海底 MT 信号；⑤回收接收机，借助释放回收系统对接收机进行逐点打捞回收；⑥现场数据预处理，下载接收机中的数据文件，结合发射电流文件、导航及水下定位数据，进行 MCSEM 数据处理与海底 MT 数据处理，并对数据质量进行评估，为后期室内数据处理提供中间文件。

1. 电磁发射机

电磁发射机是海洋可控源电磁发射系统的核心设备，其原理框图如图 7-81 所示。发射机由船载大功率发电机提供电力，通过甲板变压及监控单元和用于水下功率及信号传输的深拖缆，将电力和监控信号输送至海底的拖曳式电磁发射机(图 7-82)，再经过水下变压和整流，在发射机主控单元的控制下，通过功率波形逆变单元和发射偶极，把相对高频的大功率电磁波(0.01～10Hz)发射到海底。

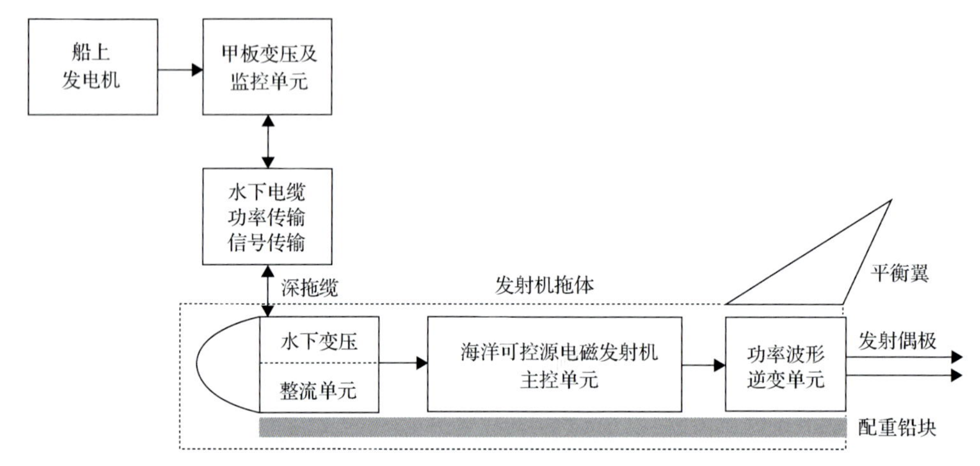

图 7-81　海洋可控源电磁发射系统原理框图

图 7-82　海洋可控源电磁发射机海上工作照片

1) 甲板监控及水下变压整流单元

甲板监控单元可与水下的发射机通信，通过信号电缆完成控制命令和数据的交互，以及查看和更改发射机的运行状态，并将信息实时上传至甲板端，供海上作业人员参考，如图 7-83 所示。另外，借助超短基线信标，对近端和远端发射电极进行水下精确定位。

水下变压整流单元将大功率高压交流转换为低压直流，包括完全定制的大功率高频降压变压单元、三相全波整流单元和滤波稳流单元。整流单元采用了工业级的 800A/1600V 整流模块。单元间采用特殊加工工艺连接，保证了低阻抗、强抗干扰和安全可靠等特性。

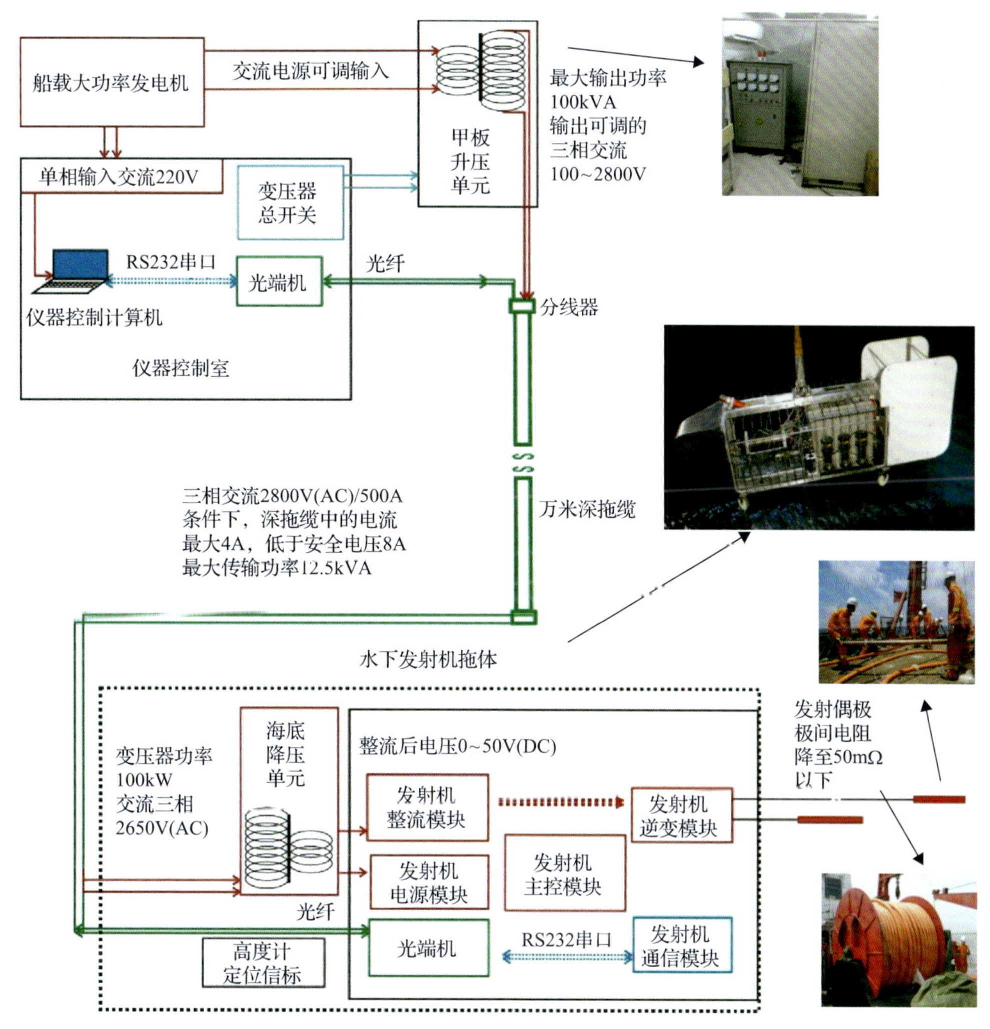

图7-83　发射系统原理示意图

2)发射机主控单元硬件

主控单元是发射系统中最复杂的部分，采用ARM7高级单片机LPC2368和可编程逻辑芯片CPLD作为主控芯片，其功能框图如图7-84所示。

主控单元主要完成如下功能：进行GPS对钟，读取精确时间和位置信息，更新实时钟，进行时间同步，保证海底可控源电磁探测要求发射的波形和接收到的波形同步。自定的协议通信使可编程逻辑控制芯片来控制逆变发射单元，使其开启和关闭发射、更改发射频率和调整发射脉宽等，频率范围能够满足DC-100Hz的要求，涵盖了可控源电磁的0.01～10Hz。通过专门的姿态方位测量模块监测和上传发射机拖体在海底被拖曳过程中行进的方向、拖体的俯仰和横滚角度，可以明确拖体行进过程中是否发生意外，记录的方位，有利于后续航迹数据的校正处理；借助高度计测量和上传拖体距离海底的高度，供给船上操作船只和深拖缆的工作人员，方便调节拖体距离海底的高度。通过模拟数字转换接口(A/D)测量正反向供电电流，实时监测和上传发射电流的大小和波形，利用A/D

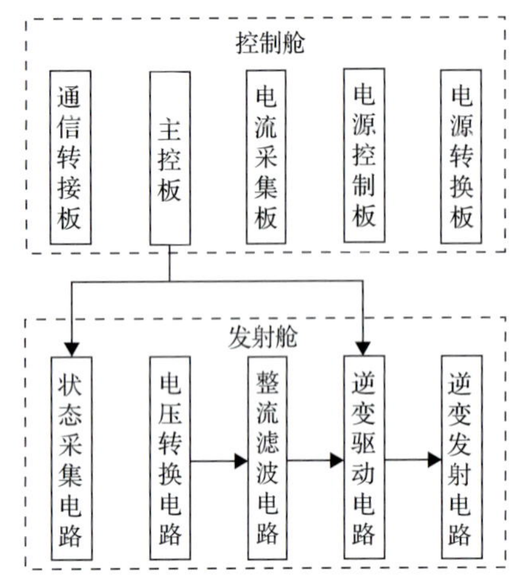

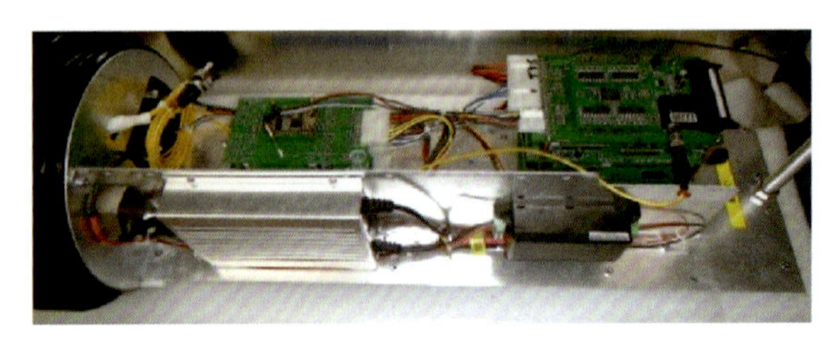

图 7-84　主控单元控制电路硬件功能框图及实物图

还可以测量仪器的内部温度、锂电池包剩余电压和直流供电电压，实时监测发射机工作状况，防止仪器内部温度过高和电池电量过低而影响电路的正常工作。在发射机承压密封舱内，主控单元通过光端机将串口数据转换为能够进行长距离数据通信的光纤数据，在甲板端再通过该模块，将串口数据还原，从而实现发射机与甲板监测单元的通信，下载运行控制命令或上传状态信息，从而具备人机交互功能。

3) 功率波形逆变单元

逆变单元的作用是将加在发射机上的直流电逆变成所要求的波形，即根据甲板单元发出的控制指令，将直流电变成指定波形与频率的正负相间的交流脉冲。如图 7-85 和图 7-86 所示，功率波形逆变单元由逆变开关及其外围辅助电路构成，逆变开关模块最大发射电流达到 2280A，最大耐压达到 600V，可以满足 MCSEM 的场源激励要求。外围辅助电路包括保护发射机的死区时间产生电路、实现弱电与强电驱动隔离的电路、吸收尖峰脉冲的缓冲电路、电流监测和极限情况报警等。

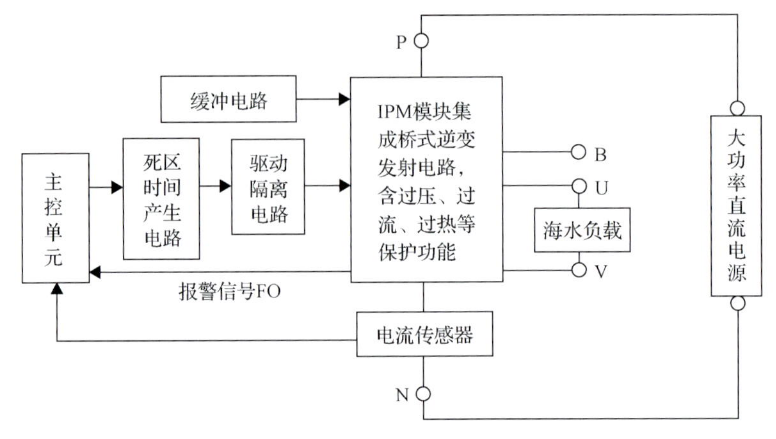

图 7-85　逆变矩形脉冲发射原理图

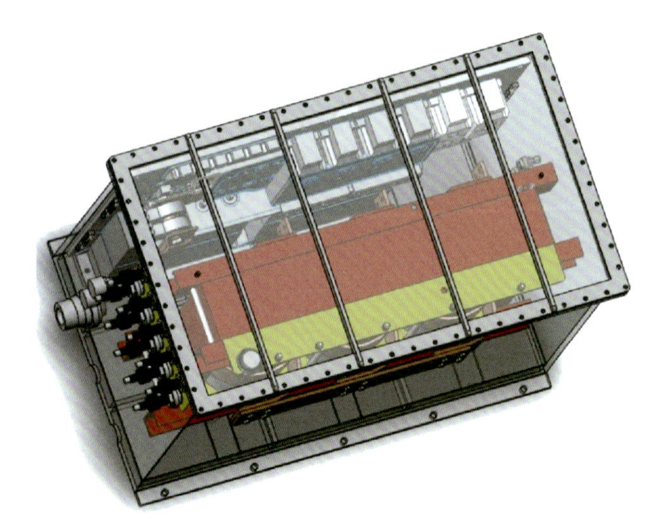

图 7-86 逆变矩形脉冲发射实物图

4)发射系统技术指标

发射机主要技术指标如下。

发送制式：时域或频域。

发送电流波形：单频或多频逆变矩形波。

发射频率：0.01～10Hz。

发射频率稳定度：10^{-8}s/s。

最大发射电流：1500A。

记录电流采样率：150Hz。

发射电偶距：100～300m。

辅助信息：发射机拖体的三轴姿态、舱内温度、发射电压、发射电流、离底高度、深度、USBL 定位。

最大工作水深：4000m。

2. 海底电磁接收机

海底电磁接收机是一种机械电子高度集成化的海上装备，主要部件从功能上分为投放回收与信号采集两大部分，各部件的功能见表 7-4，其投放回收部分中，水泥块为仪器下沉时提供水下重量，同时防止仪器位于海底作业时受底流冲击而发生位移，玻璃浮球为仪器上浮时提供浮力，声学释放器完成水泥块脱钩释放，结构框架将各部件合理分布、紧固。信号采集功能部件是接收机的核心部分，包括电场传感器、磁场传感器、水密电缆接插件、采集电路、压力舱、测量臂等。电场传感器为 Ag|AgCl 电极；磁场传感器为感应式磁传感器；水密电缆接插件实现深水条件下信号传输；采集电路完成传感器输出电压信号的采集和存储；压力舱为采集电路及磁传感器提供承压条件；测量臂将电极对间距固定为 12m。接收机实物照片如图 7-87 所示。

表 7-4　海底电磁接收机各零部件功能表

部件名	用途	型号	数量
数据采集舱	电磁信号采集	OBEM-2015	1
电极	电场信号传感	ME-4000	6
磁场传感器	磁场信号传感	CAS-10M	2
测量臂	伸展并固定电极		5
玻璃浮球	提供浮力	NMS-FS-6700-S	4
声学释放器	释放回收	Universal 2500	1
CTD	电导率、温度、深度测量	304plus	1
红旗	接收机标示		1
结构	各部件支撑		1
姿态测量装置	接收机姿态测量		1
水泥块	水下锚系		1

(a) 接收机实物图(海上作业投放前)　(b) 接收机实物图(位于海底，水深1400m)

图 7-87　接收机实物照片

1) 电场传感器

电场传感器结构示意图如图 7-88 所示，主要由水密接插件、传感器外壳、银片、多

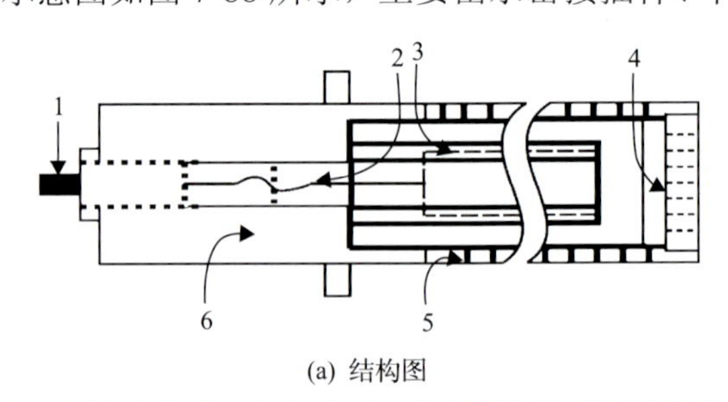

(a) 结构图

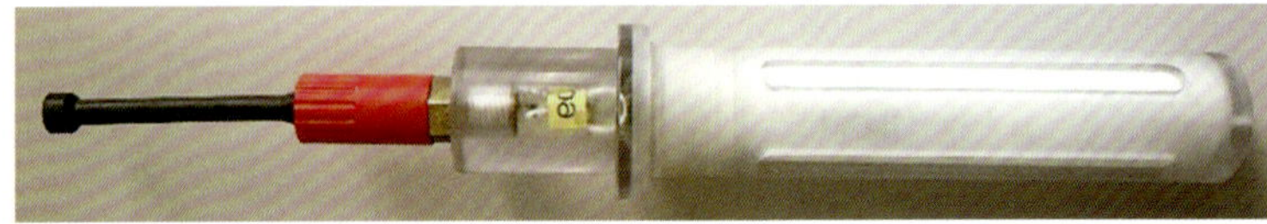

(b) 实物图

图 7-88　海底电场传感器

1-水密接插件；2-环氧树脂密封胶；3-银片；4-固定盖；5-多孔管；6-传感器外壳

孔管和安装环组成。涂有 AgCl 的银片，通过多孔管与海水进行离子交换；多孔管主要起透水与物理保护作用；水密接插件实现海底电场信号与电道前放板之间的水密传输。电场传感器典型指标为初始极差小于 100μV、极差漂移优于 20μV/d、内阻约 5Ω。

2) 磁场传感器

在海底 MT 及 CSEM 磁场信号观测中，感应式磁场传感器相比其他类型磁传感器(磁通门、光泵、SQUID、质子)，在观测带宽、噪声水平方面具有优势。但是在功耗、体积、重量上仍存在不足，新定制开发的感应式磁场传感器通过优化线圈参数、减小电路及结构件的尺寸，增大了磁芯有效空间，在噪声水平(0.1pT/rt(Hz)@1Hz)不变的情况下大幅度减小磁场传感器的体积及重量；通过降低内置放大器的功耗水平来提高电源转换效率，降低整机功耗；将转角频率降低至 0.3Hz、通频带灵敏度降低至 30mV/nT；磁传感器电路由±7V 供电，消耗电流为+9mA 或–5mA，单支传感器功耗约为 100mW；满偏输出±5V，动态范围约为 100dB。磁传感器实物照片如图 7-89 所示。

图 7-89　磁传感器实物照片

3) 斩波放大器

斩波放大器的主要作用是实现低频微弱信号的观测，其原理是先将低频微弱信号进行斩波，将其调制至几千赫兹，再对调制后的信号进行低噪声放大，因调制信号频段较高，可以忽略放大器自身 $1/f$ 噪声的影响，经放大的调制信号再经解调后还原成低频信号，此时信噪比大大改善。

4) 采集电路

接收机采集电路的主要功能是在低噪声、功耗、时钟漂移前提下，记录电磁场信号。接收机数据采集电路简图如图 7-90 所示。接收机观测 E_x、E_y、E_z、H_x、H_y 五分量电磁场信号，电场 3 通道斩波放大器为前述低噪声斩波放大器，磁场 2 通道斩波放大器由单片集成斩波放大器搭建；ADC 电路为 5 通道 24 位 ADC，动态范围优于 120dB(f_s=150Hz)，通道量程为±5V；控制电路由 32 位嵌入式 ARM 计算机 AT91SAM9G45 搭建组成，运行 2.6.13 版本 Linux 操作系统，并扩展 16GB SD 存储卡(最大支持 128GB)，支持 FAT32 文件系统；DTCXO 为时钟部件，为系统提供高稳时钟，典型的频率稳定度为$\pm 10\times 10^{-9}$。

采集电路集成了水声通信模块(ATM)，通过其与舱内控制电路通信，实现状态查询、命令电腐蚀等功能。调查船通过水声通信模块甲板端向海底的接收机发送声学命令，获取接收机的工作状态。控制电路收到状态查询命令返回相应状态信息，收到电腐蚀命令后通过恒流源向外部熔断丝提供 800mA 恒流，持续供电 10min，不锈钢销钉在电腐蚀作用下逐渐熔断。甲板控制盒辅助舱内采集电路实现参数设置、GPS 授时、数据下载、内置锂离子电池充电等功能。

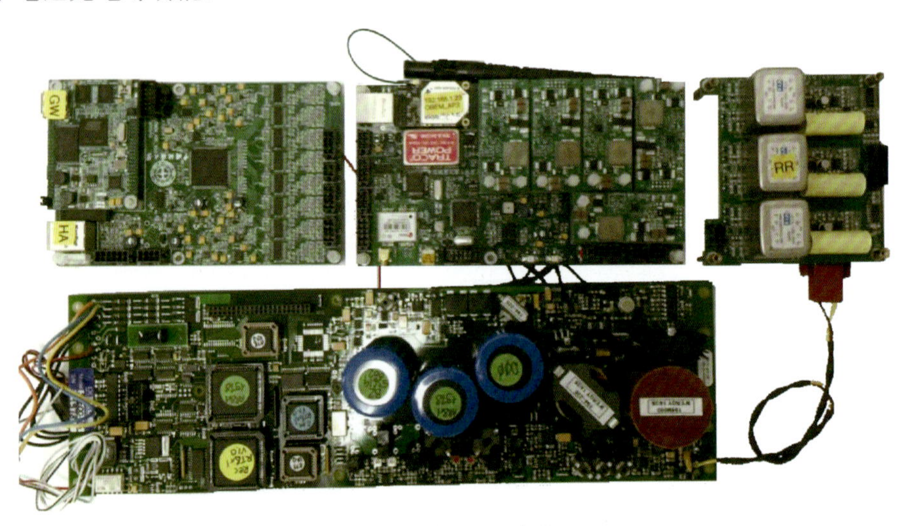

图 7-90　采集电路实物图

5)姿态测量模块

姿态方位记录装置作为海底电磁接收机的独立单元之一，用于记录接收机位于海底作业时的方位、倾角、横滚角等状态信息，由甲板控制盒与水下单元两部分组成。姿态记录装置的工作过程主要分为下水前的参数设置、水下记录、出水后数据回收三步。其中下水前的参数设置主要实现 GPS 授时、采样率设置、启停控制和充电等功能；设备连线图如图 7-91 所示，计算机通过 USB 电缆访问甲板控制盒，甲板控制盒通过水密电缆与水下单元相连接。参数设置完毕后，水下单元可独立工作，按照预定的采样间隔完成姿态信息记录并存入内部 Flash 中。待接收机出水后将水下单元数据取出时，需要借助甲板控制盒再次进行 GPS 校钟，然后通过 USB 实现数据下载至本地硬盘。

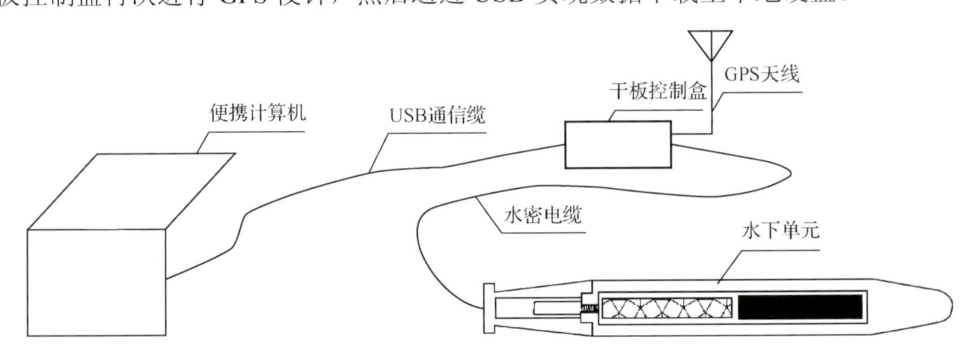

图 7-91　姿态记录装置设备连线图

6) CTD 测量

为获取接收机点位及投放剖面的海水电导率，接收机可选择安装 CTD，实物如图 7-92 所示。选用 OCEAN SEVEN 304Plus CTD，采用独特的深海无泵低维护传感器和著名的 Idronaut 公司专利的高精确度七铂环石英电导探头设计，具有体积小、性能高、功耗低等特点。接口为标准 RS232 接口，数据传输速率可达 115200b/s，大大减少了数据传输所需的时间。内置的 2GB 非易失性存储器可存储 60000000 组数据。该设备自容工作，下水前设置好工作参数即可自主采集数据。

图 7-92 CTD 实物图

7) 接收系统技术指标

接收机的主要指术指标如下。

通道数：5（E_x、E_y、E_z、H_x、H_y）。

频率范围：3000s～320Hz。

本底噪声水平：电场，0.1nV/m/rt(Hz)@1Hz；磁场，0.1pT/rt(Hz)@1Hz。

动态范围：电场，110dB；磁场，100dB。

时间漂移：1～5ms/d。

功耗：1500mW。

水下工作时间：大于 30d。

最大工作水深：4000m。

释放机制：声学释放器和电腐蚀熔断机制。

3. 软件系统

与硬件系统配套，研发了发射机监控、接收机采集和数据处理与反演软件。

1) 发射机上位机监控软件

发射机上位机监控软件主要包括 8 个部分，如图 7-93 所示，分别为上位机主界面、电源管理、主控程序、电流采集、尾标高度、拖体高度、姿态方位及绝缘在线监测，各部分独立工作，每个模块使用不同串口，各模块工作时均采用多线程工作，各个线程同时工作且互不干扰。运行时，各个模块可自动在屏幕平铺开来，各模块在自己的位置打开运行，不相互重叠覆盖。

2) 接收机用户软件

网络控制程序的开发使用户可以在不借助终端仿真程序(如 SecureCRT)的条件下，通过网络与采集站主控单元 AT91SAM9G45 通信，实现仪器的状态查询和控制等，其界面如图 7-94 所示，主要实现功能如下。

(1) 接收机状态信息查询，包括仪器编号、主控 ARM 电路编号、Linux 应用程序版本号、SD 卡容量和使用量信息、锂电池电压、GPS 时间、GPS 位置信息和 RTC 时间等。

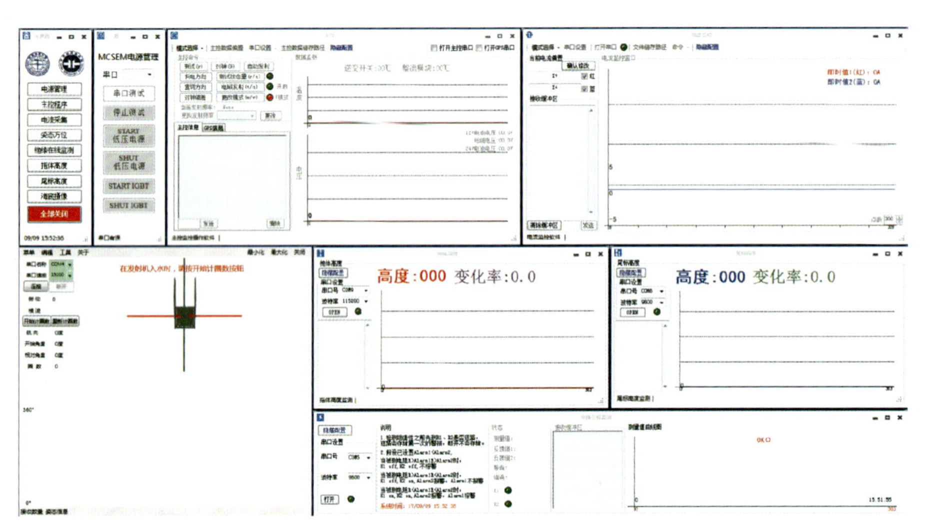

图 7-93 发射机上位机监控软件整体界面

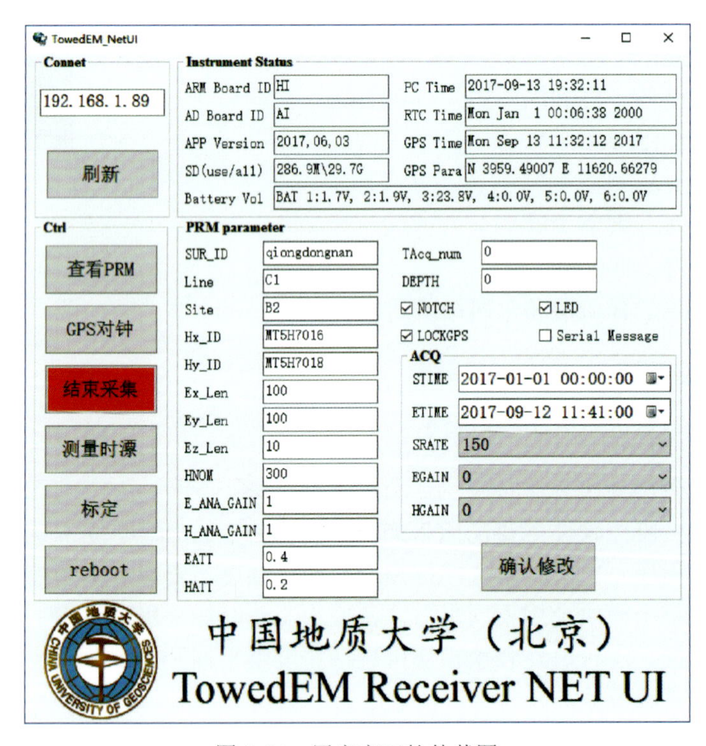

图 7-94 用户交互软件截图

(2) 采集参数文件查询和修改，包括电极距、前置放大电路放大倍数、采集开始时间、采集结束时间、采样率、电场数字增益和磁场数字增益等。

(3) 接收机 GPS 授时、采集状态查询和控制、时漂测量、电路标定等。

数据采集监控程负责读取采集到的电磁场信号原始数据，然后经过数据转换并画图，得到采集信号波形，便于用户观察仪器状态。其程序界面如图 7-95 所示。

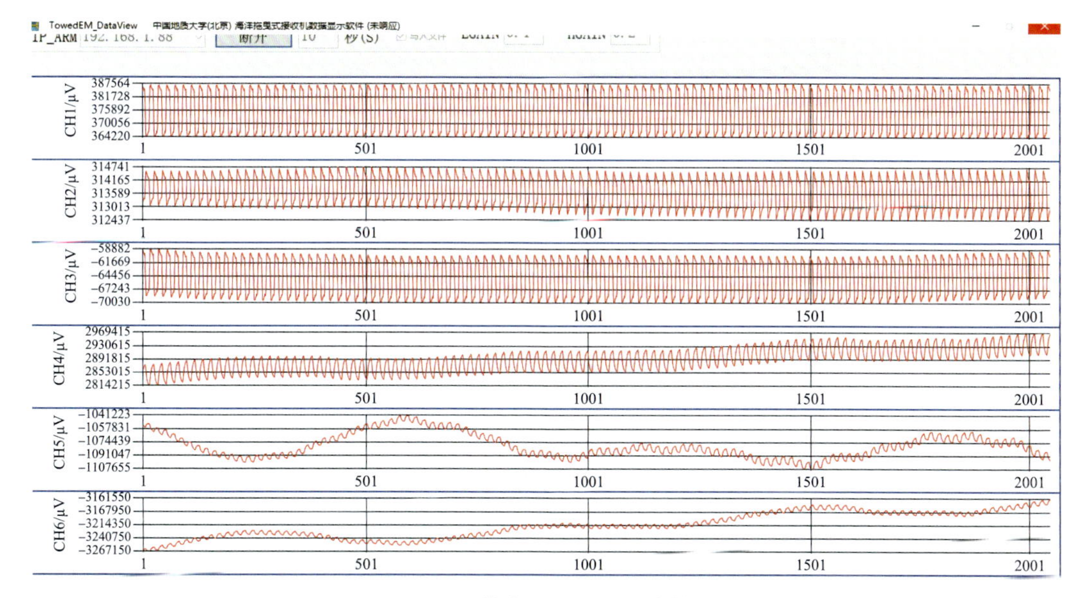

图 7-95　数据采集监控程序界面

3) 数据预处理软件

海洋电磁数据预处理软件系统基于 Windows 平台，使用 Microsoft 可视化集成开发环境 Visual C++进行软件开发。软件开发先后经历了需求分析、总体设计、详细设计、程序编码、单元测试等阶段，最终开发出了一套可以在单机运行的海洋电磁数据预处理软件系统。

软件主要功能模块包括电磁数据回放与谱参数显示，电流数据处理及显示，导航数据解析、加载与显示，时频分析与归一化合并处理，合并导合数据并显示 MVO、PVO 曲线等。

4) 数据一维反演软件

对数据预处理完成后，生成可用于后续反演的数据。单击主界面左下方的“一维反演”按钮，弹出一维反演功能模块效果如图 7-96 所示。

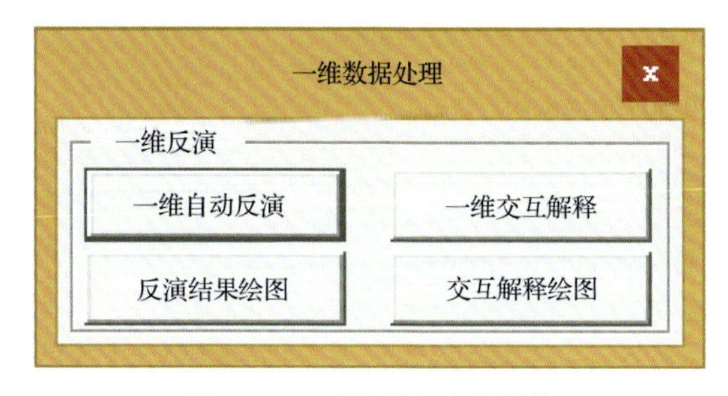

图 7-96　一维反演功能模块

四个子模块分别为一维自动反演、反演结果绘图、一维交互解释、交互解释绘图，其功能如下。

一维自动反演：创建一维反演项目；设定自动反演数据参数(图 7-97)；开始自动反演。

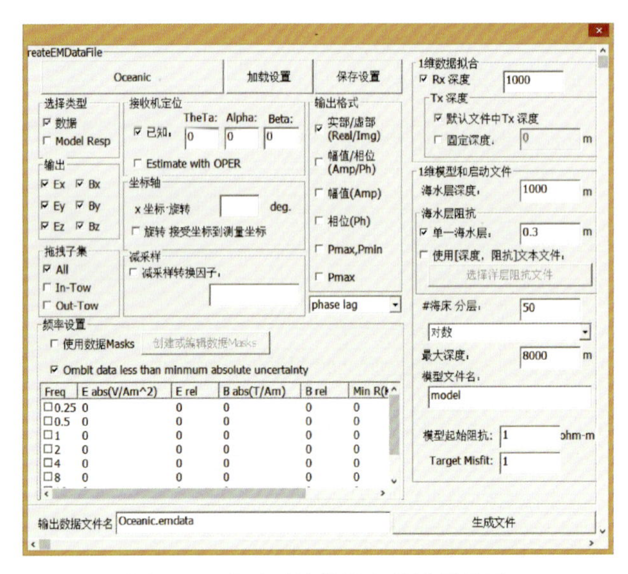

图 7-97　自动反演数据参数设置界面

反演结果绘图：打开一维自动反演项目文件夹；显示一维电阻率模型。

一维交互解释：创建交互解释项目；设定正演数据参数；生成交互解释项目。

交互解释绘图：打开交互解释项目文件夹；对正演、实测数据不同域段、频率下各个参数分量成图，对比；调节交互解释模型，不断逼近实测数据，并最终保存文件(图 7-98)。

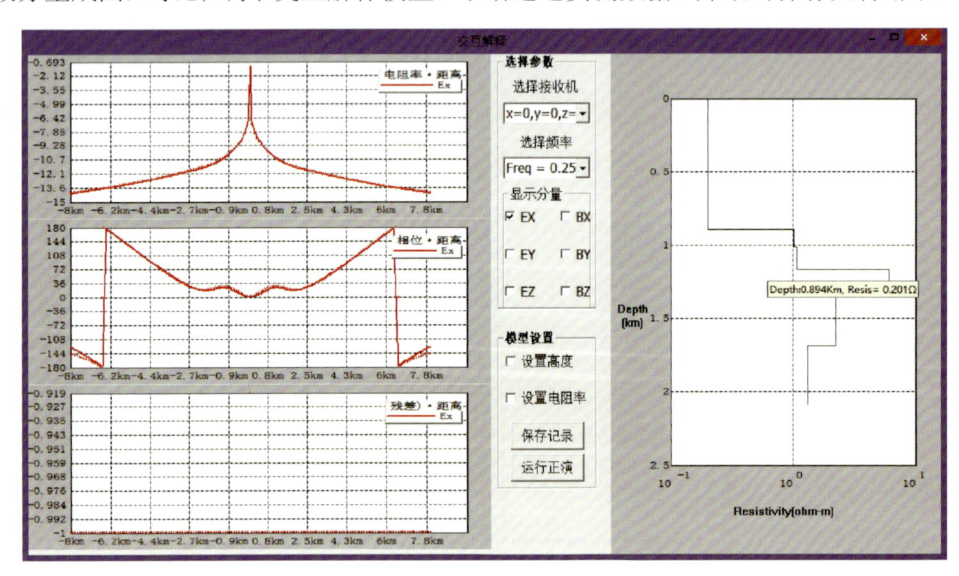

图 7-98　交互解释绘图界面

5) 数据二维反演软件

在 MARE2DEM 的基础上，实现了海洋可控源电磁二维非线性共轭梯度反演，反演流程如图 7-99 所示。通过定义新数据 $F(\omega)=E(\omega+\Delta\omega)-E(\omega)$，其中，$\omega+\Delta\omega$、$\omega$ 为人工源激发信号的频率，$E(\omega+\Delta\omega)$、$E(\omega)$ 为对应频率下的电场强度，$F(\omega)$ 为电场强度的频

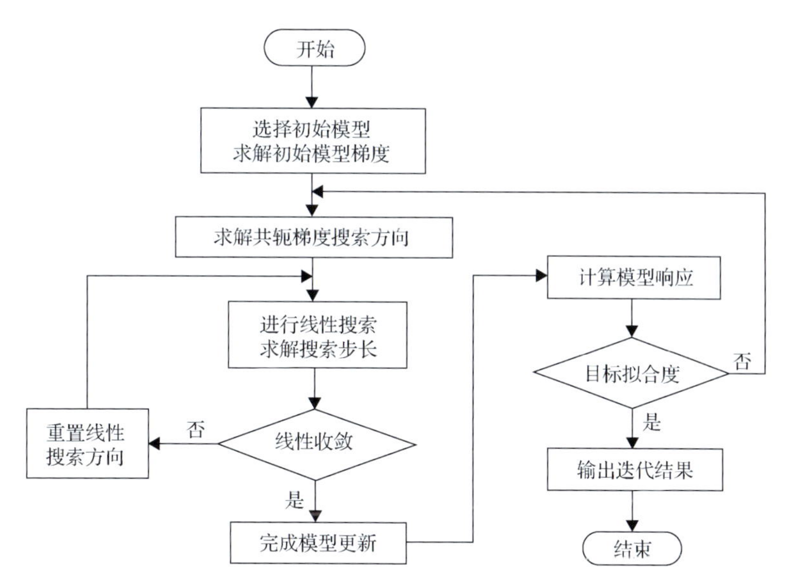

图 7-99　非线性共轭梯度反演流程图

率差分信号。加强海洋电磁勘探的异常响应，进一步改善反演效果。同时，讨论了海底地形起伏变化对探测结果的影响，并进行了带地形的反演研究。目前，该反演程序主要运行在小型服务器或工作站上，并多次进行了南海实际数据的反演处理。

7.5.2　实际应用分析

采用研发的海洋可控源电磁软硬件系统，在南海北部海域开展了多次海试工作，并对电磁设备进行了不断改进和完善，目前已达到了实用化程度，并形成了一套切实可行的海上施工方案。

1. 东沙海域天然气水合物调查试验

广州海洋地质调查局利用研制的系统于 2012 年首次在东沙海域开展了海洋可控源电磁调查，并给出了研究海域的电阻率断面(图 7-100)，揭示了东沙海域各测点下方介质

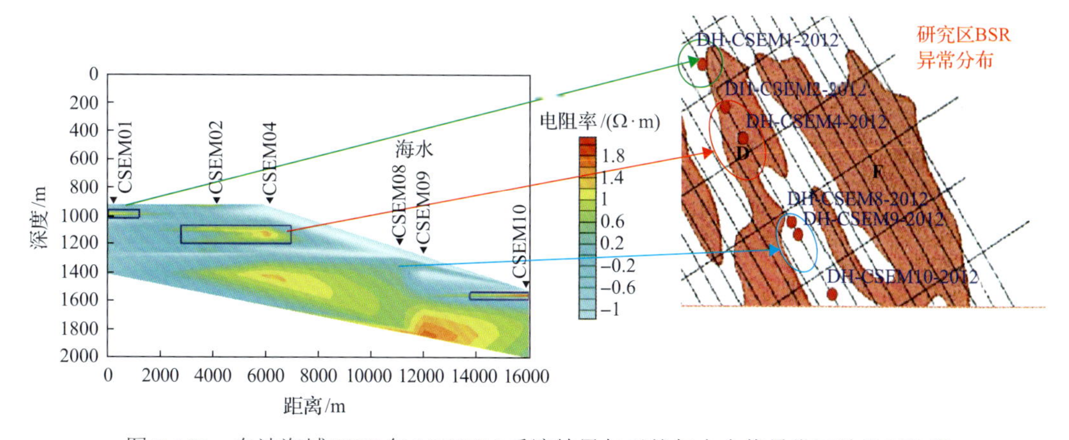

图 7-100　东沙海域 2012 年 MCSEM 反演结果与天然气水合物异常区结果对比图

的电性分层信息。发现 CSEM02 和 CSEM04 测点下方浅层存在明显高阻层，海底 200m 以下存在电阻率为 20Ω·m 的高阻层。CSEM01、CSEM10 测点下方浅层也发现了局部高阻层，为天然气水合物调查提供了电阻率信息。2013 年的钻探结果证实了 CSEM04 测点下方的高阻异常为天然气水合物引起，从而证明了海洋可控源电磁探测适用于海底天然气水合物调查。

2. 神狐海域天然气水合物调查试验

2014 年，广州海洋地质调查局神狐海域进行了电磁设备试验，并对试验资料进行了处理，结果如图 7-101 所示。反演模型中，海底至 500m 深度范围出现两个高阻层。第一个高阻层的埋深小于 100m，电阻率接近 3.0Ω·m；第二个高阻层的埋深为 200m，其电阻率值约为 4.0Ω·m。这一结果与地震剖面和测井资料一致。

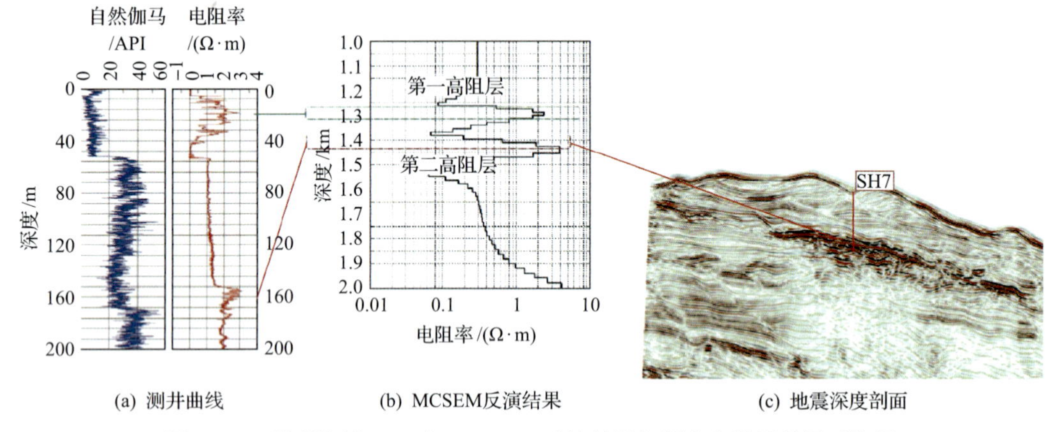

图 7-101　神狐海域 2014 年 MCSEM 反演结果与测井和地震结果对比图

3. 琼东南海域天然气水合物调查

2015 年，广州海洋地质调查局电磁法研究团队在琼东南海域进行了探测试验，完成了 4 个站位的资料采集与处理研究，得到了研究区海底电阻率的反演模型，如图 7-102 所示。从图中可以看出，H7 可能为含气构造，若满足天然气水合物形成的温压条件，也不排除存在天然气水合物的可能性。H2 的情况与 H7 相似；H1、H3 的埋深较大，电阻率并不太高，基本上与神狐海域的电阻率特征相似。H4 位于排气烟囱的另一侧，其特征与 H3 相似但埋深相对较浅；H6、H8 与 H2 的电阻率具横向连续性，地震剖面上存在强反射界面，且 R3 测点下方反射特征更加突出；H5 与 H1 具有相同的反射特征，电阻率也相对较低。

2016 年，广州海洋地质调查局电磁法研究团队在琼东南海域加大了海洋可控源电磁探测的工作量，完成了 10 个站位的资料采集与处理研究。经过对这批试生产资料的处理获得了高质量的 MVO/PVO 曲线(图 7-103)，然后通过二维反演得到了研究区较精细的海底电阻率断面图(图 7-104)。

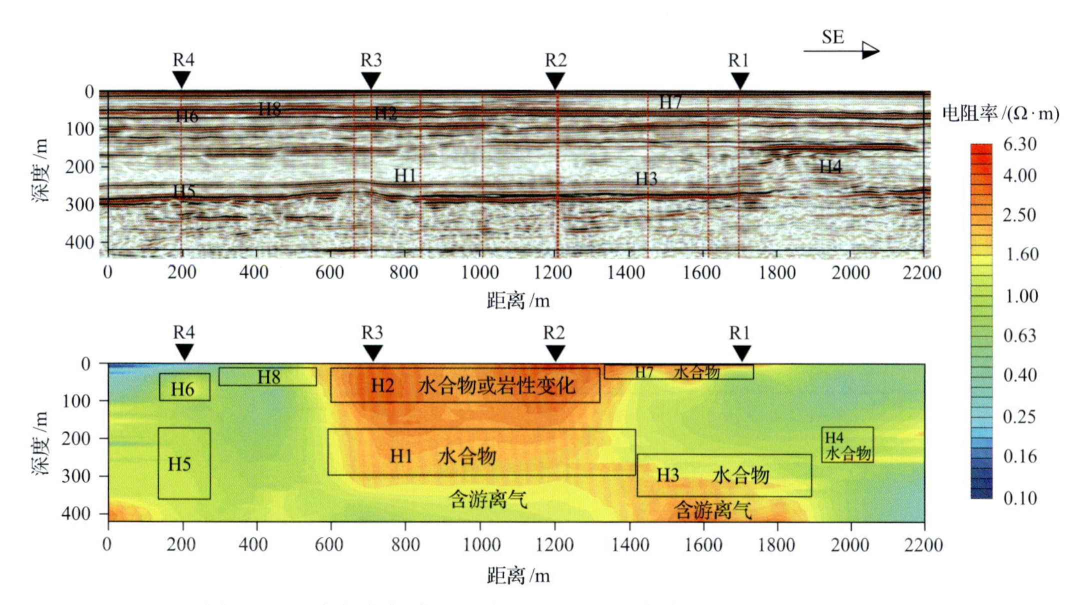

图 7-102　琼东南海域 2015 年 MCSEM 反演结果与地震结果对比图

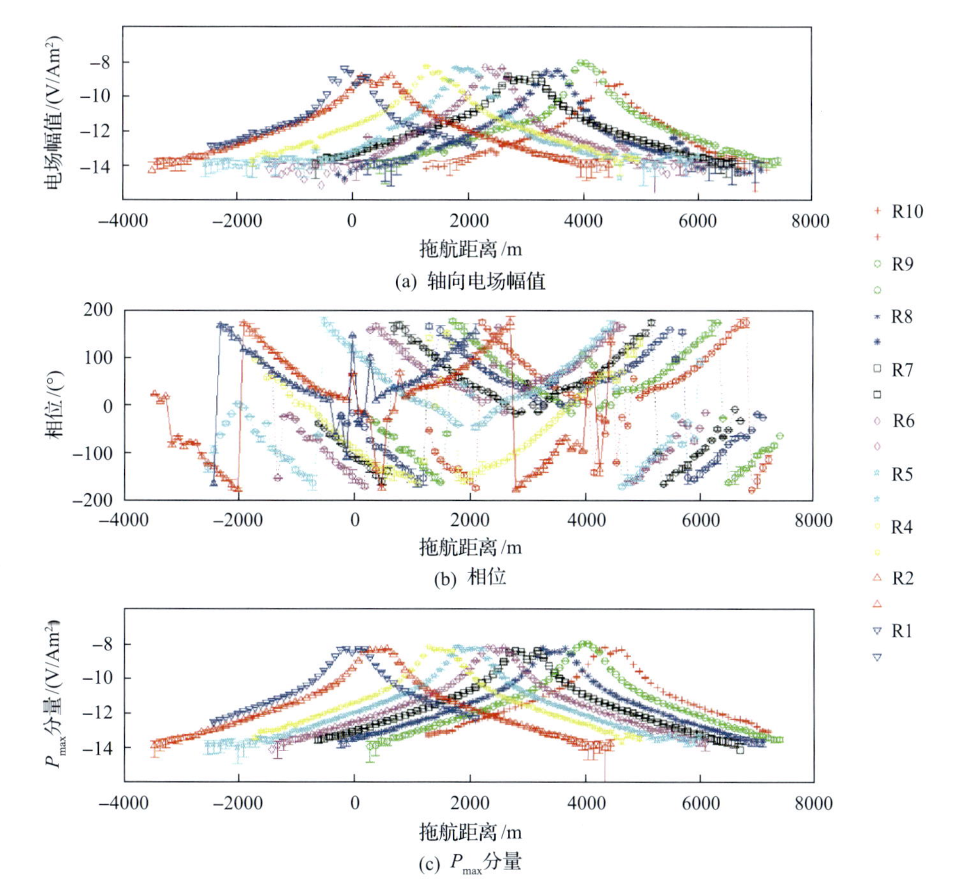

图 7-103　2016 年 1.5Hz 的轴向电场幅值、相位与 P_{max} 分量曲线

P_{max}-电场强度矢量极化椭圆的最大主轴(长轴)幅值

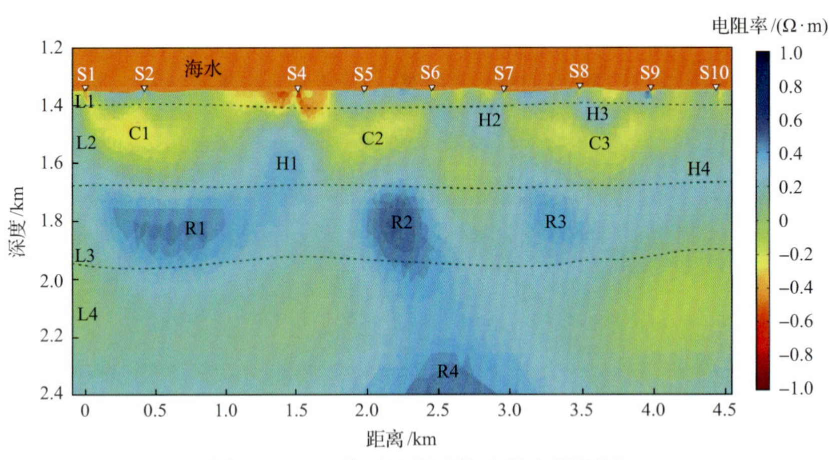

图 7-104 二维反演得到的电阻率断面图

根据上述电阻率分布特征，对剖面下方的地层进行分析，划分了 4 个电性层(L1～L4)，如图 7-104 中虚线所示。由上至下，L1 为低阻沉积盖层，L2 可能为天然气水合物稳定带，L3 为含游离气带，L4 为游离气运移带。根据高阻体的特征推断，L2 中的高阻异常体 H1～H4 可能对应着天然气水合物，由于水合物形成的排盐作用，可能引起周围不含水合物地层的电阻率降低(C1-C3)。水合物稳定带之下 L3、L4 层中主要出现 4 个高阻异常体(R1-R4)，它们可能代表对应的地层中含游离气，并指示了游离气运移的通道。根据电性特征，并结合地震剖面，在反演剖面中划分了 3 个地层界面(图中虚线)。

将上述解释结果与对应的地震剖面叠加，如图 7-105 所示。可以看到，电阻率剖面的解释结果与地震反射特征具有很好的对应关系。图中 H1～H4 高阻异常体与地震推测的 BSR 之上的弱地震反射有较好的对应关系。在 BSR 之下，与 4 个高阻异常体相对应，地震剖面表现为同相轴发生错断或不连续、反射波能量较弱，这可能指示了地层中可能含游离气。

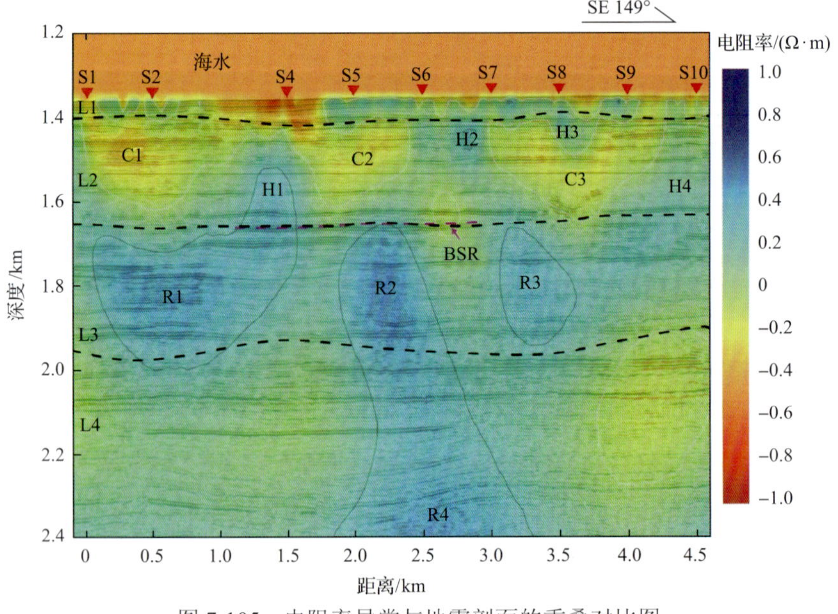

图 7-105 电阻率异常与地震剖面的重叠对比图

综合考虑游离气的运移、高阻体共同指示，并结合地震 BSR 及空白带特征分析，认为在测线下方 H1、H2、H4 处，地层中存在天然气水合物的可能性较大。

4. 神狐海域天然气水合物调查

2017 年 8 月 1～18 日，广州海洋地质调查局搭载“海洋四号”调查船，在神狐海域开展了海洋可控源电磁生产施工，累计完成了 15 站位，7.5km 测线的拖曳 CSEM 数据采集工作。对 15 个站位的海洋可控源电磁数据进行二维处理与反演，建立起伏地形条件下海底的电阻率断面(图 7-106)。

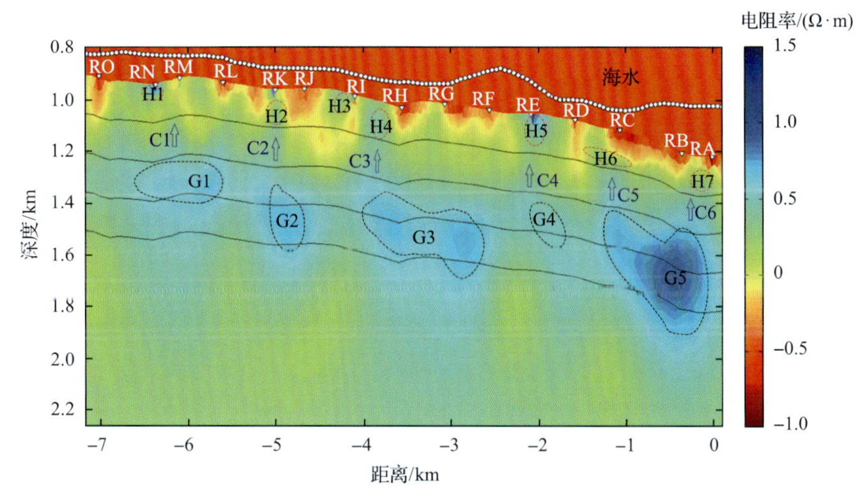

图 7-106　神狐海域海洋可控源电磁二维反演电阻率断面图

图中 4 条黑色曲线为海底等深线，对应深度从上至下依次为 150m、300m、450m 和 600m

图 7-106 的剖面中，在浅海底 150m(上面第一条细实黑线)之上，地层电阻率主要表现为低阻特征，电阻率约为 1Ω·m；在 RA、RC、RE、RH-RJ、RK、RN 测点下方存在高阻异常体 H1～H7(图 7-106 中红色虚线)，电阻率值约为 3Ω·m。在海底 300～600m(第二条与最下面第四条细实黑线)之间，海底地层主要表现为高阻特征，电阻率为 3～10Ω·m。此层中，高阻体在横向上呈不连续的分块特征，在研究区段主要存在 5 处高阻异常体 G1～G5(图 7-106 中黑色虚线)。在海底 150～300m，地层以低阻特征为主，局部出现带状高阻异常体 C1～C6(图 7-106 中蓝色箭头)，电阻率值为 4Ω·m。通过这些高阻异常带，浅海底 150m 之上的高阻体与下方高阻层中的异常体相连通。

图 7-107 为 MCSEM 剖面对应的反射地震剖面。该处在水深 885～1282m，在海底以下约 160m 深度附近存在明显的 BSR，BSR 表现强振幅、连续性好、振幅空白带较明显、近似平行海底特征，综合研究判定其属于天然气水合物一级有利区。由此推测，图 7-106 中的高阻异常体 H1～H7 可能与天然气水合物有关。将 H1～H7 叠加到地震剖面上，可以看到 H4～H7 都对应了明显的地震空白带，并且其下方均存在弱反射异常及带状高阻通道(C3～C6)。高阻异常体 G1～G3 对应了地震反射剖面的同相轴错断，推断相应地层中裂隙或断层较为发育，因为表现为明显的高阻特征，推断裂隙或断层中含游离气。高阻异常体 G4～G5 对应了地震反射剖面的空白带，反映了地层中可能含游离气。

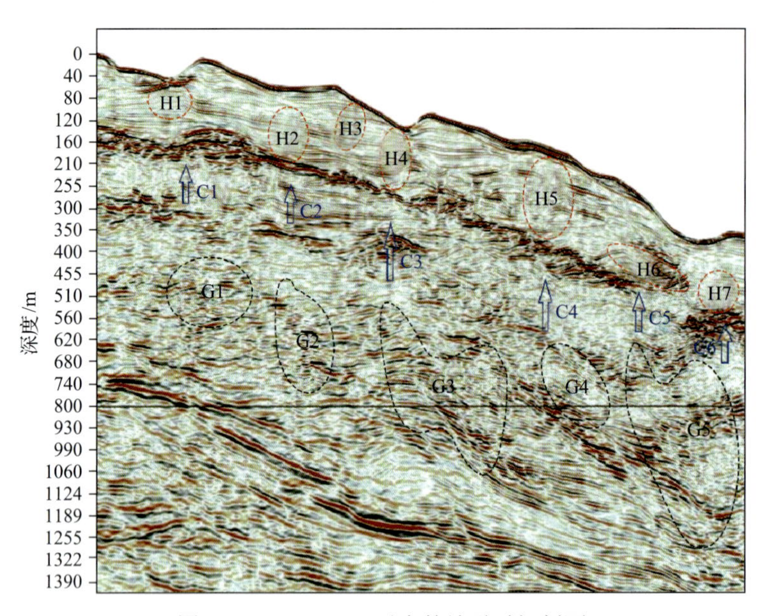

图 7-107 MCSEM 对应的地震时间剖面

综上，因为 H1～H7 位于 BSR 之上的天然气水合物稳定带之内，推测它们与地层含天然气水合物有关。G1～G5 位于天然气水合物稳定带之下，对应的地层中富含游离气。C1～C6 为下部游离气向天然气水合物稳定带运移提供了通道。

参考文献

安永宁. 2017. 侧扫声呐探测原理及其在海管悬空治理检测中的应用. 海岸工程, 36(2): 58-62.

曹金亮, 刘晓东, 张方生, 等. 2016. DTA-6000 声学深拖系统在富钴结壳探测中的应用. 海洋地质与第四纪地质, 36(4): 173-181.

曹运诚, 陈多福. 2014. 海洋天然气水合物发育顶界的模拟计算. 地球物理学报, 57(2): 618-627.

陈多福, 陈先沛, 陈光谦. 2002. 冷泉流体沉积碳酸盐岩的地质地球化学特征. 沉积学报, 20(1): 34-40.

陈多福, 苏正, 冯东, 等. 2005. 海底天然气渗漏系统水合物成藏过程及控制因素. 海洋学报, 24(3): 1-9.

陈芳, 苏新, 陆红锋, 等. 2007. 南海北部浅表层沉积底栖有孔虫碳同位素及其对富甲烷环境的指示. 海洋地质与第四纪地质, 27(4): 1-7.

陈丽蓉. 2008. 中国海沉积矿物学. 北京: 海洋出版社.

陈祈, 王家生, 李清, 等. 2007. 海洋天然气水合物系统硫同位素研究进展. 现代地质, 21(1): 111-115.

陈祈, 王家生, 魏清, 等. 2008. 综合大洋钻探计划 311 航次沉积物中自生黄铁矿及其硫稳定同位素研究. 现代地质, 22(3): 402-406.

陈忠, 颜文, 陈木宏, 等. 2007. 南沙海槽表层沉积自生石膏-黄铁矿组合的成因及其对天然气渗漏的指示意义. 海洋地质与第四纪地质, 27(2): 91-100.

初凤友, 陈丽容, 申顺喜, 等. 1994. 南黄海沉积物中自生黄铁矿的形态标型研究. 海洋与湖泊, 25(5): 461-469.

丛晓荣, 曹运诚, 苏正, 等. 2017. 南海北部东沙海域浅层沉积物孔隙水地球化学示踪深部水合物发育特征. 地球化学, 3: 292-300.

戴金星, 倪云燕, 黄士鹏, 等. 2017. 中国天然气水合物气的成因类型. 石油勘探与开发, 44(6): 837-848.

丁维凤, 冯霞, 来向华, 等. 2006. Chirp 技术及其在海底浅层勘探中的应用. 海洋技术, 25(2): 10-14.

董海良, 于炳松, 吕国. 2009. 地质微生物学中几项最新研究进展. 地质论评, 55(4): 552-580.

房旭东, 钟贵才. 2016. 多波束声呐和侧扫声呐数据融合方法研究综述. 海岸工程, 35(4): 63-68.

冯强强, 温明明, 牟泽霖, 等. 2016. 侧扫声呐在富钴结壳探测中的应用前景. 地质学刊, 40(2): 320-325.

付少英. 2005. 烃类成因对天然气水合物成藏的控制. 地学前缘, 12(3): 263-267.

付少英, 陆敬安. 2010. 神狐海域天然气水合物的特征及其气源. 海洋地质动态, (9): 6-10.

傅飘儿, 曹珺, 刘纪勇, 等. 2016. 南海北部孔隙水碘与天然气水合物成藏关系研究. 地质论评, 62(5): 1344-1352.

高兴军, 于兴河, 李胜利, 等. 2003. 地球物理测井在天然气水合物勘探中的应用. 地球科学进展, 18(2): 305-311.

谷明峰, 郭常升. 2006. 海底声学探测技术——浅地层剖面测量技术. 中国地球物理学会年会第 22 届年会论文集: 370.

何汉漪. 2001. 海上高分辨率地震技术及其应用. 北京: 地质出版社.

黄惠玉, 王慧中. 1994. 南极 Bransfield 海峡海冰沉积物中的自生石膏. 同济大学学报, 22(1): 121-125.

黄永样, Suess E, 吴能友, 等. 2008. 南海北部陆坡甲烷天然气水合物地质——中德合作 SO-177 航次成果专报. 北京: 地质出版社.

蒋少涌, 杨涛, 薛紫晨, 等. 2005. 南海北部海区海底沉积物中孔隙水的 Cl^- 和 SO_4^{2-} 浓度异常特征及其对天然气水合物的指示意义. 现代地质, 19(1): 45-54.

金春爽, 汪集旸, 王永新, 等. 2004. 天然气水合物地热场分布特征. 地质科学, 39(3): 416-423.

金丹, 阎贫, 唐群署, 等. 2011. Kirchhoff 波场延拓在 OBC 记录海水层基准面校正中的应用. 热带海洋学报, (6): 87-92.

赖培伟, 张莉莉. 2016. 浅析侧扫声呐与多波束测深系统在珠海青洲快船航道“粤江城渔运 85109”沉船应急扫测中的应用. 珠江水运, (11): 81-82.

李传辉. 2015. 含水合物地层地震波衰减特性及衰减系数估计方法研究. 北京: 中国地质大学(北京).

李冬, 刘雷, 张永合. 2017. 海洋侧扫声呐探测技术的发展及应用. 港口经济, (6): 56-58.

李海森, 陈宝伟, 周天, 等. 2011. 一种噪声环境中的多波束相位差估计新方法. 哈尔滨工程大学学报, 5: 632-636.

李海森, 周天, 徐超. 2013. 多波束测深声纳技术研究新进展. 声学技术, 32(2): 73-80.
李列, 宋海斌, 杨计海. 2006. 莺歌海盆地中央坳陷带海底天然气渗漏系统初探. 地球物理学进展, 21(4): 1244-1247.
李涛, 王鹏, 汪品先. 2008. 南海南部陆坡表层沉积物细菌和古菌多样性. 微生物学报, 48(3): 323-329.
李勇航, 牟泽霖, 万芃. 2015. 海洋侧扫声呐探测技术的现状及发展. 通讯世界, (3): 213-214.
梁劲, 王宏斌, 郭依群. 2006. 南海北部陆坡天然气水合物的地震速度研究. 现代地质, 20(1): 123-129.
林安均. 2014. 南海北部西沙和东沙海区浅表层沉积物孔隙水地球化学特征及对天然气水合物成矿的指示意义. 南京: 南京大学.
林壬子, 梅海, 梅博文. 2009. 油气微生物勘探技术的初步实践及其应用前景. 海洋地质动态, 25(12): 36-42.
刘昌岭, 孟庆国, 李承峰, 等. 2017. 南海北部陆坡天然气水合物及其赋存沉积物特征. 地学前缘, 24(4): 41-50.
刘加银, 刘海行, 苏天赟, 等. 2015. 一种海底浅层声学探测数据综合可视化方法. 海洋通报, 34(3): 320-326.
刘经南, 赵建虎. 2002. 多波束测深系统的现状和发展趋势. 海洋测绘, 22(5): 3-6.
刘庆华, 鲁来玉, 王凯明. 2015. 主动源和被动源面波浅勘方法综述. 地球物理学进展, 30(6): 2906-2922.
刘涛, 郑国东, 潘永信, 等. 2009. 地质微生物对海洋天然气水合物的影响. 天然气地球科学, 20(6): 992-999.
陆红锋, 陈芳, 刘坚, 等. 2006. 南海北部神狐海区的自生碳酸盐岩烟囱——海底富烃流体活动的记录. 地质论评, 52(3): 352-357.
陆红锋, 陈芳, 廖志良, 等. 2007. 南海东北部 HD196A 岩心的自生条状黄铁矿. 地质学报, 81(4): 519-525.
陆敬安. 2006. 测井在天然气水合物勘探与评价中的应用. 南海地质研究, 2006(00): 76-89.
陆敬安, 闫桂京. 2007. 天然气水合物测井与评价技术进展. 海洋地质动态, 23(6): 31-36.
陆敬安, 杨胜雄, 吴能友, 等. 2008. 南海神狐海域天然气水合物地球物理测井评价. 现代地质, 22(3): 447-451.
马在田, 宋海斌, 孙建国. 2000. 海洋天然气水合物的地球物理探测高新技术. 地球物理学进展, 15(3): 1-6.
梅博文, 袁志华, 王修垣. 2002. 油气微生物勘探法. 中国石油勘探, 7(3): 42-53.
梅海, 林壬子, 梅博文. 2008. 油气微生物检测技术: 理论, 实践和应用前景. 天然气地球科学, 19(6): 888-893.
孟宪伟, 张俊, 夏鹏, 等. 2013. 南海北部陆坡沉积物硫酸盐-甲烷反应界面深度的空间变化及其对甲烷水合物赋存状态差异性的指示意义. 海洋学报, 35(6): 190-194.
牛滨华, 孙春岩, 张中杰, 等. 2000. 海洋深部地震勘探技术. 地学前缘, 7(3): 274-281.
牛滨华, 孙春岩, 苏新, 等. 2005. 勘查地球化学方法适用于勘查天然气水合物的依据. 现代地质, 19(1): 61-66.
濮巍, 高剑峰, 赵葵东, 等. 2005. 利用DCTA和HIBA快速有效分离Rb-Sr、Sm-Nd的方法. 南京大学学报(自然科学版), (4): 445-450.
钱鹏, 聂逢君, 银亚平, 等. 2014. 瞬变电磁法在浅层勘探中的研究及应用. 科学技术与工程, 14(23): 158-163.
手塚和彦, 张守本, 等. 2003. 天然气水合物的测井解析. 海洋地质动态, 19(6): 21-23.
苏广庆, 唐志礼, 梁美桃, 等. 2002. 沉积矿物组合//刘昭蜀, 赵焕庭, 范时清, 等. 南海地质. 北京: 科学出版社: 321-343.
苏丕波, 何家雄, 梁金强, 等. 2017a. 南海北部陆坡深水区天然气水合物成藏系统及其控制因素. 海洋地质前沿, 33(7): 1-10.
苏丕波, 梁金强, 付少英, 等. 2017b. 南海北部天然气水合物成藏地质条件及成因模式探讨. 中国地质, 44(3): 415-427.
苏新. 2000. 国外海洋气水合物研究的一些新进展. 地学前缘, 7(3): 257-265.
苏新. 2004. 海洋天然气水合物分布与"气-水-沉积物"动态体系: 大洋钻探 204 航次调查初步结果的启示. 中国科学(D 辑), 34(12): 1091-1099.
苏正, 陈多福. 2006. 海洋天然气水合物的类型及特征. 大地构造与成矿学, 30(2): 256-264.
苏正, 曹运诚, 杨睿, 等. 2014. 南海北部神狐海域天然气水合物成藏模式研究. 地球物理学报, (5): 1664-1674.
孙春岩, 吴能有, 牛滨华, 等. 2007. 南海琼东南盆地气态烃地球化学特征及天然气水合物资源远景预测. 现代地质, (1): 95-100.
孙春岩, 赵浩, 贺会策, 等. 2017. 海洋底水原位探测技术与中国南海天然气水合物勘探. 地学前缘, (6): 225-241.
王爱学, 赵建虎, 尚晓东, 等. 2017. 单波束水深约束的侧扫声呐图像三维微地形反演. 哈尔滨工程大学学报, 38(5): 739-745.
王方旗, 周兴华, 丁继胜, 等. 2017. 浅地层剖面仪和侧扫声呐仪器检测与评价方法研究. 海洋科学进展, 35(4): 559-567.
王宏语, 牛滨华, 孙春岩. 2002. 南海某天然气水合物资源勘查区气态烃现场测试及其结果. 中国地球物理学会年会, 北海.

王家生, 王永标, 李清. 2007. 海洋极端环境微生物活动与油气资源关系. 地球科学——中国地质大学学报, 32(6): 781-788.
王虑远, 徐振中, 陈世悦, 等. 2006. 天然气水合物的识别标志及研究进展. 海洋通报, 25(2): 55-63.
王祝文, 李舟波, 刘菁华. 2003a. 天然气水合物评价的测井响应特征. 物探与化探, 27(1): 13-17.
王祝文, 李舟波, 刘菁华. 2003b. 天然气水合物的测井识别与评价. 海洋地质与第四纪地质, 23(2): 97-102.
温志坚, 何志敏. 2017. 应用侧扫声呐的海底目标探测技术研究. 科技创新导报, (22): 28-29.
邬黛黛, 叶瑛, 吴能友, 等. 2009. 琼东南盆地与甲烷渗漏有关的早期成岩作用和孔隙水化学组分异常. 海洋学报, 31(2): 86-96.
邬黛黛, 吴能友, 张美, 等. 2013. 东沙海域 SMI 与甲烷通量的关系及对水合物的指示. 地球科学——中国地质大学学报, 38(6): 1309-1320.
吴海京, 年永吉. 2017. 南海东部几种典型海底地貌特征的研究与认识. 地球物理学进展, (2): 483-490.
吴庐山, 杨胜雄, 梁金强, 等. 2010. 南海北部琼东南海域 HQ-48PC 站位地球化学特征及对天然气水合物的指示意义. 现代地质, (3): 534-544.
吴能友, 王宏斌, 陆红锋, 等. 2006. 地质-生物系统中的甲烷研究——德国天然气水合物研究现状综述. 海洋地质动态, 22(5): 11.
吴能友, 张海啟, 杨胜雄, 等. 2007. 南海神狐海域天然气水合物成藏系统初探. 天然气工业, 27(9): 1-6.
吴能友, 梁金强, 王宏斌, 等. 2008. 海洋天然气水合物成藏系统研究进展. 现代地质, 22(3): 356-362.
谢蕾, 王家生, 林杞. 2012. 南海北部神狐水合物赋存区浅表层沉积物自生矿物特征及其成因探讨. 岩石矿物学杂志, 31(3): 1-11.
徐建, 郑玉龙, 包更生. 2011. 基于声学深拖调查的海山微地形地貌研究——以马尔库斯-威克海岭一带的海山为例. 海洋学研究, (1): 17-24.
颜文, 陈忠, 王有强, 等. 2000. 南海 NS93-5 柱样的矿物学特征及矿物沉积序列. 矿物学报, 20(2): 143-149.
杨锴, 许世勇, 王华忠, 等. 1999. 有限差分法波场延拓海水层基准面校正. 中国海上油气地质, (5): 38-41.
杨涛, 蒋少涌, 葛璐, 等. 2006. 南海北部陆坡西沙海槽 XS-01 站位沉积物孔隙水的地球化学特征及其对天然气水合物的指示意义. 第四纪研究, 26(3): 442-448.
余才盛. 2009. CSAMT 在浅层勘探领域中的应用——防渗墙质量无损检测. 工程地球物理学报, (S1): 33-36.
张光学. 2001. 世界海域水合物地震调查研究综述. 海洋地质, (1): 11-18.
张光学, 黄永样, 祝有海, 等. 2001. 活动大陆边缘水合物分布规律及成藏过程. 海洋地质前沿, 17(7): 3-7.
张光学, 黄永样, 陈邦彦. 2003. 海域天然气水合物地震学. 北京: 海洋出版社.
张敏, 东秀珠. 2006. 973 项目"极端微生物及其功能利用的基础研究"研究进展. 微生物学报, 46(2): 336.
张伟, 梁金强, 陆敬安, 等. 2017. 中国南海北部神狐海域高饱和度天然气水合物成藏特征及机制. 石油勘探与开发, 44(5): 670-680.
张伟, 梁金强, 何家雄, 等. 2018. 南海北部神狐海域 GMGS1 和 GMGS3 钻探区天然气水合物运聚成藏的差异性. 天然气工业, 38(3): 138-149.
赵洪伟, 陈建文, 龚建明, 等. 2004. 天然气水合物饱和度的预测方法. 海洋地质动态, 20(6): 22-24.
赵建虎, 王爱学, 郭军. 2013. 多波束与侧扫声呐图像区块信息融合方法研究. 武汉大学学报(信息科学版), 38(3): 287-290.
赵省民, 吴必豪, 王亚平, 等. 2000. 海底天然气水合物赋存的间接识别标志. 地球科学——中国地质大学学报, 25(6): 624-628.
朱衍镛. 1995. 二分量记录的空间方向滤波. 石油地球物理勘探, 30(增刊 2): 116-125.
祝有海, 吴必豪, 罗续荣, 等. 2008. 南海沉积物中烃类气体(酸解烃)特征及其成因与来源. 现代地质, (3): 407-414.
Adkins-Regan E. 2002. Development of sexual partner preference in the Zebra Finch: A socially monogamous, pair-bonding animal. Archives of Sexual Behavior, 31(1): 27-33.
Aharon P, Fu B. 2000. Microbial sulfate reduction rates and sulfur and oxygen isotope fractionations at oil and gas seeps in deepwater Gulf of Mexico. Geochimica et Cosmochimica Acta, 64(2): 233-246.
Archie G E. 1942. The electrical resistivity log as an aid in determining some reservoir characteristics. Trans. AIME, 146: 54-62.

Bangs N L B, Sawyer D S, Golovchenko X. 1993. Free gas at the base of the gas hydrate zone in the vicinity of the Chile triple junction. Geology, 21(10): 905-908.

Bannister F A, Hey M H. 1936. Report on some crystalline components of the Weddell Sea deposits//Earland A (Ed.). Discovery Report, Foraminifera, Part Ⅳ: Additional Records from the Weddell Sea Sector from Material Obtained by the S. Y. 'Scotia', 13. Cambridge: Cambridge University Press: 60-69.

Battistuzzi F U, Feijao A, Hedges S B. 2004. A genomic timescale of prokaryote evolution: Insights into the origin of methanogenesis, phototrophy, and the colonization of land. BMC Evolutionary Biology, 4(1): 44.

Beck M, Jürgen K, Engelen B, et al. 2009. Deep pore water profiles reflect enhanced microbial activity towards tidal flat margins. Ocean Dynamics, 59(2): 371-383.

Beghtel F W, Hitzman D O, Sundberg K R. 1987. Microbial oil survey technique (MOST) evaluation of new field wildcat wells in Kansas. APGE Bulletin, 3: 1-14.

Benhama A, Cliet C, Dubesset M. 1988. Study and applications of spatial directional filtering in THREE-component recordings. Geophysical Prospecting, 36(6): 591-613.

Bernard B B, Brooks J M, Sackett W M. 1976. Natural gas seepage in the Gulf of Mexico. Earth and Planetary Science Letters, 31(1): 48-54.

Berner R A. 1969. Migration of iron and sulfur within anaerobic sediments during early diagenesis. American Journal of Science, 267(1): 19-42.

Berner R A. 1974. Kinetic models for the early diagenesis of nitrogen, sulfur, phosphorous, and silicon in anoxic marine sediments. The Sea, 5: 427-450.

Berner R A. 1980. Early Diagenesis: A Theoretical Approach. Princeton: Princeton University Press.

Berner R A, Raiswell R. 1983. Burial of organic carbon and pyrite sulfur in sediments over phanerozoic time: A new theory. Geochimica et Cosmochimica Acta, 47(5): 855-862.

Berryhill J R. 1979. Wave-equation datuming. Geophysics, 44(8): 1329-1344.

Boetius A, Suess E. 2004. Hydrate Ridge: A natural laboratory for the study of microbial life fueled by methane from near-surface gas hydrates. Chemical Geology, 205(3-4): 291-310.

Boetius A, Ravenschlag K, Schubert C J, et al. 2000. A marine microbial consortium apparently mediating anaerobic oxidation of methane. Nature, 407(6804): 623-626.

Bohrmann G, Greinert J, Suess E, et al. 1998. Authigenic carbonates from the Cascadia Subduction Zone and their relation to gas hydrate stability. Geology, 26(7): 647-650.

Bolliger C, Schroth M H, Bernasconi S M, et al. 2001. Sulfur isotope fractionation during microbial sulfate reduction by toluene-degrading bacteria. Geochimica et Cosmochimica Acta, 65(19): 3289-3298.

Borowski W S. 2006. Data report: Dissolved sulfide concentration and sulfur isotopic composition of sulfide and sulfate in pore waters, ODP Leg 204, Hydrate Ridge and vicinity, Cascadia Margin, offshore Oregon//Tréhu A M, Bohrmann G, Torres M E, et al(Eds.). Proceedings of the Ocean Drilling Program; Scientific Results, 204. Ocean Drilling Program, College Station, TX: 1-13.

Borowski W S, Paull C K, Ussler III W. 1996. Marine pore-water sulfate profiles indicate in situ methane flux from underlying gas hydrate. Geology, 24(7): 655-658.

Borowski W S, Paull C K, Ussler W. 1999. Global and local variations of interstitial sulfate gradients in deep-water, continental margin sediments; sensitivity to underlying methane and gas hydrates. Marine Geology, 159(1-4): 131-154.

Borowski W S, Rodriguez N M, Paull C K, et al. 2013. Are 34S-enriched authigenic sulfide minerals a proxy for elevated methane flux and gas hydrates in the geologic record. Marine and Petroleum Geology, 43: 381-395.

Böttcher M E, Smock A M, Cypionka H. 1998. Sulfur isotope fractionation during experimental precipitation of iron(Ⅱ) and manganese(Ⅱ) sulfide at room temperature. Chemical Geology, 146(3-4): 127-134.

Boudreau B P. 1997. Diagenetic models and their implementation: Modelling transport and reactions in aquatic sediments. Berlin: Springer.

Bouriak S V, Akhmetjanov A M. 1998. Origin of gas hydrate accumulations on the continental slope of the Crimea from geophysical studies. Geological Society London Special Publications, 137(1): 215-222.

Bouriak S, Galaktionov V. 2001. Lithologically controlled 'split' gas-hydrate BSR at the Vøring Plateau and below the Storegga Slide deposits, Offshore Norway. CSPG Special Publications: 23-25.

Bouriak S, Vanneste M, Saoutkine A. 2000. Inferred gas hydrates and clay diapirs near the Storegga Slide on the southern edge of the Vøring Plateau, offshore Norway. Marine Geology, 163(1-4): 125-148.

Bouriak S, Volkonskaia A, Galaktionov V. 2003. "Split" strata-bounded gas hydrate BSR below deposits of the Storegga Slide and at the southern edge of the Vøring Plateau. Marine Geology, 195(1-4): 301-318.

Briskin M, Schreiber B C. 1978. Authigenic gypsum in marine sediments. Marine Geology, 28(1-2): 37-49.

Brooks D R, Ogrady R T, Wiley E O. 1986. A measure of the information content of phylogenetic trees, and its use as an optimality criterion. Systematic Zoology, 35(4): 571-581.

Brooks J M, Field M E, Kennicutt M C. 1991. Observations of gas hydrates in marine sediments, offshore northern California. Marine Geology, 96(1): 103-109.

Brumsack H J, Gieskes J M. 1983. Interstitial water trace-metal chemistry of laminated sediments from the Gulf of California, Mexico. Marine Chemistry, 14(1): 89-106.

Brumsack H J, Zuleger E. 1992. Boron and boron isotopes in pore waters from ODP Leg 127, Sea of Japan. Earth and Planetary Science Letters, 113(3): 427-433.

Brzostowski M A, McMechan G A. 1992. 3-D tomographic imaging of near-surface seismic velocity and attenuation. Geophysics, 57(3): 396-403.

Burdige D J. 2005. Burial of terrestrial organic matter in marine sediments: A re-assessment. Global Biogeochemical Cycles, 19(4): 1-7.

Burdige D J. 2006. Geochemistry of Marine Sediments. Princeton: Princeton University Press.

Burdige D J, Komada T. 2011. Anaerobic oxidation of methane and the stoichiometry of remineralization processes in continental margin sediments. Limnology and Oceanography, 56(5): 1781-1796.

Burdige D J, Komada T. 2013. Using ammonium pore water profiles to assess stoichiometry of deep remineralization processes in methanogenic continental margin sediments. Geochemistry, Geophysics, Geosystems, 14(5): 1626-1643.

Cambon-Bonavita M A, Nadalig T, Roussel E, et al. 2009. Diversity and distribution of methane-oxidizing microbial communities associated with different faunal assemblages in a giant pockmark of the Gabon continental margin, Deep Sea Research Part Ⅱ. Topical Studies in Oceanography, 56(23): 2248-2258.

Canfield D E, Thamdrup B. 2009. Towards a consistent classification scheme for geochemical environments, or, why we wish the term 'suboxic' would go away. Geobiology, 7(4): 385-392.

Canfield D E, Farquhar J, Zerkle A L. 2010. High isotope fractionations during sulfate reduction in a low-sulfate euxinic ocean analog. Geology, 38(5): 415-418.

Carter-Franklin J N, Butler A. 2004. Vanadium bromoperoxidase-catalyzed biosynthesis of halogenated marine natural products. Journal of the American Chemical Society, 126(46): 15060-15066.

Cavagna S, Clari P, Martire L. 1999. The role of bacteria in the formation of cold seep carbonates: geological evidence from Monferrato (Tertiary, NW Italy). Sedimentary Geology, 126(1-4): 253-270.

Chatterjee S, Dickens G R, Bhatnagar G, et al. 2011. Pore water sulfate, alkalinity, and carbon isotope profiles in shallow sediment above marine gas hydrate systems: A numerical modeling perspective. Journal of Geophysical Research: Solid Earth, 116(B9): 15-19.

Chen D F, Huang Y Y, Yuan X L, et al. 2005. Seep carbonates and preserved methane oxidizing Archaea and sulfate reducing bacteria fossils suggest recent gas venting on the seafloor in the Northeastern South China Sea. Marine and petroleum Geology, 22(5): 613-621.

Claypool G E, Kaplan I R. 1974. The origin and distribution of methane in marine sediments. Natural Gases in Marine Sediments, 3: 19-25.

Claypool G E, Kvenvolden K A. 1983. Methane and other hydrocarbon gases in marine sediment. Annual Review of Earth and Planetary Sciences, 11: 299.

Collett T S, Kuuskraa V A. 1998. Hydrates contain vast store of world gas resources. Oil and Gas Journal, 96(19): 90-95.

Cordsen A, Lawton D C, 解凤英. 1996. 三分量三维地震勘测的设计. 美国勘探地球物理学家学会第 66 届年会.

Criddle A J. 1974. A preliminary description of microcrystalline pyrite from the nannoplankton ooze at Site 251, southwest Indian Ocean//Davies T A, Luyendyk B P, Rodolfo K S, et al (Eds.). Initial Reports of the Deep Sea Drilling Project, 26. Ocean Drilling Program, College Station, TX: 603-611.

Cronan D S, Damiani V V, Kinsman D J J, et al. 1974. Sediments from the Gulf of Aden and Western Indian Ocean//Fisher R L, Bunce E T, Cernock P J, et al (Eds.). Initial Reports of the Deep Sea Drilling Project, 24. Ocean Drilling Program, College Station, TX, USA: 1047-1110.

D'hondt S, Jørgensen B B, Miller D J, et al. 2004. Distributions of microbial activities in deep subseafloor sediments. Science, 306(5705): 2216-2221.

Dickens G R. 2001. Sulfate profiles and barium fronts in sediment on the Blake Ridge: Present and past methane fluxes through a large gas hydrate reservoir. Geochimica et Cosmochimica Acta, 65(4): 529-543.

Dillon W P, Paull C K. 1983. Marine gas hydrates: Ⅱ. Geophysical evidence. In: Cox J L (Ed.). Natural Gas Hydrates, Properties, Occurrence, and Recovery. Butterworth, Wobum: 73-90.

Dillon W P, Max M D. 2000. The US Atlantic Continental Margin: The Best-known Gas Hydrate Locality. Berlin: Springer.

Dillon W P, Lee M W, Felhaber K, et al. 1993. Gas hydrates on the Atlantic continental margin of the United States-controls on concentration. In: Howell D G (Ed.). The Future of Energy Gases. U.S. Geological Survey Professional Paper, 1570: 313-330.

Dymond J, Suess E, Lyle M. 1992. Barium in deep-sea sediment: A geochemical proxy for paleoproductivity. Paleoceanography, 7(2): 163-181.

Egeberg P K, Barth T. 1998. Contribution of dissolved organic species to the carbon and energy budgets of hydrate bearing deep sea sediments (Ocean Drilling Program Site 997 Blake Ridge). Chemical Geology, 149(1): 25-35.

Egeberg P K, Dickens G R. 1999. Thermodynamic and pore water halogen constraints on gas hydrate distribution at ODP Site 997 (Blake Ridge). Chemical Geology, 153(1): 53-79.

Elderfield H, Truesdale V W. 1980. On the biophilic nature of iodine in seawater. Earth and Planetary Science Letters, 50(1): 105-114.

Emerson S, Hedges J. 2008. Chemical Oceanography and the Marine Carbon Cycle. Cambridge: Cambridge University Press.

Engelhard L. 1996. Determination of the seismic wave attenuation by complex trace analysis: Geophysical Journal International, 125: 608-622.

Fehn U, Snyder G T, Muramatsu Y. 2007. Iodine as a tracer of organic material: 129I results from gas hydrate systems and fore arc fluids. Journal of Geochemical Exploration, 95(1-3): 66-80.

Field M E, Kvenvolden K A. 1985. Gas hydrates on the northern California continental margin. Geology, 13(7): 517.

Field M E, Jennings A E. 1987. Seafloor gas seeps triggered by a northern California earthquake. Marine Geology, 77: 39-51.

Froelich P N, Klinkhammer G P, Bender M L, et al. 1979. Early oxidation of organic matter in pelagic sediments of the Eastern Equatorial Atlantic: suboxic diagenesis. Geochimica et Cosmochimica Acta, 43(7): 1075-1090.

Fu Y, von Dobeneck T, Franke C, et al. 2008. Rock magnetic identification and geochemical process models of greigite formation in Quaternary marine sediments from the Gulf of Mexico (IODP Hole U1319A). Earth and Planetary Science Letters, 275(3-4): 233-245.

Galimov E M, Kvenvolden K A. 1983. Concentrations and carbon isotopic compositions of CH_4 and CO_2 in gas from sediments of the Blake Outer Ridge. Deep Sea Drilling Project 76, Initial Reports of the DSDP, 76: 403-407.

Gladwin M T, Stacey F D. 1974. Anelastic degradation of acoustic pulses in rock. Physics of the Earth and Planetary Interiors, 8(4): 332-336.

Goldhaber M B. 2003. Sulfur-rich sediments//Holland H D, Turekian K K (Eds.). Treatise on Geochemistry, 7. Oxford: Elsevier-Pergamon: 257-288.

Goldhaber M B, Kaplan I R. 1974. The sulfur cycle//Goldberg E D (Ed.). The Sea; Ideas and Observations on Progress in the Study of the Seas, 5, Marine Chemistry. New York: Wiley-Interscience: 569-655.

Greinert J, Bohrmann G, Suess E. 2001. Gas hydrate-associated carbonates and methane-venting at Hydrate Ridge: Classification, distribution and origin of authigenic lithologies. Geophysical Monograph-American Geophysical Union, 124: 99-114.

Guerin G, Goldberg D. 2002. Sonic waveform attenuation in gas hydrate-bearing sediments from the Mallik 2L-38 research well, Mackenzie Delta, Canada. Journal of Geophysical Research Solid Earth, 107(B5): 1-11.

Hauge P S. 1981. Measurements of attenuation from vertical seismic profiles. Geophysics, 46(11): 1548-1558.

Hein J R, Griggs G B. 1972. Distribution and scanning electron microscope (SEM) observations of authigenic pyrite from a Pacific deep-sea core. Deep-Sea Research, 19(2): 133-138.

Henrichs S M, Reeburgh W S. 1987. Anaerobic mineralization of marine sediment organic matter: Rates and the role of anaerobic processes in the oceanic carbon economy. Geomicrobiology Journal, 5(3-4): 191-237.

Hesse R. 2003. Pore water anomalies of submarine gas-hydrate zones as tool to assess hydrate abundance and distribution in the subsurface: What have we learned in the past decade. Earth-Science Reviews, 61(1-2): 149-179.

Hesse R, Harrison W E. 1981. Gas hydrates (clathrates) causing pore-water freshening and oxygen isotope fractionation in deep-water sedimentary sections of terrigenous continental margins. Earth and Planetary Science Letters, 55(3): 453-462.

Hesse R, Schacht U. 2011. Chapter 9-Early Diagenesis of Deep-Sea Sediments//HüNeke H, Mulder T (Eds.). Developments in Sedimentology. Elsevier Science and Technology, 63: 557-713.

Higgins J A, Schrag D P. 2010. Constraining magnesium cycling in marine sediments using magnesium isotopes. Geochimica et Cosmochimica Acta, 74(17): 5039-5053.

Hooper E C D. 1991. Fluid migration along growth faults in compacting sediments. Journal of Petroleum Geology, 14(S1): 161-180.

Hovland M, Hill A, Stokes D. 1997. The structure and geomorphology of the Dashgil mud volcano, Azerbaijan. Geomorphology, 21(1): 1-15.

Hu Y, Feng D, Liang Q, et al. 2015. Impact of anaerobic oxidation of methane on the geochemical cycle of redox-sensitive elements at cold-seep sites of the northern South China Sea. Deep Sea Research Part Ⅱ. Topical Studies in Oceanography, 122: 84-94.

Huang C Y, Chien C W, Zhao M, et al. 2006. Geological study of active cold seeps in the syn-collision accretionary prism Kaoping Slope off SW Taiwan. Terrestrial, Atmospheric and Oceanic Sciences, 17(4): 679-702.

Hyndman R D, Spence G D. 1992. A seismic study of methane hydrate marine bottom simulating reflectors. Journal of Geophysical Research: Solid Earth, 97(B5): 6683-6698.

Hyndman R D, Spence G D, Chapman R, et al. 2001. Geophysical studies of marine gas hydrate in Northern Cascadia. Geophysical Monograph, 124: 273-295.

Inagaki F, Nunoura T, Nakagawa S, et al. 2006. Biogeographical distribution and diversity of microbes in methane hydrate-bearing deep marine sediments on the Pacific Ocean Margin. Proceedings of the National Academy of Sciences, 103(8): 2815-2820.

Ivanov M K, Limonov A F, Weering T C E V. 1996. Comparative characteristics of the Black Sea and Mediterranean Ridge mud volcanoes. Marine Geology, 132(1-4): 253-271.

Iversen N, Jorgensen B B. 1985. Anaerobic methane oxidation rates at the sulfate-methane transition in marine sediments from Kattegat and Skagerrak (Denmark) 1. Limnology and Oceanography, 30(5): 944-955.

James R H, Palmer M R. 2000. The lithium isotope composition of international rock standards. Chemical Geology, 166(3-4): 319-326.

Jeffrey A W A, Pflaum R C, McDonald T J, et al. 1985. Isotopic Analysis of Core Gases at Sites 565-570, Deep Sea Drilling Project, Leg 84: 719-726.

Jiang H, Dong H, Ji S, et al. 2007. Microbial diversity in the deep marine sediments from the Qiongdongnan Basin in South China Sea. Geomicrobiology Journal, 24(6): 505-517.

Jiang S Y, Yang T, Ge L, et al. 2008. Geochemical anomaly of pore waters and implications for gas hydrate occurence in the South China Sea, Proceedings of the 6th International Conference on Gas Hydrates (ICGH 2008). Nippon Ganka Gakki Zasshi, 90(8): 1044-1048.

Jiao L, Su X, Wang Y, et al. 2015. Microbial diversity in the hydrate-containing and-free surface sediments in the Shenhu area, South China Sea. Geoscience Frontiers, 6(4): 627-633.

Jørgensen B B, Kasten S. 2006. Sulfur cycling and methane oxidation//Schulz H, Zabel M (Eds.). Marine Geochemistry (2nd). Berlin: Springer: 271-309.

Jørgensen B B, Böttcher M E, Lüschen H, et al. 2004. Anaerobic methane oxidation and a deep H2S sink generate isotopically heavy sulfides in Black Sea sediments. Geochimica et Cosmochimica Acta, 68(9): 2095-2118.

Karaca D, Hensen C, Wallmann K. 2010. Controls on authigenic carbonate precipitation at cold seeps along the convergent margin off Costa Rica. Geochemistry, Geophysics, Geosystems, 11(8): Q08S27.

Kastner J H, Zuckerman B, Hily-Blant P, et al. 2008. Molecules in the disk orbiting the twin young suns of V4046 Sagittarii. Astronomy and Astrophysics, 492(2): 469-473.

Kastner M, Kvenvolden K A, Lorenson T D. 1998. Chemistry, isotopic composition, and origin of a methane-hydrogen sulfide hydrate at the Cascadia Subduction Zone. Earth and Planetary Science Letters, 156(3): 173-183.

Kastner P, Krust A, Turcotte B, et al. 1990. Two distinct estrogen-regulated promoters generate transcripts encoding the two functionally different human progesterone receptor forms A and B. The EMBO Journal, 9(5): 1603-1614.

Katzman R, Holbrook W S, Paull C K. 1994. Combined vertical-incidence and wide-angle seismic study of a gas hydrate zone, Blake Ridge. Journal of Geophysical Research Solid Earth, 99(B9): 17975-17995.

Kim J, Moridis G, Yang D, et al. 2012. Numerical Studies on Two-Way Coupled Fluid Flow and Geomechanics in Hydrate Deposits. SPE-141304-PA, 17(2): 485-501.

Knittel K, Lösekann T, Boetius A, et al. 2005. Diversity and distribution of methanotrophic Archaea at cold seeps. Applied and Environmental Microbiology, 71(1): 467-479.

Kocherla M. 2013. Authigenic gypsum in gas-hydrate associated sediments from the east coast of India (Bay of Bengal). Acta Geologica Sinica (English Edition), 87(3): 749-760.

Kohn M J, Riciputi L R, Stakes D, et al. 1998. Sulfur isotope variability in biogenic pyrite; reflections of heterogeneous bacterial colonization. American Mineralogist, 83(11-12 Part 2): 1454-1468.

Kotelnikova S. 2002. Microbial production and oxidation of methane in deep subsurface. Earth-Science Reviews, 58(3-4): 367-395.

Kremlev S G, Chapoval A I, Evans R. 1998. Cytokine release by macrophages after interacting with CSF-1 and extracellular matrix proteins: Characteristics of a mouse model of inflammatory responsesin vitro. Cellular Immunology, 185(1): 59-64.

Küpper F C, Carpenter L J, McFiggans G B, et al. 2008. Iodide accumulation provides kelp with an inorganic antioxidant impacting atmospheric chemistry. Proceedings of the National Academy of Sciences, 105(19): 6954-6958.

Kvenvolden K A, McMenamin M A. 1980. Hydrates of natural gas: A review of their geologic occurrence. US Geological Survey Circular, 825: 11.

Kvenvolden K A, Kastner M. 1990. Gas hydrates of the peruvian outer continential margin. Proceedings of the Ocean Drilling Program, Scientific Results, 112: 517-526.

Kvenvolden K A, Barnard L H, Cameron D. 1983. Pressure Core Barrel: Application to the Study of Gas Hydrates, Deep Sea Drilling Project Site 533, Leg 76.

Larrasoaña J C, Roberts A P, Musgrave R J, et al. 2007. Diagenetic formation of greigite and pyrrhotite in gas hydrate marine sedimentary systems. Earth and Planetary Science Letters, 261(3-4): 350-366.

Lee M W. 2000. Gas hydrates amount estimated from acoustic logs at the Blake Ridge, sites 994, 995, and 997. Proceedings of the Ocean Drilling Program, 164 Scientific Results.

Lee M W, Hutchinson D R, Dilon W P, et al. 1993. Method of estimating the amount of in situ gas hydrate in deep marine sediments. Marine and Petroleum Geology, 10(5): 493-506.

Lewis E L, Perkin R G. 1978. Salinity: Its definition and calculation. Journal of Geophysical Research: Oceans, 83(C1): 466-478.

Li Y P, Jiang S Y. 2016. Sr isotopic compositions of the interstitial water and carbonate from two basins in the Gulf of Mexico: Implications for fluid flow and origin. Chemical Geology, 439: 43-51.

Li Y, Jiang S, Yang T. 2017. Br/Cl, I/Cl and chlorine isotopic compositions of pore water in shallow sediments: implications for the fluid sources in the Dongsha area, northern South China Sea. Acta Oceanologica Sinica, 36(4): 31-36.

Liang Q, Hu Y, Feng D, et al. 2017. Authigenic carbonates from newly discovered active cold seeps on the northwestern slope of the South China Sea: Constraints on fluid sources, formation environments, and seepage dynamics. Deep Sea Research Part Ⅰ: Oceanographic Research Papers, 124: 31-41.

Lin A J, Yang T, Jiang S Y. 2014. A rapid and high-precision method for sulfur isotope δ34S determination with a multiple-collector inductively coupled plasma mass spectrometer: Matrix effect correction and applications for water samples without chemical purification. Rapid Commun. Mass Spectrom, 28(7): 750-756.

Lin Q, Wang J, Algeo T J, et al. 2016a. Formation mechanism of authigenic gypsum in marine methane hydrate settings: Evidence from the northern South China Sea. Deep Sea Research Part Ⅰ: Oceanographic Research Papers, 115: 210-220.

Lin Q, Wang J, Algeo T J, et al. 2016b. Enhanced framboidal pyrite formation related to anaerobic oxidation of methane in the sulfate-methane transition zone of the northern South China Sea. Marine Geology, 379: 100-108.

Lin Q, Wang J, Taladay K, et al. 2016c. Coupled pyrite concentration and sulfur isotopic insight into the paleo sulfate-methane transition zone (SMTZ) in the northern South China Sea. Journal of Asian Earth Sciences, 115: 547-556.

Lin Z, Sun X, Lu Y, et al. 2016d. Stable isotope patterns of coexisting pyrite and gypsum indicating variable methane flow at a seep site of the Shenhu area, South China Sea. Journal of Asian Earth Sciences, 123: 213-223.

Lin Z, Sun X, Peckmann J, et al. 2016e. How sulfate-driven anaerobic oxidation of methane affects the sulfur isotopic composition of pyrite: A SIMS study from the South China Sea. Chemical Geology, 440: 26-41.

Lin Z, Sun X, Lu Y, et al. 2017. The enrichment of heavy iron isotopes in authigenic pyrite as a possible indicator of sulfate-driven anaerobic oxidation of methane: Insights from the South China Sea. Chemical Geology, 449: 15-29.

Llortpujol G, Sintes C, Lurton X. 2008. Improving spatial resolution of interferometric bathymetry in multibeam echosounders. Journal of the Acoustical Society of America, 123(123): 3952.

Lodolo E, Camerlenghi A. 2000. The Occurrence of BSRs on the Antarctic Margin. Berlin: Springer.

Long D, Lammers S, Linke P. 2001. Barents海巨大的海底火山口中潜在的水合物丘状体. 海洋地质, (2): 68-80.

Lu Z, Hensen C, Fehn U, et al. 2007. Old iodine in fluids venting along the Central American convergent margin. Geophysical Research Letters, 34(22): 1-7.

Lu Z, Tomaru H, Fehn U. 2008. Iodine ages of pore waters at Hydrate Ridge (ODP Leg 204), Cascadia Margin: Implications for sources of methane in gas hydrates. Earth and Planetary Science Letters, 267(3-4): 654-665.

Luff R, Wallmann K. 2003. Fluid flow, methane fluxes, carbonate precipitation and biogeochemical turnover in gas hydrate-bearing sediments at Hydrate Ridge, Cascadia Margin: numerical modeling and mass balances. Geochimica et Cosmochimica Acta, 67(18): 3403-3421.

Luo M, Chen L, Wang S, et al. 2013. Pockmark activity inferred from pore water geochemistry in shallow sediments of the pockmark field in southwestern Xisha Uplift, northwestern South China Sea. Marine and Petroleum Geology, 48: 247-259.

Luo M, Dale A W, Wallmann K, et al. 2015. Estimating the time of pockmark formation in the SW Xisha Uplift (South China Sea) using reaction-transport modeling. Marine Geology, 364: 21-31.

Macdonald B C T, Smith J, Keene A F, et al. 2004. Impacts of runoff from sulfuric soils on sediment chemistry in an estuarine lake. Science of The Total Environment, 329(1): 115-130.

Martin J B, Gieskes J M, Torres M, et al. 1993. Bromine and iodine in Peru margin sediments and pore fluids: Implications for fluid origins. Geochimica et Cosmochimica Acta, 57(18): 4377-4389.

Mathews M. 1986. Logging Characteristics of Methane Hydrate. The Log Analyst , 27(3): 26-63.

Matsushima J. 2006. Seismic wave attenuation in methane hydrate-bearing sediments: Vertical seismic profiling data from the Nankai Trough exploratory well, offshore Tokai, central Japan. Journal of Geophysical Research Solid Earth, 111(B10): 1-20.

Matsushima, Fukunaka, Kuribayashi. 2006. Water electrolysis under microgravity. Part Ⅱ. Description of gas bubble evolution phenomena. Electrochimica Acta, 51(20): 4190-4198.

Mattavelli L, Ricchiuto T, Grighani D, et al. 1983. Origins of Natural Gas in the Po Valley, N. Italy. Geological Society, London, Special Publications, 12(1): 227.

Max M D. 2003. Natural Gas Hydrate: In Oceanic and Permafrost environments (2nd Ed, 1st Ed, 2000). London: Kluwer Academic Publishers.

Mienert J, Posewang J, Baumann M. 1998. Gas Hydrate along the northeastern Atlantic margin : possible hydrate-bound margin instabilities and possible release of methane. Gas hydrates: Relevance to World Margin Stability and Climate Change,1(22): 275-291.

Miles P R. 2000. Geophysical Sensing and Hydrate. In: Max M D (Ed.). Natural Gas Hydrate. Coastal Systems and Continental Margins, vol 5. Berlin: Springer.

Milkov A V, Dickens G R, Claypool G E, et al. 2004. Co-existence of gas hydrate, free gas, and brine within the regional gas hydrate stability zone at Hydrate Ridge (Oregon margin): Evidence from prolonged degassing of a pressurized core. Earth and Planetary Science Letters, 222(3-4): 829-843.

Mogilewskii G A. 1938. Microbiological investigations in connecting with gas surveying. Razvedka Nedr, 8(1): 59-68.

Muramatsu Y, Hans Wedepohl K. 1998. The distribution of iodine in the earth's crust. Chemical Geology, 147(3-4): 201-216.

Muramatsu Y, Doi T, Tomaru H, et al. 2007. Halogen concentrations in pore waters and sediments of the Nankai Trough, Japan: Implications for the origin of gas hydrates. Applied Geochemistry, 22(3): 534-556.

Naehr T H, Rod riguez N M, Bohrmann G, et al. 2000. M ethane derived authigenic carbonates associated with gas hydrate decomposition and fluid venting above the Blake Ridge Diapir//Proceedings of the Ocean Drilling Program, Scientific Results, 164. College Station, TX(Ocean Drilling Program): 285-300.

Naehr T H, Eichhubl P, Orphan V J, et al. 2007. Authigenic carbonate formation at hydrocarbon seeps in continental margin sediments: A comparative study. Deep Sea Research Part Ⅱ: Topical Studies in Oceanography, 54(11-13): 1268-1291.

Nauhaus K, Treude T, Boetius A, et al. 2005. Environmental regulation of the anaerobic oxidation of methane: A comparison of ANME-Ⅰ and ANME-Ⅱ communities. Environmental Microbiology, 7(1): 98-106.

Novikova S A, Shnyukov Y F, Sokol E V, et al. 2015. A methane-derived carbonate build-up at a cold seep on the Crimean slope, north-western Black Sea. Marine Geology, 363: 160-173.

Novosel I, Spence G D, Hyndman R D. 2005. Reduced magnetization produced by increased methane flux at a gas hydrate vent. Marine Geology, 216(4): 265-274.

Ohde S, Kitano Y. 1984. Coprecipitation of strontium with marine Ca-Mg carbonates. Geochemical Journal, 18(3): 143-146.

Orphan V J, House C H, Hinrichs K U, et al. 2001. Methane-consuming Archaea revealed by directly coupled isotopic and phylogenetic analysis. Science, 293(5529): 484-487.

Orphan V J, House C H, Hinrichs K U, et al. 2002. Multiple archaeal groups mediate methane oxidation in anoxic cold seep sediments. Proceedings of the National Academy of Sciences, 99(11): 7663-7668.

Pandit B I, King M S. 1982. Elastic wave propagation in propane gas hydrates//French H M (Ed.). National Research Council of Canada. Ottawa: Proceedings of the 4th Canadian Permafrost Conference: 335-342.

Parkes R J, Cragg B A, Bale S J, et al. 1994. Deep bacterial biosphere in Pacific Ocean sediments. Nature, 371(6496): 410.

Parkes R J, Cragg B A, Wellsbury P. 2000. Recent studies on bacterial populations and processes in subseafloor sediments: A review. Hydrogeology Journal, 8(1): 11-28.

Paull C K, Spiess F N, Ussler W III, et al. 1995. Methane-rich plumes on the Carolina continental rise: Associations with gas hydrates. Geology, 23: 89-92.

Paull C K, Matsumoto R, Wallace P J. 2000. Proceedings of the Ocean Drilling Program Leg 164, Scientific Results. Texas: Ocean Drilling Program.

Person C F, Halleck P M, McGuire P L, et al. 1983. Natural gas hydrate deposits: A review of in situ properties. The Journal of Physical Chemistry, 87(21): 4180-4185.

Philippe B. 2009. The Handbook of Sidescan Sonar. Berlin: Springer.

Pierre C, 2017. Origin of the authigenic gypsum and pyrite from active methane seeps of the southwest African Margin. Chemical Geology, 449: 158-164.

Pierre C, Blanc-Valleron M M, Demange J, et al. 2012. Authigenic carbonates from active methane seeps offshore southwest Africa. Geo-Marine Letters, 32(5): 501-513.

Pierre C, Bayon G, Blanc-Valleron M M, et al. 2014. Authigenic carbonates related to active seepage of methane-rich hot brines at the Cheops mud volcano, Menes caldera (Nile deep-sea fan, Eastern Mediterranean Sea). Geo-Marine Letters, 34(2): 253-267.

Pohlman J W, Bauer J E, Waite W F, et al. 2010. Methane hydrate-bearing seeps as a source of aged dissolved organic carbon to the oceans. Nature Geoscience, 4: 37-41.

Pratt R G, Hou F, Bauer K, et al. 2005. Waveform tomography images of velocity and inelastic attenuation from the Mallik 2002 crosshole seismic surveys. Scientific Results from the Mallik 2002 Gas Hydrate Production Research Well Program, Mackenzie Delta, Northwest Territories, Canada. Geological Survey of Canada, Bulletin, 14: 585.

Price F T, Shieh Y N. 1979. Fractionation of sulfur isotopes during laboratory synthesis of pyrite at low temperatures. Chemical Geology, 27(3): 245-253.

Pu X, Zhong S, Yu W, et al. 2007. Authigenic sulfide minerals and their sulfur isotopes in sediments of the northern continental slope of the South China Sea and their implications for methane flux and gas hydrate formation. Chinese Science Bulletin, 52 (3): 401-407.

Quan Y, Harris J M. 1997. Seismic attenuation tomography using the frequency shift method. Geophysics, 62(3): 895-905.

Raven M R, Sessions A L, Fischer W W, et al. 2016. Sedimentary pyrite $\delta^{34}S$ differs from porewater sulfide in Santa Barbara Basin: Proposed role of organic sulfur. Geochimica et Cosmochimica Acta, 186: 120-134.

Reading H G. 1996. Sedimentary Environments: Processes, Facies and Stratigraphy, 3rd edition. Oxford: Blackwell Science Ltd.

Reeburgh W S. 2007. Oceanic methane biogeochemistry. Chemical Reviews, 107(2): 486-513.

Revnic F G, Teleki N, Revnic S A, et al. 1986. Gas hydrates on the northern California continental margin. Deep Sea Research Part B. Oceanographic Literature Review, 33(12): 1020-1021.

Rickard D T. 1970. The origin of framboids. Lithos, 3(3): 269-293.

Rickard D, Morse J W. 2005. Acid volatile sulfide (AVS). Marine Chemistry, 97(3-4): 141-197.

Riedel M, Novosel I, Spence G D, et al. 2006. Geophysical and geochemical signatures associated with gas hydrate-related venting in the Northern Cascadia Margin. Geological Society of America Bulletin, 118(1-2): 23-38.

Roberts A P. 2015. Magnetic mineral diagenesis. Earth-Science Reviews, 151: 1-47.

Roberts A P, Weaver R. 2005. Multiple mechanisms of remagnetization involving sedimentary greigite (Fe_3S_4). Earth and Planetary Science Letters, 231(3-4): 263-277.

Ruppel C, Herzen R P V, Bonneville A. 1995. Heat flux through an old (~175Ma) passive margin: Offshore Southeastern United States. Journal of Geophysical Research Solid Earth, 100(B10): 20037-20057.

Sain K, Singh A K. 2011. Seismic quality factors across a bottom simulating reflector in the Makran Accretionary Prism, Arabian Sea. Marine and Petroleum Geology, 28(10): 1838-1843.

Sassen R, MacDonald I R. 1994. Evidence of structure hydrate, gulf of mexico continental slope. Organic Geochemistry, 22(6): 1029-1032.

Sauvage C, Segura V, Bauchet G, et al. 2014. Genome-wide association in Tomato reveals 44 Candidate Loci for Fruit Metabolic Traits. Plant Physiology, 165(3): 1120-1132.

Schumacher D. 1996. Hydrocarbon-induced alteration of soils and sediments//Schumacher D, Abram M A. Hydrocarbon Migration and Its near Surface Expression. Tulsa: AAPG: 71-89.

Schippers A, Neretin L N, Kallmeyer J, et al. 2005. Prokaryotic cells of the deep sub-seafloor biosphere identified as living bacteria. Nature, 433(7028): 861.

Shipley T H, Houston M H, Buffler R T, et al. 1979. Seismic evidence for widespread possible gas hydrate horizons on continental slopes and rises. AAPG Bulletin, 63(12): 2204-2213.

Siesser W G, Rogers J. 1976. Authigenic pyrite and gypsum in South West African continental slope sediments. Sedimentology, 23(4): 567-577.

Sloan E D. 1990. Clatherate Hydrates of Natural Gases. New York: Marcel Dekker.

Smith J P, Coffin R B. 2014. Methane flux and authigenic carbonate in shallow sediments overlying methane hydrate bearing strata in alaminos canyon, gulf of mexico. Energies, 7(9): 6118-6141.

Snyder G T, Hiruta A, Matsumoto R, et al. 2007. Pore water profiles and authigenic mineralization in shallow marine sediments above the methane-charged system on Umitaka Spur, Japan Sea. Deep Sea Research Part Ⅱ: Topical Studies in Oceanography, 54(11-13): 1216-1239.

Solheim A, Elverhøi A. 1985. A pockmark field in the central Barents Sea; gas from a petrogenic source. Polar Research, 3(1): 11-19.

Spence G D, Hyndman R D, Chapman N R, et al. 2000. Cascadia Margin, Northeast Pacific Ocean: Hydrate Distribution from Geophysical Investigations//Max M D (Ed.). Natural Gas Hydrate. Coastal Systems and Continental Margins, vol 5. Berlin: Springer: 183-198.

Spivack A J, You C F, Smith J H, et al. 1993. Mobilization of boron in convergent margins: Implications for the boron geochemical cycle. Geology, 21(3): 207-210.

Spivack A J, You C F, Gieskes J M, et al. 1995. Lithium, boron, and their isotopes in sediments and pore waters of Ocean Drilling Program Site 808, Nankai Trough: Implications for fluid expulsion in accretionary prisms. Geology, 23(1): 37-40.

Stakes D S, Orange D, Paduan J B, et al. 1999. Cold-seeps and authigenic carbonate formation in Monterey Bay, California. Marine Geology, 159(1-4): 93-109.

Suess E, Bohrmann G. 1997. FS SONNE. Cruise Report SO110: SO-RO (SONNE-ROPOS) Vicoria-kodiak-victoria. GEOMAR Report, 59: 181.

Suess E. 2010. Marine cold seeps//Timmis K N(Ed.). Handbook of Hydrocarbon and Lipid Microbiology. Berlin: Springer: 185-203.

Suess E, Torres M E, Bohrmann G, et al. 1999. Gas hydrate destabilization: Enhanced dewatering, benthic material turnover and large methane plumes at the Cascadia Convergent Margin. Earth and Planetary Science Letters, 170(1): 1-15.

Summerhayes C P , Bornhold B D , Embley R W. 1979. Surficial slides and slumps on the continental slope and rise of South West Africa: A reconnaissance study. Marine Geology, 31(3-4): 265-277.

Sun Y F, Goldberg D. 2002. Analysis of electromagnetic propagation tool response in gas-hydrate-bearing formations. Geological Survey of Canada, Bulletin, 585: 8.

Susan R F, Robert S W, Keith E L. 1985. Sediment dewatering in the Makran accretionary prism. Earth and Planetary Science Letters, 75(4): 427-438.

Sweeney R E, Kaplan I R. 1973. Pyrite framboid formation: Laboratory synthesis and marine sediments. Economic Geology, 68(5): 618-634.

Teichert B M A, Torres M E, Bohrmann G, et al. 2005. Fluid sources, fluid pathways and diagenetic reactions across an accretionary prism revealed by Sr and B geochemistry. Earth and Planetary Science Letters, 239(1-2): 106-121.

Teng F Z. 2017. Magnesium isotope geochemistry. Reviews in Mineralogy and Geochemistry, 82(1): 219-287.

Thomsen L. Weak elastic anisotrophy. Geophysics, 1986, 51(10): 1954-1966.

Tomaru H, Lu Z, Snyder G T, et al. 2007. Origin and age of pore waters in an actively venting gas hydrate field near Sado Island, Japan Sea: Interpretation of halogen and 129I distributions. Chemical Geology, 236(3-4): 350-366.

Tomaru H, Fehn U, Lu Z, et al. 2009. Dating of dissolved iodine in pore waters from the gas hydrate occurrence offshore shimokita peninsula, Japan: 129I Results from the D/V Chikyu Shakedown Cruise. Resource Geology, 59(4): 359-373.

Torres M E, Brumsack H J, Bohrmann G, et al. 1996. Barite fronts in continental margin sediments: a new look at barium remobilization in the zone of sulfate reduction and formation of heavy barites in diagenetic fronts. Chemical Geology, 127(1-3): 125-139.

Torres M E, Mix A C, Kinports K, et al. 2003. Is methane venting at the seafloor recorded by $\delta^{13}C$ of benthic foraminifera shells. Paleoceanography and Paleoclimatology, 18(3): 1-12.

Torres M E, Teichert B M A, Tréhu A M, et al. 2004. Relationship of pore water freshening to accretionary processes in the Cascadia Margin: Fluid sources and gas hydrate abundance. Geophysical Research Letters, 31(22): 1-5.

Trehu A M. 2006. Gas hydrates in marine sediments: Lessons from scientific ocean drilling, Oceanography, 19: 124-142.

Trehu A M, Bohrmann G, Rack F R, et al. 2003. Proceedings of the Ocean Drilling Program, Initial Reports, Leg204. Shipboard Scientific Party. Explanatorynotes. College Station: Ocean Drilling Program.

Tromp T K, Van Cappellen P, Key R M. 1995. A global model for the early diagenesis of organic carbon and organic phosphorus in marine sediments. Geochimica et Cosmochimica Acta, 59(7): 1259-1284.

Uchida T, Lu H, Tomaru H. 2004. Subsurface occurrence of natural gas hydrate in the Nankai Trough Area: Implication for gas hydrate concentration. Resource Geology, 54(1). 35-44.

Valentine D L, Reeburgh W S. 2000. New perspectives on anaerobic methane oxidation. Environmental Microbiology, 2(5): 477-484.

Veerayya M, Karisiddaiah S M, Vora K H, et al. 1998. Detection of gas-charged sediments and gas hydrate horizons along the western continental margin of India. Geological Society, London, Special Publications, 137(1): 239-253.

Vigier N, Decarreau A, Millot R, et al. 2008. Quantifying Li isotope fractionation during smectite formation and implications for the Li cycle. Geochimica et Cosmochimica Acta, 72(3): 780-792.

Wagner M, Wagner M, Piske J, et al. 2002. Case histories of microbial prospection for oil and gas, onshore and offshore in Northwest Europe, Surface exploration case histories: Applications of geochemistry, magnetics and remote sensing. AAPG Studies in Geology, 48: 453-479.

Wang J, Suess E, Rickert D. 2004. Authigenic gypsum found in gas hydrate-associated sediments from Hydrate Ridge, the Eastern North Pacific. Science in China, Series D, 47(3): 280-288.

Wang X, Xiao Q, Xia C, et al. 2017. Research on far-field wavelet's extraction and application of vertical Cable system. Pure and Applied Geophysics, 174(4): 1779-1786.

Wang, Y H. 2002. Seismic trace interpolation in the f-x-y domain. Geophysics, 67(4): 1232-1239.

Weitemeyer K, Constable S, Key K. 2006. Marine EM techniques for gas-hydrate detection and hazard mitigation. Leading Edge, 25(5): 629-632.

Wellsbury P, Goodman K, Cragg B A, et al. 2000. The geomicrobiology of deep marine sediments from Blake Ridge containing methane hydrate (Sites 994, 995 and 997). Proceedings of the Ocean drilling program, Scientific results. College Station, TX: Ocean Drilling Program, 164: 379-391.

White R S. 1979. Gas hydrate layers trapping free gas in the Gulf of Oman. Earth and Planetary Science Letters, 42(1): 114-120.

White R S, Louden K E. 1982.The Makran continental Margin: Structure of a thickly sedimented convergent Plate Boundary// Watkin J S, Drake C L. Studies in Continental Margin Geology, 34: 499-512.

Whiticar M J. 1993. Stable Isotopes and Global Budgets. Berlin: Springer.

Whiticar M J. 1999. Carbon and hydrogen isotope systematics of bacterial formation and oxidation of methane. Chemical Geology, 161(1-3): 291-314.

Whitman W B, Boone D R, Koga Y, et al. 2001. Taxonomy of methanogenic *Archaea*: In Bergeys Manual of Systematic Bacteriology//Garrity G M, Boone D R, Castenholz R W(Eds.). The Archae and the Deeply Branching and Phototrophic Bacteria. Berlin: Springer: 211-213.

Wiggins J W. 1984. Kirchhoff integral extrapolation and migration of nonplanar data. Geophysics,49(8): 1239-1248.

Wilkin R T, Barnes H L. 1996. Pyrite formation by reactions of iron monosulfides with dissolved inorganic and organic sulfur species. Geochimica et Cosmochimica Acta, 60(21): 4167-4179.

Williams L B, Hervig R L, Holloway J R, et al. 2001. Boron isotope geochemistry during diagenesis. Part Ⅰ. Experimental determination of fractionation during illitization of smectite. Geochimica et Cosmochimica Acta, 65(11): 1769-1782.

Woermann D, Negi A S, Anand S C. 1986. A Textbook of Physical Chemistry. New Dehli, Bangalore, Bombay. Calcutta, Madras, Hyderabad: Mohindar Singh Sejwal for Wiley Eastern Limited.

Woese C R, Kandler O, Wheelis M L. 1990. Towards a natural system of organisms: proposal for the domains Archaea, Bacteria, and Eucarya. Proceedings of the National Academy of Sciences, 87(12): 4576-4579.

Wu L, Yang S, Liang J, et al. 2013. Variations of pore water sulfate gradients in sediments as indicator for underlying gas hydrate in Shenhu Area, the South China Sea. Science China Earth Sciences, 56(4): 530-540.

Wu N, Zhang H, Yang S, et al. 2011. Gas hydrate system of Shenhu Area, Northern South China Sea: Geochemical results. Journal of Geological Research, (1): 10.

Wyllie M R J, Gregory A R, Gardner G H F. 1956. Elastic wave velocities in heterogenous and porous media. Geophysics, 21 (1): 41-70.

Xavier A, Klemm D D. 1979. Authigenie gypsum in deep-sea manganese nodules. Sedimentology, 26(2): 307-310.

Yamaguchi K E, Johnson C M, Beard B L, et al. 2005. Isotopic evidence for 3 billion years of bacterial redox cycling of iron. in: Fukao Y (Ed.). Frontier Research on Earth Evolution (IFREE Report for 2003-2004), 2. Japan Agency for Marine-Earth Science and Technology, Yokosuka: 1-8.

Yanagisawa F, Sakai H. 1983. Thermal decomposition of barium sulfate-vanadium pentoxide-silica glass mixtures for preparation of sulfur dioxide in sulfur isotope ratio measurements. Analytical Chemistry, 55(6): 985-987.

Yang T, Jiang S Y, Yang J H, et al. 2008. Dissolved inorganic carbon (DIC) and its carbon isotopic composition in sediment pore waters from the Shenhu area, northern South China Sea. Journal of Oceanography, 64(2): 303-310.

Yang T, Jiang S Y, Ge L, et al. 2010. Geochemical characteristics of pore water in shallow sediments from Shenhu area of South China Sea and their significance for gas hydrate occurrence. Chinese Science Bulletin, 55(8): 752-760.

Yang T, Jiang S, Ge L, et al. 2013. Geochemistry of pore waters from HQ-1PC of the Qiongdongnan Basin, northern South China Sea, and its implications for gas hydrate exploration. Science China Earth Sciences, 56(4): 521-529.

Ye H, Yang T, Zhu G, et al. 2015. An object-oriented diagnostic model for the quantification of porewater geochemistry in marine sediments. Journal of Earth Science, 26(5): 648-660.

Ye H, Yang T, Zhu G, et al. 2016. Pore water geochemistry in shallow sediments from the northeastern continental slope of the South China sea. Marine and Petroleum Geology, 75: 68-82.

Yoshihiro T, Hisashi I, Masaru N, et al. 2004. Overview of the MITI Nankai Trough wells: A milestone in the evaluation of methane hydrate resources. Resource Geology, 54: 3-10.

Zhang C, Ulrych T J. 2002. Estimation of quality factors from CMP records. Geophysics, 67(10): 1542-1547.

Zhang G, Liang J, Lu J.a, et al. 2015. Geological features, controlling factors and potential prospects of the gas hydrate occurrence in the east part of the Pearl River Mouth Basin, South China Sea. Marine and Petroleum Geology, 67: 356-367.

Zhang H, Yang S, Wu N, et al. 2007. GMSM-1 science team: China's first gas hydrate expedition successful. Fire in the Ice: Methane Hydrate Newsletter.

Zhang Y, Su X, Chen F, et al. 2012. Microbial diversity in cold seep sediments from the northern South China Sea. Geoscience Frontiers, 3(3): 301-316.